科学出版社“十四五”普通高等教育本科规划教材

理论力学

（第二版）

刘荣梅　李明成　陈建平　主编

科学出版社

北京

内 容 简 介

本书以教育部最新颁布的“理论力学课程教学基本要求”为依据，在第一版的基础上，为适应新时代我国高等教育的发展和新质生产力对拔尖创新人才的培养需求，经全面修订而成。本书加强了工程概念和计算机数值求解，引入了涉及广泛工程领域的例题和习题，培养学生的力学建模能力、科学计算能力和工程应用能力。全书共分 12 章，其中第 1～3 章为静力学部分，第 4～6 章为运动学部分，第 7～12 章为动力学部分。本书叙述严谨，由浅入深，可满足不同学时的教学要求。

本书部分知识点设有二维码，关联视频展示或微课讲解，便于读者学习使用。

本书可作为高等院校工科相关专业的理论力学课程教材，也可供有关工程技术人员参考。

图书在版编目(CIP)数据

理论力学 / 刘荣梅, 李明成, 陈建平主编. -- 2 版. 北京 : 科学出版社, 2025. 6. --（科学出版社“十四五”普通高等教育本科规划教材）. -- ISBN 978-7-03-082147-8

Ⅰ. O31

中国国家版本馆 CIP 数据核字第 20251E22U8 号

责任编辑：邓　静 / 责任校对：王　瑞

责任印制：师艳茹 / 封面设计：马晓敏

科 学 出 版 社 出版

北京东黄城根北街 16 号

邮政编码：100717

http://www.sciencep.com

涿州市般润文化传播有限公司印刷

科学出版社发行　各地新华书店经销

*

2016 年 8 月第　一　版　　开本：787×1092　1/16

2025 年 6 月第　二　版　　印张：17 1/2

2025 年 6 月第十次印刷　　字数：450 000

定价：69.00 元

（如有印装质量问题，我社负责调换）

第二版前言

本书第一版自2016年出版以来，一直在南京航空航天大学作为理论力学课程的教材，并被多所高校选用。为适应新时代我国高等教育的发展和新质生产力对拔尖创新人才的培养需求，结合相关院校师生在教材使用过程中提出的宝贵意见和建议，本版在保持第一版知识体系和特色的基础上，融入了作者近年来在教育部“基础学科拔尖学生培养计划2.0”和国家级一流本科课程建设等方面的教学改革成果，经全面修订而成。主要修订工作如下。

(1)坚持正确的价值引领，紧密联系工程实践，将价值塑造、知识传授、能力培养融为一体，凸显教材育人功能。

(2)对第2章的部分内容做了调整和补充，使得内容的编排更加合理。

(3)重新编写第5章，采用更加简洁明了的方法证明了点的速度合成定理和加速度合成定理，无须区分牵连运动为平移和转动的情况，有利于教学效果的提升。

(4)增补了应用MATLAB定量求解的典型例题和习题，给出了相应的编程求解说明，培养学生的科学计算能力，为学生数值求解复杂的实际工程问题提供了一条途径。

(5)补充了部分具有较强工程背景的例题，培养学生的工程能力和力学建模能力，突出问题的综合性和挑战度。

(6)更正了第一版中的疏漏，增加了部分二维码资源，读者可以通过扫描二维码获取相应的教学资源，加深对相关概念和问题的理解。

在本书编写过程中，作者参考了大量国内外的优秀教材，并得到了科学出版社、南京航空航天大学和相关院校许多同仁的大力支持和帮助，在此表示衷心的感谢。

由于作者水平有限，书中不妥之处在所难免，恳请读者批评指正。

作　者

2024年9月于南京

第一版前言

本书为适应理论力学(中学时)课程教学要求，以教育部颁布的“理论力学课程教学基本要求(B类)”为依据，参考了范钦珊、陈建平等编著的《理论力学(第2版)》以及部分国内外优秀教材，结合作者多年来开展“突出力学素质培养”的教学改革实践和研究成果而编写。与现行同类教材相比，本书具有以下特色。

(1)适当提高了起点，删除了与大学物理重叠的一些内容，按中学时教学要求精练了内容，篇幅有较大幅度的减少，力图做到用有限的学时使学生既掌握最基本的经典内容，又能了解理论力学的工程应用以及最新进展。

(2)加强工程概念，引入了大量涉及广泛领域的工程实例以及与工程有关的例题和习题，从不同的角度提出问题，揭示矛盾，培养读者在工程中发现问题、分析问题和解决问题的能力。

(3)以简单刚体系统的静力学、运动学和动力学为主线，突出理论力学的主要研究对象——刚体和简单刚体系统，与大学物理中力学部分的主要研究对象质点形成区别。

(4)书中增加了数字化教学资源，读者可以通过扫描书中的二维码链接相关的数字化教学资源，更便于读者学习参考。

全书共12章，其中第1～3章为静力学部分，第4～6章为运动学部分，第7～12章为动力学部分。本书初稿在南京航空航天大学相关专业中学时理论力学课程多年教学实践的基础上形成。本书叙述严谨，由浅入深，可作为高等院校机械、土木、交通、材料、水利、兵器等相关专业的中学时理论力学课程教材，也可供有关工程技术人员参考。

清华大学教授、南京航空航天大学钱伟长讲座教授范钦珊先生审阅了全书书稿并提出了宝贵意见，在本书编写过程中还得到了南京航空航天大学航空宇航学院和科学出版社的大力支持与帮助，在此一并表示衷心感谢。

由于作者水平有限，书中不足和疏漏之处在所难免，恳请读者指正。

作　者

2016年2月于南京

目　录

绪　论

力学来源于人类生活和工程实际，又服务于人类生活和工程实际。在远古时代，人类就制造和使用了杠杆、滑轮、辘轳、风车和水车，并在制造和使用这些工具的过程中积累了大量的经验，逐渐形成了初步的力学知识。18 世纪至 20 世纪初，随着西方工业革命的兴起，在力学知识的积累、应用和完善的基础上，逐步形成和发展了蒸汽机、内燃机、铁路、桥梁、舰船、兵器等大型工业，推动了近代科学技术和社会的进步。20 世纪以来，航空航天器、高速车辆、机器人、大型水利设施等高科技的发展与应用，无不与力学理论的指导密不可分。进入 21 世纪，力学正面临新的机遇和挑战，力学与计算机的结合已经成为相关工程设计的重要手段。

1. 理论力学的研究对象和内容

在物质的各种运动形式中，机械运动是一种最基本、最普遍的运动形式。所谓**机械运动，是指物质在空间的位置随时间的改变**，如物体在空间的位置和姿态的改变、物体的变形以及流体的流动。作为力学的一个重要分支，理论力学主要研究物体的空间位置和姿态随时间改变的一般规律，它不仅是其他各门力学学科的基础，也是各门与机械运动密切相关的工程技术学科的基础。

理论力学属于经典力学的范畴。近代物理学的发展指出了经典力学的局限性：经典力学仅适用于运动速度远小于光速的宏观物体的运动。当物体运动的速度接近光速时，其运动应当用相对论力学来研究；当物体的大小接近微观粒子时，其运动应当用量子力学来研究。那么，人类社会进入 21 世纪后，是否还需要经典力学呢？回答是肯定的。事实上，在绝大多数工程实际问题中，所处理的对象都是宏观物体，而且其速度也远低于光速，因此其力学问题仍然属于经典力学研究的范围。同时，计算机的广泛应用和计算技术的不断发展也极大地促进了经典力学的发展和应用。

本课程的内容分为**静力学、运动学和动力学**三个部分：静力学主要研究力系的简化以及物体在力系作用下的平衡规律。运动学从几何的角度研究物体的运动，但不涉及引起物体运动的物理原因。动力学主要研究物体的受力和运动之间的关系。虽然静力学可以视为动力学的一种特殊情形，但由于静力学本身在工程技术中的重要应用，其发展成为一个相对独立的部分。

值得读者注意的是，尽管理论力学起源于物理学的一个独立的分支，但在内容上已大大超出了物理学的内容。

2. 理论力学的研究方法和解决工程问题的基本步骤

理论力学的研究方法主要有理论分析方法、实验分析方法和计算机分析方法。理论分析方法主要采用建立在归纳基础上的演绎法，即在建立研究对象力学模型的基础上，根据物体机械运动的基本概念与基本原理，应用数学演绎的方法，确定物体的运动规律以及运动与力之间关系。实验分析方法一方面通过实验测定基本力学量，包括摩擦因数、位移、速度、加速度、角速度、角加速度、频率等；另一方面研究一些基本理论难以解决的实际问题，通过实验建立合适的简化模型，为理论分析提供必要的基础。随着计算机和计算技术的飞速发展，理论力学又增加了一种新的分析方法，即计算机分析方法。借助计算机，人们可以方便地构建和修改计算模型，数值求解非线性方程(组)和动力学微分方程(组)，绘制有关曲线，深入探究问题的力学规律。

一般说来，应用力学原理解决工程问题的基本步骤可概括为：

(1)建立工程问题的力学模型，这些力学模型既要能够反映问题的主要方面，又要便于求解；

(2)应用力学原理建立上述力学模型的数学模型；

(3)运用有关的数学工具进行求解，在无法获得解析解的情况下，可以借助计算机进行数值求解；

(4)对所获得的结果进行必要的判断、分析和讨论，解释有关的力学现象，指导工程实际。

3. 学习理论力学的目的

理论力学是航空航天、兵器、机械、车辆、土木等工程科学与技术的一门重要的基础课程。理论力学的基本概念和解决问题的方法均可以直接为解决工程对象的力学问题服务，如各种飞行器、机器人、机构、结构的设计与控制，都必须以理论力学为基础。同时，对于日常生活和工程实际中出现的许多力学现象，也需要利用理论力学的知识去认识和解释，从而加以利用或消除。因此，理论力学是工程技术人员必须掌握的一门学科。

通过本课程的学习，要求学生掌握质点系、刚体和刚体系统机械运动(包括平衡)的基本规律和研究方法，初步学会应用理论力学的理论和方法分析、解决工程实际中的力学问题，为学习后续的有关课程，如材料力学、结构力学、流体力学、空气动力学、飞行力学、机械振动、机械设计做好准备。

此外，理论力学课程具有内容丰富、方法灵活多变、应用领域广泛等特点，因此理论力学课程的学习还有助于加强学生的工程概念、激发学生的创新意识、训练学生的创新思维、培养学生的创新能力，为今后学习和掌握新的科学技术、从事工程技术和科学研究工作奠定必要的基础。

矢量运算基础

第 1 章　基本力学概念与物体受力分析

1.1 基本力学模型与概念

1.1.1　物体的模型

所谓模型是指对实际问题和对象的合理简化与抽象，使之便于进行力学分析和计算。

(1) **质点**：有质量的几何点。

具有一定质量但其大小和形状在所研究的问题中可以忽略不计的物体，可以抽象为质点。质点是一种理想模型。

(2) **质点系**：具有一定联系的一群质点。

具有一定质量和大小、形状的物体可以离散为质点系。质点系内各质点之间的距离和相对位置可以变化，对应着物体的变形，又称为可变质点系。

(3) **连续体**：真实的物体。

连续体包括固体、流体。连续体的简化形式是质点系。

(4) **刚体**：受力时不变形的物体。

刚体的几何定义是物体内任意两点间的距离保持不变，又可称为不变质点系。刚体也是一种理想模型，是连续体或质点系的特殊形式。与它相对应的是变形体或可变质点系。受力时变形可以忽略的物体，可以简化为刚体。受力时的变形不影响其平衡状态的物体，可以在研究其平衡问题时视为刚体(见 1.2.5 节“刚化原理”)。

(5) **物体系统**：多个物体组成的系统。

研究对象取何种力学模型取决于物体本身特点和所研究问题的性质。例如，研究地球绕太阳的公转时，可以将地球作为质点；研究地球的自转时，就不能将地球抽象为质点，而可以将其抽象为刚体；研究地震、地壳运动时，地球就是非刚体，即变形体；研究地、月共同运动时，地球、月球是一个质点系。

1.1.2　力的概念

物体发生相互作用，这种作用用力来表示。换言之：力就是物体间的相互作用。

物体受到的力可以通过物体间的直接接触而产生，也可以通过力场的间接接触而产生，如引力、电磁力等。当然，严格地说，所谓的直接接触，在微观上仍然是电磁力在起作用。

物体相互接触，多数情形下并不是一个点，而是具有一定面积的一个面。因此，无论施力物体还是受力物体，其接触处所受的力都是作用在接触面上的**分布力**(distributed force)，而且在很多情形下分布的情况还比较复杂。

当分布力作用的面积很小时，或取一个面积微元分析时，可以将分布力理想化为作用于一点的合力，称为**集中力**(concentrated force)。

例如，静止的汽车通过轮胎作用在桥面上的力，当轮胎与桥面的接触面积较小时，即可视为集中力(图 1-1(a))；而桥面自身的重力则为分布力(图 1-1(b))。

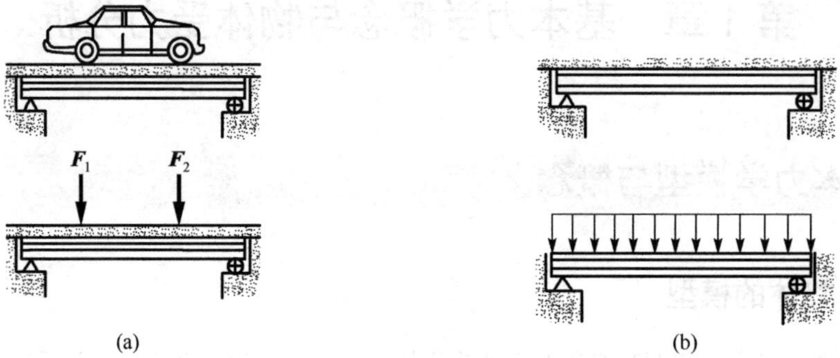

图 1-1　集中力与分布力

力对物体作用的效应取决于**力的三要素**：大小、方向、作用点。

力具有大小和方向这两个要素，表明**力是矢量**。力矢量在几何上是个有向线段，符号用黑体字符或带箭头、短横顶标的字符表示，如 $\boldsymbol{F}$ 、$\vec{F}$ 、$\bar{F}$ 等。

力具有作用点这个要素，表明力是**定位矢量**，不能随意移动。

1.1.3　力的作用效应

作用在物体上的力对物体产生两种效应。

(1) **运动效应**(effect of motion)：力使物体的运动状态发生变化的效应，又称外效应。

(2) **变形效应**(effect of deformation)：力使物体的形状发生变化的效应，又称内效应。

在理论力学中，只讨论力的运动效应，力的变形效应将在材料力学中讨论。

力作用在质点上，会对质点产生移动效应，并使质点产生相应的加速度；力如果作用在刚体上，则不仅会对刚体产生移动效应，还会对刚体产生转动效应，并使刚体产生相应的角加速度。转动效应不仅与力的大小和方向有关，还与力的作用点位置相关。

力的转动效应可以用**力对点的矩**(简称**力矩**，moment of force)来表达。

力矩也是矢量，它可以由力矢量与力作用点的位置矢量共同表达，但在平面问题中，力矩退化为标量，它的大小就等于力与力臂的积。

一对大小相等、方向相反且相互平行的两个力作用在刚体上时，不会对刚体产生移动效应，而只会对刚体产生转动效应，称为**力偶**。

关于力矩和力偶的详细概念会在后面专门讨论。

对刚体而言，实践经验表明，作用在刚体上的力可沿其作用线移动而不改变其对刚体的运动效应(图 1-2)，这种性质称为**力在刚体上的可传性**(详见 1.2 节)。因此，对刚体而言，**力的三要素**可修改为大小、方向、作用线。

图 1-2　力的可传性

物体的**平衡**是一种特殊的运动状态——相对于惯性参考系静止或做匀速直线平移运动的状态。根据牛顿第一定律(惯性定律)，物体的平衡状态对应着物体不受外力作用或合外力为零的受力状态。工程上一般以大地为惯性参考系，所以物体的平衡往往是指相对地面保持静止或做匀速直线平移运动的状态。根据问题的需要，也会以地心系甚至日心系等作为更加精确的惯性参考系。平衡是机械运动的特殊形式，平衡总是相对的、暂时的和有条件的。

1.1.4　力系

作用在一个物体上的所有的力就构成了一个**力系**。力系是力的集合，其空集称为零力系。

若两个力系对物体的作用效果相同，则称这两个力系为**等效力系**。

如果一个力与一个力系等效，则称这个力为该力系的**合力**，而该力系中的力称为此合力的**分力**。

如果物体在一个力系的作用下保持平衡，则称此力系为**平衡力系**。

1.2　静力学基本原理

本节介绍的静力学基本原理是为实践所反复证实的，被广泛认为是符合客观实际的普遍规律，也称为静力学基本公理。

1.2.1　力的平行四边形法则 · 矢量的合成

力的平行四边形法则：作用于物体上同一点的两个力，可以合成为一个合力，合力的作用点仍在该点，合力的大小和方向由以这两个力为边构成的平行四边形的对角线确定，如图 1-3(a)所示。也就是说，合力矢量为两个力的矢量和，可用矢量式表示为

$$\boldsymbol{F}_1+\boldsymbol{F}_2=\boldsymbol{F}_R \tag{1-1}$$

力的平行四边形法则可以等效为**三角形法则**(图 1-3(b))。

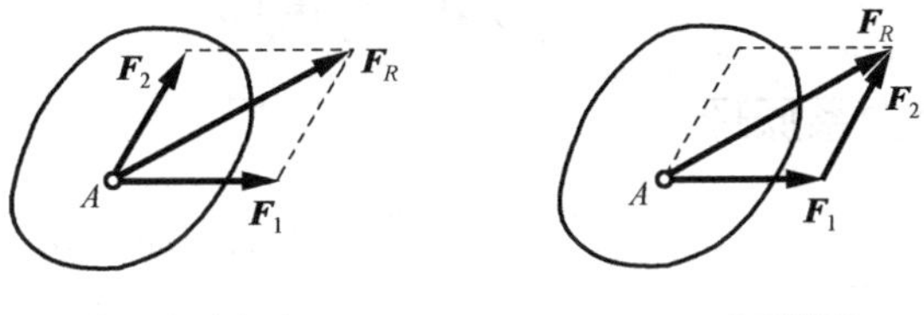

图 1-3　力矢量的合成

力的平行四边形法则实质上包含了两个法则：一是共点的两个力有合力；二是“**矢量合成**”的平行四边形运算法则，即式(1-1)的运算法则。后者不仅对力矢量，而且对静力学、运动学和动力学中的所有矢量的求和运算都成立。

式(1-1)表达了矢量的合成，其逆运算就是矢量的分解。当然矢量的分解是不唯一的。

从式(1-1)还可以导出“**矢量差**”的运算法则(几何意义参见图 1-3(b))：

$$\boldsymbol{F}_2=\boldsymbol{F}_R-\boldsymbol{F}_1 \tag{1-2}$$

推论　共点力系有合力。作用于物体上同一点的多个力，应用力的平行四边形法则依次

两两合成，最后可以合成为一个力，即为整个共点力系的合力：

$$\boldsymbol{F}_R = \boldsymbol{F}_1 + \boldsymbol{F}_2 + \cdots + \boldsymbol{F}_n = \sum_{i=1}^{n} \boldsymbol{F}_i \tag{1-3a}$$

为简化起见，在不致混淆的情况下，本书以后均省略求和符号的上下标乃至被求和项的循环脚标。因此，表达式(1-3a)又可以写为

$$\boldsymbol{F}_R = \sum \boldsymbol{F}_i \quad 或 \quad \boldsymbol{F}_R = \sum \boldsymbol{F} \tag{1-3b}$$

共点力系合成的几何意义参见第2章中汇交力系的简化一节。

力的平行四边形法则是力系简化和合成的理论基础，对刚体和变形体均成立。而共点力系合成的矢量表达式则直接适用于汇交力系、力偶系合成和任意力系主矢、主矩的表达以及其他矢量求和的表达。

1.2.2 二力平衡原理

二力平衡原理：作用于刚体上的两个力，使刚体保持平衡的充分必要条件是，这两个力大小相等，方向相反，并且作用在同一直线上。

二力平衡原理给出了最简单力系的平衡条件，是研究复杂力系平衡条件的基础。

在工程问题中，有些构件可简化为只在两点处各受到一个力作用的刚体，这样的构件称为**二力构件**。当二力构件平衡时，由二力平衡原理可知，这两个力必定大小相等，方向相反，作用线共线，如图1-4所示，$F_1 = -\boldsymbol{F}_2$。由于工程上的二力构件大多数是杆件，所以二力构件常被称为**二力杆**。

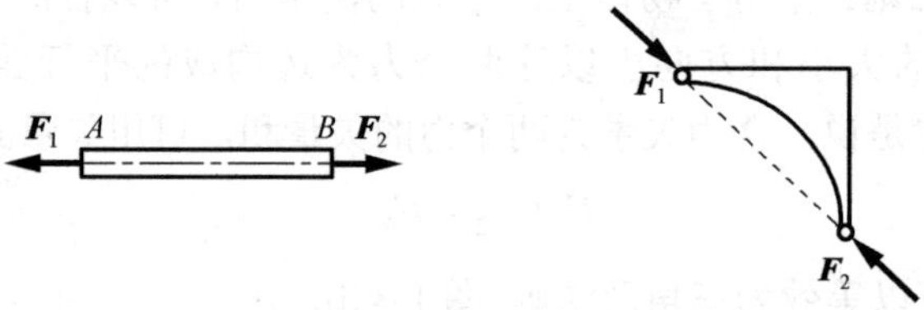

图1-4 二力杆与二力构件

1.2.3 加减平衡力系原理

加减平衡力系原理：在作用于刚体的任何一个力系上，加上或除去一个平衡力系，不改变原力系对刚体的作用效果。

由上面的两个原理，可以推出如下有用的结论：

推论1 力的可传性定理：作用于刚体上一点的力，可以沿其作用线移到刚体内任意一点，而不改变它对刚体的作用效果。证明思路如图1-5所示。

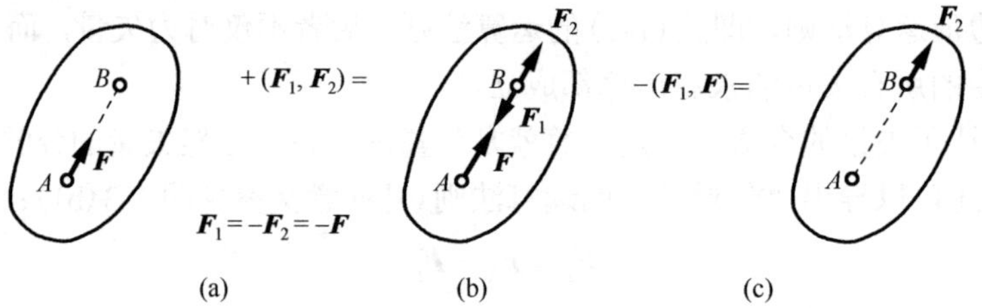

图1-5 力的可传性及证明示意

因此，力矢量在刚体上可以沿作用线滑移，称为**滑移矢量**。

推论 2　三力平衡汇交定理：刚体受三个力作用而平衡，若其中两个力的作用线汇交于一点，则此三个力必在同一平面内，且第三个力的作用线通过汇交点。

证明　设刚体受 $\boldsymbol{F}_1$、$\boldsymbol{F}_2$ 和 $\boldsymbol{F}_3$ 三个力的作用而平衡，其中 $\boldsymbol{F}_1$ 和 $\boldsymbol{F}_2$ 的作用线汇交于点 O，如图 1-6(a)所示。由力的可传性定理和平行四边形法则，$\boldsymbol{F}_1$ 和 $\boldsymbol{F}_2$ 可在汇交点 O 合成为一个合力 $\boldsymbol{F}_{12}$，如图 1-6(b)所示。这时刚体则只受两个力的作用，即作用于点 O 的 $\boldsymbol{F}_{12}$ 和作用于点 A_3 的 $\boldsymbol{F}_3$。再由二力平衡原理，$\boldsymbol{F}_{12}$ 和 $\boldsymbol{F}_3$ 的作用线必共线，由此，$\boldsymbol{F}_3$ 的作用线必通过点 O，且与 $\boldsymbol{F}_{12}$ 共线；$\boldsymbol{F}_{12}$ 与 $\boldsymbol{F}_1$ 和 $\boldsymbol{F}_2$ 共面，即 $\boldsymbol{F}_3$ 与 $\boldsymbol{F}_1$ 和 $\boldsymbol{F}_2$ 共面。

三力平衡汇交定理是平衡的必要条件而非充分条件。共面汇交的三个力要构成平衡，其大小还要满足一定条件。作为极限情况，平行三力若构成平衡，则三力共面且汇交于无穷远点。

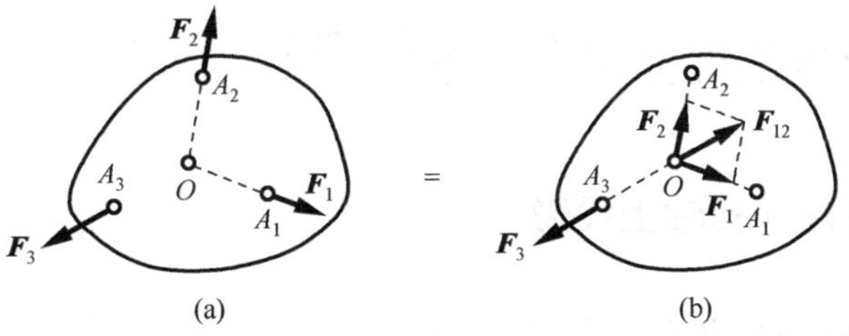

图 1-6　三力平衡共面汇交

1.2.4　作用和反作用定律

作用和反作用定律：两物体间相互的作用力与反作用力总是同时存在，大小相等，方向相反，作用线共线。

这就是牛顿第三定律，它对刚体和变形体都成立。通常，如果作用力用 $\boldsymbol{F}$ 表示，则它的反作用力用 $\boldsymbol{F}'$表示，$\boldsymbol{F}=-\boldsymbol{F}'$。作用力与反作用力分别作用在相互作用的两个物体上，而不会出现在同一个物体上。

1.2.5　刚化原理

静力学的研究是建立在理想的刚体上的，刚体平衡条件能否应用于工程实际中的非刚体呢？

刚化原理：受某一力系作用处于平衡的变形体，可以将其此时的变形体视为刚体，其平衡状态保持不变。

也就是说，如果变形体在某一力系作用下是平衡的，那么对应的刚体在该力系作用下也一定是平衡的。换句话说，刚体的平衡条件是变形体平衡的必要条件。这就意味着可以利用刚体的平衡条件去分析处理处于平衡状态的变形体。例如，一对拉力可以使一段绳子平衡，这时绳子可以刚化成刚性杆，而平衡状态、平衡条件都不会变；但一对压力不能使绳子平衡，于是这时绳子不能刚化。

刚化原理建立了变形体平衡与刚体平衡的联系。应用刚化原理，可以处理两类变形体的平衡问题。一类是物体系统，尽管组成物体系统的部件可以都是刚性的，但系统整体形状可能仍是可变的；另一类就是材料力学、结构力学、流体力学等将要研究的变形体。有了刚化原理，只要已知它们处于平衡状态，就可以应用刚体平衡条件。

显然，刚化原理的逆命题不成立，也就是说，刚体的平衡条件不是变形体平衡的充分条件。研究变形体或可变形物体系统是否平衡，仅有刚体平衡条件是不够的，还需要附加变形条件。例如，受到拉伸的弹簧，其平衡状态不仅要求两端拉力相等，还要求拉力的大小满足弹簧变形的胡克定律。

静力学原理的适用性：静力学的一些原理，如平衡的充要条件、力的可传性等，对于柔性体是不成立的，而对于弹性体则在一定的前提下成立。例如，上面讨论过的，一段绳子即使受到一对等值的压力也不能平衡，而弹簧可以平衡但要求满足胡克定律。再如，力的可传性显然不适用于柔性体，即使对弹性体，力的位置沿作用线变化时也会引起物体不同的变形及其平衡状态形式的相应改变。当然，应该看到，对刚体成立的具有充分且必要性的静力学平衡条件对非刚体仍是其平衡的必要条件。

1.3 力的投影与正交分解

1.3.1 力在直角坐标轴上投影

1. 直接投影法(一次投影法)(图 1-7(a))

$$F_x = F\cos\alpha\,,\quad F_y = F\cos\beta\,,\quad F_z = F\cos\gamma \tag{1-4a}$$

2. 间接投影法(二次投影法)(图 1-7(b))

先向某坐标轴(如 z 轴)和它的垂直坐标面(如 xy 面)分别投影，再将投影在 xy 坐标面上的投影分量 F_{xy} 向两个坐标轴 x、y 作二次投影，以此得到三个坐标轴上的投影：

$$\begin{cases} F_x = F_{xy}\cos\varphi = F\sin\gamma\cos\varphi \\ F_y = F_{xy}\sin\varphi = F\sin\gamma\sin\varphi \\ F_z = F\cos\gamma \end{cases} \tag{1-4b}$$

其中，第一次投影可以选择向不同的坐标轴和坐标面进行。

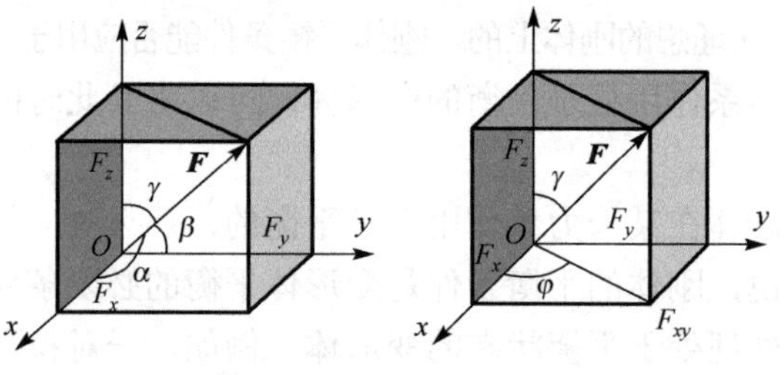

(a) 直接投影法　　(b) 间接投影法

图 1-7　力的投影法

在许多实际问题中，运用间接投影法往往更加方便。

从矢量运算的角度，力的投影是力矢量与投影轴方向单位矢量的点积。一般直角坐标系 x、y、z 轴方向的单位矢量分别用 $\boldsymbol{i}$、$\boldsymbol{j}$、$\boldsymbol{k}$ 表示，则

$$F_x = \boldsymbol{F}\cdot\boldsymbol{i}\,,\quad F_y = \boldsymbol{F}\cdot\boldsymbol{j}\,,\quad F_z = \boldsymbol{F}\cdot\boldsymbol{k} \tag{1-5}$$

1.3.2　力的正交分解与矢量表达

力在空间直角坐标系中沿坐标轴方向作分解称为**正交分解**，如图 1-8 所示。应用平行四边形法则，对力作正交分解时，其分力的大小等于其在相应坐标轴上投影值的大小；分力的方向可由投影值的正负表示，投影值为正表示该分力方向与该坐标轴正向一致，投影值为负表示该分力方向与该坐标轴正向相反。

$$\boldsymbol{F}_x = F_x\boldsymbol{i},\qquad \boldsymbol{F}_y = F_y\boldsymbol{j},\qquad \boldsymbol{F}_z = F_z\boldsymbol{k} \tag{1-6}$$

由此力矢量可表达为

$$\boldsymbol{F} = \boldsymbol{F}_x + \boldsymbol{F}_y + \boldsymbol{F}_z = F_x\boldsymbol{i} + F_y\boldsymbol{j} + F_z\boldsymbol{k} \tag{1-7}$$

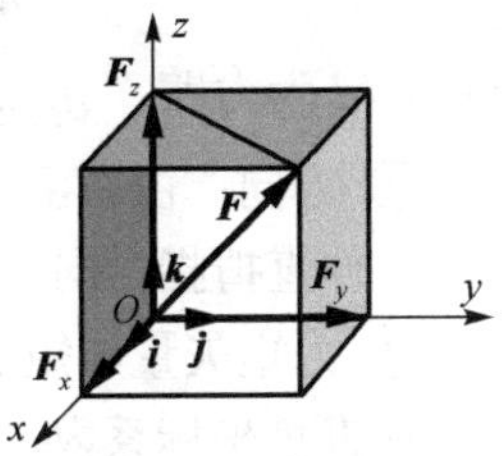

图 1-8　力的矢量表达

根据投影，力的大小和方向分别为

$$\begin{cases} F = \sqrt{F_x^2 + F_y^2 + F_z^2} \\ \cos\alpha = \dfrac{F_x}{F}, \cos\beta = \dfrac{F_y}{F}, \cos\gamma = \dfrac{F_z}{F} \end{cases} \tag{1-8}$$

请读者思考，力在非正交坐标系中分解时，分力的大小等于其在相应坐标轴上投影值的大小吗？

本节讨论的都是空间力的情况。如果力位于一个确定的平面上，力的投影、分解与矢量表达都可以简化为平面形式。

本节关于力矢量的讨论在形式上同样适用于力矩、速度、角速度、加速度、角加速度、动量、动量矩、冲量、冲量矩等各种矢量的投影、分解的运算及表达。

1.4　力矩概念的扩展和延伸

人们用扳手拧紧螺母时，实际上应用了力矩的概念；人们在转动门窗时，也应用了力矩的概念。在这两种情形下，力矩的概念虽然有联系，但却并不完全相同。前者是平面上力对一点之矩，后者是空间中力对一轴之矩，但两者都是标量，只需要考虑大小和转向即可。更为一般的是空间中力对一点之矩，如人们在操作驾驶杆或游戏手柄时力的作用，因为其转动的方向也需要定义，所以需要用一个矢量才能对其进行定义。下面直接从空间中力对一点之矩出发，更深入地了解力矩的概念。

1.4.1　力对点之矩及其矢量表示

力矩是力使物体绕某一点产生转动效应的量度。因为是对一点而言，故又称为**力对点之矩**(moment of a force about a point)，这一点称为**力矩中心**(center of moment)，简称**矩心**。

考察空间任意力 $\boldsymbol{F}$ 对点 O 之矩，如图 1-9 所示。设力 $\boldsymbol{F}=(F_x,F_y,F_z)$；矩心 O 到力 $\boldsymbol{F}$ 作用点 $A(x,y,z)$ 的矢量 $\boldsymbol{r}$ 称为力作用点的**矢径**(position vector)，在三维坐标系中，矢径 $\boldsymbol{r}=x\boldsymbol{i}+y\boldsymbol{j}+z\boldsymbol{k}$。

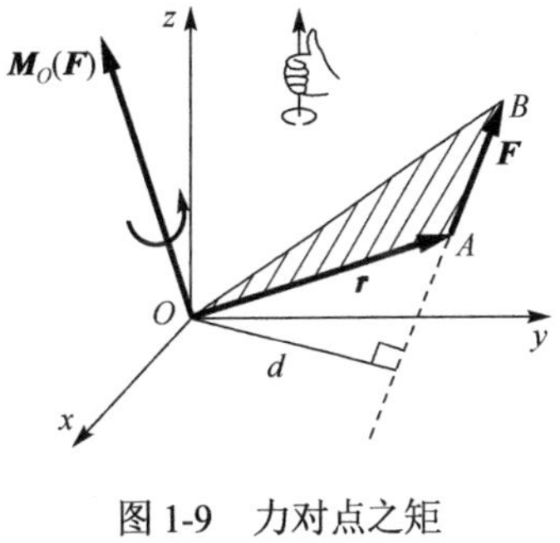

图 1-9　力对点之矩

定义：力 $\boldsymbol{F}$ 对 O 点之矩等于矢径 $\boldsymbol{r}$ 与力矢 $\boldsymbol{F}$ 的叉积，即

$$\boldsymbol{M}_O(\boldsymbol{F})=\boldsymbol{r}\times\boldsymbol{F} \tag{1-9}$$

① 大小：

$$|\boldsymbol{M}_O(\boldsymbol{F})|=|\boldsymbol{r}\times\boldsymbol{F}|=|\boldsymbol{r}|\cdot|\boldsymbol{F}|\sin(\boldsymbol{r},\boldsymbol{F})=Fd=2A_{\triangle AOB} \tag{1-10}$$

其中，d 为力臂；$A_{\triangle AOB}$ 为 $\boldsymbol{r}$ 和 $\boldsymbol{F}$ 组成的三角形的面积。$A_{\triangle AOB}$ 所在平面也称力矩作用平面。

② 方向：由右手法则确定，右手四指与矢径 $\boldsymbol{r}$ 方向一致，然后顺着力绕力矩中心的转向握拳，伸直拇指指向即为力矩矢量的方向。力矩矢量明确了力矩作用平面的法线方向。

③ 力矩矢量与矩心位置有关，故为**定位矢量**，位置在矩心。

在直角坐标系内，力 $\boldsymbol{F}$ 对 O 点之矩还可以表示为

$$\boldsymbol{M}_O(\boldsymbol{F})=\boldsymbol{r}\times\boldsymbol{F}=\begin{vmatrix}\boldsymbol{i} & \boldsymbol{j} & \boldsymbol{k}\\ x & y & z\\ F_x & F_y & F_z\end{vmatrix}=(yF_z-zF_y)\boldsymbol{i}+(zF_x-xF_z)\boldsymbol{j}+(xF_y-yF_x)\boldsymbol{k} \tag{1-11}$$

上式为力矩矢量的解析式，等号右边的三项式分别是力矩矢量 $\boldsymbol{M}_O(\boldsymbol{F})$ 在直角坐标系中的三个正交分量。由此可得出 $\boldsymbol{M}_O(\boldsymbol{F})$ 在三个坐标轴上的投影：

$$\begin{cases}[\boldsymbol{M}_O(\boldsymbol{F})]_x=yF_z-zF_y\\ [\boldsymbol{M}_O(\boldsymbol{F})]_y=zF_x-xF_z\\ [\boldsymbol{M}_O(\boldsymbol{F})]_z=xF_y-yF_x\end{cases} \tag{1-12}$$

当力 $\boldsymbol{F}$ 位于 xy 坐标面内时，力矩 $\boldsymbol{M}_O(\boldsymbol{F})$ 退化为

$$\boldsymbol{M}_O(\boldsymbol{F})=(xF_y-yF_x)\boldsymbol{k}$$

其代数值即为平面力对 O 点之矩：

$$M_O(\boldsymbol{F})=xF_y-yF_x \tag{1-13}$$

因此，平面力矩可以由代数量(标量)来表达。应用式(1-13)不需找到力臂 d，就可以直接由力作用点的坐标计算力矩，其在坐标面内的转向由代数值的正负号决定。

1.4.2 力对轴之矩

力使物体绕一根轴转动，其效应的度量称为力对轴之矩(moment of a force about an axis)(图 1-10)。

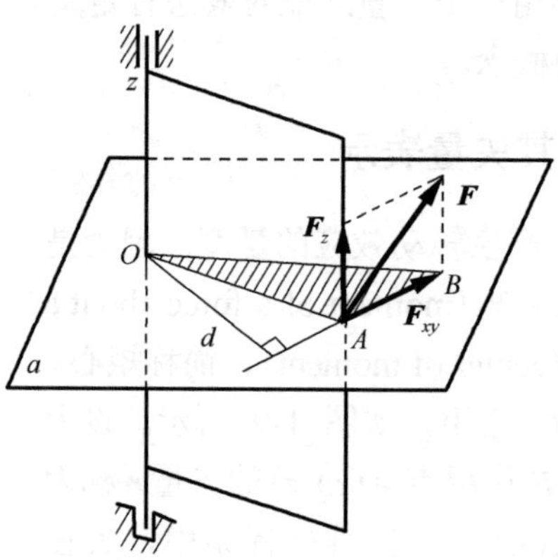

图 1-10　力对轴之矩

物体绕轴的转动方向只有正转和反转的不同，所以力对轴之矩可由代数量表达，其正负号仍由右手法则确定：右手四指握拳方向与力使物体绕轴转动的方向一致，若拇指指向坐标轴正方向，则力对该轴之矩为正；反之为负。

将力 $\boldsymbol{F}$ 在轴向和轴垂直面上分解，如图 1-10 所示，可以看到，轴向分量 $\boldsymbol{F}_z$ 对 z 轴没有转动效应，力 $\boldsymbol{F}$ 对 z 轴之矩由且仅由分量 $\boldsymbol{F}_{xy}$ 提供：

$$M_{Oz}(\boldsymbol{F}) = M_O(\boldsymbol{F}_{xy}) = \pm F_{xy} \cdot d \tag{1-14}$$

上式就是平面上的力对一点的矩的定义式。由式(1-13)，上式也可写为

$$M_{Oz}(\boldsymbol{F}) = M_O(\boldsymbol{F}_{xy}) = xF_y - yF_x \tag{1-15}$$

由上述结果可知，当力的作用线与轴共面(相交或平行)时，力对该轴之矩为零。

1.4.3　合力矩定理

对点的合力矩定理：如果力系存在合力，则合力对于某一点之矩等于力系中所有力对同一点之矩的矢量和，即

$$\boldsymbol{M}_O(\boldsymbol{F}_R) = \sum \boldsymbol{M}_O(\boldsymbol{F}_i) \tag{1-16}$$

式中，$\boldsymbol{F}_R = \sum \boldsymbol{F}_i$ 为力系的合力。对于共点力系，根据力对一点之矩的定义不难证明式(1-16)，建议读者自行证之。对于一般力系情况下的证明，将会在第 2 章的任意力系简化结果的分析中讨论。

对轴的合力矩定理：如果力系存在合力，则合力对某一轴之矩等于力系中所有力对同一轴之矩的代数和，即

$$M_{Oz}(\boldsymbol{F}_R) = \sum M_{Oz}(\boldsymbol{F}_i) \tag{1-17}$$

因此，当要求力对轴之矩时，也可以先将力沿直角坐标系的各坐标轴分解，如图 1-11 所示，得到分力，然后应用对轴的合力矩定理即可分别得到力 $\boldsymbol{F}$ 对三个直角坐标轴的矩为

$$\begin{cases} M_{Ox}(\boldsymbol{F}) = yF_z - zF_y \\ M_{Oy}(\boldsymbol{F}) = zF_x - xF_z \\ M_{Oz}(\boldsymbol{F}) = xF_y - yF_x \end{cases} \tag{1-18}$$

注意：式(1-18)中的第三式即为式(1-15)。

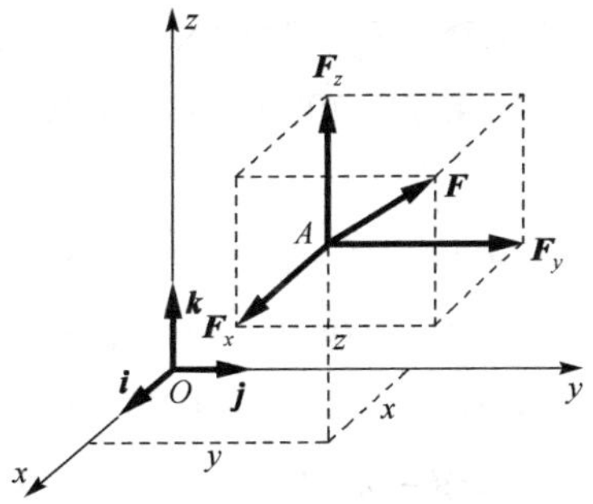

图 1-11　确定力对轴之矩的另一方法

1.4.4　力矩关系定理

比较式(1-12)和式(1-18)有

$$\begin{cases}[\boldsymbol{M}_O(\boldsymbol{F})]_x = M_{Ox}(\boldsymbol{F}) \\ [\boldsymbol{M}_O(\boldsymbol{F})]_y = M_{Oy}(\boldsymbol{F}) \\ [\boldsymbol{M}_O(\boldsymbol{F})]_z = M_{Oz}(\boldsymbol{F})\end{cases} \tag{1-19}$$

即力对点之矩在过该点的任一轴上的投影，等于该力对该轴之矩(请思考为什么)，称为**力矩关系定理**。

由此，我们既可以通过求力对点之矩的投影得到力对轴之矩，也可以通过求力对轴之矩得到相应的力对点之矩，如图 1-12 所示。

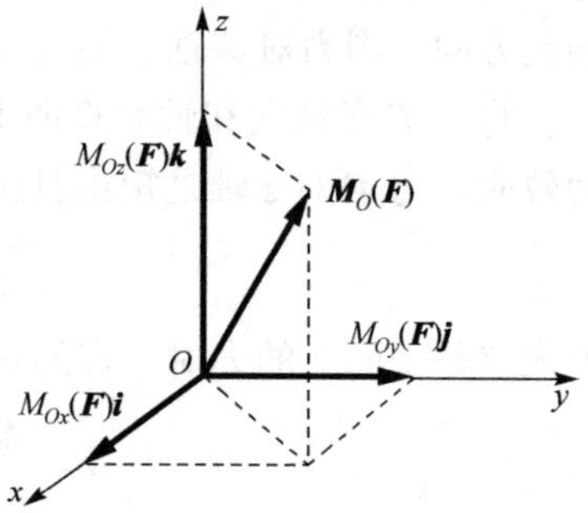

图 1-12　力对点之矩与力对坐标轴之矩的关系

【例题 1-1】 如图 1-13 所示，C 在 xy 平面内，已知 $P = 2000\text{N}$，试求力 $\boldsymbol{P}$ 对三个坐标轴及点 O 的矩。

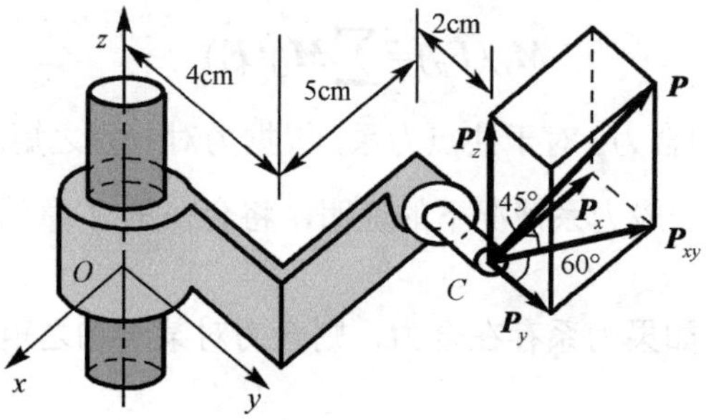

图 1-13　例题 1-1 图

解　本例若直接通过几何法由力 $\boldsymbol{P}$ 对 O 点取矩，则确定力臂 d 和矩矢量方向的过程比较麻烦，所以一般根据式(1-18)或式(1-11)计算。

(1)首先计算力 $\boldsymbol{P}$ 在三个坐标轴上的投影为

$$P_z = P\cdot\sin 45°,\quad P_{xy} = P\cdot\cos 45°$$
$$P_x = -P\cdot\cos 45°\cdot\sin 60°$$
$$P_y = P\cdot\cos 45°\cdot\cos 60°$$

即有

$$P_x = -1224.7\text{N},\ P_y = 707.1\text{N},\ P_z = 1414.2\text{N}$$
$$\boldsymbol{P} = -1224.7\boldsymbol{i} + 707.1\boldsymbol{j} + 1414.2\boldsymbol{k}\ \ (\text{N})$$

(2)根据式(1-18)得

$$M_z(\boldsymbol{P}) = -0.06\times P_x - 0.05\times P_y = 38.2\ \ \text{N}\cdot\text{m}$$
$$M_x(\boldsymbol{P}) = 0.06P_z = 84.9\ \text{N}\cdot\text{m}$$
$$M_y(\boldsymbol{P}) = 0.05P_z = 70.7\ \text{N}\cdot\text{m}$$

$$\boldsymbol{M}_O(\boldsymbol{P}) = M_x(\boldsymbol{P})\boldsymbol{i} + M_y(\boldsymbol{P})\boldsymbol{j} + M_z(\boldsymbol{P})\boldsymbol{k} = 84.9\boldsymbol{i} + 70.7\boldsymbol{j} + 38.2\boldsymbol{k}\ \ (\text{N}\cdot\text{m})$$

可以进一步确定力矩矢量的具体大小和方向，参见式(1-8)。

(3) 直接用矢量运算求解。

力 $\boldsymbol{P}$ 作用点为 $C(-0.05, 0.06, 0)$。

$$\boldsymbol{M}_O(\boldsymbol{P}) = \boldsymbol{r} \times \boldsymbol{P} = \begin{vmatrix} \boldsymbol{i} & \boldsymbol{j} & \boldsymbol{k} \\ x & y & z \\ P_x & P_y & P_z \end{vmatrix} = \begin{vmatrix} \boldsymbol{i} & \boldsymbol{j} & \boldsymbol{k} \\ -0.05 & 0.06 & 0 \\ P_x & P_y & P_z \end{vmatrix}$$

$$= 84.9\boldsymbol{i} + 70.7\boldsymbol{j} + 38.2\boldsymbol{k} \ (\mathrm{N \cdot m})$$

对于任意力对三个坐标轴之矩的计算，可以应用 MATLAB 编写一个通用的计算程序，这样就可以把烦琐、重复的计算交给计算机去完成。

通用程序

【例题 1-2】 如图 1-14 所示，支架受力 $\boldsymbol{F}$ 作用，图中 l_1、l_2、l_3 与 α 角均为已知，求 $M_O(\boldsymbol{F})$。

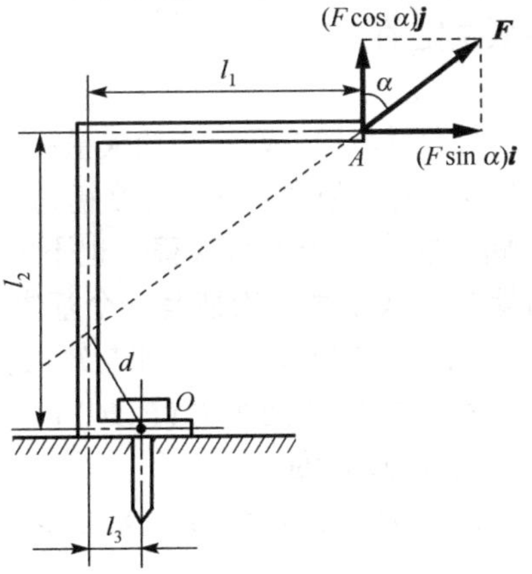

图 1-14　例题 1-2 图

解　同样，本例若直接由力 $\boldsymbol{F}$ 对 O 点取矩，则确定 d 的过程比较麻烦。

可先将力 $\boldsymbol{F}$ 作正交分解，得

$$\boldsymbol{F}_x = (F\sin\alpha)\boldsymbol{i}, \quad \boldsymbol{F}_y = (F\cos\alpha)\boldsymbol{j}$$

再应用合力矩定理，则较为方便。因此有

$$\begin{aligned} M_O(\boldsymbol{F}) &= M_O(\boldsymbol{F}_x) + M_O(\boldsymbol{F}_y) \\ &= (F\cos\alpha)(l_1 - l_3) - (F\sin\alpha)l_2 \\ &= F[(l_1 - l_3)\cos\alpha - l_2\sin\alpha] \end{aligned}$$

1.5 力偶及其力偶矩

1.5.1 力偶的定义

大小相等、方向相反、作用线互相平行但不重合的两个力所组成的特殊力系，称为**力偶** (couple)。

力偶中两个平行力所组成的平面称为**力偶作用面** (acting plane of a couple)。力偶中两个力作用线之间的垂直距离称为**力偶臂** (arm of a couple)。

工程中关于力偶的实例是很多的。例如，人们驾驶汽车时双手施加在方向盘上的两个力，通过传动机构，带动前轮转向。若这两个力大小相等、方向相反、作用线互相平行，则二者组成一力偶。

图 1-15 为拧紧汽车车轮上螺母的专用工具。工作时加在其上的两个力 $\boldsymbol{F}_1$ 和 $\boldsymbol{F}_2$ 方向相反，作用线互相平行，大小相等，组成一力偶。这一力偶通过工具施加在螺母上，使螺母拧紧。

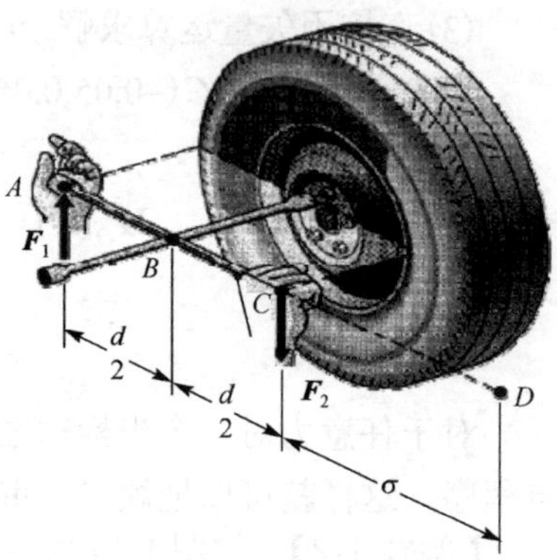

图 1-15　力偶实例

1.5.2　力偶的基本性质及力偶矩

力偶将使物体产生什么样的运动效应？这种效应又如何度量？这些都是由力偶的性质决定的。

性质 1　力偶没有合力。

力偶虽然是由两个力所组成的力系，但这两个力的矢量和显然为零，两力在空间任一轴上的投影之和均为零，所以力偶没有合力。但力偶又不是平衡力系，力偶对刚体有运动效应。

力偶的这一性质表明，力偶不能由一个力来代替，也不能与单个力等效，当然也不能与一个力来平衡。力偶只能与力偶等效或平衡。**力偶是一个基本力学量。**

性质 2　力偶的两力对任一点的矩之和都不变，即与矩心位置无关，称为**力偶矩**。

力偶虽然没有合力，但对于组成力偶的两个力 $(\boldsymbol{F},\boldsymbol{F}')$，其中 $\boldsymbol{F}=-\boldsymbol{F}'$，如果考察它们对空间任意点 O 的矩，如图 1-16 所示，其和为

$$\boldsymbol{M}_O(\boldsymbol{F},\boldsymbol{F}')=\boldsymbol{M}_O(\boldsymbol{F})+\boldsymbol{M}_O(\boldsymbol{F}')=\boldsymbol{r}_A\times\boldsymbol{F}+\boldsymbol{r}_B\times\boldsymbol{F}'=(\boldsymbol{r}_A-\boldsymbol{r}_B)\times\boldsymbol{F}=\boldsymbol{r}_{BA}\times\boldsymbol{F} \tag{1-20a}$$

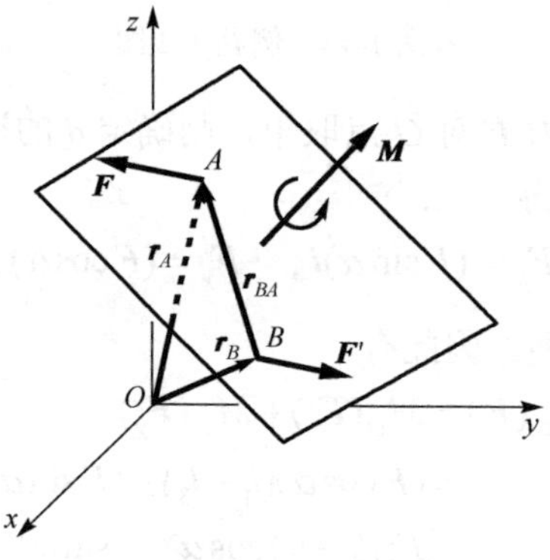

图 1-16　力偶对任一点的矩——力偶矩矢量

式中，$\boldsymbol{r}_{BA}$ 为连接组成力偶二力的作用点的矢径，显然与点 O 的位置无关。这表明：力偶对点之矩与该点的位置无关。不失一般性，式(1-20a)可写成

$$\boldsymbol{M}=\boldsymbol{r}_{BA}\times\boldsymbol{F} \tag{1-20b}$$

$\boldsymbol{M}$ 称为**力偶矩矢量**(moment vector of a couple)。显然，其大小等于力的大小与力偶臂的积，方向符合右手法则，垂直于力偶的作用面。

由此可见，力偶对刚体任一点有相同的矩，使刚体产生相同的转动效应，而这种转动效应由其力偶矩矢量唯一确定。所以，对于刚体而言，力偶矩矢量没有作用点，是**自由矢量**。力偶矩矢量是力偶使刚体产生转动效应的度量。

根据以上性质，表示一个力偶，可以用组成力偶的两个力，也可以用力偶矩矢量，还可以用力偶作用面及其上旋转的箭头(图 1-17)。工程上也会把力偶矩称为**扭矩**。图 1-18 为电动扳手，其前端的旋转套筒在螺母上施加扭矩而旋紧它，而且扭矩的大小可以事先设定好，以适应不同的工况要求。

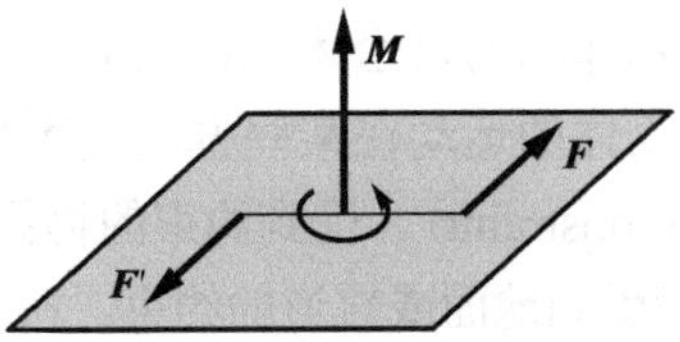

图 1-17　力偶的表示

图 1-18　电动扳手

根据以上力偶的性质，还可以得到以下推论。

推论 1　对于刚体，力偶矩相等的两力偶等效。

推论 2　力偶矩矢量是力偶的唯一度量。即在同一刚体上，只要保持力偶矩矢量不变，可将力偶在其作用平面内任意移动或转动(可移性)，也可以连同其作用平面一起平行移动(可传性)，而不改变力偶对刚体的运动效应，如图 1-19(a)～(d)所示。

推论 3　力偶具有可改造性。即在同一刚体上，只要保持力偶矩矢量不变，可以同时改变力偶中力和力偶臂的大小，而不改变力偶对刚体的作用效果，如图 1-19(e)所示。

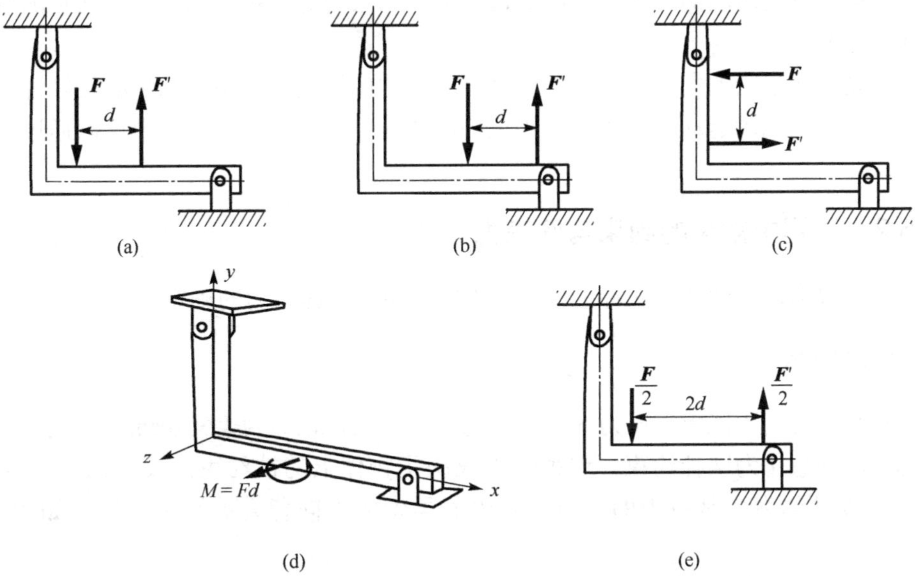

图 1-19　力偶的可移性、可传性和可改造性

根据力偶的性质，确定刚体上的力偶，仅需要确定其力偶矩矢量的大小和方向，称其为**力偶二要素**。

当我们在力偶作用面内考察力偶时，就得到平面力偶问题，这时力偶矩成为代数量，如图 1-20 所示。设 $\boldsymbol{F}$ 、$\boldsymbol{F}'$ 间距为 d，则 $M(\boldsymbol{F},\boldsymbol{F}')=\pm Fd$ ，逆时针转向为正，顺时针转向为负。平面力偶的表示如图 1-20 所示。

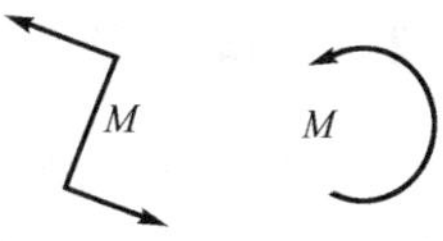

图 1-20　平面力偶的表示

1.6 约束与约束力

1.6.1 约束的概念

如果一个物体的运动不受任何限制，则这类物体称为**自由体**(free body)。如飞行中的飞机、火箭、人造卫星等，都是自由体。如果一个物体的运动在某些方向受到外界物体的直接限制而不允许发生，就称其受到外界物体的**约束**(constraint)。受到约束的物体就是非自由体，也称为**受约束体**(constrained body)。如行驶的车辆受到地面或轨道的约束，桥梁受到桥墩的约束，各种机械中的轴受到轴承的约束。

一般而言，把限制其他物体运动的物体称为约束。地面是车辆的约束，桥墩是桥梁的约束，轴承是轴的约束等。

约束对物体运动的限制往往以两者的直接接触表现出来，接触作用的结果在两个物体上产生一对作用力与反作用力。把其中由约束施加于被约束物体上的力称为**约束反力**，也简称为**约束力**(constraint force)。

这样，可以把作用在物体上的力分为两大类：主动力和约束力。约束力以外的力均称为主动力(active force)或载荷(load)，重力、风力、水压力、电磁力等均属此类。主动力总是使物体发生运动或具有运动的趋势，一般是已知的。约束力是一种被动的力，它是随着主动力的变化而变化的。

约束总是阻止运动的发生，所以约束力具有这样的性质：作用在约束的接触部位，方向总是与约束所要阻挡的运动方向相反。约束力的值往往未知，在静力学中可以通过物体的平衡条件确定。

1.6.2 工程中常见的约束与约束力

约束种类很多，下面介绍几种工程中常见的约束及其约束力的确定。

1. 柔性约束

只能承受拉力而不能承受压力的约束称为柔性约束，也称为**柔索**(cable)。绳索、皮带、链条等都可以理想化为这种约束。这种约束限制了物体上的被约束点发生沿柔索伸长方向的运动，所以其约束力是**拉力**的性质，即沿着柔索的方向背离被约束物体，如图 1-21(a)所示。

在如图 1-21(b)所示的皮带轮传动机构中，皮带虽然有紧边和松边之分，但两边的皮带所产生的约束力都是拉力，只不过紧边的拉力要大于松边的拉力。

柔性约束不能承受压力，所以它所限制的运动是单向的，这种约束也称为**单面约束**。

2. 光滑接触面约束

当两个物体接触面上的摩擦力可以忽略不计时，即可视为光滑接触面。显然，这种约束仅限制两物体发生沿接触面公法线方向的相互进入，而不限制两物体沿接触面公切线方向的滑动。所以光滑接触面的约束力是**法向正压力**，也称为法向约束力，即通过接触点沿着接触面公法线方向指向被约束物体(图 1-22)。光滑接触面约束也是单面约束。

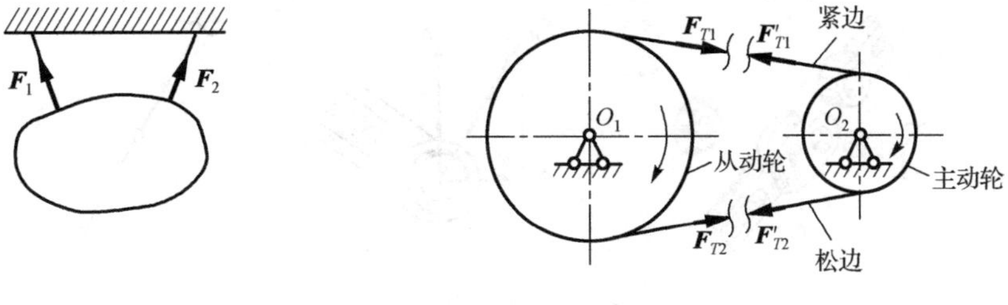

(a)　　(b)

图 1-21　柔性约束

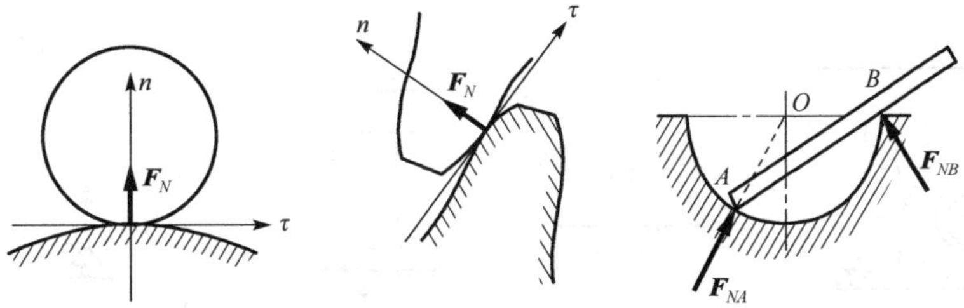

图 1-22　光滑接触面约束

如果两个光滑接触面是线接触或面接触，那么约束力不是集中力而是分散的力系，这时可以用力系的合力来表示约束力。

3. 光滑铰链约束

两个构件用圆柱形光滑销钉插入其光滑销钉孔而连接起来，称为光滑铰链(smooth cylindrical pin)约束，也简称为**铰链约束**或**铰接**。它的实际结构简图如图 1-23(a)所示。这种约束限制了两物体在铰接处的相互分离，但不限制二者绕销钉孔轴线的相对转动。

下面分析铰链对其中一个构件的约束力，它们的接触情况如图 1-23(b)所示。可以看出接触位置随构件所受的外载荷的变化而改变，无法事先确定。因此，这种约束可视为一种接触位置不确定的光滑接触面约束。约束力的方向应沿着接触点处的公法线方向，但由于接触点无法事先确定，因此约束力的方向是未知的。工程上通常用正交分解来表示大小和方向均未知的约束力，在平面问题中这些分量分别为 $\boldsymbol{F}_x$、$\boldsymbol{F}_y$，如图 1-23(b)所示。铰链约束的力学简图如图 1-23(c)所示。

1)固定铰链支座

当光滑铰链连接的两个构件中的一个固定在地面或机架上时，成为固定铰链支座，简称固定铰支座，其结构简图如图 1-24(a)所示。同样，这种约束限制了被约束物体只能绕铰链轴线转动，而不能在铰链支座处有任何移动。其约束力的表示与铰链相同。图 1-24(b)为固定铰支座的力学简图和约束力。

2)可动铰链支座

为了解决桥梁、屋架结构等工程结构由于温度变化而跨度伸长或缩短的问题，在固定铰链支座中解除其对某一方向运动的限制，这就构成了可动铰链支座，简称为可动铰支座或可动支座，其结构简图如图 1-25(a)所示。

这样在固定铰支座的两个约束力分量中，对于可动支座而言就只剩下一个分量，即与可移动方向垂直的分量 $\boldsymbol{F}_N$。图 1-25(b)为它的力学简图和约束力。

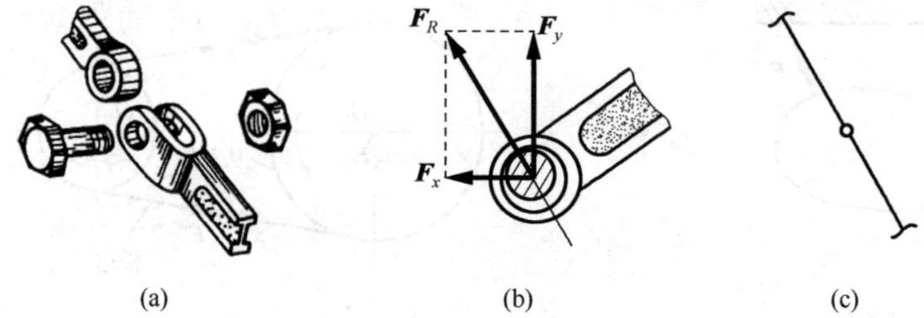

图 1-23　铰链约束

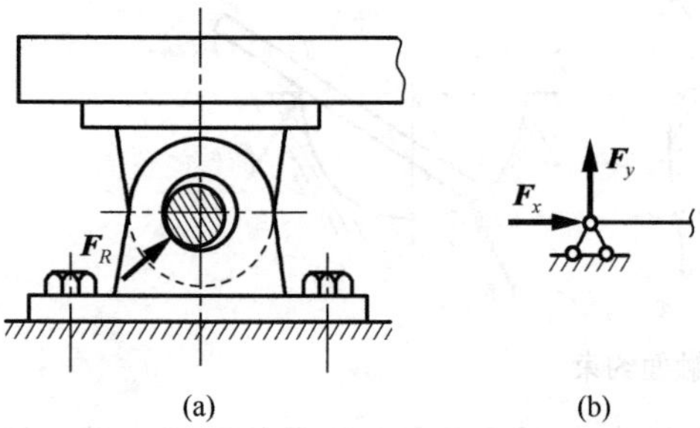

图 1-24　固定铰链支座

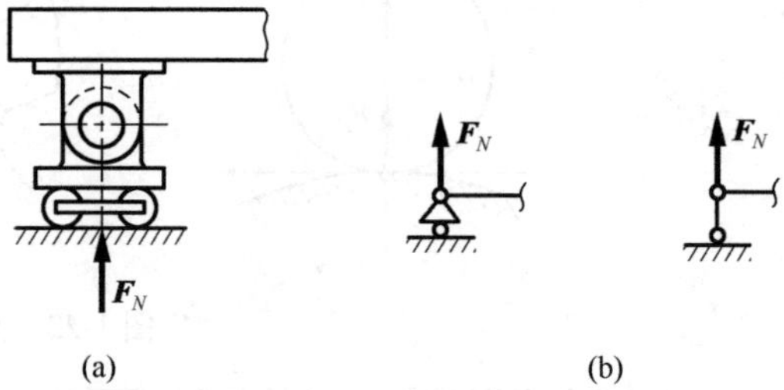

图 1-25　可动铰链支座

需要指出的是，某些工程结构中的可动铰支座，既限制被约束物体向下运动也限制其向上运动。因此，约束力 $\boldsymbol{F}_N$ 垂直于接触面，可能指向上，也可能指向下。这种既能限制物体沿某一方向运动，又能限制其沿相反方向运动的约束，称为**双面约束**。双面约束的约束力的实际指向需要根据平衡条件来确定。

在光滑导槽内的滑块、光滑导杆上的套筒所受的约束也是类似于可动铰支座的双面约束，如图 1-26 所示，其约束力沿轨道或导杆的垂直方向。当然，它们也可视为双面的光滑接触面约束。

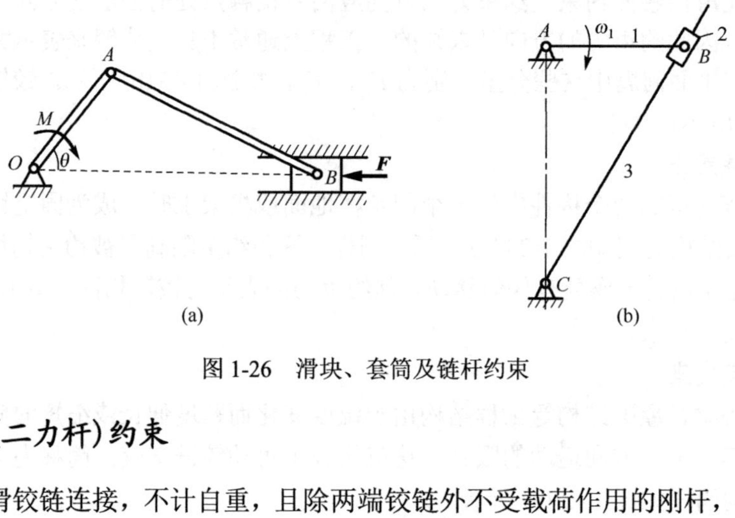

图 1-26　滑块、套筒及链杆约束

4. 链杆(二力杆)约束

两端用光滑铰链连接，不计自重，且除两端铰链外不受载荷作用的刚杆，称为链杆约束，也称为**二力杆约束**。链杆约束是双面约束，约束力沿两铰连线，既可以为拉力，也可以为压力。图 1-26(a)中，无重刚杆 *AB* 就是链杆或二力杆约束。请思考 *OA* 杆呢？

实际结构中，若不计自重的构件无其他外力作用，且构件的两端是光滑铰链连接，则这一构件称为**二力构件**，其约束性质与二力杆相同，是广义的二力杆。图 1-27 所示的各种结构中，请读者判断哪些是二力构件，哪些不是二力构件(不计自重)。

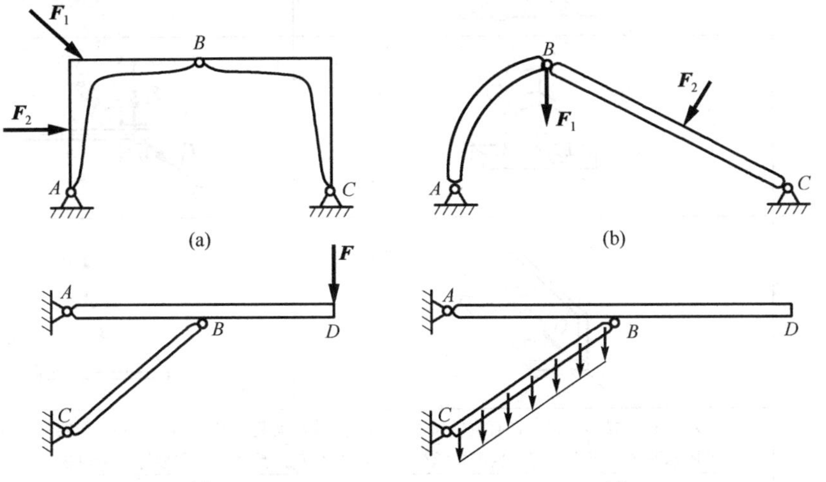

图 1-27　二力构件的判别

5. 平面固定(插入)端约束

将物体一端牢固插入基础或固结在其他物体上，如图 1-28(a)所示，就形成平面固定(插入)端约束。图 1-28(b)是这种约束的示意图。该约束的几何意义是物体在约束端面 *A*-*A* 上不能产生任何分离，所以既限制了物体在 *A* 端的位移，也限制了物体在 *A* 端的转动，其约束力可由两个正交约束反力和一个约束反力偶三者共同表示，如图 1-28(c)所示。

从几何上看，在固定铰支座约束中进一步限制发生转动，就形成固定(插入)端约束，所以固定(插入)端比固定铰支座多出一个限制转动的约束反力偶。

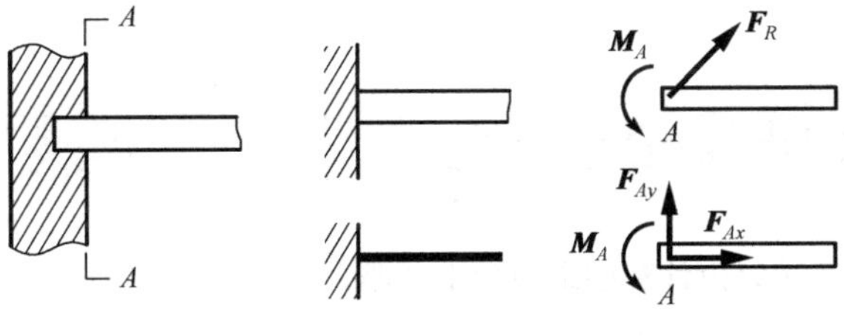

图 1-28　平面固定(插入)端约束

6. 空间约束

空间约束的特征及其约束反力的表示类似于平面约束。柔性约束、光滑接触面约束、链杆约束等本身就是空间形式的；其他常见的空间约束及其约束反力如表 1-1 所示。

表 1-1　几种常见的空间约束及其约束反力

<table>
<tr><td>球铰</td><td></td><td>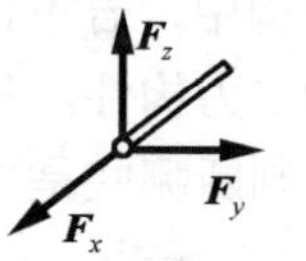</td></tr>
<tr><td>径向轴承</td><td>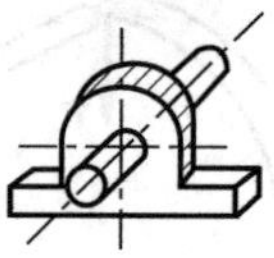</td><td>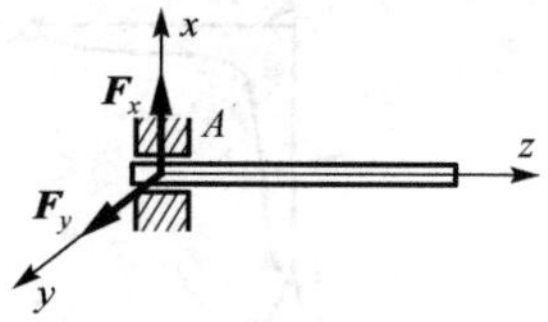</td></tr>
<tr><td rowspan="2">蝶形铰</td><td>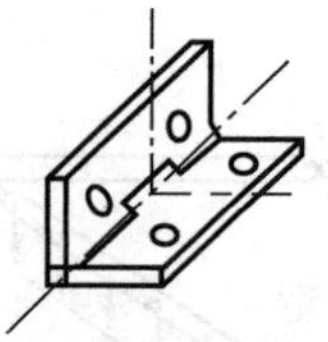</td><td>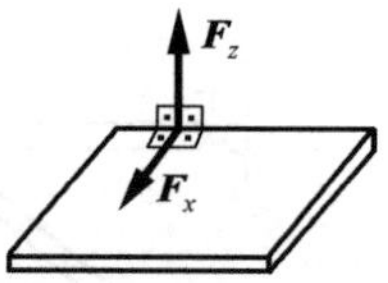</td></tr>
<tr><td colspan="2">从细观上看，蝶形铰只允许有绕转轴的转动，其他运动趋势都被约束限制，但实际工程应用中主要用来承受图示两个约束力，有时也可再承受一个约束力 $\boldsymbol{F}_y$，具体情况需要综合考虑物体的总体约束因素</td></tr>
<tr><td>径向止推轴承</td><td>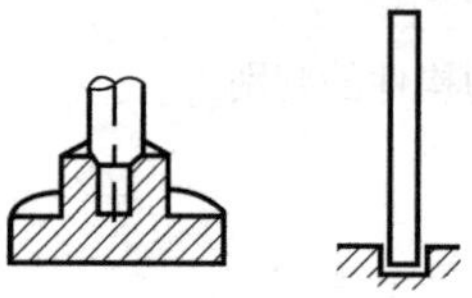</td><td>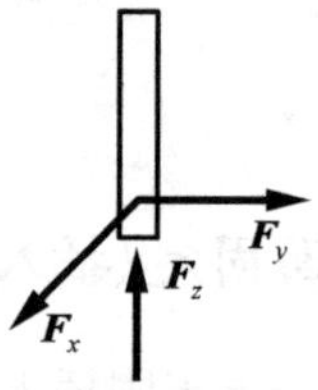</td></tr>
<tr><td>空间固定端</td><td>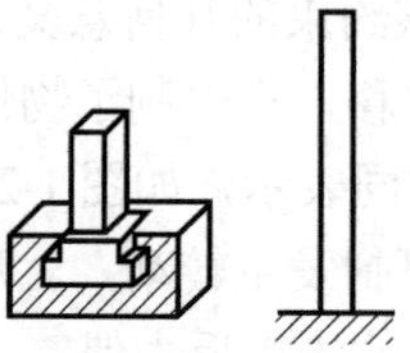</td><td>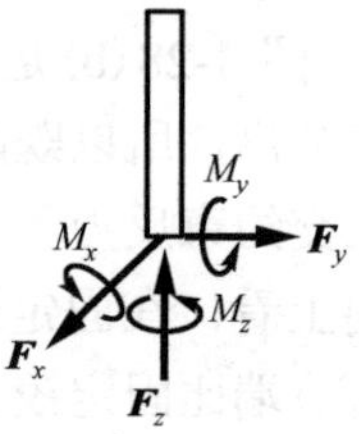</td></tr>
</table>

1.7 受力分析初步

受力分析是静力学问题分析计算中最重要的步骤，也是动力学问题分析计算中的重要环节。受力分析的步骤如下。

(1)确定研究对象。即明确是对哪个物体(或物体组合)进行受力分析。

(2)将该研究对象受到的外部约束全部解除，画出它的简图，称为取**分离体**或**隔离体**(isolated body)。

(3)画出所受到的所有主动力。

(4)画出所受到的所有约束力。

这样完成的图称为**受力图**(free-body diagram)。

受力分析时要注意：①画约束力时，应根据 1.6 节介绍的约束类型来确定约束力。即先判定是什么约束，然后根据这种约束的约束力的表示方法，将其画在受力图上。初学者常会根据自己的想象来确定约束力，这是应当特别注意避免的。②要注意正确表示出作用力与反作用力之间的关系。③内力，即该研究对象内部各物体之间的相互作用力，不必画出。

【例题 1-3】 如图 1-29(a)所示，水平梁 *AB* 受约束。在梁的中点受一铅垂向下的集中力作用，梁的自重不计。试画出梁 *AB* 的受力图。

解　(1)取梁 *AB* 为研究对象，画出它的简图，如图 1-29(b)所示。

(2)画出主动力 $\boldsymbol{F}$。

(3)分析 *A* 处约束力。*A* 处为固定铰支座，它的约束力可用两个正交的分量表示，即 $\boldsymbol{F}_{Ax}$ 和 $\boldsymbol{F}_{Ay}$。这里它们的指向是假设的，以后可以由平衡条件确定。在受力分析时，对于指向无法预先确定的约束力，不必去判定它们的实际指向，可以假设指向。这是因为，在较复杂的情况下，无法判断，而以后很容易由平衡条件来确定。

(4)分析 *B* 处约束力。*B* 处为可动铰支座，它的约束力应垂直于支承面，即应垂直于倾角为 30° 的斜面。所以，画出 $\boldsymbol{F}_B$ 如图 1-29(b)所示。这里它的指向也是假设的。

完成的受力图如图 1-29(b)所示。

本例的受力图还可以有一种形式。图 1-29(b)中，固定铰支座 *A* 处的两个约束力实际是由一个约束力分解出来的，因此梁 *AB* 是受三个力的作用而平衡。其中主动力 $\boldsymbol{F}$ 和 *B* 处约束力 $\boldsymbol{F}_B$ 的作用线为已知，设它们的作用线交于点 *O*。根据三力平衡汇交定理，*A* 处约束力的作用线也必交于点 *O*。据此，可以画出 *A* 处的约束力 $\boldsymbol{F}_A$，如图 1-29(c)所示。

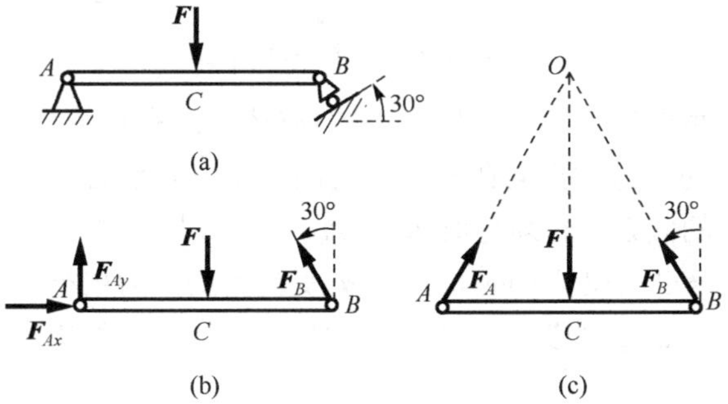

图 1-29　例题 1-3 图

【例题 1-4】 简易吊车如图 1-30(a)所示。*A*、*C* 处为固定铰链支座，*B* 处为光滑铰链约束。起吊重量为 *W*，各构件自重不计。分别画出拉杆 *BC*、水平梁 *AB* 和整体的受力图。

解　(1)取拉杆 *BC*，画出它的简图，如图 1-30(b)所示。在不计自重时，杆 *BC* 只在 *B*、*C* 两点受力且平衡，所以是二力杆。由此可以确定 $\boldsymbol{F}_B$ 和 $\boldsymbol{F}_C$ 必沿 *BC* 连线的方向，这里假设它们为拉力。其受力图如图 1-30(b)所示。

(2)取梁 *AB* 为研究对象，画出它的简图，如图 1-30(c)所示。梁 *AB* 受到的主动力为重物的重力 $\boldsymbol{W}$。*B* 处为光滑铰链约束，受到的约束力与杆 *BC* 在 *B* 处受到的约束力为作用力与反作用力关系，杆 *BC* 在 *B* 处受到的约束力的作用线已确定，所以根据作用力与反作用力关系

可以确定梁 AB 在 B 处所受约束力 $\boldsymbol{F}'_B$ 的作用线和指向；A 处为固定铰链支座，约束力用两个正交的分量表示。其受力图如图 1-30(c)所示。

(3)取整体为研究对象，画出它的简图，如图 1-30(d)所示。画出主动力 $\boldsymbol{W}$，A 处和 C 处的约束力如图 1-30(d)所示。B 处的约束力对所取的研究对象来说是内力，所以不需要画出。其受力图如图 1-30(d)所示。

与例题 1-3 相同，还可以运用三力平衡汇交定理作梁 AB 的受力图，如图 1-30(e)所示。如果将梁 AB 的受力图画成这样，则图 1-30(c)和(d)中 A 处受力的表示也应与这里的 A 处受力一致。

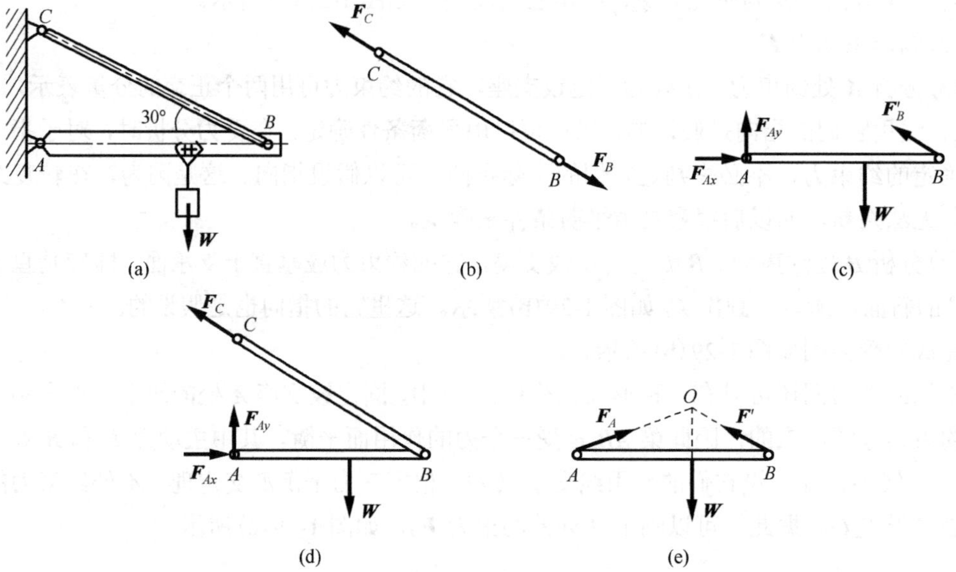

图 1-30　例题 1-4 图

特别指出，同一约束的约束力在不同受力图(整体和所有相关分离体)中的表示应一致。当根据约束性质对一处约束力的指向在一个受力图中做出假设后，其他所有受力图上的该约束力就不能再做出不同的假设，必须与前面的假设一致。上例中，在拉杆 BC 和梁 AB 的两个受力图中，在先画拉杆 BC 的受力图时，点 B 处受到的约束力根据二力杆性质设为拉力，则再画梁 AB 的受力图时，点 B 处受力的指向必须按作用力与反作用力关系确定，而且不能再用正交分解形式。

【例题 1-5】 三铰拱所受主动力和约束如图 1-31(a)所示，其中 $\boldsymbol{F}_3$ 作用在铰链 C 上，各构件自重不计。试分别画出构件 AC、铰链 C 和构件 BC 及整体的受力图。

解　(1)取构件 AC，其中不包括铰链 C，如图 1-31(b)所示。它受到的力有：主动力 $\boldsymbol{F}_1$ 和 $\boldsymbol{F}_2$；固定铰支座 A 处的约束力 $\boldsymbol{F}_{Ax}$ 和 $\boldsymbol{F}_{Ay}$；铰链 C 对点 C 的约束力 $\boldsymbol{F}_{Cx1}$ 和 $\boldsymbol{F}_{Cy1}$。

(2)取构件 BC，其中不包括铰链 C，如图 1-31(d)所示。它受到的力有：主动力 $\boldsymbol{F}_4$ 和 $\boldsymbol{F}_5$；固定铰支座 B 处的约束力 $\boldsymbol{F}_{Bx}$ 和 $\boldsymbol{F}_{By}$；铰链 C 对点 C 的约束力 $\boldsymbol{F}_{Cx2}$ 和 $\boldsymbol{F}_{Cy2}$。

(3)取铰链 C，如图 1-31(c)所示。它受到的力有：主动力 $\boldsymbol{F}_3$；构件 AC 对它的作用力，即 $\boldsymbol{F}_{Cx1}$ 和 $\boldsymbol{F}_{Cy1}$ 的反作用力，用 $\boldsymbol{F}'_{Cx1}$ 和 $\boldsymbol{F}'_{Cy1}$ 表示；构件 BC 对它的作用力，即 $\boldsymbol{F}_{Cx2}$ 和 $\boldsymbol{F}_{Cy2}$ 的反作用力，用 $\boldsymbol{F}'_{Cx2}$ 和 $\boldsymbol{F}'_{Cy2}$ 表示。

(4)取整体，如图 1-31(a′)所示。由于这时铰 C 没有解除约束，故其上约束力不应画出。

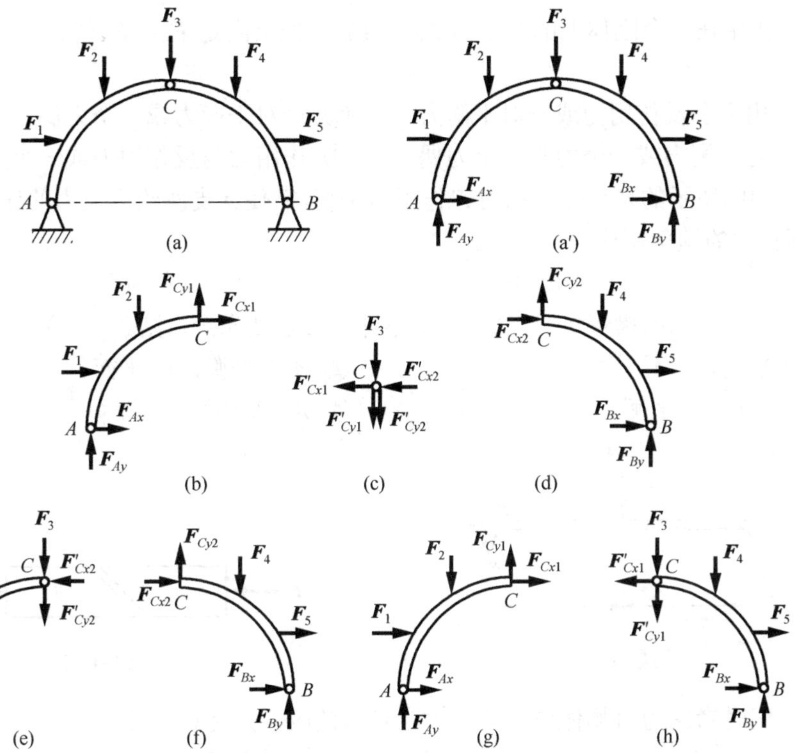

图 1-31　例题 1-5 图

在很多问题中，一般不需要单独分析铰链的受力，通常是将铰链与它所连接构件中的某一个连在一起进行受力分析。

在本例中，如果将铰链 *C* 与构件 *AC* 连在一起，则构件 *AC* 和 *BC* 的受力图如图 1-31(e)和(f)所示。因为力 $\boldsymbol{F}_3$ 是作用在铰链 *C* 上的，现在铰链 *C* 在构件 *AC* 的点 *C* 处，所以力 $\boldsymbol{F}_3$ 就作用在构件 *AC* 连同铰链 *C* 的点 *C* 上。另外，这时对构件 *AC* 来说，$\boldsymbol{F}_{Cx1}$、$\boldsymbol{F}_{Cy1}$、$\boldsymbol{F}'_{Cx1}$ 和 $\boldsymbol{F}'_{Cy1}$ 就成了内力，不应画出。这时，构件 *AC* 连同铰链 *C* 在 *C* 处受到的约束力 $\boldsymbol{F}'_{Cx2}$ 和 $\boldsymbol{F}'_{Cy2}$ 是构件 *BC* 上的 *C* 处受到的约束力 $\boldsymbol{F}_{Cx2}$ 和 $\boldsymbol{F}_{Cy2}$ 的反作用力。

如果将铰链 *C* 与构件 *BC* 连在一起，则构件 *AC* 和 *BC* 的受力图就如图 1-31(g)和(h)所示。这时，力 $\boldsymbol{F}_3$ 就应该作用在构件 *BC* 连同铰链 *C* 的点 *C* 上。构件 *BC* 连同铰链 *C* 在 *C* 处受到的约束力 $\boldsymbol{F}'_{Cx1}$ 和 $\boldsymbol{F}'_{Cy1}$ 是构件 *AC* 上的 *C* 处受到的约束力 $\boldsymbol{F}_{Cx1}$ 和 $\boldsymbol{F}_{Cy1}$ 的反作用力。

以后遇有铰链处受到集中力作用的情况，都可以这样来分析受力，即按图 1-31(e)、(f)或图 1-31(g)、(h)来画受力图。

习　题

1. 选择填空题

1-1　在下述定理、法则、定律及原理中，只适用刚体的有(　　)。

① 二力平衡原理　② 力的平行四边形法则　③ 加减平衡力系原理

④ 力的可传性定理　⑤ 作用与反作用定律

1-2　作用在一个刚体上的两个力 $\boldsymbol{F}_A$ 、$\boldsymbol{F}_B$ ，如果满足 $\boldsymbol{F}_A = -\boldsymbol{F}_B$ 的条件，则该二力可能是(　　)。

① 作用力和反作用力或一对平衡力　　② 一对平衡力或一个力偶

③ 一对平衡力或一个力和一个力偶　　④ 作用力与反作用力或一个力偶

1-3　如图所示的系统受主动力 $\boldsymbol{F}$ 作用而平衡，欲使 A 支座约束反力的作用线与 AB 成30°角，则倾斜面的倾角 α 应为(　　)。

① 0°　　② 30°　　③ 45°　　④ 60°

1-4　如图所示的楔形块 A、B，自重不计，接触处光滑，则(　　)。

① A 平衡，B 不平衡　　② A 不平衡，B 平衡

③ A、B 均不平衡　　④ A、B 均平衡

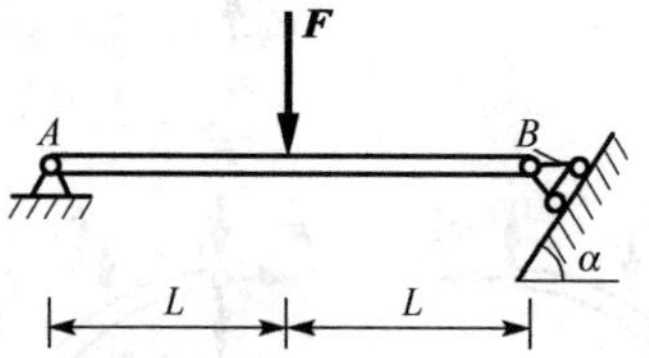

习题 1-3 图

习题 1-4 图

1-5　同时考虑力对物体作用的外效应和内效应，力是(　　)。

① 滑移矢量　　② 自由矢量　　③ 定位矢量

1-6　在图示的三种情况中，当力 $\boldsymbol{F}$ 沿其作用线移到点 D 时，并不改变 B 处受力的情况的是(　　)。

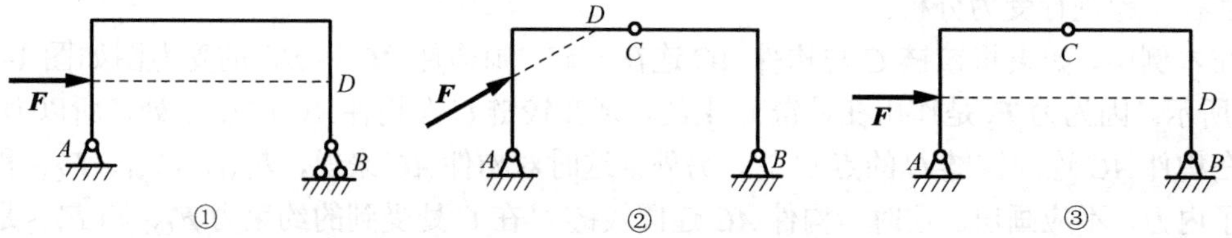

习题 1-6 图

1-7　如图所示，一刚体受两个作用在同一直线上，指向相反的力 $\boldsymbol{F}_1$ 和 $\boldsymbol{F}_2$ 作用，它们的大小关系为 $\boldsymbol{F}_1 = 2\boldsymbol{F}_2$，则该力的合力矢 $\boldsymbol{F}_R$ 可表示为(　　)。

① $\boldsymbol{F}_R = \boldsymbol{F}_1 - \boldsymbol{F}_2$　　② $\boldsymbol{F}_R = \boldsymbol{F}_2 - \boldsymbol{F}_1$

③ $\boldsymbol{F}_R = \boldsymbol{F}_1 + \boldsymbol{F}_2$　　④ $\boldsymbol{F}_R = \boldsymbol{F}_2$

1-8　刚体受三力作用而处于平衡状态，则此三力的作用线(　　)。

① 必汇交于一点　　② 必互相平行　　③ 必皆为零　　④ 必位于同一平面内

1-9　作用在刚体上的力可沿其作用线任意移动，而不改变力对刚体的作用效果。所以在静力学中，力是(　　)矢量。

1-10　将大小为100N 的力 $\boldsymbol{F}$ 沿图示 x、y 方向分解，若 $\boldsymbol{F}$ 在 x 轴上的投影为86.6N，而沿 x 方向的分力的大小为115.47N，则 $\boldsymbol{F}$ 沿 y 轴上的投影为(　　)。

① 0　　② 50N　　③ 70.7N　　④ 86.6N

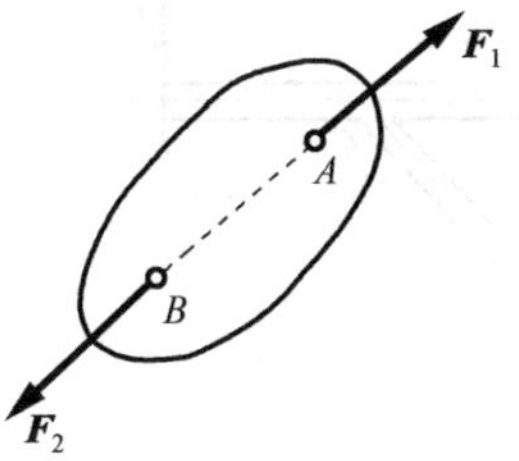

习题 1-7 图

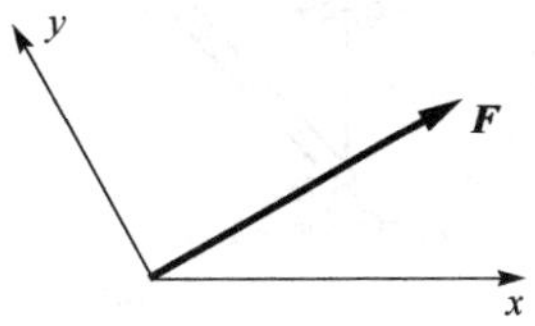

习题 1-10 图

1-11　已知长方体的边长为 a、b、c，顶点 A 的坐标为(1，1，1)，如图所示，则力 $\boldsymbol{F}$ 对 z 轴的矩 $M_z(\boldsymbol{F})$为(　　)。

① $\dfrac{a(b+1)}{\sqrt{a^2+c^2}}F$　　② $-\dfrac{a(b+1)}{\sqrt{a^2+c^2}}F$

③ $\dfrac{ab}{\sqrt{a^2+c^2}}F$　　④ $-\dfrac{ab}{\sqrt{a^2+c^2}}F$

1-12　如图所示，正立方体的前侧面沿对角线 AB 方向作用一力 $\boldsymbol{F}$，则该力(　　)。

① 对 x、y、z 轴之矩全相等　　② 对 x、y、z 轴之矩全不相等

③ 对 x、y 轴之矩相等　　④ 对 y、z 轴之矩相等

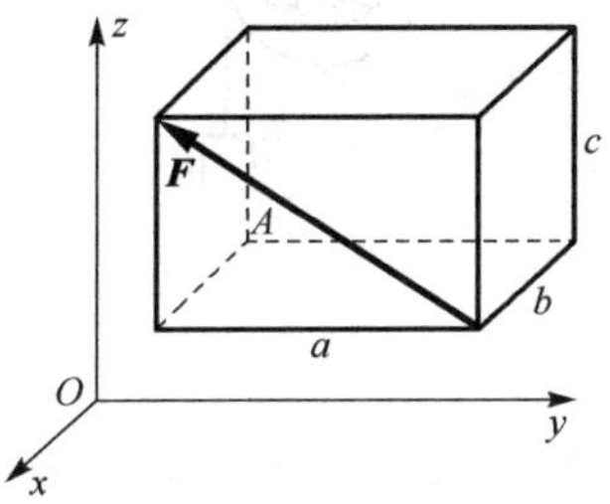

习题 1-11 图

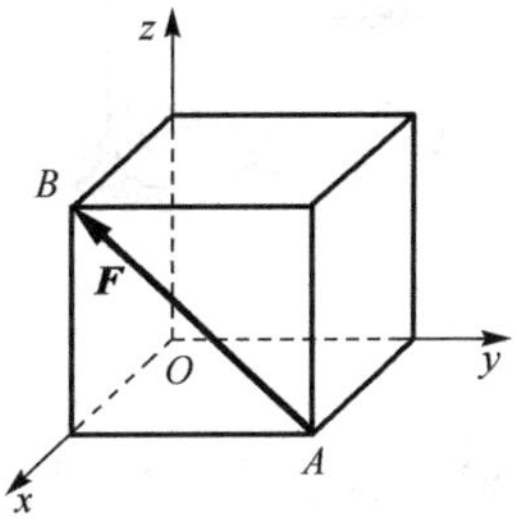

习题 1-12 图

1-13　通过 $A(3，0，0)$、$B(0，1，2)$两点(长度单位为 m)，由 A 指向 B 的力 $\boldsymbol{F}$ 在 z 轴上的投影为(　　)，对 z 轴的矩为(　　)。

2. 分析计算题

1-14　如图(a)、(b)所示，Ox_1y_1 与 Ox_2y_2 分别为正交与斜交坐标系。试将同一力 $\boldsymbol{F}$ 分别对两坐标系进行分解和投影，并比较分力与力的投影。

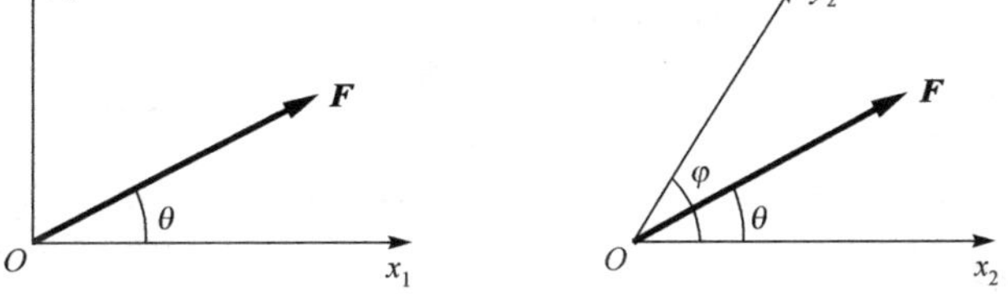

(a)　(b)

习题 1-14 图

1-15　试画出图(a)和(b)两种情形下各物体的受力图，并进行比较。

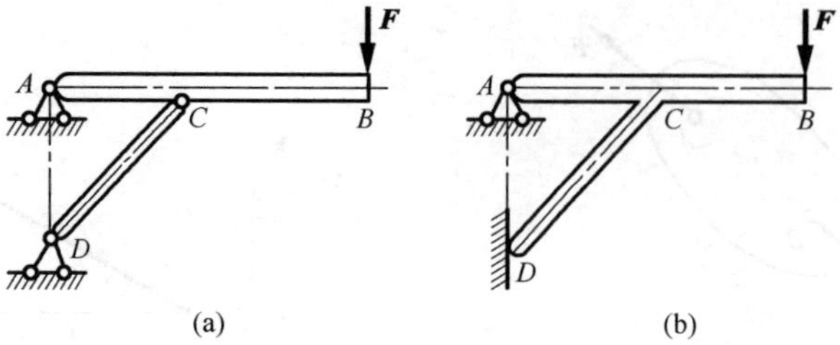

习题 1-15 图

1-16　试画出图示各物体的受力图。

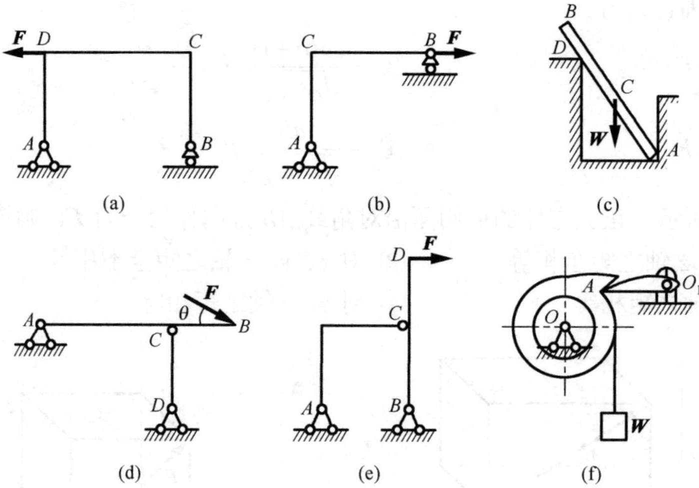

习题 1-16 图

1-17　图(a)所示为三角架结构。荷载 $\boldsymbol{F}_1$ 作用在 B 铰上。AB 杆不计自重，BC 杆自重为 W。试画出图(b)～(d)所示分离体的受力图，并加以讨论。

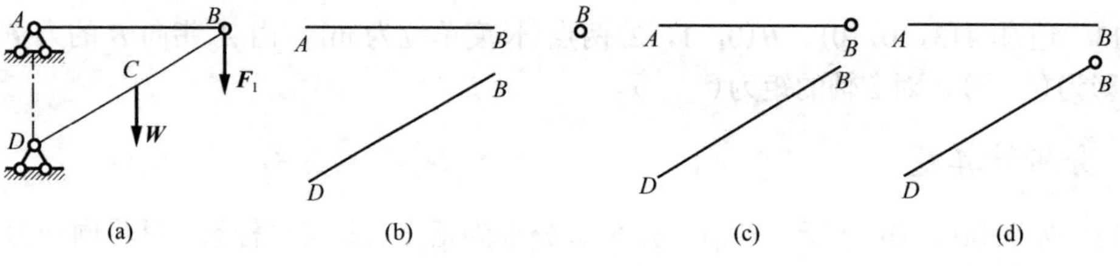

习题 1-17 图

1-18　试画出图示结构中各杆的受力图。

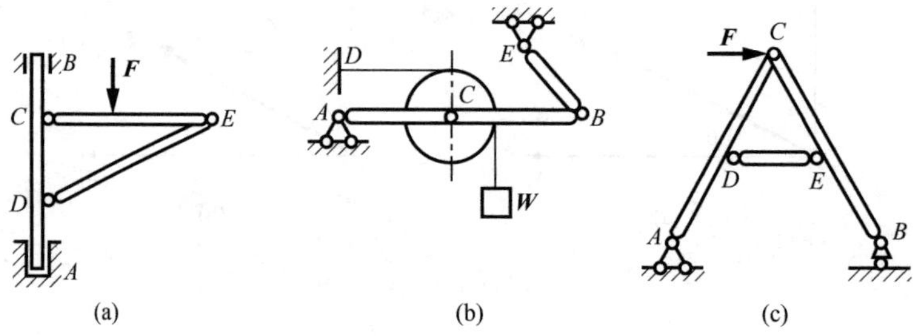

习题 1-18 图

1-19　图示刚性构件 *ABC* 由销钉 *A* 和拉杆 *D* 支撑，在构件的 *C* 点作用有一水平力 $\boldsymbol{F}$。试问如果将力 $\boldsymbol{F}$ 沿其作用线移至 *D* 或 *E*，如图所示，是否会改变销钉 *A* 的受力状况。

1-20　试画出图示连续梁中 *AC* 和 *CD* 梁的受力图。

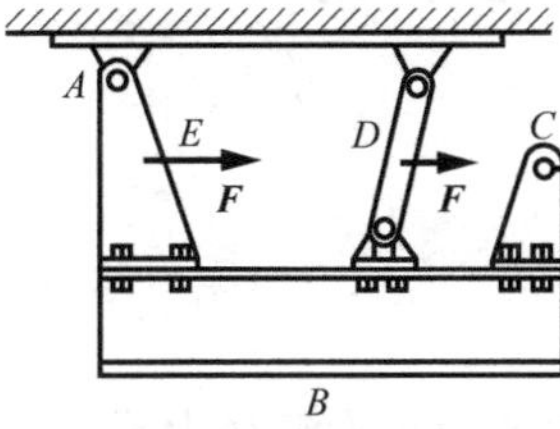

习题 1-19 图

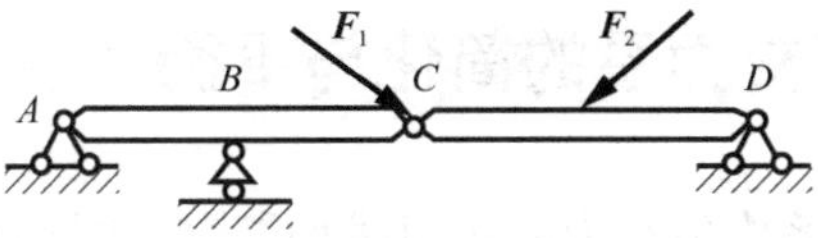

习题 1-20 图

1-21　如图所示，试求力 $\boldsymbol{F}$ 对 *A* 点之矩。

1-22　如图所示，作用于管子扳手柄上的两个力构成一力偶，试求其力偶矩矢量。

1-23　齿轮箱有三个轴，其中 *A* 轴水平，*B* 和 *C* 轴位于 *yz* 铅垂平面内，轴上作用的力偶如图所示。试求合力偶。

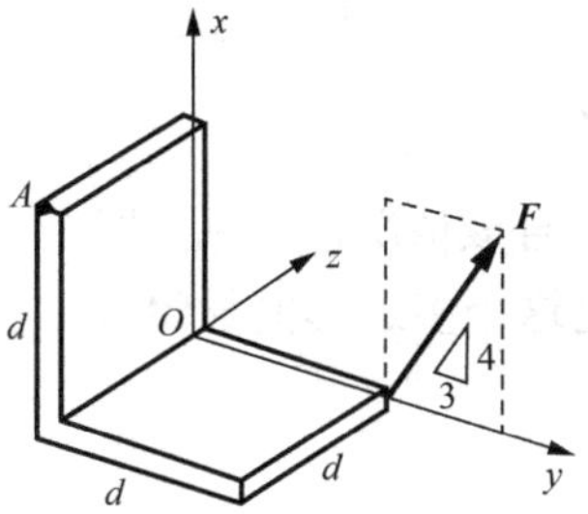

习题 1-21 图

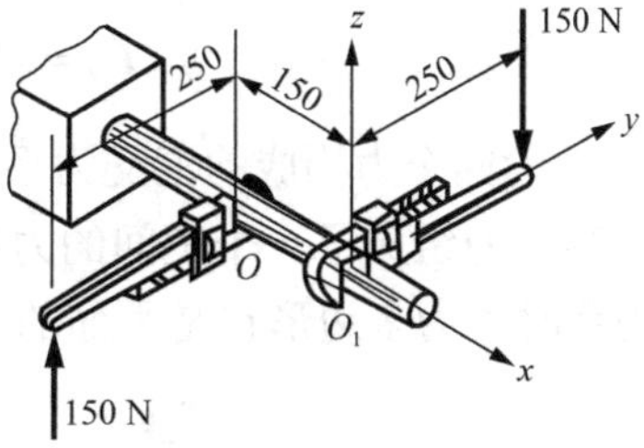

习题 1-22 图

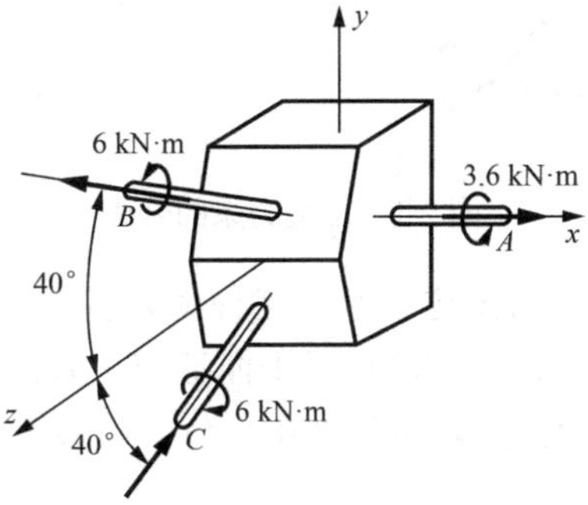

习题 1-23 图

第2章　力系的简化与平衡

2.1 汇交力系的简化与平衡

如果力系中所有力的作用线均汇交于同一个点，则称该力系为**汇交力系**。

2.1.1　汇交力系的简化

当刚体受汇交力系作用时，根据力的可传性定理，力系的每一个力可以沿其作用线移至汇交点，便得到一个和原汇交力系等价的共点力系。由第 1 章已知，共点力系有合力，所以，对刚体而言，**汇交力系有合力**。即汇交力系可以简化(合成)为一个合力，合力的作用线通过汇交点，合力矢为力系各力的矢量和。根据式(1-3a)或式(1-3b)，有

$$\boldsymbol{F}_R=\boldsymbol{F}_1+\boldsymbol{F}_2+\cdots+\boldsymbol{F}_n=\sum\boldsymbol{F}_i \tag{2-1}$$

图 2-1 为四个力构成的汇交力系用三角形法则表达的合成情况，可见，四个力依次首尾相接，与其合力组成了一个空间的**力多边形**，而合力则是这个多边形的封闭边。当汇交力系是平面力系时，力多边形也是平面的。

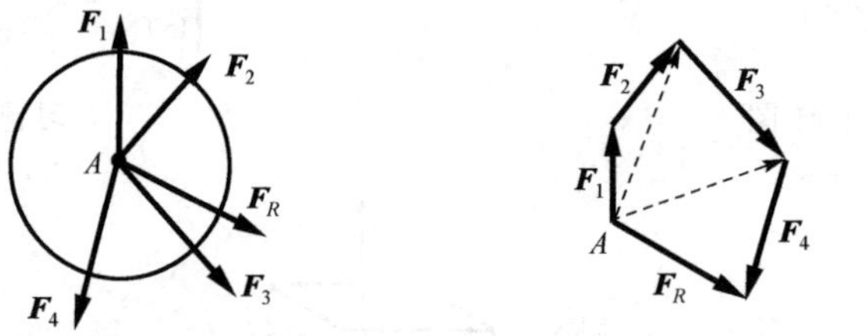

图 2-1　汇交力系的合成

合力在几何上由力多边形的封闭边表示。这种用力多边形表示汇交力系合成的方法称为求汇交力系合力的**力多边形法**。这种方法用于平面汇交力系比较方便。

一般地，求汇交力系的合力常用解析法。在直角坐标系下，合力矢量表示为(这里省略了脚标 i)

$$\boldsymbol{F}_R=\sum(F_x\boldsymbol{i}+F_y\boldsymbol{j}+F_z\boldsymbol{k})=\sum F_x\boldsymbol{i}+\sum F_y\boldsymbol{j}+\sum F_z\boldsymbol{k} \tag{2-2}$$

其三个投影分量为

$$F_{Rx}=\sum F_x,\quad F_{Ry}=\sum F_y,\quad F_{Rz}=\sum F_z \tag{2-3}$$

合力的大小和方向可以通过式(1-8)所示的方法求得。

2.1.2　汇交力系的平衡

显然，**汇交力系平衡的充分必要条件是**：力系的合力为零，即

$$\sum \boldsymbol{F} = \boldsymbol{0} \tag{2-4}$$

由式(2-2)和式(2-3)即有

$$\sum F_x = 0, \quad \sum F_y = 0, \quad \sum F_z = 0 \tag{2-5}$$

上式称为**汇交力系的平衡方程(组)**，是矢量平衡方程(2-4)的投影形式或解析形式。因为坐标系轴可以人为确定，所以上式中三坐标轴的方向可以任意设定，并且允许不正交。但三坐标轴不应有相互平行，也不应三轴共面，否则，尽管平衡方程是正确的，将会导致三个平衡方程的独立性和平衡条件的充分性的缺失，其情形请读者自行分析思考。

空间汇交力系平衡时有三个独立的平衡方程，可以求解三个未知量。对于平面汇交力系，平衡方程组(2-5)中将有一个平衡方程会自动满足而退化为两个独立平衡方程，读者可以自行将其表达出来。

由汇交力系合力为零的几何表达，**汇交力系平衡的几何条件**为：力多边形自行封闭。应用力多边形自行封闭条件，可以通过几何法或图解法求解汇交力系的平衡问题。

【例题 2-1】 压路机碾子重 $P = 20\text{kN}$，半径 $r = 60\text{cm}$，如图 2-2(a)所示，欲碾过高 $h = 8\text{cm}$ 的障碍物。求：在中心 O 应作用的最小水平力 $\boldsymbol{F}$ 和此时碾子对障碍物的压力。

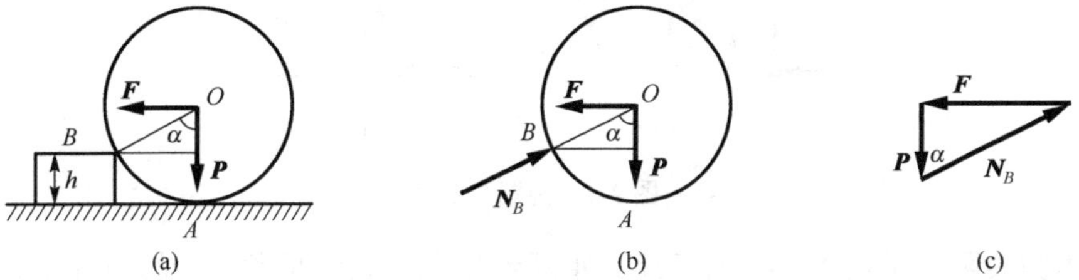

图 2-2　例题 2-1 图

解　选碾子为研究对象，画受力图。当碾子恰好能离开地面且保持平衡时，A 处脱离约束，没有约束力，或约束力为零，受力图如图 2-2(b)所示。此时 $\boldsymbol{F}$、$\boldsymbol{P}$、$\boldsymbol{N}_B$ 构成一平面汇交平衡力系，而 $\boldsymbol{F}$ 为所需的最小力。

解法一：几何法

由汇交力系平衡的几何条件“力多边形自行封闭”，得图 2-2(c)。根据已知几何关系可知

$$F = P \cdot \tan\alpha, \quad N_B = \frac{P}{\cos\alpha}$$

而 $\tan\alpha = \dfrac{\sqrt{r^2-(r-h)^2}}{r-h} = 0.577$，计算可得：$F$=11.5kN，$N_B$=23.1kN。所以应作用的最小水平力 F 为 11.5kN。由作用和反作用力关系，碾子对障碍物的压力是 N_B 的反作用力，等于 23.1kN。

解法二：解析法

本例为平面汇交力系，同前分析，受力图如图 2-2(b)所示，在力系平面内有两个独立的平衡方程。取 x 轴水平向右、y 轴铅直向上，列写汇交力系平衡方程如下：

$$\sum F_y = 0, \qquad N_B \cos\alpha - P = 0$$
$$\sum F_x = 0, \qquad N_B \sin\alpha - F = 0$$

即可解得：$F = P \cdot \tan\alpha = 11.5\text{kN}$，$N_B = \dfrac{P}{\cos\alpha} = 23.1\text{kN}$。

上面之所以先列写 y 方向投影平衡方程，是因为这时的平衡方程中仅有一个未知量 N_B，可以直接求解出来；然后在列写 x 方向投影平衡方程时，就又只含一个未知量 F，能直接求解。这样就避免了求解联立方程组。

几何法一般用在比较简单的平衡问题上，解析法则是求解平衡问题的主要方法。随着研究的深入，力系的复杂程度在增加，相应的独立平衡方程个数也在增加。在应用解析法时，要注意选取好合适的平衡方程和先后次序，尽可能做到一个平衡方程只含一个未知量，避免求解联立方程组。

【例题 2-2】 如图 2-3(a)所示，水平梁 AB 受约束。在梁的中点受一铅垂向下的集中力 $\boldsymbol{F}$ 作用，梁的自重不计。求支座 A、B 的约束反力。

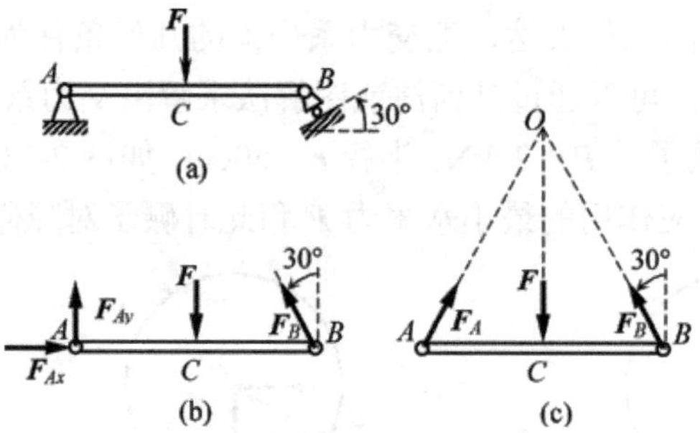

图 2-3　例题 2-2 图

解　本例实际上是例题 1-3 的延续。重新给出已经得到的梁 AB 的两种受力图。就受力图 2-3(c)而言，梁 AB 上实际受到 $\boldsymbol{F}$、$\boldsymbol{F}_A$、$\boldsymbol{F}_B$ 三个力的作用而平衡，且三力作用线汇交于点 O，并由几何关系可知 $\boldsymbol{F}_A$ 与铅直线也成 30°。据此，可以根据汇交力系平衡条件列写投影平衡方程。

对于平面直角坐标系的选取，为简化起见，约定在不作说明的情况下总是取 x 轴水平向右和 y 轴铅直向上为正向，这时可以不将 x、y 轴具体画出来。列写平衡方程如下：

$$\sum F_x = 0\ ,\quad F_A\sin30^\circ - F_B\sin30^\circ = 0\ ,\quad F_A = F_B$$

$$\sum F_y = 0\ ,\quad F_A\cos30^\circ - F + F_B\cos30^\circ = 0$$

解得支座 A、B 的约束反力为：$F_A = F_B = \dfrac{\sqrt{3}}{3}F$，方向如图 2-3(c)所示。

这里解得的 F_A、F_B 均为正值，表明其真实方向与图示(假设)方向一致；反之，如果得到的是负值，则表明力的实际指向与图示方向相反。这里 A 支座的约束力在未解出之前是指向未知的，也可以先假定 $\boldsymbol{F}_A$ 的方向与图 2-3(c)中相反，指向左下方，然后重新考虑其在投影平衡方程中的符号，这样解出的结果就是负值，读者不妨验证一下。

对受力图 2-3(b)而言，梁 AB 受到四个非汇交的力的作用而平衡，这时，上面所列两个独立投影平衡方程不足以求解三个未知量，将在任意力系平衡问题中通过新的力矩平衡方程来解决此问题。至于为何这两种受力分析方法的未知量个数不同，在例题 1-3 中已经有所讨论。

至于如何用几何法求解，请读者自行思考。

【例题 2-3】 图 2-4 所示结构中，AB、AC、AD 三杆由球铰连接于 A 处；B、C、D 三处均为固定球铰支座。若在 A 处悬挂重物的重量 W 为已知，不计各杆自重，试求三杆的受力。

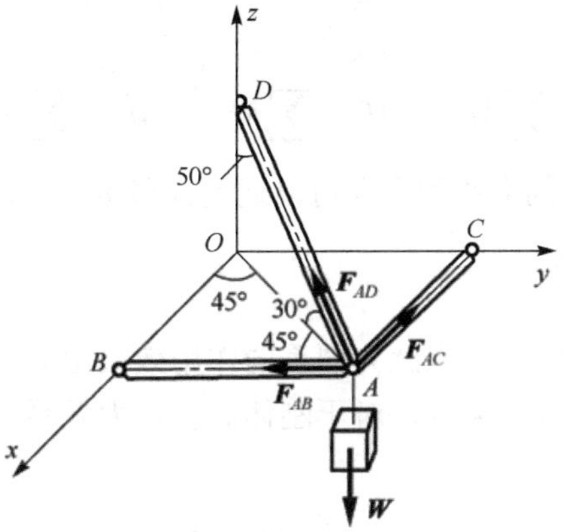

图 2-4　例题 2-3 图

解　以 A 处的球铰为研究对象。由于 AB、AC、AD 三杆都是两端铰接，杆上无其他外力作用，故都是二力杆。因此，三杆作用在 A 处球铰上的力 $\boldsymbol{F}_{AB}$、$\boldsymbol{F}_{AC}$、$\boldsymbol{F}_{AD}$ 的作用线分别沿着各杆的轴线方向，假设三者的指向都是背向 A 点的(即假设三杆均受拉)。

A 铰所受的四个力构成空间汇交力系，因此 A 铰平衡时，$\boldsymbol{F}_{AB}$、$\boldsymbol{F}_{AC}$、$\boldsymbol{F}_{AD}$ 和主动力 $\boldsymbol{W}$ 应满足汇交力系平衡方程。根据受力图中的几何关系，列出三个独立的平衡方程：

$$\sum F_z = 0,\quad F_{AD}\sin 30^\circ - W = 0,\quad F_{AD} = 2W$$

$$\sum F_x = 0,\quad -F_{AC} - F_{AD}\cos 30^\circ \sin 45^\circ = 0,\quad F_{AC} = -\frac{\sqrt{6}}{2}W$$

$$\sum F_y = 0,\quad -F_{AB} - F_{AD}\cos 30^\circ \cos 45^\circ = 0,\quad F_{AB} = -\frac{\sqrt{6}}{2}W$$

由于为负，故 $\boldsymbol{F}_{AB}$、$\boldsymbol{F}_{AC}$ 的实际方向与图示方向相反，对应二杆受压。

在以上分析中，计算 $\boldsymbol{F}_{AD}$ 在 x、y 方向的投影时，用的是间接投影法。

2.2 力偶系的简化与平衡

2.2.1 力偶系的简化

两个或两个以上力偶组成的力系，称为力偶系(system of couples)。作用于刚体的力偶具有可移性，其力偶矩矢为自由矢量，所以对于作用于刚体的力偶系，可以将各力偶矩矢移至同一个汇交点。与汇交力系同理，应用矢量合成，可以将力偶系中的诸个力偶合成为一个合力偶。因此，就有了对**力偶系的简化结果**：对刚体而言，力偶系可以简化(合成)为一个合力偶，合力偶矩矢为力偶系各力偶矩矢的矢量和。换而言之：**力偶系有合力偶**，其合力偶矩矢为

$$\boldsymbol{M} = \sum \boldsymbol{M}_i \tag{2-6}$$

在直角坐标系下：

$$\boldsymbol{M}=\sum M_{ix}\boldsymbol{i}+\sum M_{iy}\boldsymbol{j}+\sum M_{iz}\boldsymbol{k} \tag{2-7}$$

其三个投影分量为

$$M_x=\sum M_{ix},\quad M_y=\sum M_{iy},\quad M_z=\sum M_{iz} \tag{2-8}$$

同样，由式(2-8)，合力偶矩的大小和方向可以通过式(1-8)所示的方法求得。

2.2.2　力偶系的平衡

力偶系没有合力而有合力偶，因此力偶系的作用效果由其合力偶决定。力偶作用于物体而平衡的条件是其力偶矩为零。所以，对于刚体而言，**力偶系平衡的充分必要条件是：力偶系的合力偶矩为零**，即

$$\boldsymbol{M}=\sum \boldsymbol{M}_i=\boldsymbol{0} \tag{2-9}$$

由式(2-7)、式(2-8)，其解析表达式为(省略脚标 i，下同)

$$\sum M_x=0,\quad \sum M_y=0,\quad \sum M_z=0 \tag{2-10}$$

上式为力偶系的三个独立平衡方程。对它们有类同于对汇交力系平衡方程(2-5)的讨论结果，这里不再赘述。

若力偶系中的所有力偶都作用在同一平面内，即为**平面力偶系**。这时所有力偶以及合力偶的力偶矩矢量均垂直于其共同的作用面而互相平行。不妨设作用面为 xy 坐标面，这时，式(2-10)中的前两式自动满足，只有一个独立平衡方程：$\sum M_z=0$。所以，**平面力偶系平衡的充要条件**是：力偶系中所有力偶矩的代数和等于零。

$$\sum M=0 \tag{2-11}$$

【例题 2-4】 圆弧杆 AB 与折杆 BDC 在 B 处光滑铰接，A、C 两处均为固定铰支座，结构受力如图 2-5(a)所示，图中 $l=2r$，圆弧杆 AB 与折杆 BDC 自重不计。若 r、M 为已知，试求 A、C 两处的约束力。

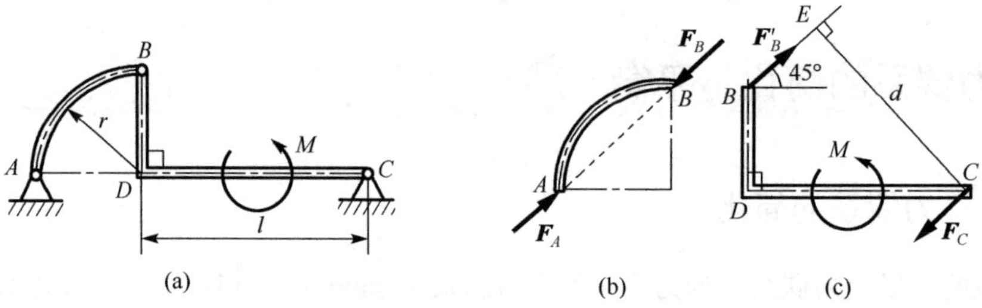

图 2-5　例题 2-4 图

解　受力分析。圆弧杆两端 A、B 均为铰链，中间无外力作用，因此圆弧杆为二力杆。A、B 两处的约束力 $\boldsymbol{F}_A$ 和 $\boldsymbol{F}_B$ 大小相等、方向相反并且作用线与 AB 连线重合。其受力图如图 2-5(b)所示。

折杆 BDC 在 B 处的约束力 $\boldsymbol{F}_B'$ 与圆弧杆上 B 处的约束力 $\boldsymbol{F}_B$ 互为作用力与反作用力，故二者方向相反；C 处为固定铰支座，本有一个方向待定的约束力，但由于作用在折杆上的只有一个外加力偶，因此，为保持折杆 BDC 平衡，约束力 $\boldsymbol{F}_C$ 和 $\boldsymbol{F}_B'$ 必组成一力偶，与外加力偶平衡。于是折杆 BDC 的受力如图 2-5(c)所示。

根据平面力偶系平衡条件式(2-11)，对于折杆 BCD 有

$$\sum M = 0,\quad M - F_C d = 0$$

根据图 2-5(c)所示之几何关系，有

$$d = \frac{\sqrt{2}}{2}r + \frac{\sqrt{2}}{2}l = \frac{3\sqrt{2}}{2}r$$

求得

$$F_C = F_B = F_A = \frac{\sqrt{2}}{3}\frac{M}{r}$$

请读者思考：本例中，力偶 M 如果移至圆弧杆 AB 上，结果会怎样？这是否与力偶矩是自由矢量的性质相矛盾，为什么？

当然，本例也可以直接应用后面所讲的平面任意力系的平衡方程求解，这时，固定铰支座 C 处的约束力可用两正交分力表示。

2.3 任意力系的简化

由空间若干力和力偶所组成的力系，称为**任意力系**(arbitrary force system)，又称一般力系。作为特殊情况，如果力系中所有力矢量，包括构成力偶的力矢量都位于同一个平面内，则称为**平面任意力系**。将任意力系等效地变换为一个力，或一个力偶，或一个力与一个力偶这样的简单形式的过程，称为**力系的简化**(reduction of a force system)。简化的思路是把所有的力都等效地移到同一点后再合成，这就需要先解决力的等效平移问题。

2.3.1 力的平移定理

我们已经知道，作用在刚体上的力，可以沿其作用线滑移至另一点，并不会影响其对刚体的运动效应。但若离开原作用线，即平行移动至另一点，则刚体的运动效应会发生变化。那么，怎样才能使作用在刚体上的力从一点平移至另一点，而保持其对刚体的运动效应不变呢？

考察图 2-6(a)所示之作用在刚体上 A 点的力 $\boldsymbol{F}_A$，为使这一力等效地从 A 点平移至 B 点，先在 B 点施加与 $\boldsymbol{F}_A$ 平行且大小相等的一对等值、反向、共线的力 $\boldsymbol{F}_A$ 和 $\boldsymbol{F}_A'$，如图 2-6(b)所示。这样，由三个力组成的力系就与原来作用在 A 点的一个力等效。再看这三个力中，作用在 A 点的力 $\boldsymbol{F}_A$ 与作用在 B 点的力 $\boldsymbol{F}_A'$ 组成一力偶，其力偶矩矢量为 $\boldsymbol{M} = \boldsymbol{r}_{BA} \times \boldsymbol{F}_A$，如图 2-6(c)所示。其结果是，力偶 $\boldsymbol{M}$ 与作用在 B 点的力 $\boldsymbol{F}_A$ 共同作用，就与原来作用在 A 点的一个力 $\boldsymbol{F}_A$ 的单独作用等效了。不难发现，这一力偶 $\boldsymbol{M}$ 的力偶矩矢量就等于原来作用在 A 点的力 $\boldsymbol{F}_A$ 对 B 点之矩，也称之为原力 $\boldsymbol{F}_A$ 对其平移后新作用点的附加力偶矩。

上述分析表明：若要使作用在刚体上的力向任一点平移而不改变原力的作用效果，则需在平移后附加一力偶，其力偶矩矢量等于原力对新作用点之矩。这一结论称为**力的平移定理**。

换句话说，力向一点平移后，得到一个力和一个力偶，该力矢等于原力矢，该力偶矩等于原力对新作用点之矩。也可以说，一个力通过平移可分解为一个力和一个力偶。

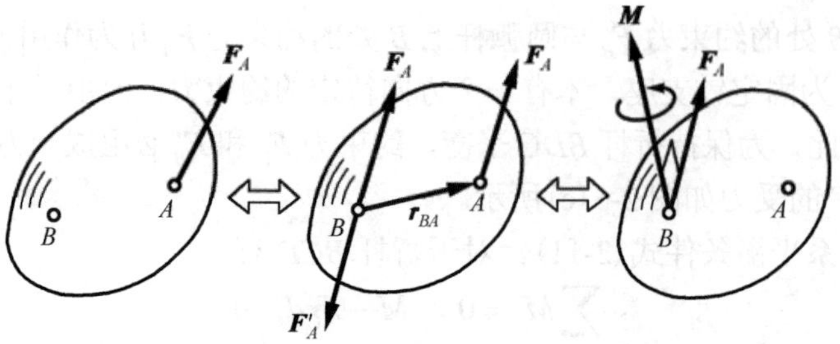

图 2-6　力的平移定理

力的平移定理的**逆定理**：一个力和一个矩矢与其相正交的力偶，可以合成为一个力，合成后的力矢量保持不变，其作用线发生平移。如何确定作用线的移动，请读者思考。

在工程与生活实际中，与力的平移有关的例子很多，如使用扳手拧紧螺母等，都可由力的平移定理解释。

安放在太空飞船表面不同位置的小型反作用控制推进器为飞船提供位置和姿态控制动力，如图 2-7 所示。其反推力向飞船质心平移后，得到一个通过质心的推力和一个附加力偶，前者改变飞船质心的运动和位置，后者改变飞船绕质心的转动和姿态。

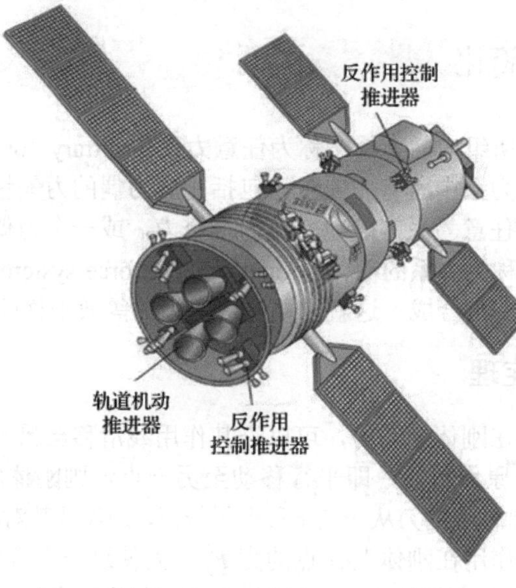

图 2-7　力的平移——飞船位置和姿态的控制

2.3.2　力系的主矢与主矩

力系的主矢与主矩是力系的特征量。

定义 1　任意力系($\boldsymbol{F}_1,\boldsymbol{F}_2,\cdots,\boldsymbol{F}_n$)中所有力的矢量和，称为力系的主矢量，简称为主矢(principal vector)，如图 2-8 所示，即

$$\boldsymbol{F}'_R=\sum \boldsymbol{F}_i \tag{2-12}$$

其投影式为

$$F'_{Rx}=\sum F_{ix},\qquad F'_{Ry}=\sum F_{iy},\qquad F'_{Rz}=\sum F_{iz} \tag{2-13}$$

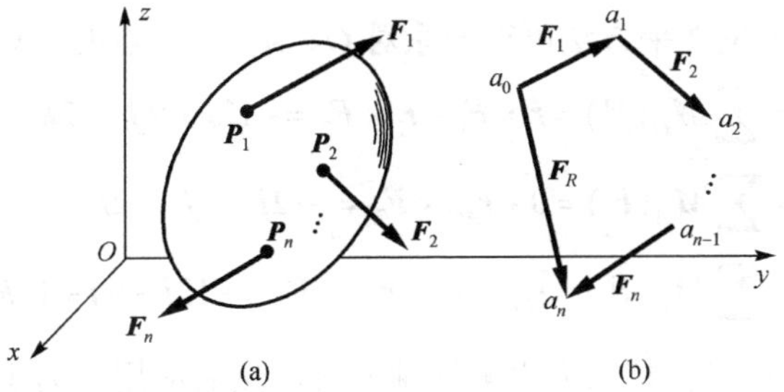

图 2-8　力系的主矢

力系的主矢只是力系所有力的矢量和，有力的量纲，但不是力系的合力，所以没有具体的物理意义，也没有具体的作用点。

定义 2　力系中所有力对于同一点之矩的矢量和，称为力系对这一点的**主矩**(principal moment)，如图 2-9 所示，即

$$\boldsymbol{M}_O(\boldsymbol{F}) = \sum \boldsymbol{M}_O(\boldsymbol{F}_i) = \sum (\boldsymbol{r}_i \times \boldsymbol{F}_i) \tag{2-14}$$

其投影式为

$$\begin{cases} M_{Ox}(\boldsymbol{F}) = \sum M_{Ox}(\boldsymbol{F}_i) \\ M_{Oy}(\boldsymbol{F}) = \sum M_{Oy}(\boldsymbol{F}_i) \\ M_{Oz}(\boldsymbol{F}) = \sum M_{Oz}(\boldsymbol{F}_i) \end{cases} \tag{2-15}$$

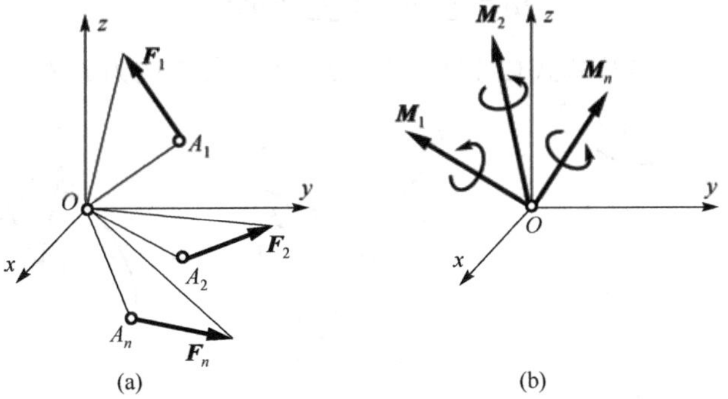

图 2-9　力系的主矩

因为同一个力对于不同矩心的力矩各不相同，因此力系的主矩与所选的矩心有关，也有其物理意义。

【例题 2-5】图 2-10 中所示为 $\boldsymbol{F}_1$、$\boldsymbol{F}_2$ 组成的空间力系，试求力系的主矢 $\boldsymbol{F}_R$ 以及力系对 O、A、E 三点的主矩。

解　设 $\boldsymbol{i}$、$\boldsymbol{j}$、$\boldsymbol{k}$ 为 x、y、z 方向的单位矢量，则力系中的二力可写成

$$\boldsymbol{F}_1 = 3\boldsymbol{i} + 4\boldsymbol{j}, \quad \boldsymbol{F}_2 = 3\boldsymbol{i} - 4\boldsymbol{j}$$

由二者的矢量和可得力系的主矢为

$$\boldsymbol{F}_R' = \sum \boldsymbol{F}_i = \boldsymbol{F}_1 + \boldsymbol{F}_2 = 6\boldsymbol{i}$$

其结果是沿 x 轴正方向，数值为 6 的矢量。

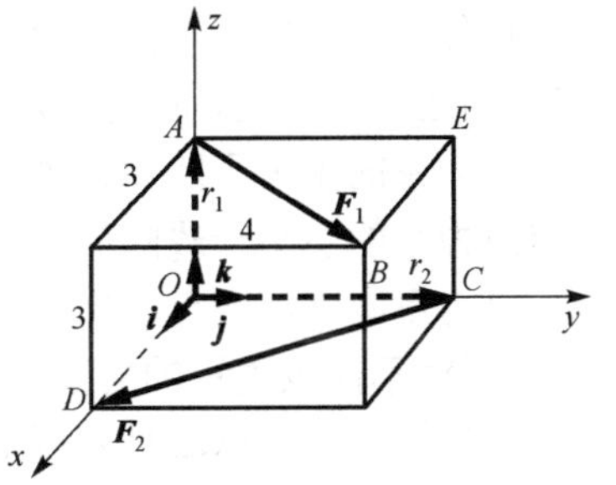

图 2-10　例题 2-5 图

应用式(2-14)以及矢量叉乘方法可得力系对 O、A、E 三点的主矩分别为

$$\boldsymbol{M}_O(\boldsymbol{F})=\sum \boldsymbol{M}_O(\boldsymbol{F}_i)=\boldsymbol{r}_1\times\boldsymbol{F}_1+\boldsymbol{r}_2\times\boldsymbol{F}_2=-12\boldsymbol{i}+9\boldsymbol{j}-12\boldsymbol{k}$$

$$\boldsymbol{M}_A(\boldsymbol{F})=\sum \boldsymbol{M}_A(\boldsymbol{F}_i)=0+\boldsymbol{r}_{AC}\times\boldsymbol{F}_2=-12\boldsymbol{i}-9\boldsymbol{j}-12\boldsymbol{k}$$

$$\boldsymbol{M}_E(\boldsymbol{F})=\sum \boldsymbol{M}_E(\boldsymbol{F}_i)=\boldsymbol{r}_{EA}\times\boldsymbol{F}_1+\boldsymbol{r}_{EC}\times\boldsymbol{F}_2=-12\boldsymbol{i}-9\boldsymbol{j}+12\boldsymbol{k}$$

求对 O 点的主矩时，也可以先把二力沿坐标轴分解，然后应用合力矩定理分别求得它们对三坐标轴的合力矩，即式(2-15)，得到对 O 点主矩的三个投影分量。同样方法也可用来求对 A、E 两点的主矩，只要把 A、E 两点分别视为坐标原点即可。

2.3.3 任意力系向一点的简化

考察作用在刚体上的空间任意力系($\boldsymbol{F}_1,\boldsymbol{F}_2,\cdots,\boldsymbol{F}_n$)，如图 2-11(a)所示(考虑一般性，其中包括组成力偶的力矢量)。在刚体上任取一点，如 O 点，这一点称为**简化中心**。

应用力的平移定理，将力系中所有的力 $\boldsymbol{F}_1,\boldsymbol{F}_2,\cdots,\boldsymbol{F}_n$ 逐个向简化中心 O 平移，得到一个由汇交于 O 点的 $\boldsymbol{F}_1,\boldsymbol{F}_2,\cdots,\boldsymbol{F}_n$ 组成的汇交力系，以及一个由附加力偶 $\boldsymbol{M}_{O1}$, $\boldsymbol{M}_{O2},\cdots$, $\boldsymbol{M}_{On}$ 组成的力偶系，如图 2-11(b)所示。平移后的汇交力系和力偶系，可以分别再简化(合成)为一个作用于 O 点的合力 $\boldsymbol{F}_R'$ 以及合力偶 $\boldsymbol{M}_O$，如图 2-11(c)所示，分别为

$$\begin{cases}\boldsymbol{F}_R'=\sum \boldsymbol{F}_i\\ \boldsymbol{M}_O=\sum \boldsymbol{M}_{Oi}=\sum \boldsymbol{M}_O(\boldsymbol{F}_i)\end{cases}\tag{2-16}$$

其投影分量的形式同式(2-13)和式(2-15)，$\boldsymbol{M}_O(\boldsymbol{F}_i)$ 为平移前的力 $\boldsymbol{F}_i$ 对简化中心 O 点之矩。

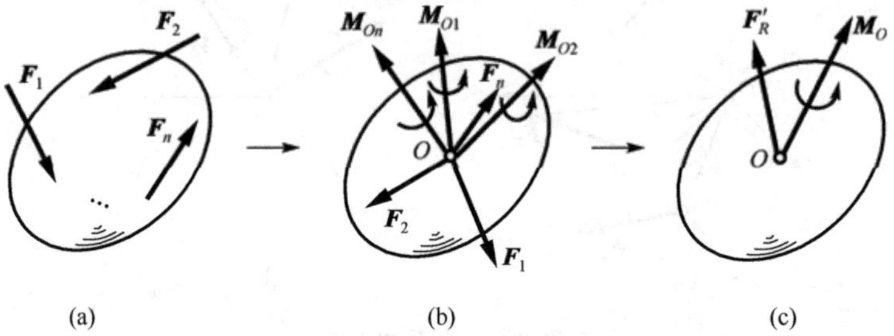

图 2-11　任意力系的简化

比较力系的主矢和主矩，上述结果表明：

(1) **任意力系向任一简化中心简化的结果是**得到一个力和一个力偶。这个力就是该力系的主矢，而这个力偶就是该力系对简化中心的主矩。

(2) 力系的主矢不随简化中心的改变而改变，故称为力系的不变量。

(3) 力系的主矩一般随简化中心的改变而改变。

(4) 力系向不同的点简化时，主矢保持不变；主矩一般不同。

力系对不同点主矩的关系　当把力系向 O 点简化的结果再次向其他任一点 A 进行二次简化时，可以证明(注意这时只需平移主矢 $\boldsymbol{F}_R'$)，力系对于不同点的主矩存在以下关系：

$$\boldsymbol{M}_O=\boldsymbol{M}_A+\boldsymbol{r}_{OA}\times\boldsymbol{F}_R'\tag{2-17}$$

读者不妨自行证明。

在第 1 章的约束问题中讨论了固定端(插入端)约束的约束力和约束力偶。从力系简化的角度分析，它们就是基础给构件插入端部分的分布约束力系，向构件 A 端简化的结果，如图 2-12 所示。此外，把杆或梁等构件在某处截断后，断面也会形成类似固定端约束。其上连续分布的内力暴露出来成为约束力，可用同样方法进行处理。这种情况常见于材料力学分析中。

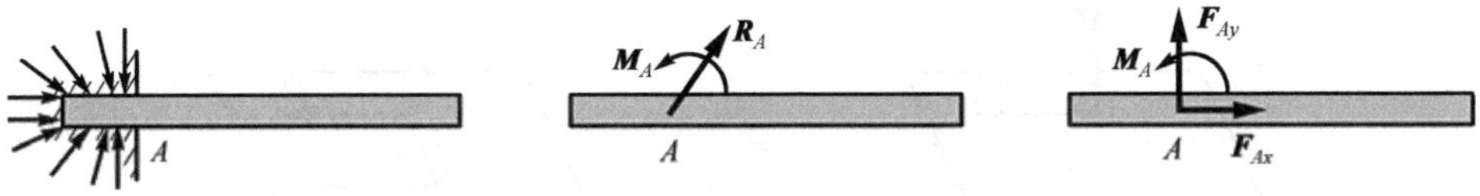

图 2-12　固定端约束力系的简化

作为任意力系简化的例子，图 2-13 给出了飞机所受重力、推力和气动力(升力和阻力)的复杂力系向飞机质心简化的示意图，(a)为主矢的分解(其中侧向力未画出)，(b)为主矩的分解。

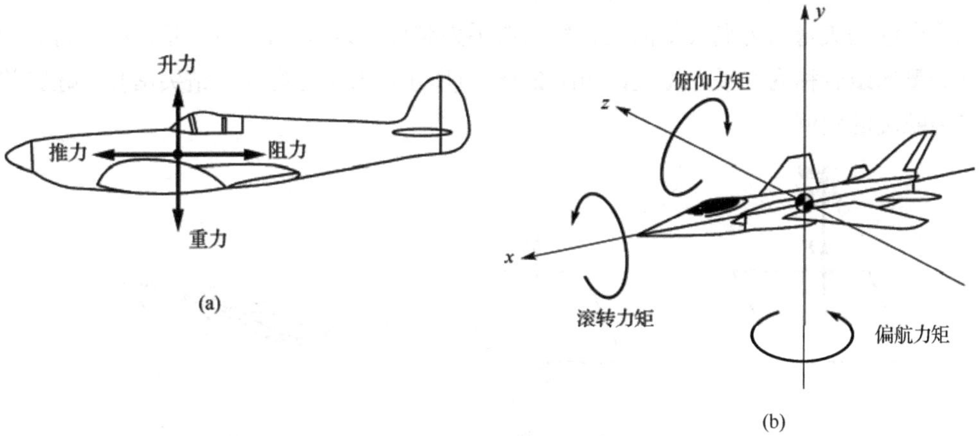

图 2-13　飞机受力的简化

2.3.4　任意力系简化结果的讨论

空间任意力系向任一点简化，得到一个主矢和一个主矩，但这并不是最后的或最简单的结果，根据力系主矢和对简化中心 O 主矩的不同，还可区分为几种可能的情形，现作进一步的探讨。

(1)若主矢为零而主矩不为零，即 $\boldsymbol{F}_R' = \mathbf{0}, \boldsymbol{M}_O \neq \mathbf{0}$，则原力系与一个力偶等效，这时原力系合成为一个合力偶，其力偶矩等于原力系对于简化中心的主矩，且此矩不再与简化中心具体位置有关(请读者思考为什么)。

(2)若主矢不为零而主矩为零，即 $\boldsymbol{F}_R' \neq \mathbf{0}, \boldsymbol{M}_O = \mathbf{0}$，则原力系与一个作用在简化中心上的力等效，这时原力系合成为一个通过简化中心的合力，其力矢等于原力系的主矢。

(3)若主矢、主矩都不为零且正交，即 $\boldsymbol{F}_R' \neq \mathbf{0}$，$\boldsymbol{M}_O \neq \mathbf{0}$，且 $\boldsymbol{F}_R' \perp \boldsymbol{M}_O$，如图 2-14(a)所示，则可以进一步简化为一个合力 $\boldsymbol{F}_R$，如图 2-14(b)所示。合力 $\boldsymbol{F}_R$ 等于主矢 $\boldsymbol{F}_R'$，合力作用线距简化中心 O 的距离 d 满足

$$d=\frac{|M_O|}{F'_R} \tag{2-18}$$

平面任意力系属于这种情况，所以平面任意力系当主矢不为零时一定可以简化为一个合力。

合力矩定理的证明：将图 2-14 作逆向推论，即将图 2-14(b)所示力系合力向图 2-14(a)所示 O 点作平移，便可证明第 1 章所述之合力矩定理在任意力系下成立。

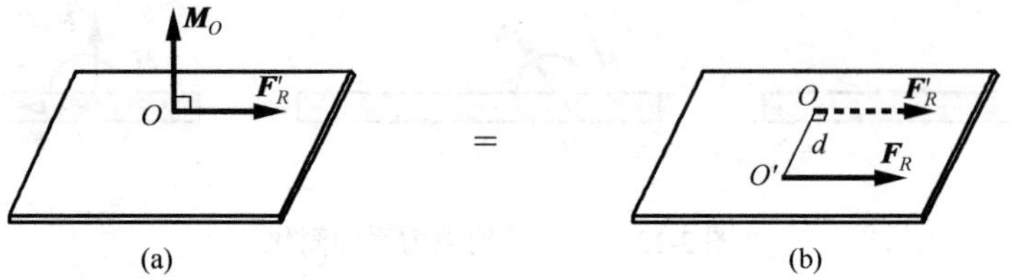

图 2-14　主矢、主矩正交时力系有合力

(4)若主矢、主矩都不为零但相互平行，如图 2-15 所示，则无法进一步简化，称为力螺旋，可以看成力和力偶之外力系的另一种基本元素。

同方向的力矢量与力偶矢量的组合称为右手力螺旋，如图 2-15(a)所示；反方向的力矢量与力偶矢量的组合称为左手力螺旋，如图 2-15(b)所示；改锥拧螺丝、钻头钻孔、螺旋桨推进等都是力螺旋的实例。

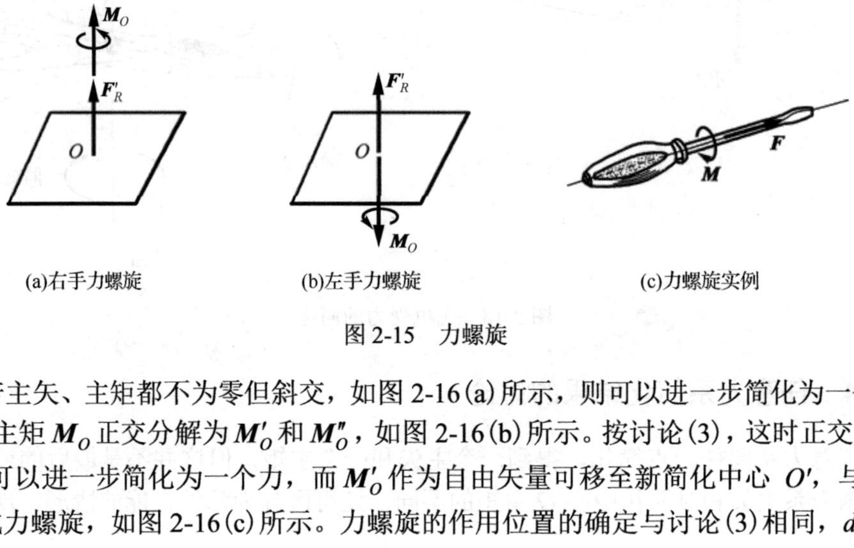

图 2-15　力螺旋

(5)若主矢、主矩都不为零但斜交，如图 2-16(a)所示，则可以进一步简化为一个力螺旋。

先将主矩 $\boldsymbol{M}_O$ 正交分解为 $\boldsymbol{M}'_O$ 和 $\boldsymbol{M}''_O$，如图 2-16(b)所示。按讨论(3)，这时正交的力 $\boldsymbol{F}'_R$ 和力偶 $\boldsymbol{M}''_O$ 可以进一步简化为一个力，而 $\boldsymbol{M}'_O$ 作为自由矢量可移至新简化中心 O'，与相平行的力 $\boldsymbol{F}_R$ 组成力螺旋，如图 2-16(c)所示。力螺旋的作用位置的确定与讨论(3)相同，d 满足

$$d=\frac{|\boldsymbol{M}''_O|}{F'_R}=\frac{M_O\sin\theta}{F'_R} \tag{2-19}$$

且 $\overline{OO'}\perp(\boldsymbol{M}_O,\boldsymbol{F}'_R)$。

请读者思考：力螺旋作为力系的一种元素，是定位矢量还是自由矢量。图 2-16 简化的逆过程证明了什么？

(6)若主矢、主矩均为零，即 $\boldsymbol{F}'_R=\boldsymbol{0}$，$\boldsymbol{M}_O=\boldsymbol{0}$，则原力系为平衡力系。

表 2-1 给出了空间任意力系简化的不同结果。

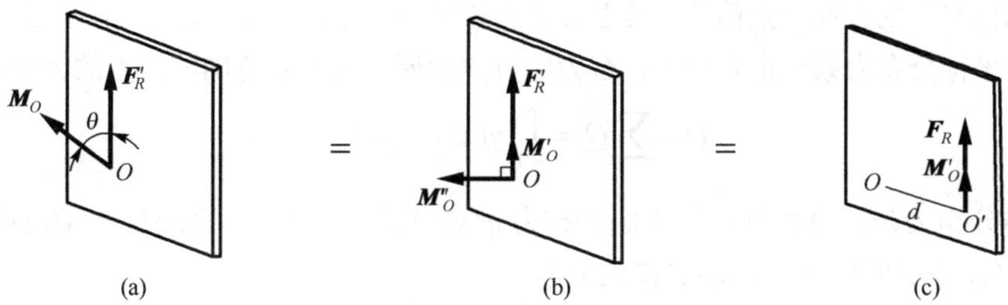

图 2-16　主矢、主矩斜交时力系简化为力螺旋

表 2-1　空间任意力系的简化结果

主矢	主矩		
	$\boldsymbol{M}_O \neq \boldsymbol{0}$		$\boldsymbol{M}_O = \boldsymbol{0}$
$\boldsymbol{F}'_R \neq \boldsymbol{0}$	$\boldsymbol{F}'_R \perp \boldsymbol{M}_O$ 或平面力系	合力	合力
	$\boldsymbol{F}'_R \not\perp \boldsymbol{M}_O$	力螺旋	
$\boldsymbol{F}'_R = \boldsymbol{0}$	力偶		力系平衡

【例题 2-6】 已知：长方体边长分别为 a、b、c；三力作用，大小相同，如图 2-17 所示。试将力系向 O 点简化，并确定力系有合力的条件。

解　(1) 力系主矢和对 O 点的主矩为

$$\boldsymbol{F}'_R = F(\boldsymbol{i}+\boldsymbol{j}+\boldsymbol{k})$$

$$\boldsymbol{M}_O = Fb\boldsymbol{i} - Fa\boldsymbol{j} - Fc\boldsymbol{i} = F[(b-c)\boldsymbol{i} - a\boldsymbol{j}]$$

(2) 因主矩不为 $\boldsymbol{0}$，力系有合力的条件为 $\boldsymbol{F}'_R \perp \boldsymbol{M}_O$，即

$$\boldsymbol{F}'_R \cdot \boldsymbol{M}_O = 0$$

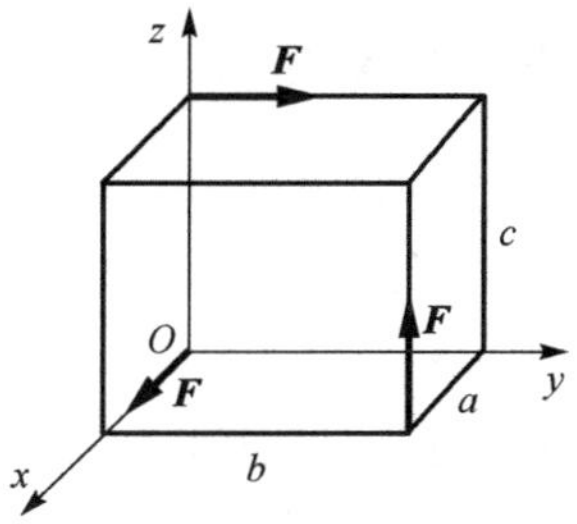

图 2-17　例题 2-6 图

即

$$F^2[(b-c)-a]=0$$

故得力系有合力的条件是

$$b = a + c$$

2.3.5　同向平行分布力系的简化 · 重心和质心

同向平行分布力系是工程上常见的力系。如水压、风载、结构承重，以及物体结构自重等，都是同向平行分布力系。为简化起见，以后所说平行分布力系，如果不作特别说明，都是指同向的。由于平行分布力系一般是连续的，直接应用力的平移定理对其进行简化并不方便，有必要专门讨论它的简化，进而给出平行分布载荷的简化结果以及物体的重心位置。

1. 平行分布力系简化的概念

平行分布力系力的大小可以用其作用区间上单位区域内的力来表示，称为力的分布集度，一般它是坐标的函数，记为 $q(x,y,z)$。对于体分布力，如重力，其量纲为[力]/[体积]；对于面分布力，如水压、风载，其量纲为[力]/[面积]；对于线分布力，如线缆重力，或沿狭长带分布的力(如梁上的力)而被简化成为线分布的载荷以及平面力系中的分布力系等，其量纲为[力]/[长度]。

两个同向平行的力向一点简化，其主矢是两者的和，其主矩与主矢正交，所以二者有合力。由此推论，平行分布力系一定有合力，合力的方向同原分布力系方向，合力的大小为

$$Q=\sum Q_i=\int_V q(x,y,z)\mathrm{d}V \tag{2-20}$$

上式对于体分布力是三重积分；对于面分布力 $q(x,y)$ 是二重积分，为 $q(x,y)$ 图的体积；对于线分布力 $q(x)$ 是单重积分，为 $q(x)$ 图的面积。

合力的作用线位置可以用合力矩定理来确定，其一般性表达式见本节后面的讨论。

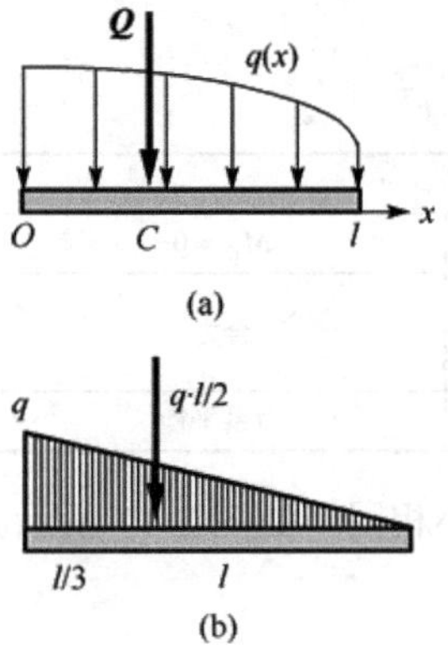

图 2-18　例题 2-7 图

【例题 2-7】 如图 2-18 所示，讨论作用于直梁上平行分布载荷 $q(x)$ 的合力，并具体求三角形分布载荷的合力。

解　如图 2-18(a)所示，直梁上平行分布载荷为平面力系，线分布，由式(2-20)，合力大小为

$$Q=\sum Q_i=\int_0^l q(x)\mathrm{d}x$$

式中，$Q_i=q(x)\mathrm{d}x$ 为 $\mathrm{d}x$ 微段上载荷图的微面积，其积分后即为载荷图 $q(x)$ 的总面积。

设合力 $\boldsymbol{Q}$ 通过 C 点，以 O 点为矩心，由合力矩定理得

$$Q\cdot x_C=\sum Q_i x_i=\int_0^l x\cdot q(x)\mathrm{d}x$$

即

$$x_C=\frac{\int_0^l x\cdot q(x)\mathrm{d}x}{\int_0^l q(x)\mathrm{d}x}$$

上式恰好是对载荷图 $q(x)$ 的形心坐标的定义式，所以合力通过载荷图形心。

进而，对于图 2-18(b)所示的三角形分布载荷，由三角形面积及形心位置即知，合力大小为 $Q=ql/2$，位于距左端 $l/3$ 处。

如果载荷图形状复杂，但可分解为若干个简单几何图形，则可先对简单几何图形简化，然后再次运用合力矩定理来确定总合力的大小和位置。

2. 重力系的简化与物体的重心、质心

工程上对于有限体积的物体，可以视重力为平行力，视重力加速度 g 为常量。将物体分解为分布在物体不同位置的体积微元 ΔV_i，设每个微元的重力为 $\boldsymbol{P}_i$，如图 2-19 所示，则力系的合力，即物体的总重力 $\boldsymbol{P}$ 为

$$P=\sum P_i=\int_V \mathrm{d}P \tag{2-21}$$

而物体相应的总质量为

$$m=\sum m_i=\int_V \mathrm{d}m \tag{2-22}$$

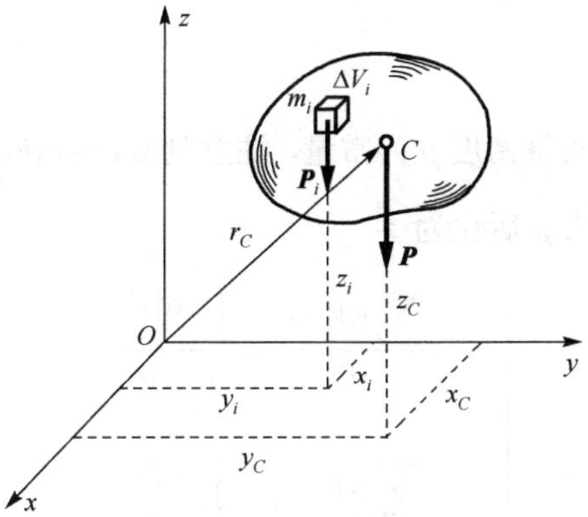

图 2-19　体分布力——物体重力的简化

重力合力 $\boldsymbol{P}$ 始终通过物体上的同一点，这一点称为物体的**重心**。设重心为 $C(x_C, y_C, z_C)$，对于 y 轴应用合力矩定理，有

$$P \cdot x_C = \sum P_i \cdot x_i$$

$$x_C = \frac{\sum P_i \cdot x_i}{P} = \frac{\int_V x\mathrm{d}P}{\int_V \mathrm{d}P} \tag{2-23a}$$

对 x 轴应用合力矩定理，有

$$y_C = \frac{\sum P_i \cdot y_i}{P} = \frac{\int_V y\mathrm{d}P}{\int_V \mathrm{d}P} \tag{2-23b}$$

为确定 z_C，需要把物体转一个方位。不妨保持物体位形及坐标轴方位都不变，而将重力方向由平行于 z 轴转换为平行于 y 轴，然后再对 x 轴应用合力矩定理，可得

$$z_C = \frac{\sum P_i \cdot z_i}{P} = \frac{\int_V z\mathrm{d}P}{\int_V \mathrm{d}P} \tag{2-23c}$$

消去常量重力加速度 g，得

$$\left\{\begin{aligned} x_C &= \frac{\sum m_i \cdot x_i}{m} = \frac{\int_V x\mathrm{d}m}{\int_V \mathrm{d}m} \\ y_C &= \frac{\sum m_i \cdot y_i}{m} = \frac{\int_V y\mathrm{d}m}{\int_V \mathrm{d}m} \\ z_C &= \frac{\sum m_i \cdot z_i}{m} = \frac{\int_V z\mathrm{d}m}{\int_V \mathrm{d}m} \end{aligned}\right. \tag{2-24}$$

现在，式(2-24)已经与重力无关，只与物体的质量及分布有关，所以式(2-24)既为物体的**重心坐标**，也是物体的质量分布中心——**质心坐标**。

3. 均质物体的质心

对于均质物体，物体的质量密度 ρ 为常量，注意到$\Delta m_i=\rho\Delta V_i$，$m=\sum\Delta m_i=\rho\sum\Delta V_i=\rho V$，这时质心坐标式(2-24)在消去 ρ 后化为

$$\begin{cases} x_C=\dfrac{\sum\Delta V_i\cdot x_i}{V}=\dfrac{\int_V x\mathrm{d}V}{\int_V \mathrm{d}V} \\ y_C=\dfrac{\sum\Delta V_i\cdot y_i}{V}=\dfrac{\int_V y\mathrm{d}V}{\int_V \mathrm{d}V} \\ z_C=\dfrac{\sum\Delta V_i\cdot z_i}{V}=\dfrac{\int_V z\mathrm{d}V}{\int_V \mathrm{d}V} \end{cases} \tag{2-25}$$

由此可见，均质物体的重心位置与其质量密度无关，仅决定于物体的几何形状和尺寸，故又称为物体的形心。式(2-25)即为物体形心坐标公式。因此，均质刚体的质心与其形心重合。

当刚体为平面薄板时，不妨将其置于 Oxy 坐标面内，则式(2-25)化为(注意 $z_C=0$，积分区间变为板平面图形 A)

$$\begin{cases} x_C=\dfrac{\sum\Delta A_i\cdot x_i}{A}=\dfrac{\int_A x\mathrm{d}A}{\int_A \mathrm{d}A} \\ y_C=\dfrac{\sum\Delta A_i\cdot y_i}{A}=\dfrac{\int_A y\mathrm{d}A}{\int_A \mathrm{d}A} \end{cases} \tag{2-26}$$

均质空间壳体、线体的质心公式类似式(2-25)，分别是关于曲面或曲线的积分，有兴趣的读者可查阅相关手册。

4. 确定物体重(质)心的方法

(1) 质量分布具有对称性的物体，其重(质)心一定在对称面、对称轴或对称中心上。

(2) 对于具有简单几何形状的物体，可以通过重(质)心公式进行积分，计算重(质)心位置坐标。如果是简单形状均质物体，则可直接找出其形心。表 2-2 列出了几种常用平面图形的形心公式。

(3) 如果物体形状复杂，但却是由若干具有简单几何形状的部件通过加减组合而成的，则可以先确定每个部件的重(质)心，再求组合体的总重(质)心。这种求重(质)心的方法称为**组合法**。

表 2-2　几种常用平面图形的形心

物体简图	形心位置	说明
（部分圆环） 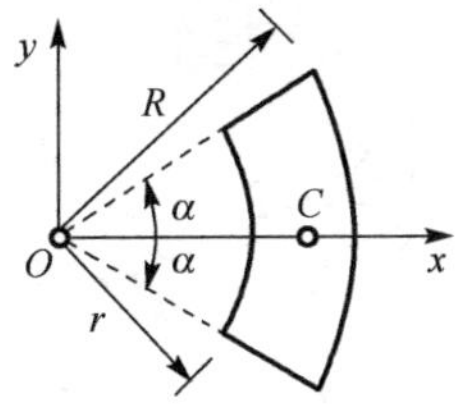	$x_C=\dfrac{2(R^3-r^3)\sin\alpha}{3(R^2-r^2)\alpha}$	扇形（$r=0$） $x_C=\dfrac{2R\sin\alpha}{3\alpha}$； 半圆（$r=0$，$\alpha=\pi/2$） $x_C=4R/(3\pi)$； 圆弧（$r\to R$） $x_C=\dfrac{r\sin\alpha}{\alpha}$
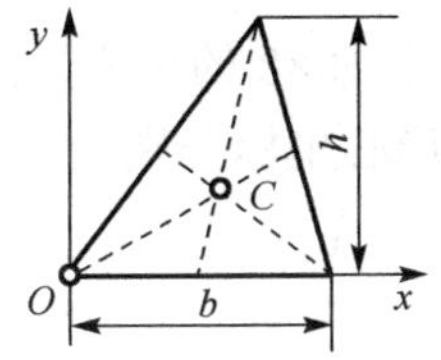	形心 C 在中线交点 $y_C=\dfrac{h}{3}$	

(4)用实验方法测定物体重心的位置。图 2-20(a)为称重法，A 端光滑铰支，测出总重量 P 和 B 处的受力 F_B，量出长度 l，即可通过简单计算得出重心 C 的位置 x_C。而图 2-20(b)为悬挂法。请读者思考，如何快捷地确定中国大陆版图的地理中心？

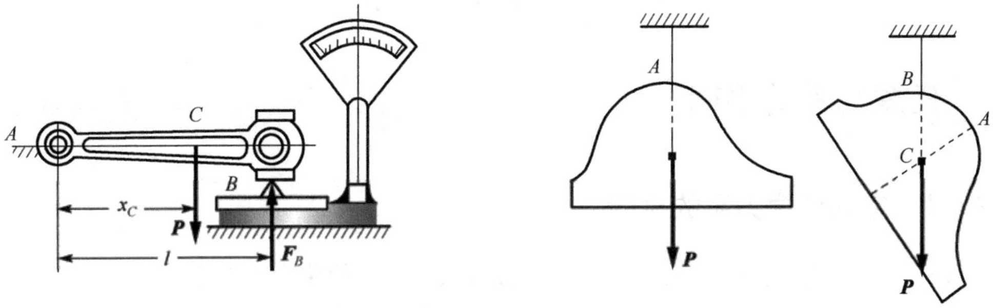

(a) 称重法　　(b) 悬挂法

图 2-20　实验方法测定物体重心

【例题 2-8】　图 2-21(a)所示 L 形均质薄板，尺寸单位为 cm。求重心位置。

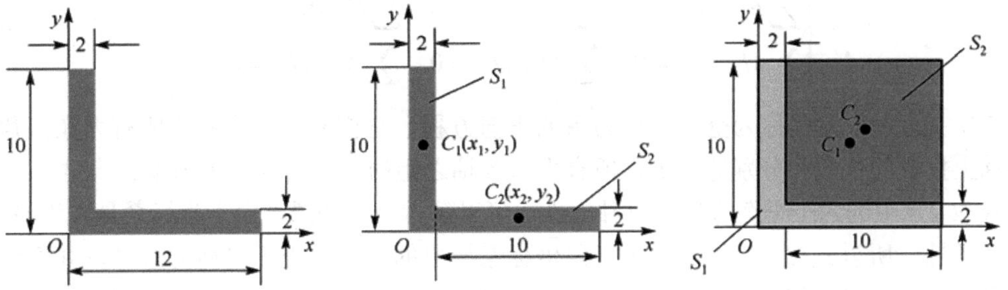

(a)　　(b)　　(c)

图 2-21　例题 2-8 图

解　(1)组合法一：分割法。

将 L 形板分割成两个矩形，如图 2-21(b)所示，其面积和形心坐标分别为

$$S_1 = S_2 = 2\times 10 = 20\text{；}\quad x_1 = 1,\ y_1 = 5,\ x_2 = 7,\ y_2 = 1$$

设重心为 $C(x_C,\ y_C)$，由式(2-26)，有

$$x_C = \frac{\sum x_i \cdot \Delta S_i}{S} = \frac{x_1 S_1 + x_2 S_2}{S_1 + S_2} = 4,\quad y_C = \frac{\sum y_i \cdot \Delta S_i}{S} = \frac{y_1 S_1 + y_2 S_2}{S_1 + S_2} = 3$$

重心坐标为 $C(4,\ 3)$，单位为 cm。

(2)组合法二：负面积法。

如图 2-21(c)所示，把 L 形板看成从一个 12×10 的大矩形中挖去一个 10×8 的小矩形而形成的，挖去的小矩形也可以看成加上一个“负面积”。两矩形的面积和形心坐标分别为

$$S_1 = 12\times 10 = 120,\quad S_2 = -(10\times 8) = -80\text{；}\quad x_1 = 6,\ y_1 = 5,\ x_2 = 7,\ y_2 = 6$$

$$x_C = \frac{\sum x_i \cdot \Delta S_i}{S} = \frac{x_1 S_1 + x_2 S_2}{S_1 + S_2} = \frac{6\times 120 + 7\times(-80)}{120 + (-80)} = 4\ (\text{cm})$$

同理可得

$$y_C = \frac{5\times 120 + 6\times(-80)}{120 + (-80)} = 3\ (\text{cm})$$

2.4 任意力系的平衡

2.4.1 空间任意力系的平衡

在 2.3 节任意力系简化结果的讨论中，若力系对任一简化中心的主矢、主矩均为零，原力系为平衡力系。这是因为原力系向简化中心简化后所得的汇交力系和力偶系都处于平衡，而且对于刚体而言，力系的这种简化是完全等效或等价的。因此，**空间任意力系平衡的必要与充分条件是**：力系的主矢与力系对于任一点的主矩都等于零，即 $\boldsymbol{F}_R' = \boldsymbol{0}$，$\boldsymbol{M}_O = \boldsymbol{0}$。其投影方程为

$$\begin{cases} \sum F_x = 0, & \sum F_y = 0, & \sum F_z = 0 \\ \sum M_{Ox}(\boldsymbol{F}) = 0, & \sum M_{Oy}(\boldsymbol{F}) = 0, & \sum M_{Oz}(\boldsymbol{F}) = 0 \end{cases} \tag{2-27}$$

式(2-27)中的六个方程称为**空间任意力系的平衡方程**，它们表明，力系中所有力在直角坐标系各轴上投影的代数和分别等于零，所有力对各轴之矩的代数和分别等于零。

式(2-27)中的六个平衡方程具有独立性，可以解六个未知量。由于坐标系是人为设定的，具有任意性，所以式(2-27)虽然是由直角坐标系导出的，但应用于平衡力系时，并不要求三个投影轴或矩轴必须相互正交，也不要求矩轴和投影轴必须同为一轴，而是可以分别选取适宜轴线为投影轴或矩轴，使每一平衡方程中包含的未知量尽可能少，以简化计算。例如，使尽可能多的未知力垂直于投影轴，以及通过或平行于矩轴。式(2-27)称为**平衡方程的基本形式**，其中前三个为力投影平衡方程，后三个为力矩平衡方程，也称三矩式平衡方程。实际应

用时，也可增加力矩方程来替代投影方程，如取四个力矩方程(四矩式)，或五个力矩方程(五矩式)，甚至全部取六个力矩方程(六矩式)。但不管采用何种平衡方程的形式，最多只能有六个独立的平衡方程。

要注意的是，空间任意力系的平衡方程(2-27)对于刚体是力系平衡的充分必要条件，但对于非刚体则只具有必要性而没有充分性。也就是说，如果力系已经处于平衡，无论作用对象是什么物体，式(2-27)都成立；但反之，即使式(2-27)都成立，如果力系作用于非刚体，则未必能够保证物体一定处于平衡。例如，柔索不能承受一对等值的压力而平衡；弹簧受一对等值拉力作用，在不被拉断的前提下，只能在某一个拉伸长度位置处于平衡，而不能在其他长度位置保持平衡。

另外要注意的是，式(2-27)及其相应的多矩式方程中，投影轴与矩轴需满足一定的条件，才能保证方程是相互独立的，如两投影轴不能平行等。由于这些条件叙述起来比较复杂，这里不作详述，后面会对平面任意力系平衡方程进行讨论以作说明，请读者应用时注意这一点。

2.4.2　平面任意力系的平衡

当空间力系中所有力的作用线都处于同一平面时，力系退化为平面任意力系(arbitrary force system in a plane)。工程上很多问题都可以简化为平面问题，所以平面任意力系的平衡问题非常重要。对于平面任意力系，当把 xy 坐标面取在力系作用面内时，各力在 z 轴上的投影恒为零，各力对 x、y 轴之矩恒为零。同时，各力对 z 轴之矩退化为对 z 轴与平面交点 O 之矩，力系主矩退化为代数量。于是，空间任意力系平衡方程(2-27)的六个方程有三个自动满足，六个独立平衡方程退化为三个独立平衡方程：

$$\sum F_x = 0,\quad \sum F_y = 0,\quad \sum M_O(\boldsymbol{F}) = 0 \tag{2-28a}$$

式(2-28a)称为**平面任意力系的平衡方程**，它们表明，**平面任意力系平衡的必要与充分条件是**：力系中所有力在直角坐标系两轴上投影的代数和分别等于零，所有力对平面上任一点之矩的代数和等于零。

平面力系是空间力系的一种特殊形式，所以对式(2-27)的讨论对式(2-28a)都成立。

式(2-28a)包含三个独立平衡方程，可以求解三个未知量，是**平面任意力系平衡方程的基本形式**，也称为平面任意力系平衡方程的**一矩式**形式，保证其独立性的要求是 x、y 轴可以斜交但不能平行。

平衡方程(2-28a)的**二矩式**形式为

$$\begin{cases} \sum F_x = 0 \\ \sum M_A(F) = 0 \qquad (AB \perp x) \\ \sum M_B(F) = 0 \end{cases} \tag{2-28b}$$

其中“AB 连线与 x 轴不垂直”是其独立性的要求。当方程(2-28b)中的第二式得以满足时，该力系的简化结果为过 A 点的合力；当第三式也满足时，简化结果可以进一步明确为同时过 A、B 两点的合力，如图 2-22(a)所示。若限定了 AB 连线与 x 轴不垂直，则合力只有为零才能使第一式成立，否则即使合力不为零，第一式也能成立。

平衡方程(2-28a)的三矩式形式为

$$\begin{cases}\sum M_A(\boldsymbol{F})=0\\ \sum M_B(\boldsymbol{F})=0\\ \sum M_C(\boldsymbol{F})=0\end{cases}\quad (A、B、C\text{不共线}) \tag{2-28c}$$

其中“A、B、C三点不共线”是其独立性的要求。同上分析，当方程(2-28c)中的前两式分别得以满足时，该力系的简化结果应该为同时通过A、B两点的合力。若限定了A、B、C三点不共线，如图2-22(b)所示，则合力只有为零才能使第三式成立，否则即使合力不为零，第三式也能成立。

(a) 二矩式平衡方程　　(b) 三矩式平衡方程

图2-22　平衡方程独立性要求

请读者思考，平面任意力系的平衡方程中能否三个方程全是投影方程，进而思考空间任意力系的六个平衡方程中能否有少于三个力矩方程的形式。

【例题2-9】 图2-23(a)所示为飞机货舱装载货物的情况，货物固定在货舱地板上，货舱地板支承在货舱框架结构上。有关几何尺寸如图所示，假设货物的重量为30kN，可视为均质的，货舱地板的重量不计，飞机的侧倾角θ=10°，求货舱框架结构对货舱地板的约束力。

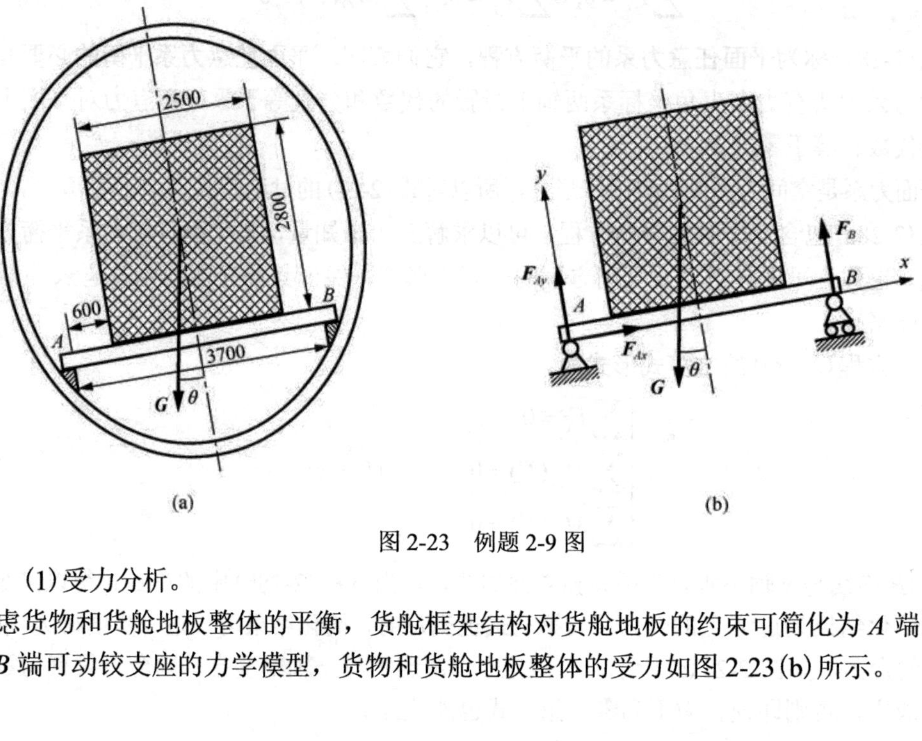

(a)　(b)

图2-23　例题2-9图

解　(1)受力分析。

考虑货物和货舱地板整体的平衡，货舱框架结构对货舱地板的约束可简化为A端固定铰支座、B端可动铰支座的力学模型，货物和货舱地板整体的受力如图2-23(b)所示。

(2) 建立平衡方程：

$\sum F_x = 0$，　$F_{Ax} - G\sin\theta = 0$，　$F_{Ax} = 5.21\text{kN}$

$\sum M_A = 0$，　$3.7\times F_B + G\sin\theta\times 2.8/2 - G\cos\theta\times(0.6+2.5/2) = 0$，　$F_B = 12.8\text{kN}$

$\sum F_y = 0$，　$F_{Ay} + F_B - G\cos\theta = 0$，　$F_{Ay} = 16.74\text{kN}$

注意，本例考虑货物和货舱地板整体的平衡较为方便。另请读者思考，如何求货物和货舱地板之间的相互作用。

【例题 2-10】 平面刚架的受力及各部分尺寸如图 2-24(a)所示，A 端为固定端约束。若图中 q、F_p、M、l 等均为已知，试求 A 端的约束力。

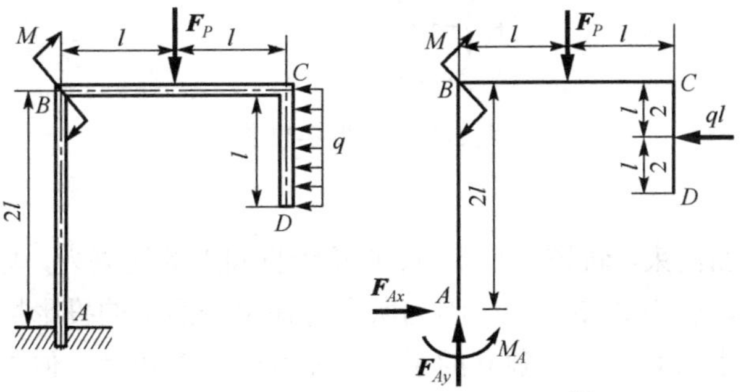

图 2-24　例题 2-10 图

解　(1) 受力分析。

A 端为固定端约束，因为是平面问题，故有 3 个约束力，分别用 $\boldsymbol{F}_{Ax}$、$\boldsymbol{F}_{Ay}$ 和 M_A 表示。刚架为唯一的平衡对象，其受力图如图 2-24(b)所示。其中作用在 CD 部分的均布荷载已简化为一集中力 ql 作用在 CD 杆的中点。

(2) 建立平衡方程求解未知力。

$$\sum F_x = 0,\quad F_{Ax} - ql = 0$$

$$\sum F_y = 0,\quad F_{Ay} - F_P = 0$$

$$\sum M_A(\boldsymbol{F}) = 0,\quad M_A - M - F_P l + ql\times\frac{3l}{2} = 0$$

分别求得

$$F_{Ax} = ql,\quad F_{Ay} = F_P,\quad M_A = M + F_P l - \frac{3}{2}ql^2$$

注意，力偶对主矢没有贡献，在投影方程中不出现。为了验证上述结果的正确性，可以将作用在刚架上的所有力(包括已经求得的约束力)对任意点(包括刚架上的点和刚架外的点)取矩，验证这些力矩的代数和是否为零。

【例题 2-11】 轨道吊车如图 2-25 所示，A、B 为轮轨，吊车自重 P_1=700kN。吊车平面与轨道垂直，最大起重量 P_2=200kN，问安全工作的配平重量 P_3 应该是多少？

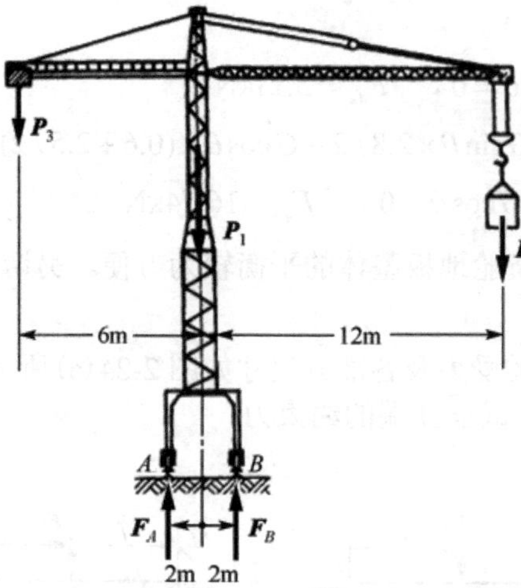

图 2-25　例题 2-11 图

解　(1)受力分析。

轮轨为光滑接触面约束，轨道给吊车 A、B 轮铅直向上的约束力，与作用于吊车的所有重力构成平面平行力系，受力如图所示。因为所有力在水平面上的投影恒为零，所以平面任意力系的三个平衡方程中只有两个是独立的了，只能解两个未知量。但本例中除了两个未知约束力 $\boldsymbol{F}_A$、$\boldsymbol{F}_B$，还有配重 P_3 也是未知的，因此必须补充新的关系才能解出。

(2)根据题意的安全工作要求，考察吊车平衡状态的边界条件，以吊车的临界平衡状态作为分析对象来建立平衡方程进行求解。这种方法称为**临界平衡分析法**。

首先分析满载临界平衡状态。根据题意，吊车满载时，P_2=200kN，这时如果配重较轻，吊车将会向右倾覆，其临界状态为 F_A=0。为了确定这时的配重 P_3，可取 B 为矩心建立力矩平衡方程：

$$\sum M_B(\boldsymbol{F})=0,\quad 8P_3+2P_1-10P_2=0$$

解出 P_3=75kN。根据题意，保持吊车满载不右倾的配重应该为

$$P_3\geqslant 75\text{kN} \tag{a}$$

同理，分析空载(P_2=0)时的临界平衡状态，如果配重过重，吊车将会向左倾覆。可以解得(请读者具体分析求解)，保持吊车空载不左倾的配重应该为

$$P_3\leqslant 350\text{kN} \tag{b}$$

(3)综合式(a)、式(b)，吊车安全工作的配重应该取在这样的范围内：

$$75\text{kN}\leqslant P_3\leqslant 350\text{kN}$$

实际工作时还需考虑一定的安全系数。

以上解题过程中，在每种临界平衡状态下都只取了一个平衡方程，因为题目并没有要求解出轨道给轮的约束力。

本例也可以用安全工作要求对约束力的条件 $F_A\geqslant 0$ 和 $F_B\geqslant 0$，分别与吊车满载和空载状态时的平衡方程进行联立求解，可直接得到不等式解。

【例题 2-12】 图 2-26 中重为 $\boldsymbol{W}$ 的均质矩形板 $ABCD$ 在 A、B 两处分别用球铰和蝶形铰固定于墙上；在 C 处用缆索 CE 与墙上的 E 处相连。板的尺寸 l_1 和 l_2、角度 α 以及板重 W 均为已知，求 A、B 两处的约束力。

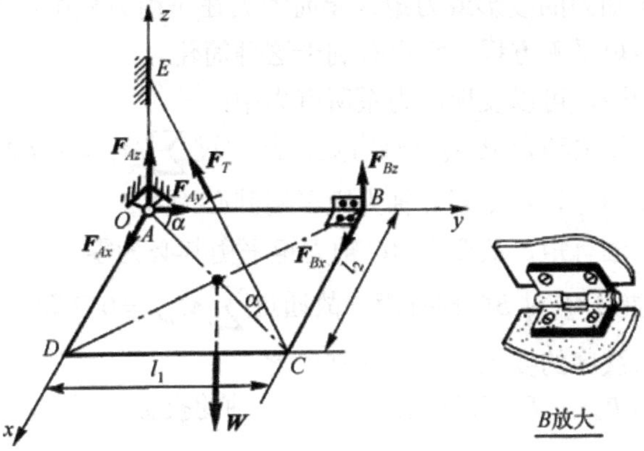

图 2-26　例题 2-12 图

解　(1) 受力分析。

球铰 A 处的约束力可以用 $Oxyz$ 坐标系中的三个分量 $\boldsymbol{F}_{Ax}$、$\boldsymbol{F}_{Ay}$、$\boldsymbol{F}_{Az}$ 表示。蝶形铰 B 处的约束力由其所限制的运动确定，假定只限制平板 B 点沿 x 和 z 方向的运动，而不限制 y 方向的运动，则 B 处只有 x 和 z 方向的约束力，用 $\boldsymbol{F}_{Bx}$ 和 $\boldsymbol{F}_{Bz}$ 表示。此外，在 C 处平板还受到缆索的拉力 $\boldsymbol{F}_T$。

(2) 建立平衡方程求解未知力。

平板共受 6 个未知约束力，其中 $\boldsymbol{F}_{Ax}$、$\boldsymbol{F}_{Ay}$、$\boldsymbol{F}_{Az}$、$\boldsymbol{F}_{Bx}$、$\boldsymbol{F}_{Bz}$ 均为所要求的约束力。而空间任意力系有 6 个平衡方程，足以求解所需要的未知量。根据平板的受力，可以建立如下的平衡方程：

$$\sum M_x(\boldsymbol{F})=0,\quad -W\times\frac{l_1}{2}+F_T\sin\alpha\cdot l_1+F_{Bz}\cdot l_1=0$$

$$\sum M_y(\boldsymbol{F})=0,\quad W\times\frac{l_2}{2}-F_T\sin\alpha\cdot l_2=0$$

$$\sum M_z(\boldsymbol{F})=0,\quad F_{Bx}\cdot l_1=0$$

$$\sum F_x=0,\quad F_{Ax}-F_T\cos\alpha\sin\alpha+F_{Bx}=0$$

$$\sum F_y=0,\quad F_{Ay}-F_T\cos\alpha\cos\alpha=0$$

$$\sum F_z=0,\quad F_{Az}-W+F_{Bz}+F_T\sin\alpha=0$$

由此解出

$$F_{Ax}=\frac{1}{2}W\cos\alpha,\quad F_{Ay}=\frac{1}{2}W\frac{\cos^2\alpha}{\sin\alpha},\quad F_{Az}=\frac{W}{2}$$

$$F_{Bx}=0,\quad F_{Bz}=0,\quad F_T=\frac{W}{2\sin\alpha}$$

(3) 更好的解法。

上述求解过程涉及含多个未知力的联立方程，因而计算过程比较复杂。为避免求解联立方程，最好能使一个平衡方程只包含一个未知力。为此，要对投影轴和矩轴加以选择，使尽可能多的力，尤其是未知力的投影或力矩为零而消失在平衡方程中，进而最大限度地简化方程；并且可以多建立力矩平衡方程，它更有利于这种简化。

仔细观察本例受力图，可以发现，力系所有力中：

① 只有未知力 $\boldsymbol{F}_T$ 和主动力 $\boldsymbol{W}$ 对 y 轴有矩，故通过 $\sum M_y = 0$ 立即可求 F_T；

② 只有 $\boldsymbol{F}_{Bx}$ 对 z 轴有矩，故要对 z 轴力矩平衡其必为零；

③ 只有 $\boldsymbol{F}_{Bz}$ 对 AC 轴有矩，故要对 AC 轴力矩平衡其必为零；

④ 只有 $\boldsymbol{F}_{Az}$ 和主动力 $\boldsymbol{W}$ 对 BC 轴有矩，故通过 $\sum M_{BC} = 0$ 立即可求 F_{Az}。

以上四步没有先后次序的要求，均可独立求解。

余下的两个未知力 $\boldsymbol{F}_{Ax}$、$\boldsymbol{F}_{Ay}$ 分别通过对 x、y 轴的投影方程立即可解，整个过程不需要求解联立方程。

读者可考虑最后两力也用力矩方程求解，形成六矩式平衡方程。

仔细研究本例，可以使我们体会到巧妙运用力矩平衡方程的好处。

【例题 2-13】 图 2-27(a)所示喷气式飞机的机翼在 A 处与机身固定，机翼的重力 $\boldsymbol{F}_{\mathrm{G}}$ 平行于 z 轴，机翼同时受到平行于 x 轴的发动机推力 $\boldsymbol{F}_{\mathrm{T}}$ 和平行于 z 轴的气动升力 $\boldsymbol{F}_{\mathrm{L}}$ 的作用，若 $F_{\mathrm{G}}=20\mathrm{kN}$，$F_{\mathrm{T}}=8\mathrm{kN}$，$F_{\mathrm{L}}=40\mathrm{kN}$，有关尺寸如图所示，单位为 m。试求 A 处的约束力和约束力偶。

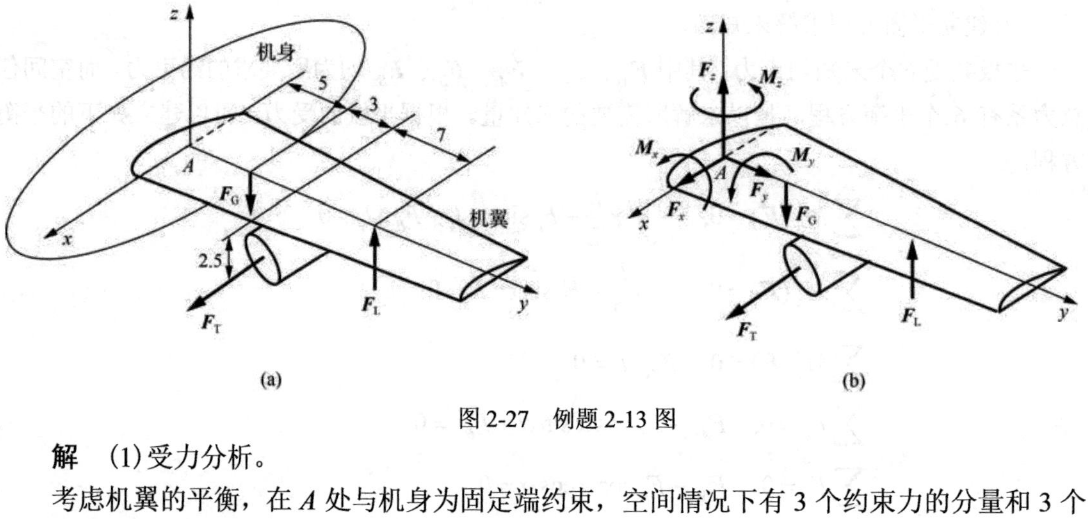

图 2-27　例题 2-13 图

解　(1) 受力分析。

考虑机翼的平衡，在 A 处与机身为固定端约束，空间情况下有 3 个约束力的分量和 3 个约束力偶的分量，机翼受力如图 2-27(b)所示。

(2) 建立空间任意力系的平衡方程，求解未知量。

$$\sum F_x = 0,\quad F_x + F_{\mathrm{T}} = 0,\quad F_x = -F_{\mathrm{T}} = -8\mathrm{kN}$$

$$\sum F_y = 0,\quad F_y = 0,\quad F_y = 0$$

$$\sum F_z = 0,\quad F_z - F_{\mathrm{G}} + F_{\mathrm{L}} = 0,\quad F_z = F_{\mathrm{G}} - F_{\mathrm{L}} = -20\mathrm{kN}$$

$$\sum M_x = 0,\quad M_x - 5F_{\mathrm{G}} + 15F_{\mathrm{L}} = 0,\quad M_x = 5F_{\mathrm{G}} - 15F_{\mathrm{L}} = -500\mathrm{kN\cdot m}$$

$\sum M_y = 0$，　$M_y - 2.5F_{\mathrm{T}} = 0$，　　$M_y = 2.5F_{\mathrm{T}} = 20\mathrm{kN \cdot m}$

$\sum M_z = 0$，　$M_z - 8F_{\mathrm{T}} = 0$，　　$M_z = 8F_{\mathrm{T}} = 64\mathrm{kN \cdot m}$

注意，空间力偶对任一轴的矩等于它的矩矢量在该轴上的投影。

2.5 物体系统的平衡及静定与静不定问题

2.5.1 物体系统的平衡

物体系统由两个或两个以上的物体通过约束相互连接而组成。对于单个物体的平衡，其独立平衡方程最多为六个，对于物体系统的平衡，其外部约束力和内部约束力的确定仅靠系统整体的六个平衡方程是远远不够的。

物体系统平衡时，组成系统的每一个子系统乃至每一个物体也必然是平衡的，反之亦然。所以，当物体系统由 n 个物体组成时，根据每个物体都必须保持平衡的要求，系统的总独立平衡方程个数为 $6n$；对于平面任意力系的物体系统，总独立平衡方程个数为 $3n$。求解物体系统平衡问题时，可以根据具体问题和所求，对物体系统拆取多个不同的分离体(可以是单个物体，也可以是含有若干相互连接物体的子系统)，对每个分离体进行受力分析，然后建立相应的平衡方程。

需要注意，物体系统中，物体之间通过约束相互连接。根据作用和反作用定律，约束力是成对出现的，所以当约束没有被解开时，它们同时存在，作用效果相互抵消，对外显现不出来其存在，因此也不需要在受力图上画出来。当取分离体解开约束时，约束力才暴露出来，代替约束出现在分离体受力图上。

【例题 2-14】 图 2-28(a)所示之结构由杆 AB 与 BC 在 B 处铰接而成。结构 A 处为固定端，C 处为可动铰支座。DE 段结构上承受均布荷载作用，载荷集度为 q；E 处作用有外加力偶，其力偶矩为 M。若 q、M、l 等均为已知，试求 A、C 两处的约束力。

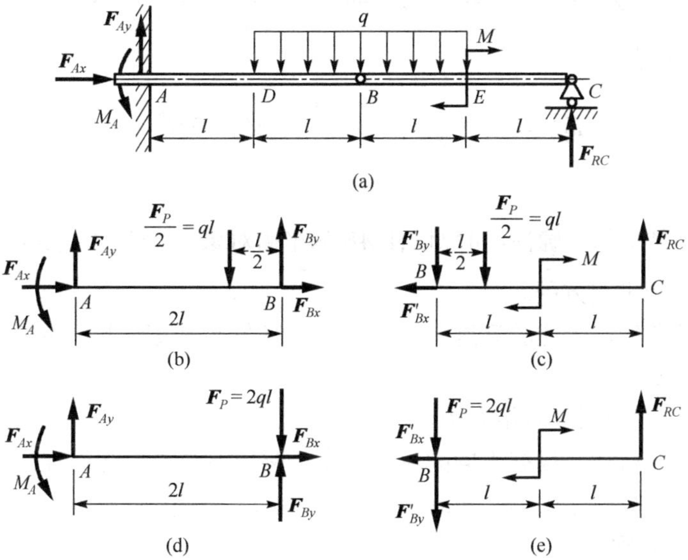

图 2-28　例题 2-14 图

解　(1)受力分析。

对于结构整体，在固定端 A 处有 3 个约束力，设为 $\boldsymbol{F}_{Ax}$、$\boldsymbol{F}_{Ay}$ 和 M_A；在可动铰支座 C 处有一个竖直方向的约束力 $\boldsymbol{F}_{RC}$。这些约束力是系统受到的外部约束力。整体结构的受力如图 2-28(a)所示，共有 4 个约束未知量，而其独立平衡方程为 3 个，不满足求解的需要。因此，需要取新的分离体建立独立平衡方程。

将结构从 B 处拆开成两个刚体，铰链 B 处的约束力可以用相互垂直的两个分量表示，但作用在两个刚体上同一处的约束力互为作用力与反作用力。这种约束力对系统整体而言属于内部约束力。这些力在考察结构整体平衡时并不出现，因为那时铰链 B 处的约束并未解除。

(2)建立平衡方程进行求解。

待求未知量为 4 个，尽可能选取合适而简洁的平衡方程独立求解。

可以看到，杆 BC 上有 3 个未知力，C 处的约束力待求，其独立平衡方程为 3 个，可解。以杆 BC 为平衡对象，受力图如图 2-28(c)所示，由平衡方程

$$\sum M_B(\boldsymbol{F})=0,\quad F_{RC}\times 2l-M-ql\times\frac{l}{2}=0$$

解得

$$F_{RC}=\frac{M}{2l}+\frac{ql}{4} \tag{a}$$

然后，回到整体结构的受力图(图 2-28(a))，这时只剩余 A 处的 3 个约束力(矩)未知，可解。对于整体结构，注意到 DE 段的均布荷载简化为作用于 B 处的集中力 $2ql$。建立平衡方程：

$$\sum F_x=0,\quad F_{Ax}=0$$

$$\sum F_y=0,\quad F_{Ay}-2ql+F_{RC}=0$$

$$\sum M_A(\boldsymbol{F})=0,\quad M_A-2ql\times 2l-M+F_{RC}\times 4l=0$$

将式(a)代入后分别解得

$$F_{Ax}=0,\quad F_{Ay}=\frac{7}{4}ql-\frac{M}{2l},\quad M_A=3ql^2-M$$

(3)结果验证。

为了验证上述结果的正确性，可以以杆 AB 为平衡对象，考察已经求得的 $\boldsymbol{F}_{Ax}$、$\boldsymbol{F}_{Ay}$ 和 M_A，是否满足对 B 的力矩平衡方程。

从单纯求解的角度，上述验证过程似无必要，但在工程设计上，为了确保安全可靠，这种验证过程却是需要的。

(4)关于均布荷载的正确简化方法。

本例中关于均布荷载，根据不同的对象，作了两种不同的简化处理：考察整体平衡时，将其简化为作用在 B 处的集中力，其值为 $2ql$；考察局部平衡时，先拆开，再将作用在各个部件上的均布荷载分别简化为集中力。

在将系统拆开之前，能不能先将均布荷载简化？这样简化得到的集中力应该作用在哪一

个局部上？如图 2-28(d)、(e)所示，将集中力 F_P 同时作用在两个局部的 B 处，这样的处理是否正确？请读者自行分析研究。

【例题 2-15】 图 2-29(a)所示的拱桥结构可简化为图 2-29(b)所示的**三铰拱**模型。这种结构由两个构件通过铰接而成：A、B 两处为固定铰支座；C 处为中间铰。各部分尺寸均示于图中。假设桥面的自重可简化为集度为 q 的均布荷载。若已知 q、l、h，且不计其他部分的自重，试求 A、B 两处的约束力。

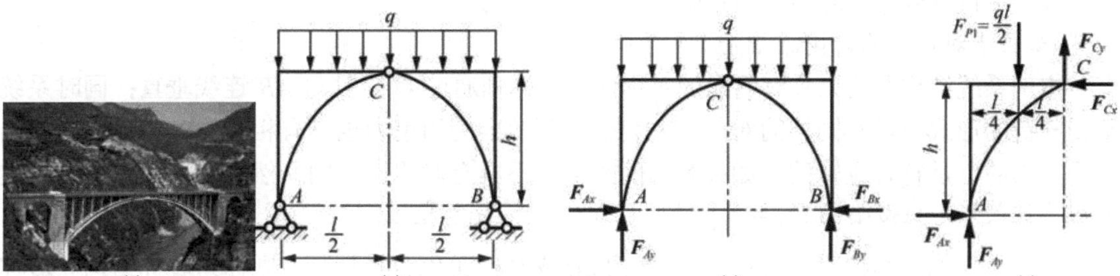

图 2-29　例题 2-15 图

解　(1)受力分析。

固定铰支座 A、B 两处的约束力均用两个相互垂直的分量表示，中间铰 C 解开后也用两个分量表示其约束力。就整体而言，前者为外部约束力，后者为内部约束力。内部约束力仅在系统拆开时才会显现。

考虑到 A、B 两处的约束力，整体结构的受力如图 2-29(c)所示，包含 4 个未知量。将系统从 C 处拆开，考察左边部分的平衡，受力如图 2-29(d)所示，其中 $F_{P1}=ql/2$ 为左边部分顶面均匀荷载的简化结果。

(2)建立平衡方程进行求解。

考察整体的平衡，从受力图 2-29(c)中可以看出，4 个未知约束力中，两个水平力共线且通过 A、B 两点。这表明，应用对 A、B 两处的力矩式平衡方程，可以分别求得一个未知力。于是，由

$$\sum M_A(\boldsymbol{F})=0,\quad F_{By}\cdot l-ql\times\frac{l}{2}=0$$

$$\sum M_B(\boldsymbol{F})=0,\quad -F_{Ay}\cdot l+ql\times\frac{l}{2}=0$$

解得

$$F_{Ay}=F_{By}=\frac{ql}{2}=0$$

然后考察左边部分的平衡，根据受力图 2-29(d)，由

$$\sum M_C(\boldsymbol{F})=0,\qquad F_{Ax}\cdot h+\frac{ql}{2}\times\frac{l}{4}-F_{Ay}\times\frac{l}{2}=0$$

将 $F_{Ay}=ql/2$ 代入后可得

$$F_{Ax}=\frac{ql^2}{8h}$$

再考察整体的平衡，根据受力图 2-29(c)，由

$$\sum F_x = 0, \quad F_{Ax} - F_{Bx} = 0$$

可得

$$F_{Bx} = F_{Ax} = \frac{ql^2}{8h}$$

读者可自行验证上述结果的正确性。

(3)关于对称性的讨论。

本例系统结构及约束具有明显的对称性，对称轴通过 C 点且与 AB 连线垂直；同时系统承受载荷的形式也具有同样的对称性。我们看到解出的约束力也具有相同的对称性。这种结果是必然的，是符合逻辑的。如果解出的约束力不具有对称性，则显然不合理。可以利用这种对称性关系，直接给出 $F_{Ax} = F_{Bx}$，$F_{Ay} = F_{By}$，以简化解题过程。

一般地，如果结构存在对称轴(平面问题)或对称面(空间问题)，则称为对称结构。**对称结构若承受对称载荷，则其约束力必然是对称的；对称结构若承受反对称载荷，则其约束力必然是反对称的。**前者逻辑关系简单直接，容易证明，对于后者，有兴趣的读者可以参阅《材料力学》及《结构力学》等书籍。

如果将本例结构上的对称载荷改为反对称载荷，例如，铰 C 右边的均布载荷方向向上，与左边的均布载荷方向相反，再分析计算 A、B 的约束力，看看是否具有反对称性？

能否根据这种对称性和反对称性的关系，进一步判断出铰 C 解除约束后约束力的情况？

对于多个物体组成的物体系统，选取最佳的研究对象(分离体)往往是求解问题的关键。可先考虑选取整体(一般外部约束总是要求解的)，求出全部未知力，或者部分未知力以及其他未知力的平衡关系；然后再恰当选取其他物体或物体组合，原则是其上未知量能够直接或部分解出。有分布载荷作用时，先取分离体再作简化。

【例题 2-16】 图 2-30 所示大力钳由构件 $ABCH$、DEG、BE 和 CGH 通过铰链连接而成，尺寸如图所示，单位为 mm，各构件自重和各处摩擦不计。若施加的主动力 $F = F' = 150\text{N}$，求在 H 处产生的夹紧力的大小。

解 (1)受力分析。

大力钳由 $ABCH$、DEG、BE 和 CGH 四个刚体组成，其中 BE 为二力杆。本例考虑整体平衡无法求解，经过分析，先取 DEG 为研究对象并假设 BE 杆受压，则 DEG 的受力如图 2-30(b)所示，由 $\sum M_G = 0$ 可以求得 F_{BE}，再取 $ABCH$ 为研究对象，受力如图 2-30(c)所示，由 $\sum M_C = 0$ 即可求得 F_H。

(2)考虑 DEG 的平衡，由图 2-30(b)建立平衡方程：

$$\sum M_G = 0, \quad -F' \times 130 + F_{BE} \sin\theta \times 30 = 0, \qquad F_{BE} \sin\theta = \frac{13}{3} F' = 650\text{N}$$

再考虑 $ABCH$ 的平衡，由图 2-30(c)建立平衡方程：

$$\sum M_C = 0, \quad F \times 130 - F'_{BE} \sin\theta \times 100 + F_H \times 30 = 0$$

$$F_H = \frac{1}{30}(-F \times 130 + F'_{BE} \sin\theta \times 100) = 1516.7\text{N}$$

注意，在考虑 DEG 的平衡时，无须求出铰链 G 处的约束力，同样地，在考虑 $ABCH$ 的平衡时，无须求出铰链 C 处的约束力。

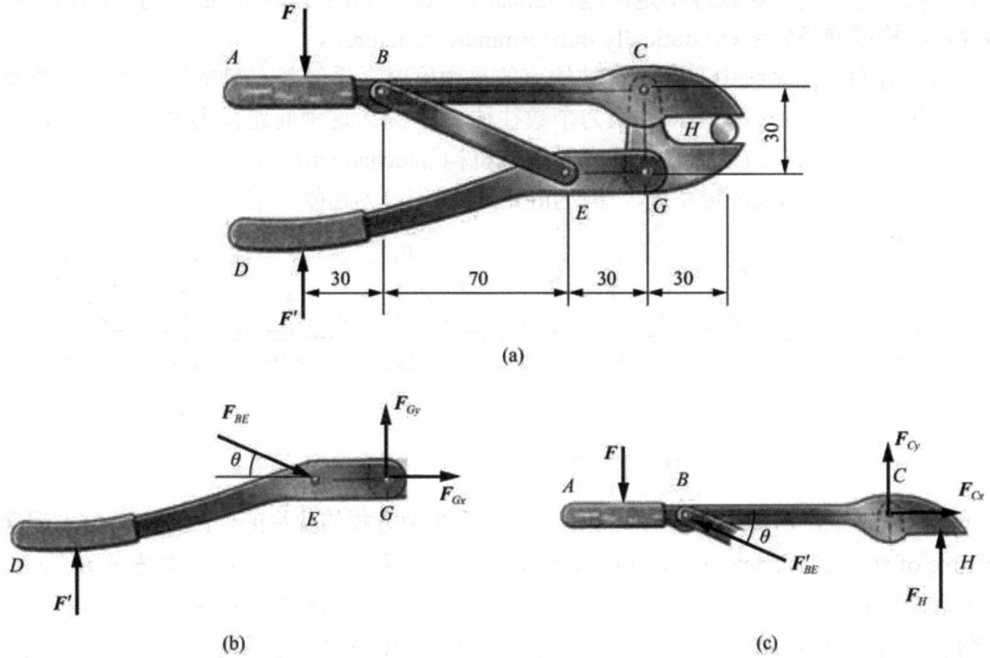

图 2-30　例题 2-16 图

2.5.2　平衡的静定与静不定问题

描述物体(这里均指刚体)位置所需要的独立参量数，称为物体的**自由度**数(degree of freedom)。当物体受到约束时，自由度数会相应减少。一个空间质点可以在三个方向移动，自由度数为 3，而被限制在平面内移动的质点自由度数为 2。一个空间物体可以在三个方向上移动并绕三个方向轴转动，自由度数为 6；而平面上的物体只能在两个方向上移动和在平面内转动，自由度数为 3，如图 2-31 所示。

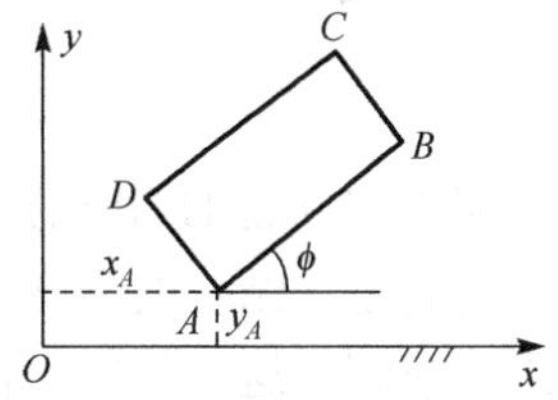

图 2-31　平面上物体的自由度

对于物体系统，所有物体的自由度数之和就是系统的总自由度数。系统的自由度数不仅与物体个数有关，还与系统的约束状态，也就是物体在空间运动所受的限制状况有关，或者说与物体受到的约束力个数有关。

当系统中每个物体都被完全约束而自由度为零时，物体系统处于静平衡状态。不过这种平衡状态分为两种有显著区别的类型。

以平面物体系统为例。

如果平面物体系统由 n 个物体构成，当每个物体的 3 个自由度都受到约束时，系统就处于平衡，全部 $3n$ 个未知约束力也能够通过 n 个物体的 $3n$ 个平面任意力系独立平衡方程解出。这类通过静力学可解的平衡问题，称为**静定问题**(statically determinate problem)，对应的物体系统称为**静定系统或静定结构**(statically determinate structure)。在前面所讨论的问题中遇到的都是静定系统。

工程上为了提高结构的强度和刚度，经常在静定结构上再附加若干约束，从而使未知约束力的个数多于独立平衡方程的数目。这时，仅由平衡方程无法求得全部未知约束力。这种平衡问题称为**超静定问题或静不定问题**(statically indeterminate problem)，对应的物体系统称为**超静定结构或静不定结构**(statically indeterminate structure)。

而另一方面，当系统中存在没有被约束的自由度时，系统就有可能发生相应的位移，处于不平衡状态。在这种情况下，约束力个数往往少于 $3n$。这种问题称为**欠静定问题**，不属于平衡问题。对应的力学系统称为**欠静定系统或机构**(mechanism)，而非结构。

图 2-32 中，(a)为欠静定系统，(b)为静定结构，(c)为超静定结构。

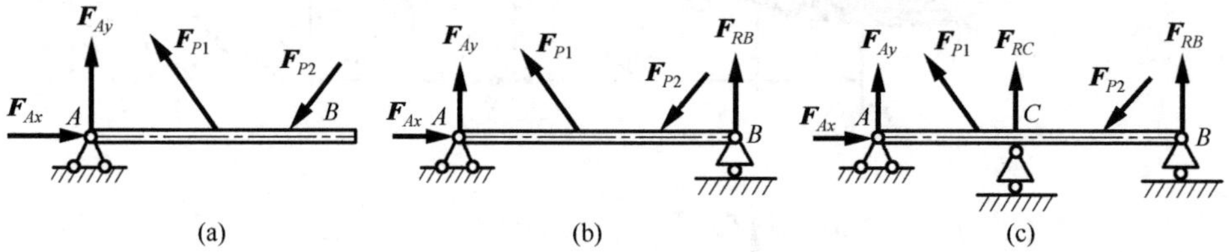

图 2-32　欠静定、静定、超静定结构

超静定问题中，未知约束力的个数是多于独立平衡方程的数目的，两者之差称为**超静定次数**(degree of statically indeterminate problem)。多出的约束对于结构保持平衡是多余的，故称为多余约束或冗余约束。对于简单结构的平衡问题，可以通过判断多余约束来确定超静定次数。

图 2-33 中，(a)所示物体有一个多余约束，为一次超静定；(b)所示物体有三个多余约束，为三次超静定。

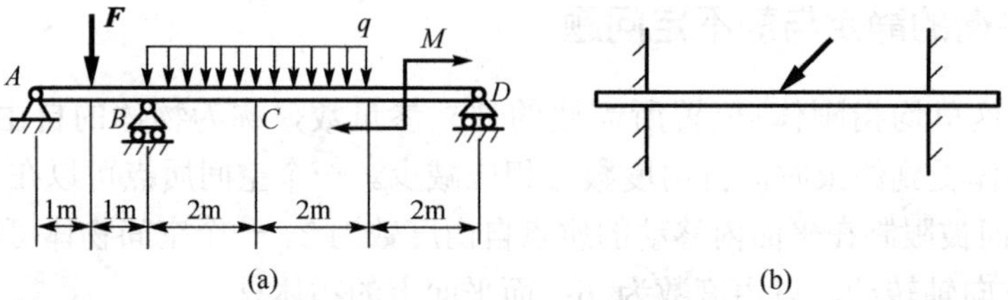

图 2-33　超静定次数

超静定问题的力学意义：实际结构受力后都会有变形，多余约束可以限制局部的变形，从而提高系统结构的刚度和稳定性，如图 2-34 所示。系统的多余约束可通过补充变形协调方程进行求解，这类问题会在《材料力学》《结构力学》中详细讨论。

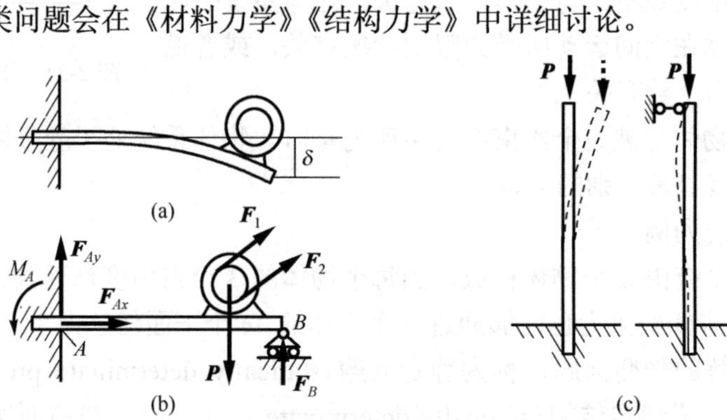

图 2-34　超静定结构

习　题

1. 选择填空题

2-1　如图所示，*OA* 构件上作用一矩为 M_1 的力偶，*BC* 上作用一矩为 M_2 的力偶，若不计各处摩擦，则当系统平衡时，两力偶矩应满足的关系为(　　)。

① $M_1=4M_2$　② $M_1=2M_2$　③ $M_1=M_2$　④ $M_1=M_2/2$

2-2　如图所示的机构中，在构件 *OA* 和 *BD* 上分别作用力偶矩为 M_1 和 M_2 的力偶使机构在图示位置平衡，若把 M_1 搬到 *AB* 构件上，使系统仍能在图示位置保持平衡，则应该有(　　)。

① 增大 M_1　② 减小 M_1　③ M_1 保持不变　④ 不可能在图示位置上平衡

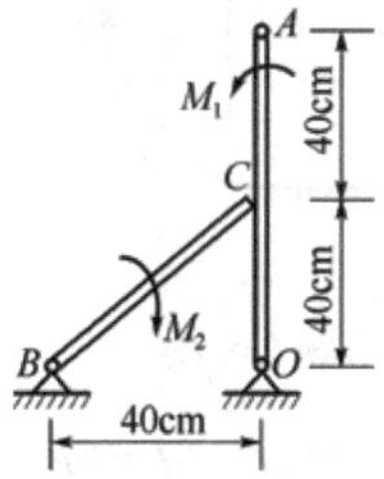

习题 2-1 图

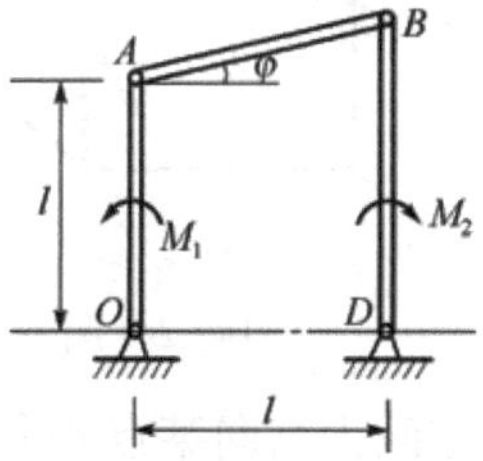

习题 2-2 图

2-3　已知 $\boldsymbol{F}_1$、$\boldsymbol{F}_2$、$\boldsymbol{F}_3$、$\boldsymbol{F}_4$ 为作用于刚体上的平面共点力系，其力矢关系如图所示，为平行四边形，因此可知(　　)。

① 力系可合成为一个力偶　② 力系可合成为一个力

③ 力系可简化为一个力和一个力偶　④ 力系平衡

2-4　平面内一非平衡共点力系和一非平衡力偶系最后可能合成的情况是(　　)。

① 一合力偶　② 一合力　③ 相平衡　④ 无法进一步合成

2-5　将两个等效力系中的一个向 *A* 点简化，另一个向 *B* 点简化，得到的主矢和主矩分别记为 $\boldsymbol{F}'_{R1}$、$\boldsymbol{M}_1$ 和 $\boldsymbol{F}'_{R2}$、$\boldsymbol{M}_2$(主矢与 *AB* 不平行)，则有(　　)。

① $\boldsymbol{F}'_{R1}=\boldsymbol{F}'_{R2}$，$\boldsymbol{M}_1=\boldsymbol{M}_2$　② $\boldsymbol{F}'_{R1}=\boldsymbol{F}'_{R2}$，$\boldsymbol{M}_1\neq\boldsymbol{M}_2$

③ $\boldsymbol{F}'_{R1}\neq\boldsymbol{F}'_{R2}$，$\boldsymbol{M}_1=\boldsymbol{M}_2$　④ $\boldsymbol{F}'_{R1}\neq\boldsymbol{F}'_{R2}$，$\boldsymbol{M}_1\neq\boldsymbol{M}_2$

2-6　某平面平行力系的诸力与 *y* 轴平行，如图所示。已知：F_1=10N，F_2=4N，F_3=8N，F_4=8N，F_5=10N，长度单位以 cm 计，则力系的简化结果与简化中心的位置(　　)。

① 无关　② 有关　③ 若简化中心选择在 *x* 轴上，与简化中心的位置无关

④ 若简化中心选择在 *y* 轴上，与简化中心的位置无关

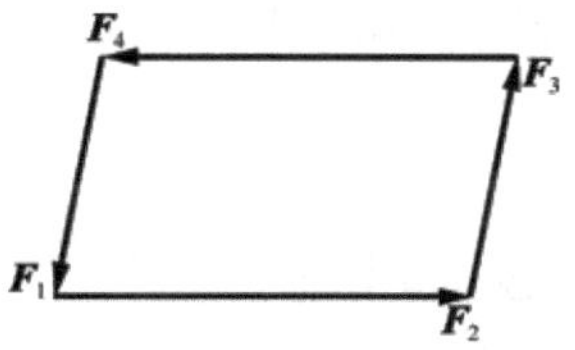

习题 2-3 图

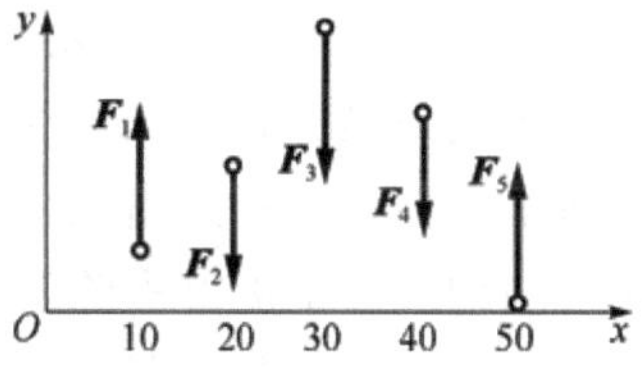

习题 2-6 图

2-7　图示正立方体的顶角上作用着 6 个大小相等的力，此力系向任一点简化的结果为(　　)。

① 主矢等于零，主矩不等于零　　② 主矢不等于零，主矩也不等于零

③ 主矢不等于零，主矩等于零　　④ 主矢等于零，主矩也等于零

2-8　在一个正方体上沿棱边作用 6 个力，各力的大小都为 F，如图所示，则此力系简化的最后结果为(　　)。

① 合力　　② 平衡　　③ 合力偶　　④ 力螺旋

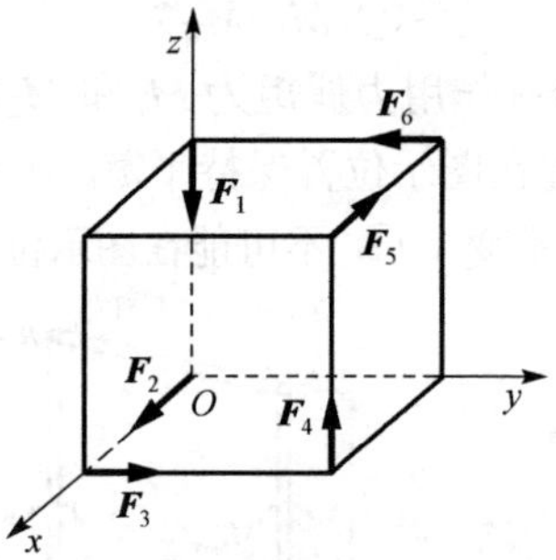

习题 2-7 图

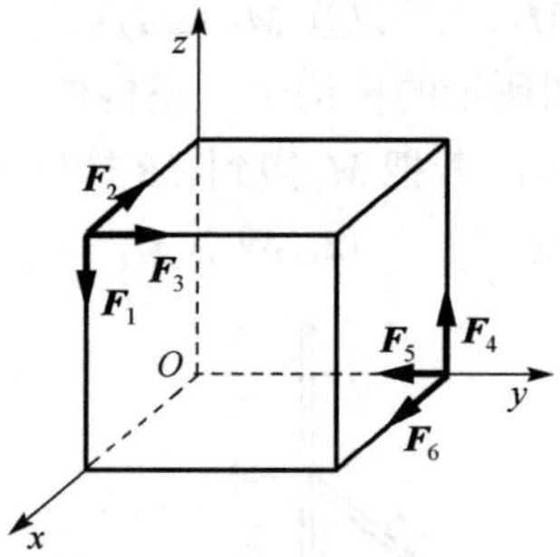

习题 2-8 图

2-9　一空间力系向某点 O 简化后的主矢和主矩分别为 $\boldsymbol{F}'_R=0\boldsymbol{i}+8\boldsymbol{j}+8\boldsymbol{k}$，$\boldsymbol{M}_O=0\boldsymbol{i}+0\boldsymbol{j}+24\boldsymbol{k}$，则该力系可进一步简化的最后结果为(　　)。

① 合力　　② 合力偶　　③ 力螺旋　　④ 平衡力系

2-10　如图所示的力系中，$\boldsymbol{F}_1=\boldsymbol{F}_2=\boldsymbol{F}_3=\boldsymbol{F}_4=\boldsymbol{F}$，此力系向 A 点简化的结果是(　　)，此力系向 B 点简化的结果是(　　)。

2-11　直角刚架受三角形分布力和一力偶的作用，如图所示。其中，$q_0=2\text{kN/m}$，$M=2\text{kN·m}$，则该力系向 A 点简化的结果为(　　)。

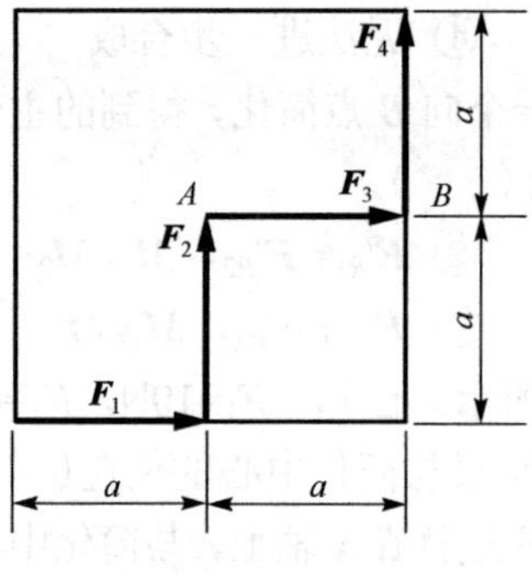

习题 2-10 图

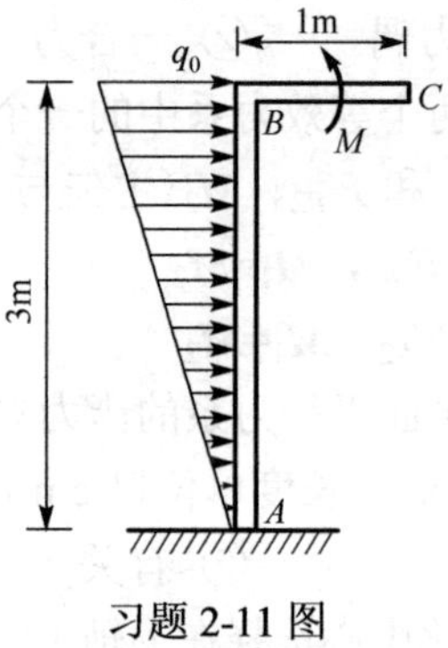

习题 2-11 图

2-12　若平面力系平衡，则关于它的平衡方程，下列表述正确的是(　　)。

① 任何平面力系都具有三个独立的平衡方程

② 任何平面力系只能列出三个平衡方程

③ 在平面力系的平衡方程的基本形式中，两个投影轴必须互相垂直

④ 该平衡力系在任意选取的投影轴上投影的代数和必为零

2-13　如图所示的空间平行力系中，设各力的作用线都平行于 z 轴，则此力系独立的平衡方程为(　　)。

① $\sum M_x(\boldsymbol{F})=0$，$\sum M_y(\boldsymbol{F})=0$，$\sum M_z(\boldsymbol{F})=0$　　② $\sum F_x=0$，$\sum F_y=0$，$\sum M_x(\boldsymbol{F})=0$

③ $\sum F_z=0$，$\sum M_x(\boldsymbol{F})=0$，$\sum M_y(\boldsymbol{F})=0$　　④ $\sum F_x=0$，$\sum F_y=0$，$\sum F_z=0$

2-14　水平梁 AB 由三根直杆支承，载荷和尺寸如图所示。为了求出三根直杆的约束反力，可采用以下(　　)所示的平衡方程。

① $\sum M_A(\boldsymbol{F})=0$，$\sum F_x=0$，$\sum F_y=0$

② $\sum M_A(\boldsymbol{F})=0$，$\sum M_C(\boldsymbol{F})=0$，$\sum F_y=0$

③ $\sum M_A(\boldsymbol{F})=0$，$\sum M_C(\boldsymbol{F})=0$，$\sum M_D(\boldsymbol{F})=0$

④ $\sum M_A(\boldsymbol{F})=0$，$\sum M_C(\boldsymbol{F})=0$，$\sum M_B(\boldsymbol{F})=0$

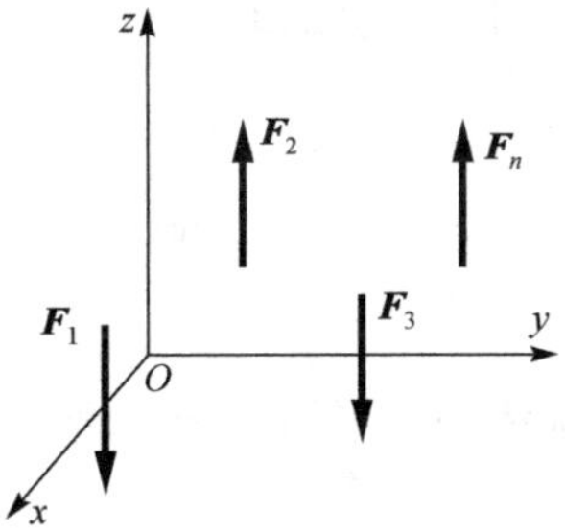

习题 2-13 图

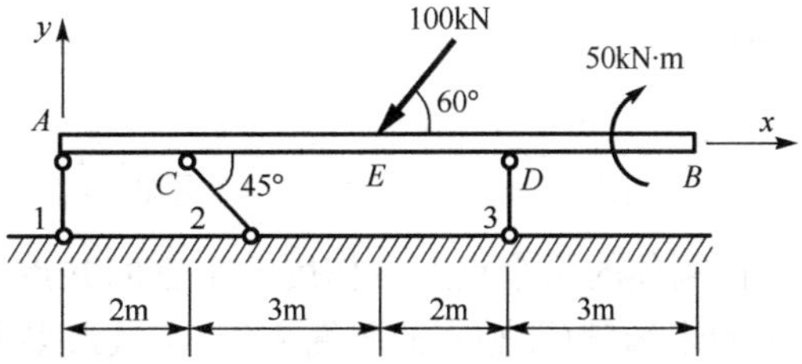

习题 2-14 图

2-15　图示机构受力 $\boldsymbol{F}$ 作用，各杆重量不计，则 A 支座约束反力的大小为(　　)。

① $F/2$　　② $\sqrt{3}F/2$　　③ F　　④ $\sqrt{3}F/3$

2-16　图示杆系结构由相同的细直杆铰接而成，各杆重量不计。若 $F_A=F_C=F$，且垂直于 BD，则杆 BD 的内力为(　　)。

① $-F$　　② $-\sqrt{3}F$　　③ $-\sqrt{3}F/3$　　④ $-\sqrt{3}F/2$

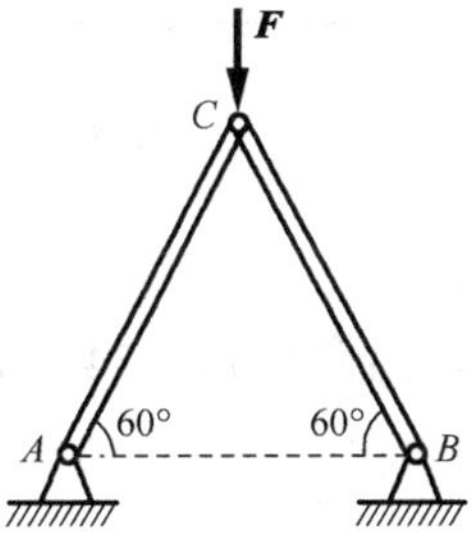

习题 2-15 图

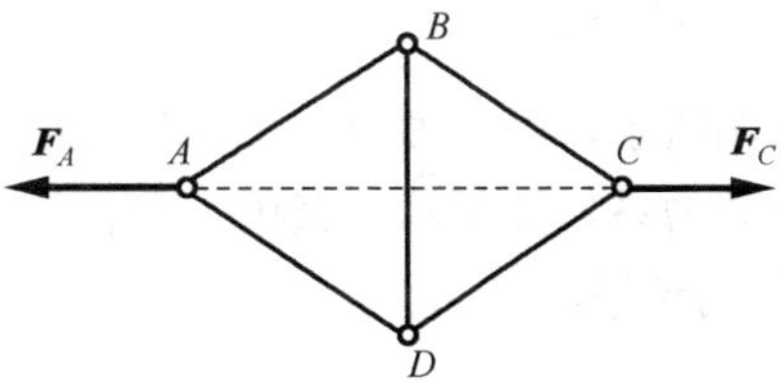

习题 2-16 图

2-17　杆 AF、BE、CD、EF 相互铰接并支承，如图所示。今在杆 AF 上作用一力偶($\boldsymbol{F}$, $\boldsymbol{F}'$)，若不计各杆自重，则支座 A 处反力的作用线(　　)。

① 过 A 点平行于力 $\boldsymbol{F}$　　② 过 A 点平行于 BG 连线

③ 沿 AG 直线　　④ 沿 AH 直线

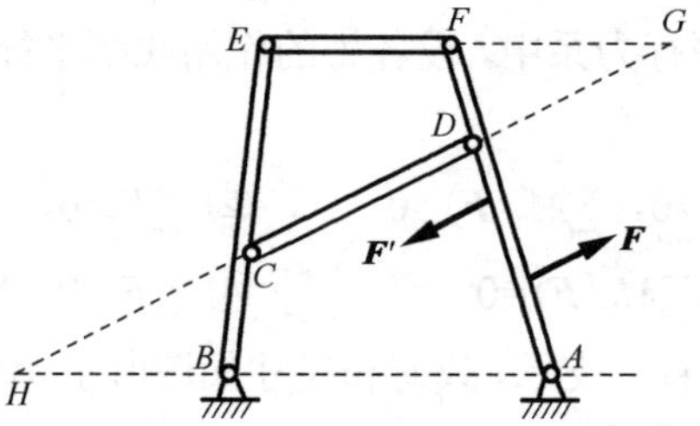

习题 2-17 图

2-18　图示结构中，静定结构是(　　)，超静定结构是(　　)。

① 图(a)　② 图(b)　③ 图(c)　④ 图(d)

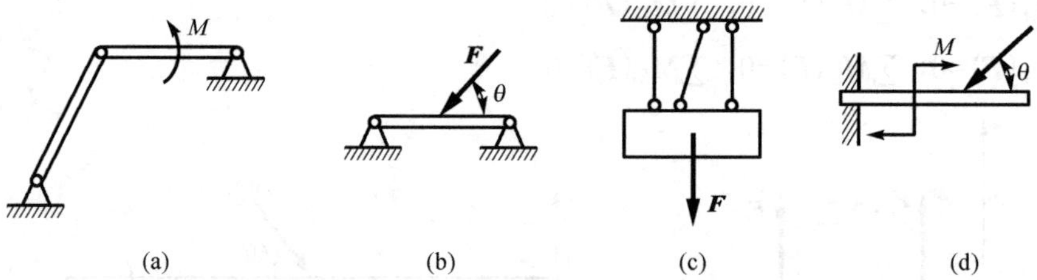

习题 2-18 图

2-19　在刚体的两个点上各作用一个空间共点力系，刚体处于平衡。利用刚体的平衡条件可以求出的未知量(即独立的平衡方程)个数最多为(　　)。

① 3 个　② 4 个　③ 5 个　④ 6 个

2-20　不计重量的直角杆 *CDA* 和 T 字形杆 *DBE* 在 *D* 处铰接，如图所示。若系统受力 *F* 作用，则支座 *B* 反力的大小为(　　)，方向为(　　)。

2-21　由 *n* 个刚体组成的平衡系统，其中有 n_1 个刚体受到平面力偶系作用，n_2 个刚体受到平面共点力系作用，n_3 个刚体受到平面平行力系作用，其余的刚体受到平面任意力系作用，则该系统所能列出的独立平衡方程的最大总数是(　　)。

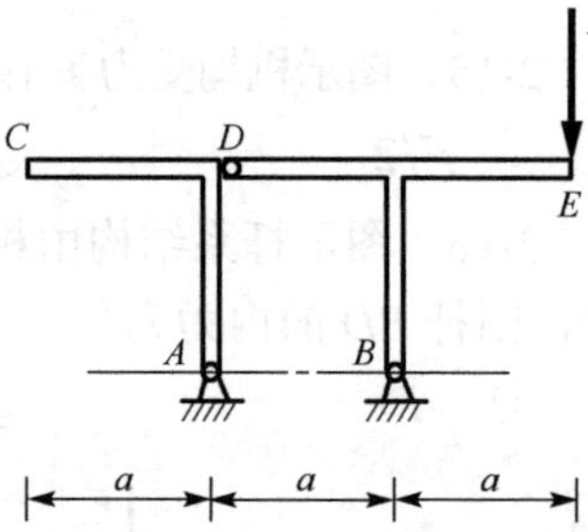

习题 2-20 图

2. 分析计算题

2-22　如图所示，平行力(**F**，2**F**)的间距为 *d*，试求其合力。

2-23　空间力系如图所示，其中力偶作用在 *Oxy* 平面内，力偶矩 *M* = 24 N·m。试求此力系向点 *O* 简化的结果。

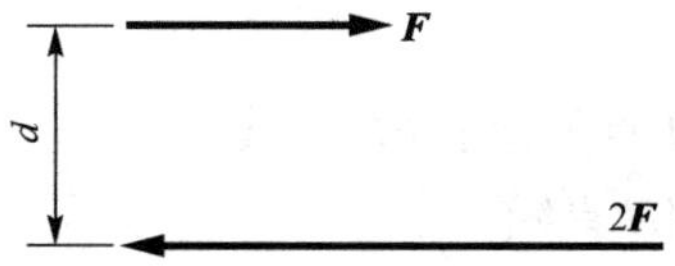

习题 2-22 图

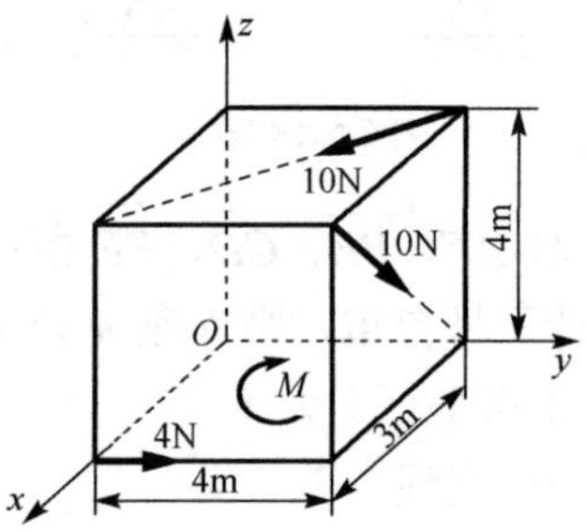

习题 2-23 图

2-24　如图所示，电动机固定在支架上，它受到自重 160N、轴上的力 120N 以及力偶矩为 25N·m 的力偶的作用。试求此力系向点 A 简化的结果。

2-25　如图所示，三个大小均为 F_0 的力分别与三轴平行，且在三个坐标平面内，试问 l_1、l_2、l_3 需满足何种关系，此力系才可简化为一合力。

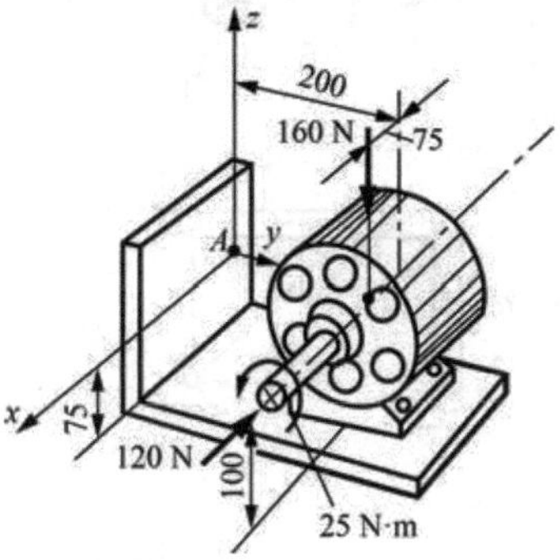

习题 2-24 图

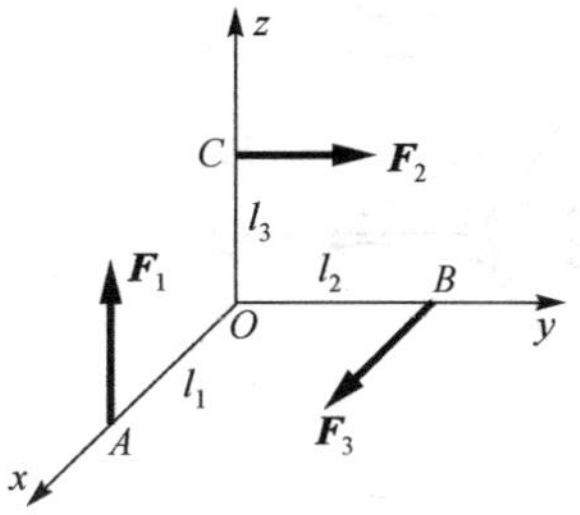

习题 2-25 图

2-26　图示两种正方形结构所受荷载 F 均已知。试求其中 1、2、3 杆的受力。

2-27　图示为一绳索拔桩装置。绳索的 E、C 两点拴在架子上，点 B 与拴在桩 A 上的绳索 AB 连接，在点 D 加一铅垂向下的力 $\boldsymbol{F}$，AB 可视为铅垂，DB 可视为水平。已知 $\theta = 0.1\text{rad}$，力 $F = 800\text{N}$。试求绳 AB 中产生的拔桩力(当 θ 很小时，$\tan\theta \approx \theta$)。

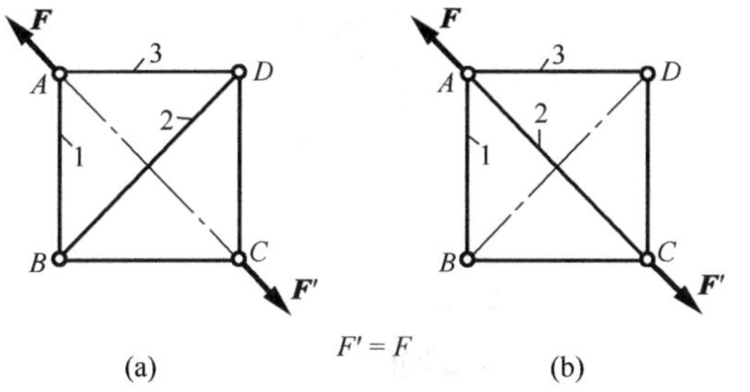

习题 2-26 图

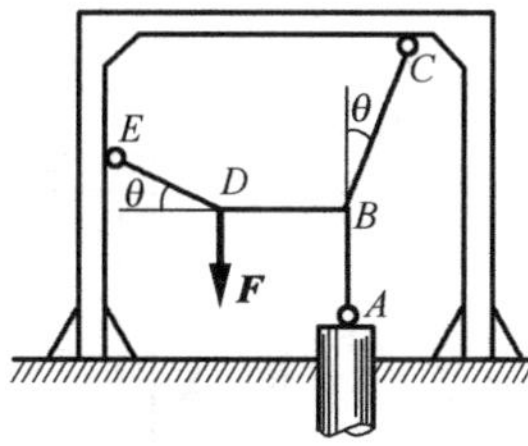

习题 2-27 图

2-28　杆 AB 及其两端滚子的整体重心在 G 点，滚子搁置在倾斜的光滑刚性平面上，如图所示。对于给定的 θ 角，试求平衡时的 β 角。

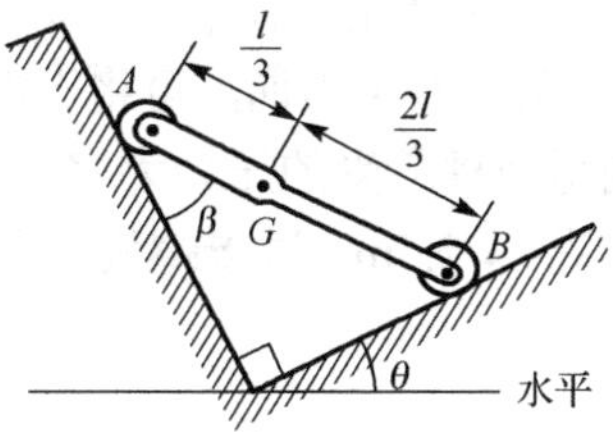

习题 2-28 图

2-29　由三脚架 $ABCD$、铰车 E 和滑轮 D 组成的提升机构，从矿井中吊起 30kN 的重物 W，如图所示。若俯视图中 ABC 为等边三角形，各杆和绳索 DE 与水平面都成 60°角，试求当重物被匀速吊起时各杆的内力。

2-30　折杆 AB 的三种支承方式如图所示，设有一力偶矩为 M 的力偶作用在折杆 AB 上。试求支承处的约束力。

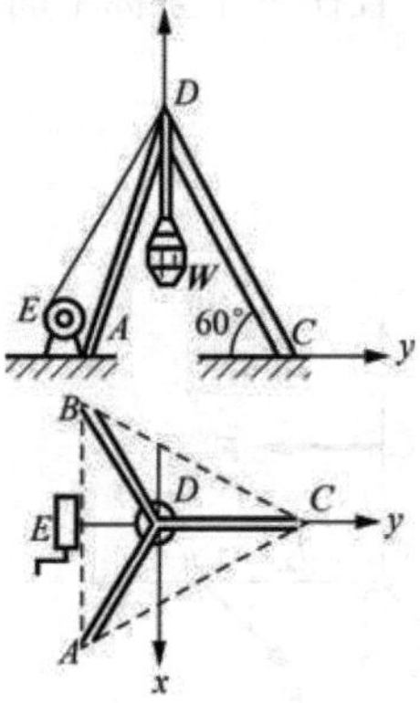

习题 2-29 图

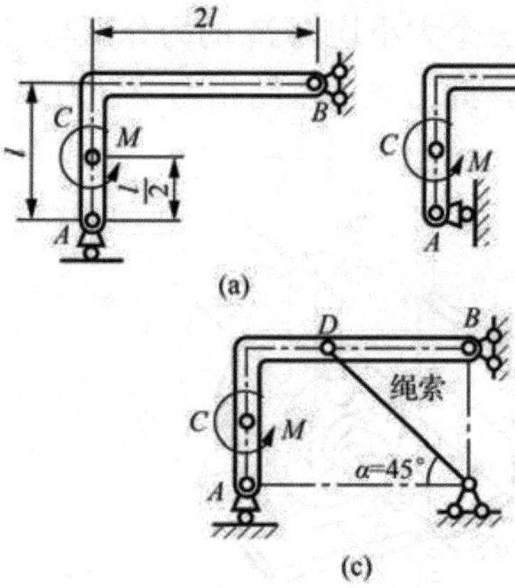

习题 2-30 图

2-31　图示的结构中，各构件的自重略去不计。在构件 AB 上作用一力偶，其力偶矩为 M=800 N·m。试求支承 A 和 C 处的约束力。

2-32　卷扬机结构如图所示。物体放在小台车 C 上，小台车上装有 A、B 轮，可沿铅垂导轨 ED 上下运动。已知物体重 2kN。试求导轨对 A、B 轮的约束力。

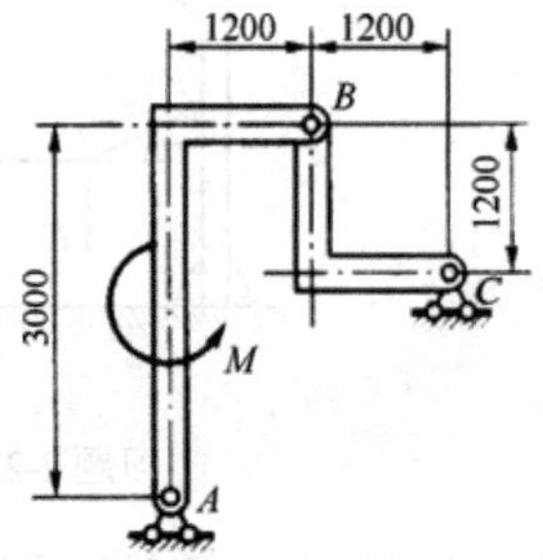

习题 2-31 图

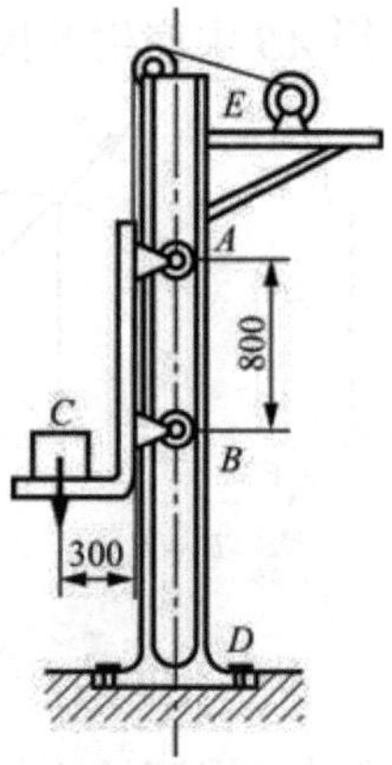

习题 2-32 图

2-33　试求图示结构中杆 1、2、3 所受的力。

2-34　为了测定飞机螺旋桨所受的空气阻力偶，可将飞机水平放置，其一轮搁置在地秤上，如图所示。当螺旋桨未转动时，测得地秤所受的压力为 4.6kN；当螺旋桨转动时，测得地秤所受的压力为 64kN。已知两轮间的距离 $l = 2.5\mathrm{m}$ 。试求螺旋桨所受的空气阻力偶的力偶矩大小 M。

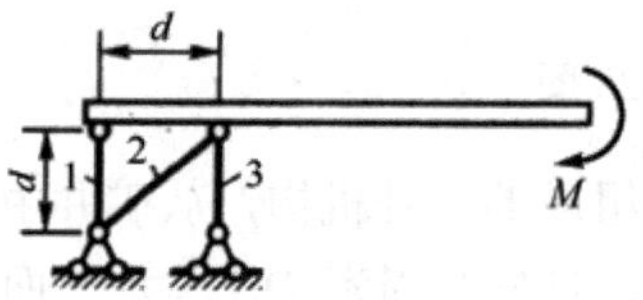

习题 2-33 图

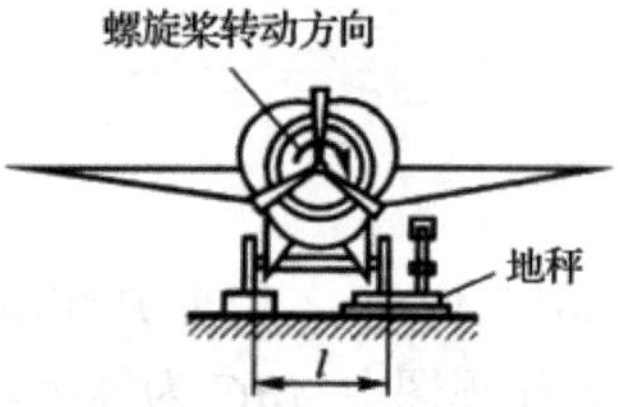

习题 2-34 图

2-35　试求机构在图示位置保持平衡时主动力系的关系。

2-36　在图示三铰拱结构的两半拱上各作用一个矩为 M 的力偶。试求约束力 $\boldsymbol{F}_{RA}$、$\boldsymbol{F}_{RC}$。

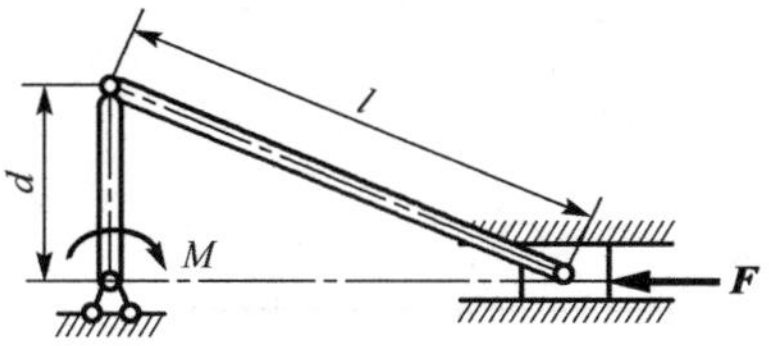

习题 2-35 图

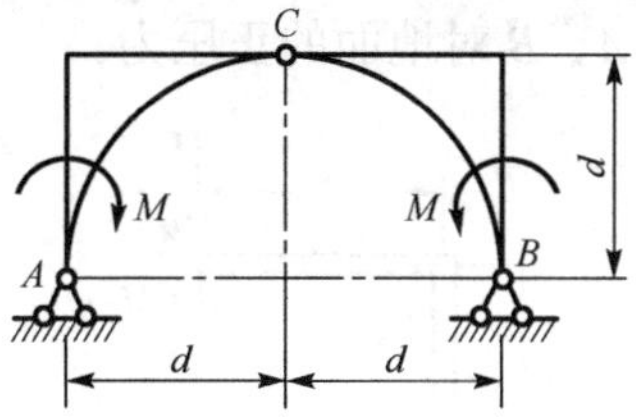

习题 2-36 图

2-37　求下列各截面重心的位置(图中长度单位为 mm)。

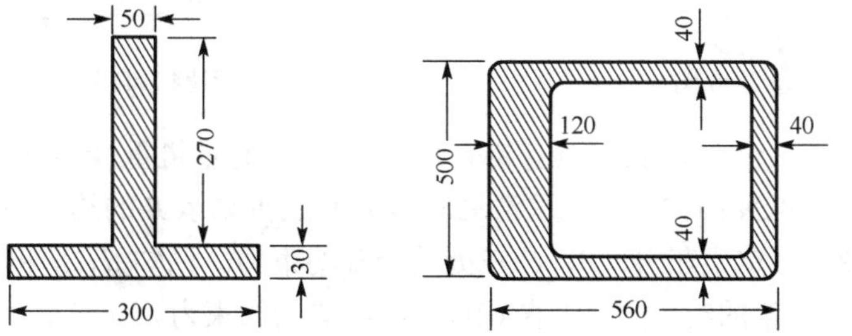

(a)　　(b)

习题 2-37 图

2-38　如图所示，飞机装载后，称重测得前起落架轮 A 受力为 P_1，主起落架轮 B_L、B_R 受力分别为 $\boldsymbol{P}_2$、$\boldsymbol{P}_3$。已知主起落架两轮 B_R、B_L 的间距为 b，主起落架至前起落架的距离为 l，求此时飞机实际重心在起落架平面上投影的位置(G 为飞机结构重心)。

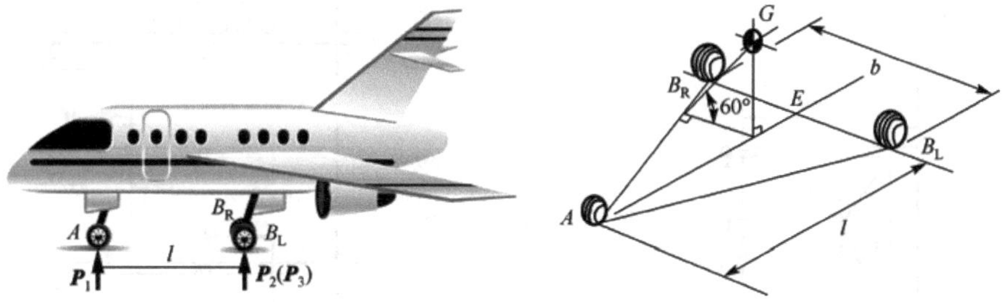

习题 2-38 图

2-39　试求图示两外伸梁的约束反力，其中：(a) $M = 60\text{kN·m}$，$F_P = 20\text{kN}$；(b) $F_P = 10\text{kN}$，$F_{P1} = 20\text{kN}$，$q = 20\text{kN/m}$，$d = 0.8\text{m}$。

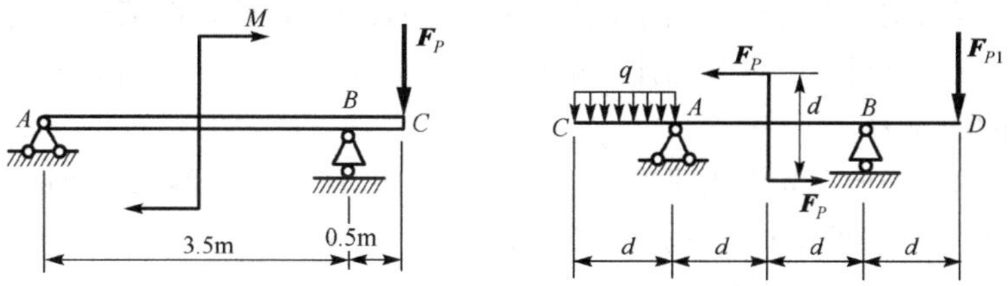

(a)　　(b)

习题 2-39 图

2-40　直角折杆所受载荷、约束及尺寸均如图所示。试求 A 处的全部约束力。

2-41　拖车重 $W=20\text{kN}$，汽车对它的牵引力 $F_s=10\text{kN}$，如图所示。试求拖车匀速直线行驶时，车轮 A、B 对地面的正压力。

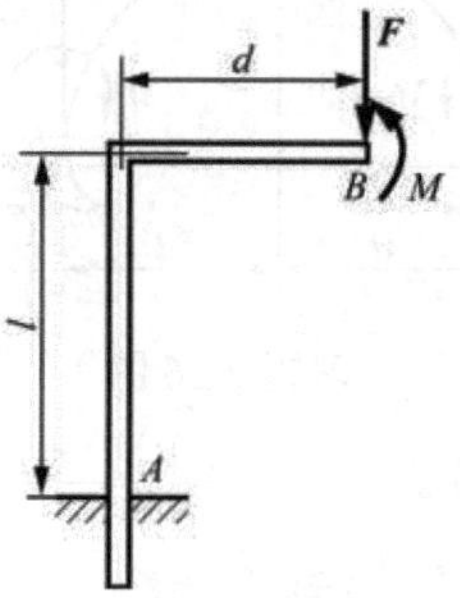

习题 2-40 图

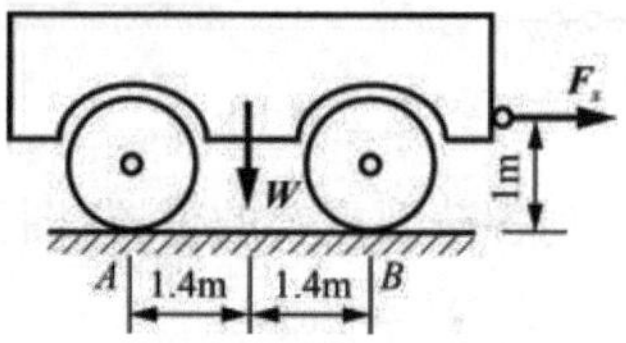

习题 2-41 图

2-42　如图所示，起重机 ABC 具有铅垂转动轴 AB，起重机重 $W=3.5\text{kN}$，重心在 D 处，在 C 处吊有重 $W_1=10\text{kN}$ 的物体。试求滑动轴承 A 和止推轴承 B 的约束力。

2-43　试求图示静定梁在 A、B、C 三处的全部约束力。已知 d、q 和 $\boldsymbol{M}$。注意比较和讨论图(a)、(b)、(c)三梁的约束力以及图(d)、(e)两梁的约束力。

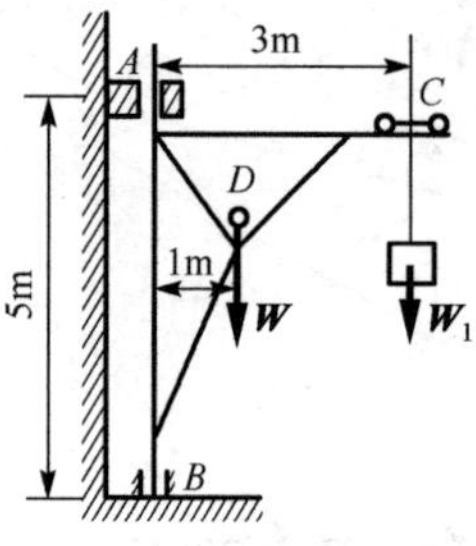

习题 2-42 图

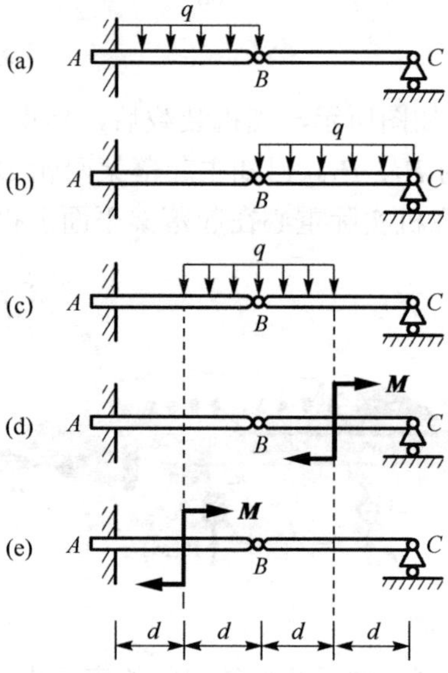

习题 2-43 图

2-44　木支架结构的尺寸如图所示，各杆在 A、D、E、F 处均以销栓连接，C、G 处用铰链与地面连接。在水平杆 AB 的 B 端挂一重物，其重量 $W=5\text{kN}$。若不计各杆的重量，试求 C、G、A、E 各处的约束力。

2-45　一活动梯子放在光滑水平的地面上，梯子由 AC 与 BC 两部分组成，每部分的重量均为 150N，重心在杆子的中点，彼此用铰链 C 与绳子 EF 连接。今有一重量为 600N 的人站在 D 处，如图所示，试求绳子 EF 的拉力和 A、B 两处的约束力。

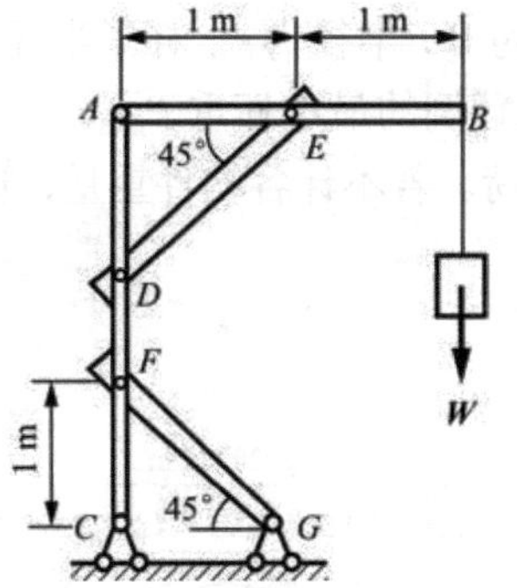

习题 2-44 图

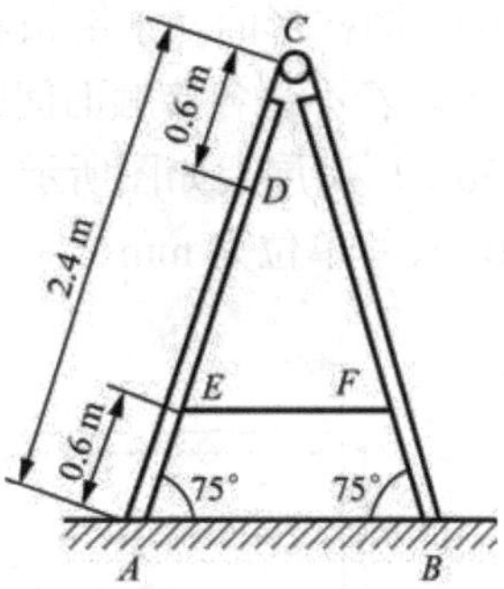

习题 2-45 图

2-46　如图所示，飞机起落架由弹簧液压杆 AD 和油缸 D 以及两个绕枢轴转动的连杆 OB 和 CB 组成，假设飞机起飞或降落时以匀速沿着跑道运动，轮子所支承的载荷为 24kN。试求 A 处销钉所受的力。

2-47　图示为汽车台秤简图，BCF 为整体台面，杠杆 AB 可绕轴 O 转动，B、C、D 三处均为铰链，杆 DC 处于水平位置。试求平衡时砝码重 W_1 与汽车重 W_2 的关系。

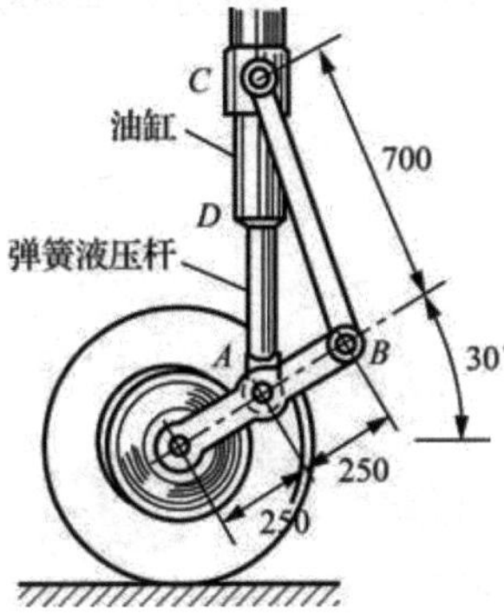

习题 2-46 图

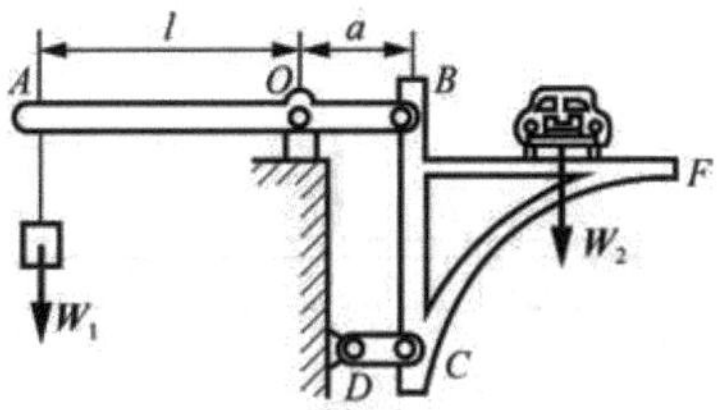

习题 2-47 图

2-48　体重为 W 的体操运动员在吊环上做十字支撑，如图所示。已知 l、θ、d (两肩关节间距)、W_1(两臂总重)。假设手臂为均质杆，试求肩关节受力。

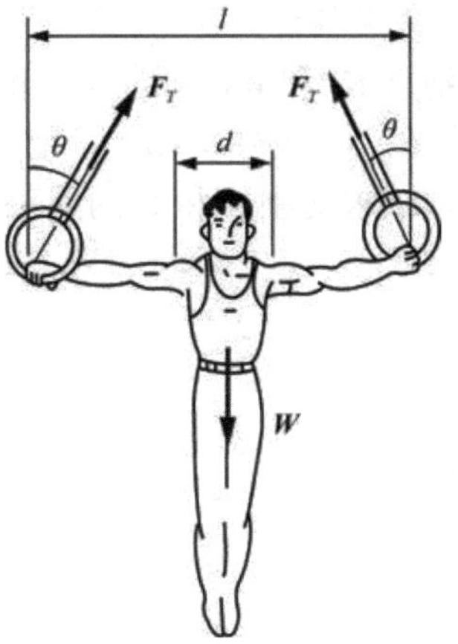

习题 2-48 图

2-49 圆柱形的杯子倒扣着两个重球，每个球重为 W，半径为 r，杯子半径为 R，$r<R<2r$，如图所示。若不计各接触面间的摩擦，试求杯子不致翻倒的最小杯重 $P_{\min}$。

2-50 厂房屋架如图所示，其上承受铅垂均布载荷。若不计各构件重量，试求杆 1、2、3 的受力。尺寸单位为 mm。

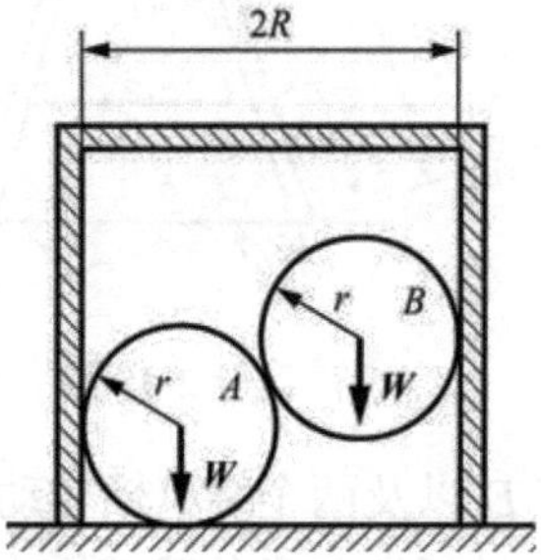

习题 2-49 图

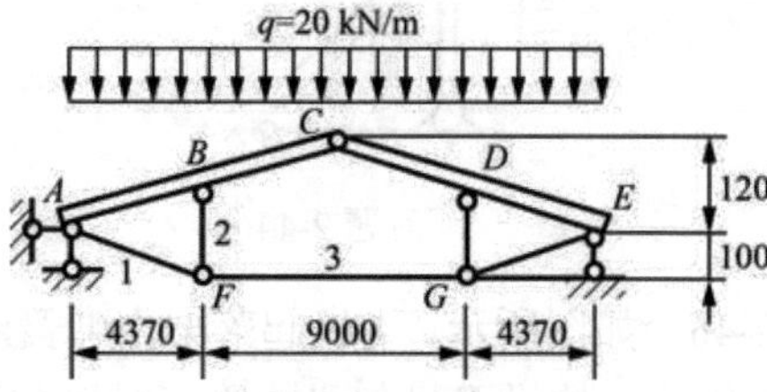

习题 2-50 图

2-51 结构由 AB、BC 和 CD 三部分组成，所受载荷及尺寸如图所示。试求 A、B、C 和 D 处的约束力。

2-52 作用在踏板上的铅垂力 $\boldsymbol{F}_P$ 使得位于铅垂位置的连杆上产生拉力 $F_T=400\,\text{N}$，图中尺寸均已知。试求轴承 A、B 的约束力。

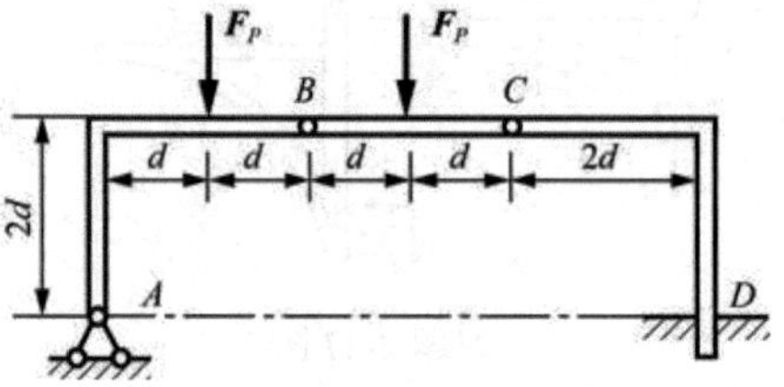

习题 2-51 图

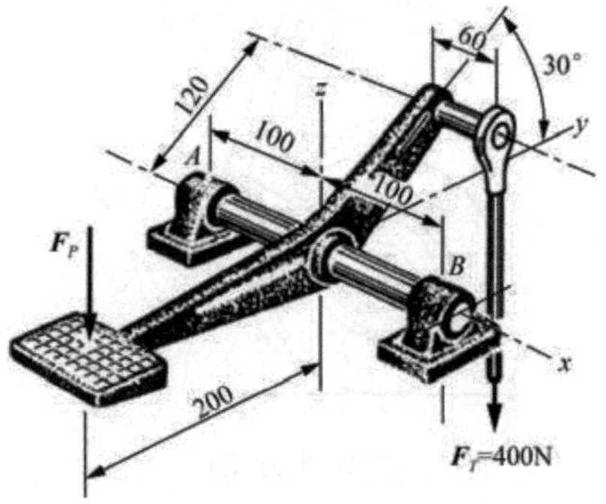

习题 2-52 图

2-53 正方形板 $ABCD$ 由六根直杆支撑于水平位置，若在点 A 沿 AD 方向作用水平力 $\boldsymbol{F}$，尺寸如图所示，不计板重和杆重。试求各杆的受力。

2-54 两均质杆 AB 和 BC 分别重 W_1 和 W_2，其端点 A 和 C 处用固定球铰支撑在水平面上，另一端 B 用活动球铰相连接，并靠在光滑的铅垂墙上，墙面与 AC 平行，如图所示。若杆 AB 与水平线成 45° 角，$\angle BAC=90^\circ$，试求支座 A 和 C 的约束力及墙在 B 处的支承力。

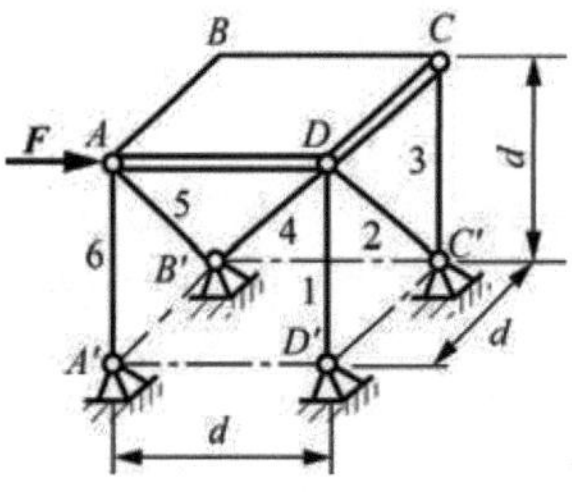

习题 2-53 图

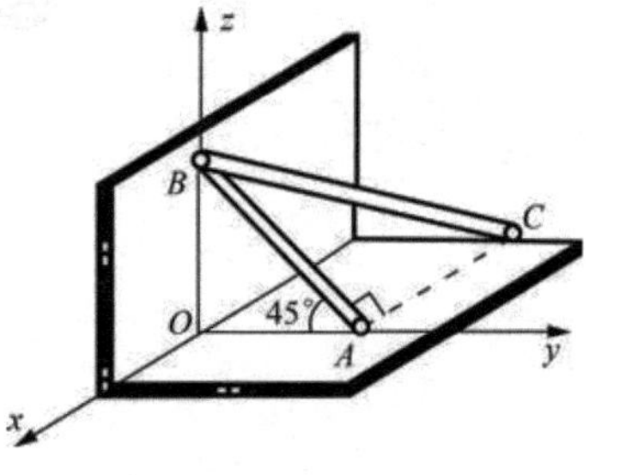

习题 2-54 图

2-55　曲杆 $ABCD$ 处于平衡，不计自重。如图所示，已知 $\angle ABC=\angle BCD=90^\circ$，$AB=a$，$BC=b$，$CD=c$，已知力偶 m_2 和 m_3。求支座的约束反力及力偶 m_1。

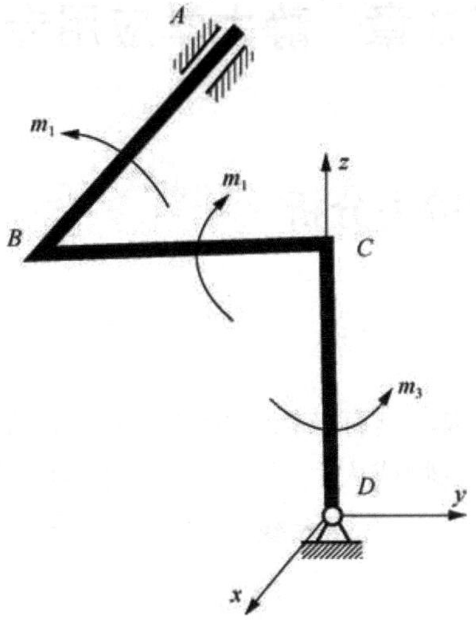

习题 2-55 图

2-56　结构尺寸如图所示，单位为 m，固定在 BH 上的销钉 B 置于 AC 上的光滑槽内，各杆自重不计。已知载荷 F=200 N, M=2400 N·m 。求支座 A、E 处的约束反力。

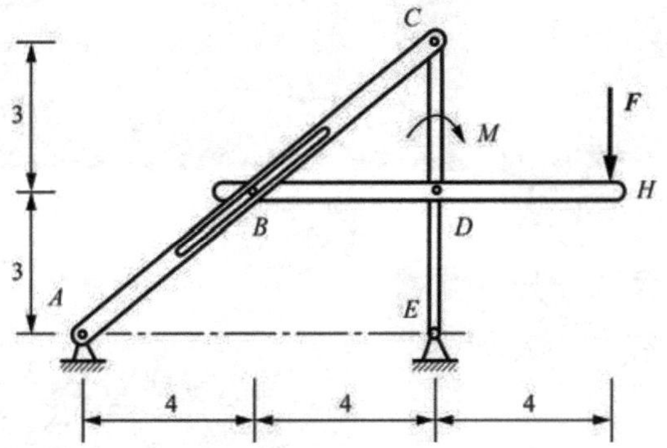

习题 2-56 图

2-57　参考例题 1-1，应用 MATLAB 编写计算任意力系向一点简化的主矢和主矩的通用程序，并求解习题 2-23。

第 3 章　静力学应用专题

3.1　平面静定桁架的静力分析

3.1.1　桁架的概念

桁架是一种常见的工程结构，具有结构重量轻、力学性能好的特点，得到了广泛应用。特别是在大跨度、大高度的建筑物或大型机械中，如各类桥梁、塔架、顶棚，以及建筑、起重设备、飞机、舰船、车辆结构、雷达天线、设备载荷平台等，均有桁架结构的应用，如图 3-1 所示。

平面桁架介绍

平面桁架实验装置

屋顶桁架结构

图 3-1　桁架的应用

桁架是由若干杆件在两端按一定的方式连接所组成的工程结构。若组成桁架的所有杆件均处在同一平面内，且载荷也作用在相同的平面内，则称为**平面桁架**(planar truss)；如果这些杆件不在同一平面内，或者载荷不作用在桁架所在的平面内，则称为**空间桁架**(space truss)。对于某些具有对称平面的空间结构，当载荷均作用在对称面内时，对称面两侧的结构也可以视为平面桁架加以分析。图 3-2(a)所示为屋顶结构中的空间桁架，图 3-2(b)所示为桥梁结构中的空间桁架，当载荷作用在对称面内时，可视为平面桁架。

工程中桁架结构的设计涉及结构形式的选择、杆件几何尺寸的确定以及材料的选用等，所有这些都与桁架杆件的受力有关。本章主要研究简单的平面静定桁架杆件的受力分析。

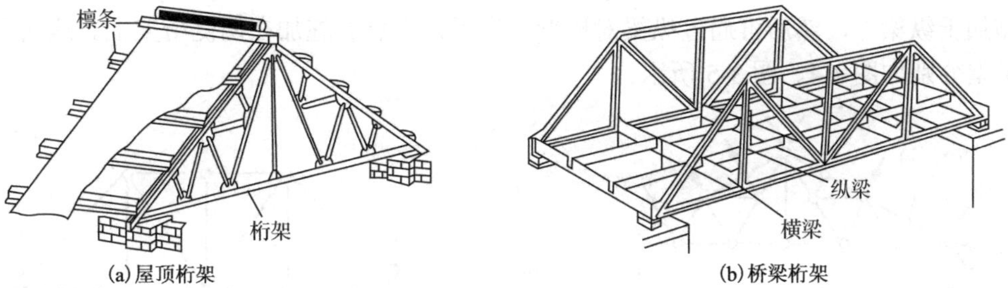

图 3-2　平面桁架

3.1.2　桁架的简化

桁架中各杆的连接点称为**节点**，节点处的实际结构比较复杂，需要加以简化，才便于进行受力分析。

1. 杆件连接处的简化模型

桁架杆件连接方式一般有铆接(图 3-3(a))、焊接(图 3-3(b))等，即将有关的杆件连接在一角撑板上；或者简单地在相关杆件端部用螺栓直接连接(图 3-3(c))。

实际上，桁架杆件端部并不能完全自由转动，因此每根杆的杆端均作用有约束力偶。这将使桁架分析过程复杂化。

理论分析和实测结果表明，如果连接处的角撑板刚度有限，而且各杆轴线又汇交于一点，如图 3-3 中的点 A_1、A_2、A_3，则连接处的约束力偶很小。这时，可以将连接处的约束简化为光滑铰链(图 3-3(d)～(f))，从而使分析和计算过程大大简化。当要求更加精确地分析桁架杆件的内力时，才需要考虑杆端约束力偶的影响。这时，桁架将不再是静定的，而变为超静定的。

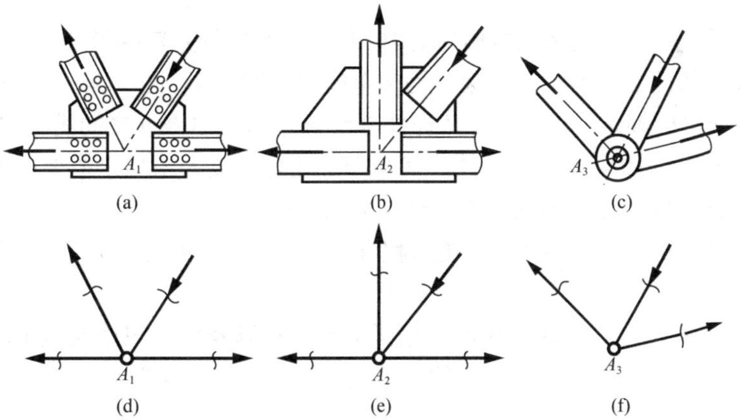

图 3-3　桁架杆件连接方式及简化模型

2. 节点与非节点载荷的简化模型

理想桁架模型要求载荷都必须作用在节点上，这一要求对于不少结构在工程上是能够满足的。图 3-2(a)所示屋顶的载荷通过檩条(梁)作用在桁架节点上；图 3-2(b)所示桥梁上的载荷先施加于纵梁上，然后再通过纵梁对横梁的作用，由后者施加在两侧桁架上。这两种桁架简化模型分别如图 3-4、图 3-5 所示。

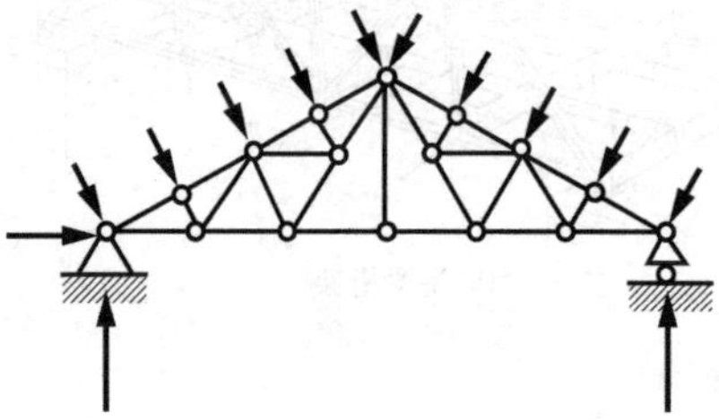

图 3-4　屋顶桁架模型

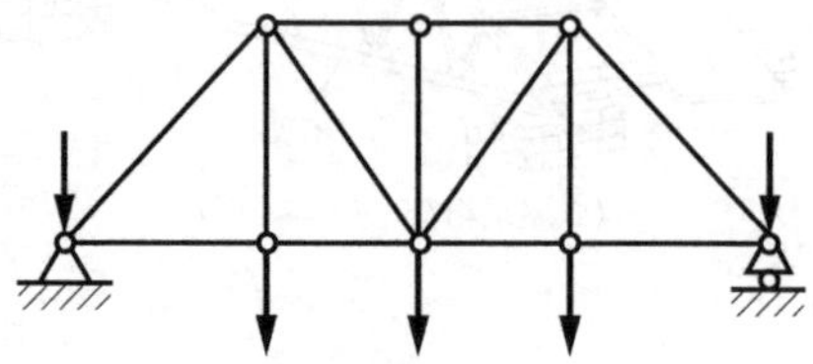

图 3-5　桥梁桁架模型

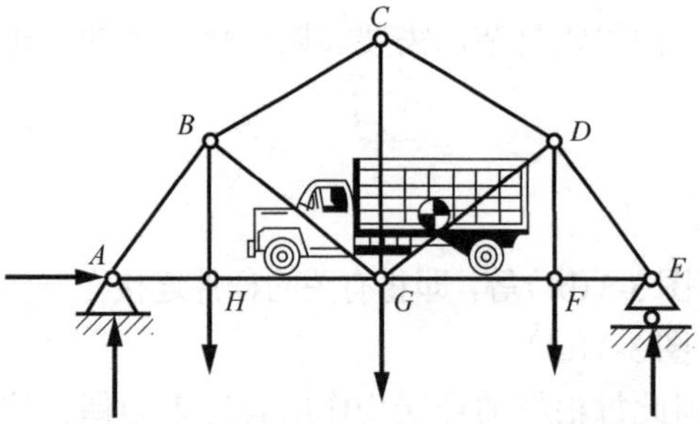

图 3-6　载荷不直接作用在节点上的桁架

对于载荷不直接作用在节点上的情形(图 3-6)，可以对承载杆进行受力分析，确定杆端受力，再将其作为等效节点载荷施加于节点上。

一般情形下，桁架杆件自重要比载荷小得多，因而可以忽略不计。在特殊情形下，也可采用非节点载荷的简化方法等效杆件自重。

根据上述简化，可以把桁架定义为：由轻质直杆通过两端光滑铰链连接而成，且只在节点承受载荷的、保持几何形状不变的结构。符合这样定义的桁架也称为**理想桁架**。理想桁架中所有杆件都是二力杆，杆件只受轴向力(单纯受压或受拉)，内力或为拉力，或为压力。根据理想桁架所计算出来的结果是实际桁架结构一定程度的近似值，一般都能较好地满足工程实际的需要。

3.1.3　平面桁架内力分析的基本方法

静定桁架内力分析仿真设计

以几何不变的铰接三角形为基础，每增加两根杆则铰接增加一个节点，即增加一个单元，依此生成的平面桁架称为**简单桁架**。图 3-4、图 3-5、图 3-6 中的桁架均属于此。简单桁架是静定桁架，其杆件总数 m 和节点总数 n 之间满足关系 $m=2n-3$。在这个基础上，如果再增加杆件，就会产生冗杆，成为超静定桁架；如果去掉杆件，就不能维持桁架几何形状的不变性，成为机构。

对于静定桁架，可以通过静力学平衡方程求解全部外部约束力和全部内部约束力，即各杆内力。

当桁架处于平衡时，它的任一局部，包括节点、杆以及用假想截面截出的任一局部，也都是平衡的。据此，产生分析桁架内力的“节点法”和“截面法”。

1. 节点法

以节点为研究对象，逐个考察其受力与平衡，从而求得全部杆件受力的方法称为**节点法**。由于作用在节点上各力的作用线汇交于一点，故为平面汇交力系。因此，每个节点有两个独立的平衡方程。通过求解平衡方程，可以求得所有杆的内力。

【例题 3-1】 平面桁架如图 3-7(a)所示。若尺寸 d 和载荷 F_P 均为已知，试求各杆的受力。

解　首先考察整体平衡，求出支座 A、D 两处的约束力。根据 A、D 两铰的约束性质和整体平衡条件，可知 A 铰水平方向的约束力为零。桁架整体受力示于图 3-7(a)中。列整体平衡方程有

$$\sum M_D(\boldsymbol{F})=0,\qquad -F_{RA}\cdot 3d+F_P\cdot d=0$$

$$\sum F_y=0,\qquad F_{RA}+F_{RD}-F_P=0$$

解得

$$F_{RA}=\frac{1}{3}F_P,\qquad F_{RD}=\frac{2}{3}F_P$$

然后以节点 A 为研究对象，假设杆件均受到拉力，受力如图 3-7(b)所示。由平衡方程

$$\sum F_y=0,\qquad F_{RA}+F_{S1}\cdot\sin 45^\circ=0$$

$$\sum F_x=0,\qquad F_{S2}+F_{S1}\cdot\cos 45^\circ=0$$

解得

$$F_{S1}=-\frac{\sqrt{2}}{3}F_P\ (\text{压}),\qquad F_{S2}=\frac{1}{3}F_P\ (\text{拉})$$

再考察节点 B 的平衡，其受力如图 3-7(c)所示。由平衡方程 $\sum F_y=0$，得到

$$F_{S3}=0$$

这表明杆 3 的内力为零。工程上将桁架中不受力的杆件称为**零力杆或零杆**(zero-force member)。

接下去可继续从左向右，也可由 D 从右向左，或者二者同时进行，依次考察有关节点的平衡，求出各杆内力。现将最后计算结果标注于图 3-7(d)中。其中，“+”表示受拉(拉杆)；“−”表示受压(压杆)；“0”表示零杆。

读者可以注意到，本例所考察的节点是从 A 或 D 开始的，那么能否从考察节点 B、C 等开始呢？这个问题留给读者去思考，并从中归纳出“节点法”的要点。

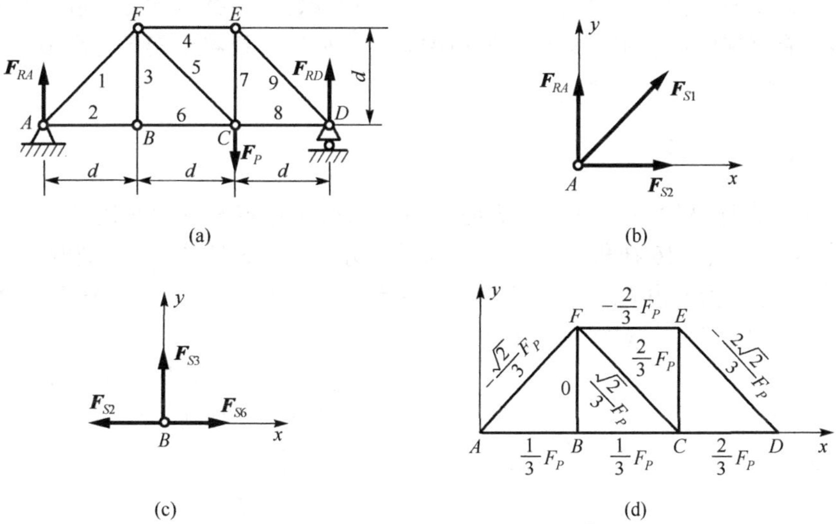

图 3-7　例题 3-1 图

2. 截面法

用假想截面将桁架截开，考察其中任一部分的平衡，应用平衡方程，求出被截杆件的内力，这种方法称为**截面法**。截面法对于只需要确定部分杆件内力的情形，显得更加简单。

【例题 3-2】 试用截面法求例题 3-1 中杆 4、5、6 的内力。

解 首先取整体，求出约束反力，这一步与例题 3-1 相同。然后用图 3-8 所示的假想截面将桁架截为两部分，假设截开的所有杆件均受拉力。考察左边部分的受力与平衡，只有三个未知量。写出平面力系的 3 个平衡方程，有

$$\sum M_F(\boldsymbol{F})=0\text{，}\quad F_{RA}\cdot d-F_{S6}\cdot d=0$$

$$\sum M_C(\boldsymbol{F})=0\text{，}\quad F_{RA}\times 2d+F_{S4}\cdot d=0$$

$$\sum F_y=0\text{，}\quad F_{RA}-F_{S5}\times\frac{\sqrt{2}}{2}=0$$

可以依次解得

$$F_{S6}=F_{RA}=\frac{1}{3}F_P\ \text{(拉)}\text{，}\quad F_{S4}=-2F_{RA}=-\frac{2}{3}F_P\ \text{(压)}\text{，}\quad F_{S5}=\frac{\sqrt{2}}{3}F_P\ \text{(拉)}$$

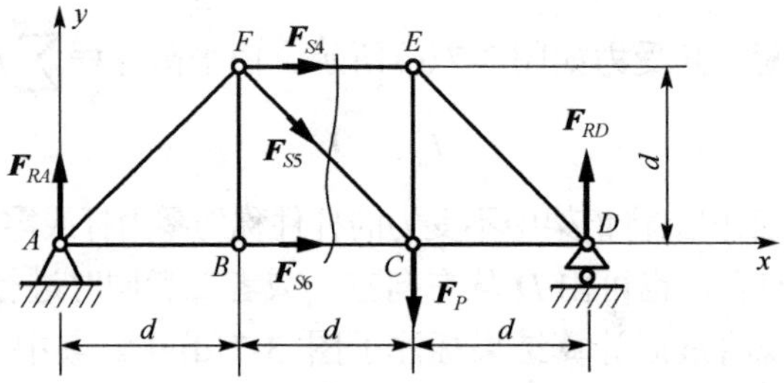

图 3-8　例题 3-2 图

无论用节点法还是截面法，对于大型、复杂桁架结构，手工计算都会相当繁杂，而采用计算机分析，则要方便得多。目前一些工程力学应用软件中，都包含分析静定和超静定桁架内力的程序。有兴趣的读者不妨从简单的桁架入手，研究怎样将桁架各杆和节点处的受力写成矩阵的形式，编写出计算程序。

3.1.4 关于零力杆

桁架中的零力杆虽然不受力，但却是保持结构形状稳定不变所必需的。如例题 3-1 中的 *FB* 杆，如果没有它，*AB* 杆和 *BC* 杆就不能安全地承受力，这时 *B* 点一旦离开 *AC* 连线，桁架就会失衡垮掉。分析桁架内力时，若有可能应该首先确定其中的零力杆，这对后续分析有利。

确定零力杆的方法是，观察桁架中的每个节点：

(1) 若在一个节点上仅有两根杆件，且两杆不共线，节点上无外载荷作用，则此二杆均为零力杆(图 3-9(a))；

(2) 若一个节点上有三根杆件，且其中有两杆共线，在节点上同样无外载荷作用，则不共线的第三杆必为零力杆(图 3-9(b))。

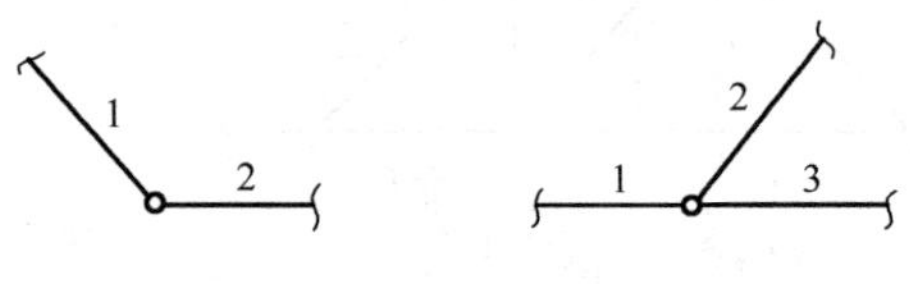

(a) $\boldsymbol{F}_{S1}=\boldsymbol{F}_{S2}=0$　　(b) $\boldsymbol{F}_{S2}=0$

图 3-9　存在零杆的两种节点

3.2 考虑摩擦的平衡问题

3.2.1 摩擦的概念

前面所涉及的平衡问题，都没有考虑摩擦力，实际上是一种简化。这种简化，对于那些摩擦力较小(接触面光滑或有润滑剂时)的情形，是合理的。

摩擦是实际存在的，往往不能忽略。摩擦形成阻力，影响着物体的运动以及平衡。摩擦耗散能量，增加机器磨损，降低工作效率。但另一方面，有赖于摩擦的存在，人类、动物才能行走，才能拿物，才能保持正常的生活；有赖于摩擦的存在，车辆才能行驶，机器、设备才能正常工作。失去摩擦，世界将陷入混乱。

相互接触的物体或介质在相对运动(包括滑动与滚动)或有相对运动趋势的情形下，接触表面(层)会产生阻碍运动或运动趋势的机械作用，这种现象称为**摩擦**(friction)，相应的阻碍运动的力称为**摩擦力**(friction force)。根据相互接触的物体或介质，摩擦可分为干摩擦(dry friction)、湿摩擦以及流体摩擦(fluid friction)。

两物体相互接触且有相对滑动或滑动趋势时，二者接触面间便会产生相互阻碍滑动的机械作用，通常称为**滑动摩擦**。若接触面间没有润滑，则这种摩擦称为**干摩擦**；若接触面间有润滑，则这种摩擦称为**湿摩擦**。液体或气体流动过程中相邻层面之间产生的摩擦、液体或气体流过固体表面时二者接触面之间的摩擦，统称为**流体摩擦**。需要指出的是，变形体受力后，其材料内部的颗粒或分子间也会发生相对运动，也会产生摩擦，这种摩擦称为**内摩擦**(internal friction)。例如，置于真空环境中的弹性梁或弹簧质量振子，即使没有空气阻力，振动也会逐渐衰减直至完全停止，其原因就是存在弹性梁或弹簧材料的内摩擦。

摩擦现象的机理比较复杂。对于滑动摩擦而言，一般有两种解释：一是与接触面的不平整有关，因两接触面存在凹凸不平而形成类似齿轮的啮合作用；二是与接触面分子引力或聚合力有关，发生在两接触面分子距离很小时，如极度光滑的接触面。不过，我们在讨论滑动摩擦问题时，还是习惯于用光滑接触面表示无摩擦，用非光滑接触面表示有摩擦，虽然与摩擦机理表述有所冲突，但已经约定俗成了。

对于固体，按物体相互接触的运动形式，又可把摩擦分为**滑动摩擦**和**滚动摩阻**。前者指接触面有相对滑动(动摩擦)或滑动趋势(静摩擦)的情况，后者指接触面有相对滚动或滚动趋势的情况。

分析有摩擦的平衡问题，需要应用摩擦的基本概念与有关定律，正确分析有摩擦力存在时物体的可能运动趋势，在此基础上建立包含摩擦力的平衡方程。

本节仅讨论最常见的干摩擦情况下的滑动摩擦平衡问题，涉及摩擦角、自锁等重要概念，最后介绍滚动摩阻的概念。

3.2.2 滑动摩擦力 · 库仑摩擦定律

1. 静滑动摩擦

当两接触面之间仅有相对滑动趋势，尚未发生相对滑动时的摩擦称为静滑动摩擦。这时的摩擦力称为静滑动摩擦力，简称**静摩擦力**。考察质量为 m 的物块静止地置于水平面上，现在物块上施加水平力 $\boldsymbol{F}_P$，如图 3-10(a)所示，并令其自零开始连续增大，物块的受力图如图 3-10(b)所示。因为是非光滑接触面，故作用在物块上的约束力除法向力 $\boldsymbol{F}_N$ 外，还有切向摩擦力 $\boldsymbol{F}$。法向约束力 $\boldsymbol{F}_N$ 的具体位置可由力矩平衡方程确定。

当 $F_P=0$ 时，由于二者无相对滑动趋势，故静滑动摩擦力 $F=0$。当 F_P 开始增加时，静摩擦力 F 随之增加，且根据水平方向的平衡方程，持续有 $F=F_P$，而物块仍然保持静止。根据实验，F_P 继续增加，达到某一临界值 $F_{P\max}$ 时，摩擦力达到最大值 $F=F_{\max}$，物块处于平衡与运动的**临界状态**。由于物块原来处于静止，所以这种临界状态称为**临界平衡状态**，可以用平衡条件进行讨论。这种临界平衡状态一旦受到微小扰动而被破坏，物块便开始沿力 F_P 方向滑动，与此同时，$F_{\max}$ 突变至动滑动摩擦力 F_{d}（F_{d} 略小于 $F_{\max}$）。此后，F_P 值若再增加，则 F 基本上保持为常值 F_{d}。若滑动速度更高，则 F_{d} 值下降。上述过程中 F_P-F 关系曲线如图 3-11 所示。$F_{\max}$ 称为**最大静摩擦力**，也称为**临界摩擦力**。

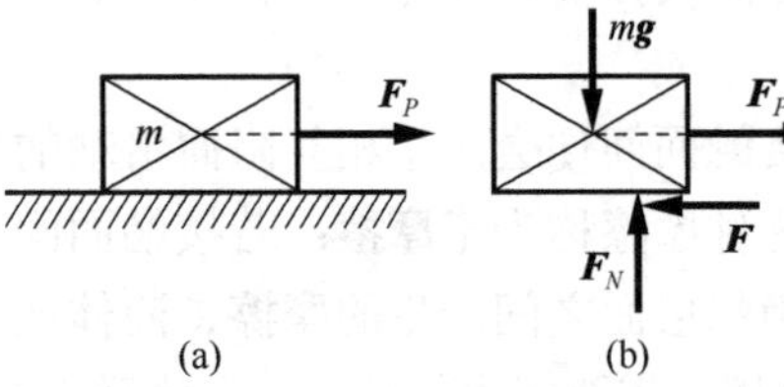

图 3-10　非光滑面约束及其约束力

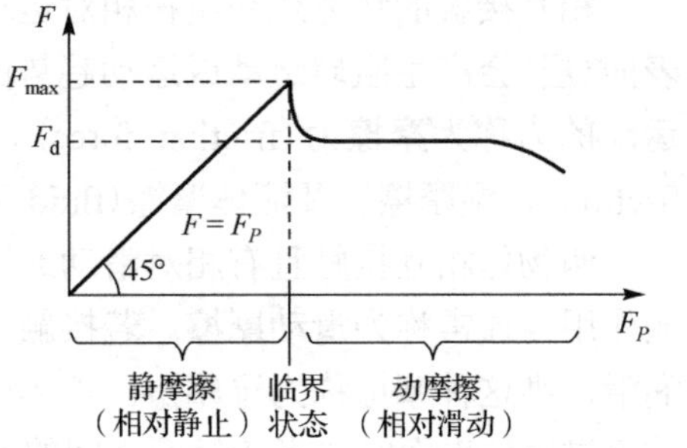

图 3-11　滑动摩擦力随外力增加而变化

根据大量实验确定：最大静摩擦力的大小与接触面法向的正压力成正比，而与接触面积的大小无关，即

$$F_{\max}=f_{\mathrm{s}}F_N \tag{3-1}$$

式(3-1)即为**库仑摩擦定律**(Coulomb law of friction)，简称**摩擦定律**。式中，f_{s} 称为**静摩擦因数**(static friction factor)，主要与材料和接触面的粗糙程度有关，可在《机械工程手册》中查到，但由于影响摩擦因数的因素比较复杂，所以若需较准确的 f_{s} 数值，则应由实验具体测定。

上述分析表明，静摩擦力的方向与相对滑动趋势的方向相反，静摩擦力的大小在零与最大静摩擦力之间，即

$$0\leqslant F\leqslant F_{\max} \tag{3-2}$$

在摩擦力没有达到最大静摩擦力前，物块处于静平衡状态，静摩擦力的大小由平衡方程确定；当摩擦力达到最大静摩擦力时，物块处于临界平衡状态。

从约束的角度看，静摩擦力是有一定取值范围的切向约束反力。

2. 动滑动摩擦

两接触面之间已经发生相对滑动时的摩擦称为动滑动摩擦，这时的摩擦力称为动滑动摩擦力，简称**动摩擦力**，其方向与两接触面的相对速度方向相反，其大小仍与正压力成正比，即

$$F_{\mathrm{d}}=f\,F_N \tag{3-3}$$

上式即为**动滑动摩擦定律**。式中，f 称为**动摩擦因数**(dynamic friction factor)。

经典摩擦理论认为 f 与 f_s 均只与接触物体的材料和表面粗糙程度有关。物块进入滑动状态后，已不属于静力学研究的范畴，将在动力学中进行讨论。

3.2.3　摩擦角与自锁现象

1. 摩擦角

考察图 3-12 所示的物块受力，摩擦面上的切向约束力(静摩擦力)和法向约束力的合力 $\boldsymbol{F}+\boldsymbol{F}_N=\boldsymbol{F}_R$ 称为**全约束力**或**全反力**，全约束力 $\boldsymbol{F}_R$ 与法向约束力 $\boldsymbol{F}_N$ 的夹角用 φ 表示。当静摩擦力 $\boldsymbol{F}$ 随着主动力 $\boldsymbol{F}_P$ 增大而增大时，全约束力 $\boldsymbol{F}_R$ 及夹角 φ 也随之增大。当 $F=F_{\max}$ 时，全约束力达到最大值：$F_R=F_{R\max}$，其作用点也由 A 移至 A_m (满足 $\boldsymbol{F}_P$、$\boldsymbol{mg}$、$\boldsymbol{F}_R$ 三力平衡汇交定理要求)，这时夹角 $\varphi=\varphi_m$，也达到最大值，φ_m 称为**摩擦角**(angle of friction)。

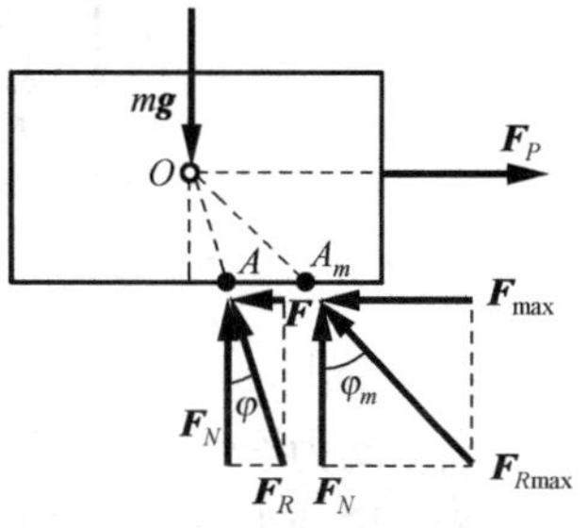

图 3-12　摩擦角

根据上述分析，全反力与摩擦面法线的夹角 φ 有范围：

$$0 \leqslant \varphi \leqslant \varphi_m \tag{3-4}$$

而且，根据库仑摩擦定律式(3-1)，可以得到其最大夹角即摩擦角与静摩擦因数的关系：

$$\tan\varphi_m=\frac{F_{\max}}{F_N}=f_s \tag{3-5}$$

由上式可见，摩擦角和摩擦因数一样，主要与材料和接触面的粗糙程度有关，而与物块自重和主动力的大小无关。因此，φ_m 与 f_s 都是表示两物体间干摩擦性质的无量纲物理量。

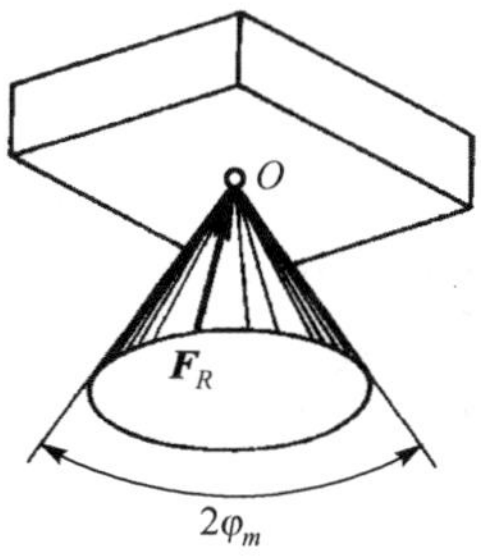

图 3-13　摩擦锥

式(3-5)与式(3-1)等价，摩擦角的概念是摩擦定律的几何表达形式，也是摩擦因数的几何表达形式；式(3-4)与式(3-2)等价，是静滑动摩擦力有最大值 $F_{\max}$ 这一概念的几何解释。

在图 3-12 中，若连续改变作用线过点 O 的力 $\boldsymbol{F}_P$ 在水平面内的方向，则全约束力 $\boldsymbol{F}_R$ 的方向也随之改变。假设摩擦面沿任意方向的静摩擦因数均相同，则在物体处于临界平衡状态时，最大全约束力 $\boldsymbol{F}_{R\max}$ 的作用线将在空间组成一个顶点在 O、顶角为 $2\varphi_m$ 的正圆锥，称为**摩擦锥**(cone of static friction)(图 3-13)。摩擦锥是全约束力 $\boldsymbol{F}_R$ 在三维空间的作用范围，其作用线只能在摩擦锥之内，临界状态下在锥面。

2. 自锁现象

图 3-14 中所示物块在有摩擦力存在而平衡时，全主动力(主动力的合力) $\boldsymbol{F}_Q=\boldsymbol{mg}+\boldsymbol{F}_P$ (其中 $\boldsymbol{F}_P$ 为对物块的推力)与全约束力 $\boldsymbol{F}_R$ 构成二力平衡状态，二力共线(图 3-14(a))。

考察当 $\boldsymbol{F}_Q$ 的作用线与接触面法线 $\boldsymbol{n}$ 的夹角 α 取不同值时，物块将存在三种可能状态：$\alpha<\varphi_m$ 时，物块保持静止(图 3-14(a))；$\alpha=\varphi_m$ 时，物块处于临界平衡状态(图 3-14(b))；$\alpha>\varphi_m$ 时，因 $\boldsymbol{F}_R$ 不能出现在摩擦角(锥)之外，故不能满足与 $\boldsymbol{F}_Q$ 二力共线的平衡条件，物块失去平衡而发生运动(图 3-14(c))。

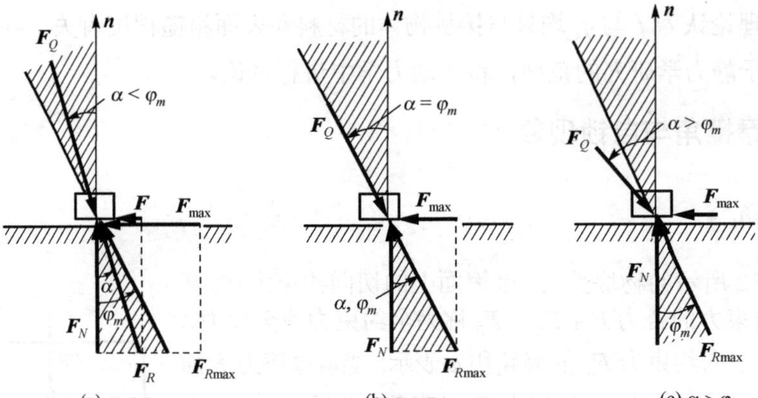

(a) $\alpha < \varphi_m$　　(b) $\alpha = \varphi_m$　　(c) $\alpha > \varphi_m$

图 3-14　自锁现象的力学分析

不难看出，在以上的分析中，只涉及了主动力合力 $\boldsymbol{F}_Q$ 的作用线方向，而与其大小无关。所以当主动力合力的作用线落于摩擦角(或摩擦锥)内时，无论主动合力有多大，物体必定保持平衡，这种力学现象称为**自锁**。

对于图 3-15 中所示的存在摩擦力的物块-斜面系统，斜面坡度只要在一定小的范围内，物块总能在重力 $\boldsymbol{F}_Q$ 与全约束力 $\boldsymbol{F}_R$ 二力作用下保持平衡而不会下滑，而与物块重量无关，即为自锁。而在坡度增大到一定程度后，无论物块重量多小，物块都不能保持平衡而会沿着斜面下滑。由此不难得出斜面的自锁条件为(不含临界状态)

$$\alpha < \varphi_m \tag{3-6}$$

因此，摩擦角 φ_m 也称为**自锁角**。

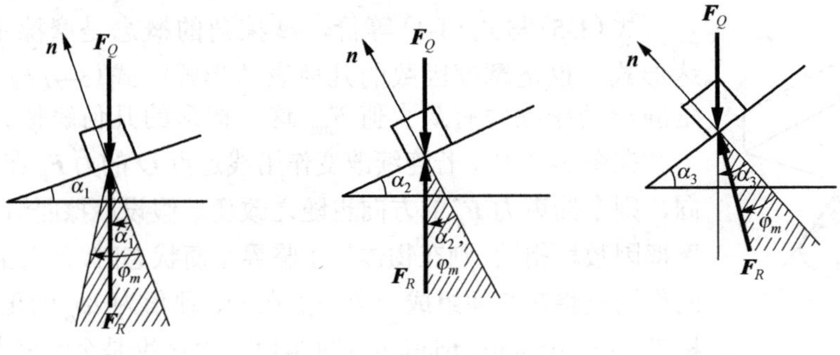

(a) $\alpha < \varphi_m$　　(b) $\alpha = \varphi_m$　　(c) $\alpha > \varphi_m$

图 3-15　斜面的自锁

利用物块在斜面上的自锁条件，可以测定静摩擦因数。将欲测的两种材料做成物块与可动斜面，如图 3-16 所示，逐渐增加斜面的倾角 α，直到出现物块要沿斜面下滑而未下滑的临界状态时，测出此时斜面的倾角 α，就是所测两种材料的摩擦角 φ_m，再利用式(3-5)即可计算出两种材料的静摩擦因数 f_s。

3. 螺旋器械的自锁条件

螺旋器械实际上由斜面-物块系统演变而成。以图 3-17(a)所示的螺旋千斤顶为例，其螺杆、螺套上的阴/阳螺纹在平面上展开后，即为斜面-物块系统。工程上对这种器械的要求是：当作用在螺杆上使其上升的主动力矩 M 撤去时，螺杆必须保持静止，使所举重物能够停留在此时的高度上，而不致反向转动使重物下降，这就是自锁要求。为此，如图 3-17(b)所示，要求螺纹的螺旋角 α 必须满足斜面自锁条件式(3-6)，即

$$\alpha = \arctan\frac{l}{2\pi r} < \varphi_m \tag{3-7}$$

式中，r、l 分别为螺杆半径和螺纹螺距。这也是对所有螺纹紧固件的要求。

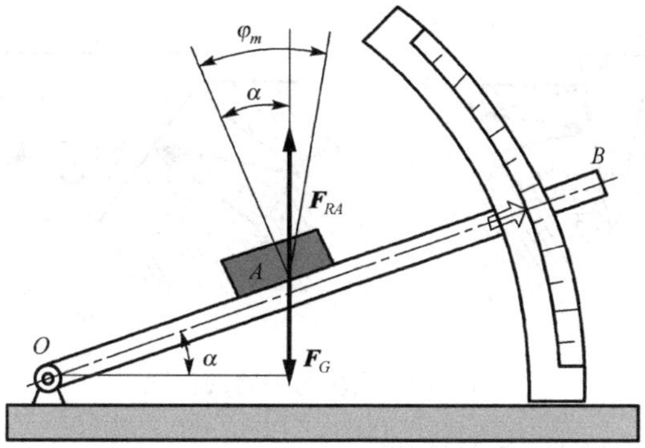

图 3-16　利用斜面自锁测定静摩擦因数

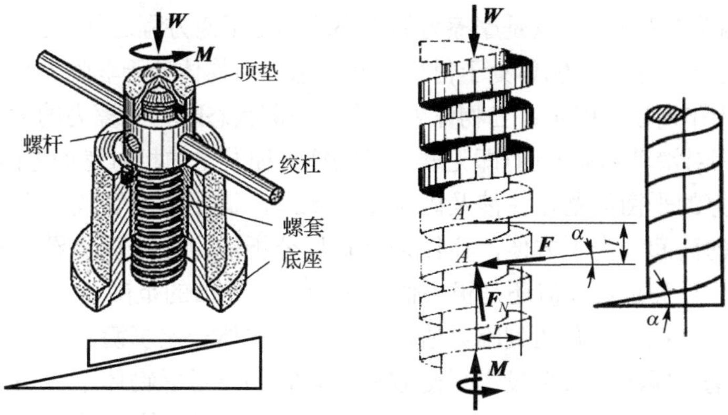

(a)　　　　(b)

图 3-17　螺旋器械及其简化模型

4. 楔块与尖劈的自锁条件

楔块与尖劈也是一种类似斜面-物块系统的简单器械，可以用于以较小的主动力 $\boldsymbol{F}_P$ 获得较大的承载力或约束力 $\boldsymbol{F}_Q$（图 3-18(a)），还可以通过它输出较小的位移，以微调构件的位置（图 3-18(b)），而且当主动力撤销后依然能够自锁。

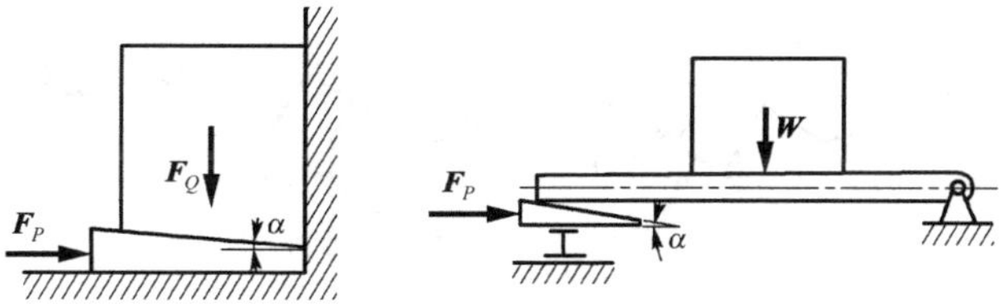

(a)　　　　(b)

图 3-18　楔块与尖劈及其应用

考察楔块被楔入两侧材料相同的物体后自锁，如图 3-19 所示。楔块具有两个摩擦面，根据对称性，其上两个侧面的全反力均为 $\boldsymbol{F}_R$，摩擦角均为φ_m。根据摩擦角的概念，当楔角为$\alpha < 2\varphi_m$时(图 3-19(a))，存在可以共线平衡的两个全反力$\boldsymbol{F}_R$，楔块能够自锁；而当$\alpha > 2\varphi_m$时(图 3-19(b))，两侧全反力无法达到共线，楔块将不能保持平衡，在施加于其上的主动力除去后，楔块将从被楔入的物体中挤出。请读者考虑楔块两侧材料不相同情况下的自锁条件。

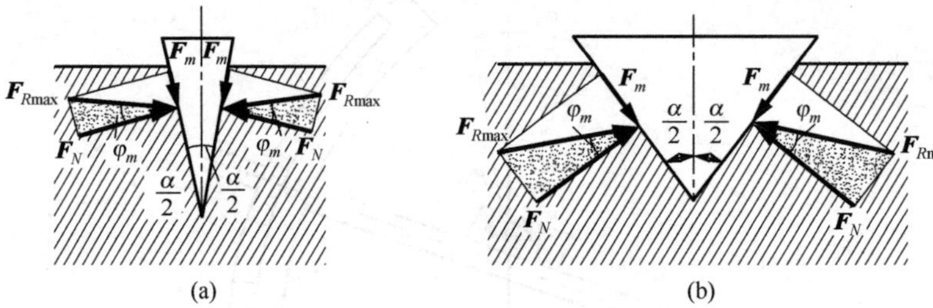

图 3-19 楔块与尖劈的自锁

3.2.4 具有滑动摩擦的平衡问题

具有滑动摩擦的平衡问题，每多一处摩擦，相应多一个摩擦力。求解考虑摩擦时的平衡问题，方法基本上与第 2 章相同，只是摩擦力的大小除满足平衡方程之外，还需满足不等式(3-2)，所以还应根据问题的要求确定物体处于何种平衡状态。当物体处于非临界平衡状态时，摩擦力的大小和指向均由平衡条件确定；当物体处于临界平衡状态时，摩擦力的大小由库仑摩擦定律确定，方向则与相对滑动趋势方向(即无摩擦时物体可能发生的相对滑动方向)相反。

通常，有摩擦的平衡问题往往涉及确定平衡范围，需要解不等式方程，解出的未知量也是由不等式定义的区间。为了方便，往往采用临界分析法：先分析临界平衡状态，求出平衡的边界，然后再分析其是极大值还是极小值，进而确定平衡的范围。

要注意的是，摩擦力没有达到临界值，并不表示物体一定平衡。有摩擦的平衡问题不仅要考虑物体不滑动，即满足力系投影平衡方程，有时还要考虑物体不转动，即满足力矩平衡方程。比较两种平衡状态的边界，先出现的才是保持物体平衡的实际边界。

如果系统的相对滑动趋势超过一种，或有多个摩擦面且可能不同时进入临界状态，则要分别求解。

在采用几何法解题时，也可采用临界分析法。这时，处于滑动临界状态的摩擦面上的全反力与法线夹角为摩擦角。采用几何法求解有摩擦的平衡问题，往往更直观、简洁。

【例题 3-3】 在斜面上放置重 $\boldsymbol{P}$ 的物块，如图 3-20 所示。已知斜面倾角为 α，静摩擦因数为f_s。问：维持物块静止于斜面上需要多大的水平力 $\boldsymbol{F}$?

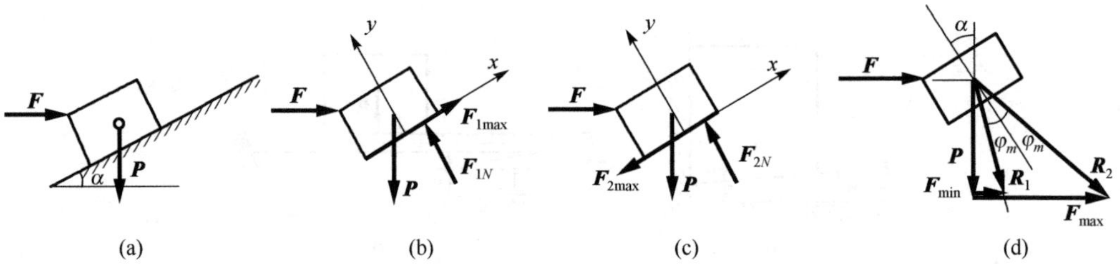

图 3-20 例题 3-3 图

解　取物块为研究对象。当作用力 $\boldsymbol{F}$ 较小时，物块将有沿斜面下滑的趋势，当作用力 $\boldsymbol{F}$ 较大时，物块又将有沿斜面上滑的趋势，两种情况摩擦力的方向各不同，故应分别研究。

(1) 设 $F=F_{\min}$，物块处于下滑的临界状态，受力如图 3-20(b) 所示。

列平衡方程并补充静摩擦方程：

$$\sum F_x = 0,\ F_{\min}\cos\alpha - P\sin\alpha + F_{1\max} = 0$$

$$\sum F_y = 0,\ -F_{\min}\sin\alpha - P\cos\alpha + F_{1N} = 0$$

$$F_{1\max} = f_s \cdot F_{1N}$$

解得

$$F_{\min} = P\frac{\tan\alpha - f_s}{1 + f_s\tan\alpha} \quad 或 \quad F_{\min} = P\frac{\tan\alpha - \tan\varphi_m}{1 + \tan\varphi_m\tan\alpha} = P\tan(\alpha - \varphi_m)$$

(2) 设 $F=F_{\max}$，物块处于上滑的临界状态，受力如图 3-20(c) 所示，同样可得

$$F_{\max} = P\frac{\tan\alpha + f_s}{1 - f_s\tan\alpha} \quad 或 \quad F_{\max} = P\frac{\tan\alpha + \tan\varphi_m}{1 - \tan\varphi_m\tan\alpha} = P\tan(\alpha + \varphi_m)$$

综合以上两种情况可见，要维持物块在斜面上平衡，力 $\boldsymbol{F}$ 的值应满足

$$P\tan(\alpha - \varphi_m) \leqslant F \leqslant P\tan(\alpha + \varphi_m)$$

由上式可见，当 $\alpha < \varphi_m$ 时，左边界为负值，说明这种情况下力 $\boldsymbol{F}$ 方向即使向左，物块仍有可能保持不下滑；当 $\alpha = 90^\circ - \varphi_m$ 时，右边界趋近无穷大，说明这种情况下物块进入自锁状态。

本例也可以利用摩擦角的概念求解，如图 3-20(d) 所示。其中全主动力 $\boldsymbol{R}=\boldsymbol{F}+\boldsymbol{P}$ 要与全约束力共线构成二力平衡，其作用线必须位于摩擦角之内。

【例题 3-4】　图 3-21(a) 所示梯子 AB 一端靠在铅垂的墙壁上，另一端搁置在水平地面上。假设梯子与墙壁间光滑，而与地面之间存在摩擦。已知静摩擦因数为 f_s；梯子视为均质杆，重量为 W。试求：

(1) 若梯子在倾角 α_1 的位置保持平衡，求约束力 F_{NA}、F_{NB} 和摩擦力 F_A；

(2) 若使梯子不致滑倒，求其倾角的范围。

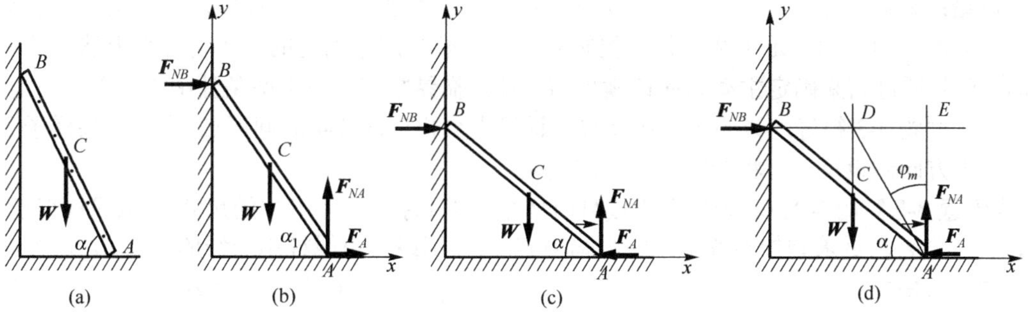

图 3-21　例题 3-4 图

解　设 $AB = l$。

(1) 梯子的受力如图 3-21(b) 所示，共有三个未知量。因为此时已知梯子处于平衡，故摩擦力 $\boldsymbol{F}_A$ 将仅由平衡条件确定，方向可以假设如图所示。于是有

$$\sum M_A(\boldsymbol{F})=0,\quad W\times\frac{l}{2}\cos\alpha_1-F_{NB}\cdot l\sin\alpha_1=0,\quad F_{NB}=\frac{W}{2}\cot\alpha_1$$

$$\sum F_y=0,\qquad F_{NA}=W$$

$$\sum F_x=0,\qquad F_A+F_{NB}=0,\quad F_A=-\frac{W}{2}\cot\alpha_1$$

与第 2 章求约束力相类似，$F_A<0$的结果表明图 3-21(b)中所设的$\boldsymbol{F}_A$方向与实际方向相反。当然，也可以直接判断出摩擦力$\boldsymbol{F}_A$的实际方向并画在受力图上。

(2)求梯子的平衡范围，此时摩擦力$\boldsymbol{F}_A$还须满足摩擦方程，其方向不能假设，需根据摩擦力性质确定。此时梯子受力如图 3-21(c)所示，共有四个未知量。用临界分析法，平衡方程和补充摩擦方程分别为

$$\sum M_A(\boldsymbol{F})=0,\quad W\times\frac{l}{2}\cos\alpha-F_{NB}\cdot l\sin\alpha=0$$

$$\sum F_y=0,\qquad F_{NA}-W=0$$

$$\sum F_x=0,\qquad F_A-F_{NB}=0$$

$$F_A=f_s F_{NA}$$

据此不仅可以解出 A、B 两处的约束力，而且可以确定保持平衡时梯子的临界倾角：

$$\alpha=\mathrm{arccot}(2f_s)$$

由分析可知，α越大，梯子越不易滑倒，故使梯子不致滑倒的倾角范围为

$$\alpha>\mathrm{arccot}(2f_s)$$

此即梯子的自锁条件。如果考虑梯子的全域平衡范围，其倾角应该满足

$$\mathrm{arccot}(2f_s)<\alpha<90^\circ$$

其中不含临界平衡状态。

本问还可以用几何法求解。取临界平衡状态，如图 3-21(d)所示，A 处全约束力与法向夹角为φ_m，由三力平衡汇交定理，$\tan\varphi_m=DE/AE$，即可得$\alpha=\mathrm{arccot}(2f_s)$。

请读者思考：如果墙面不光滑，B 处也有摩擦，如何处理？

讨论：临界摩擦力的方向必须按实际方向给出，不能假设方向而依赖于平衡方程自动调整。临界摩擦力虽然满足平衡条件，但它是由库仑摩擦定律确定的，平衡方程无法调整它的方向，而是通过它来确定主动力应该满足的条件。临界摩擦力在平衡条件中扮演着“已知量”的角色。例题 3-3 很好地说明了这种情况。请读者分析例题 3-4 的问题(2)中，如果梯子下端的摩擦力方向假设反了，将会产生怎样的结果。

【例题 3-5】图 3-22(a)为攀登电线杆时所采用的脚扣。已知脚扣的尺寸l、电线杆直径 D、静摩擦因数f_s。试求脚扣不致下滑时脚踏力$\boldsymbol{F}_P$的作用线与电线杆中心线的距离 d。

解　本例已知静摩擦因数以及外加力方向，求保持静止和临界状态的条件，现用解析法与几何法分别求解。

解法一：解析法

以脚扣为研究对象，其受力图如图 3-22(b)所示。注意到，脚扣在 A、B 两处都有摩擦，且若发生滑动，则两处必同时滑动，故两处将同时达到临界状态，有

$$F_A=f_s F_{NA},\quad F_B=f_s F_{NB}\tag{a}$$

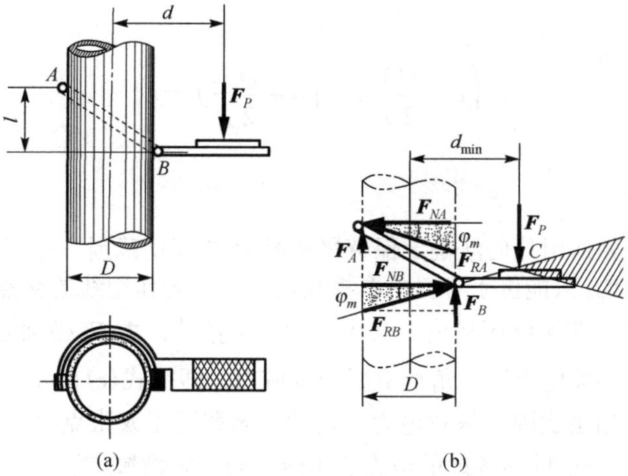

图 3-22　例题 3-5 图

由

$$\sum F_x = 0,\quad F_{NA} = F_{NB}$$

$$\sum F_y = 0,\quad F_A + F_B = F_P$$

可得

$$F_A = F_B = \frac{1}{2}F_P \tag{b}$$

再由

$$\sum M_A(\boldsymbol{F}) = 0,\quad F_{NB}\cdot l + F_B\cdot D - F_P\cdot\left(d + \frac{D}{2}\right) = 0 \tag{c}$$

将式(a)、式(b)代入式(c)可得脚扣不致下滑的临界条件:

$$d = \frac{l}{2f_s}$$

为判断安全范围，将式(c)重新整理化简为

$$F_{NB} = \frac{d}{l}F_P \tag{d}$$

结合式(a)，考察式(d)，显然，d 越大，A、B 两处可获得的最大静摩擦力也越大，脚扣也就越安全。故脚扣不致下滑的范围应为

$$d \geqslant \frac{l}{2f_s} \tag{e}$$

解法二：几何法

分别作出 A、B 两处的摩擦角，相应得到两处的全约束力 $\boldsymbol{F}_{RA}$ 和 $\boldsymbol{F}_{RB}$ 的方向(图 3-22(b))。于是，脚扣应在 $\boldsymbol{F}_{RA}$、$\boldsymbol{F}_{RB}$、$\boldsymbol{F}_P$ 三个力作用下处于临界平衡状态，故三力必相交于一点 C。根据图 3-22(b)所示的几何关系，有

$$\left(d - \frac{D}{2}\right)\tan\varphi_m + \left(d + \frac{D}{2}\right)\tan\varphi_m = l$$

即

$$\left(d-\frac{D}{2}\right)\cdot f_s+\left(d+\frac{D}{2}\right)\cdot f_s=l$$

由此即可解得 $d=\dfrac{l}{2f_s}$。

现在的问题是，如何用几何法确定保持平衡时 d 的变化范围。根据摩擦角的概念，平衡时，全约束力 $\boldsymbol{F}_{RA}$、$\boldsymbol{F}_{RB}$ 只能位于各自的摩擦角内，则二者作用线的交点只能落在图 3-22(b) 所示 C 点右侧的三角形阴影线区域内；又由三力平衡条件，力 $\boldsymbol{F}_P$ 必须通过 $\boldsymbol{F}_{RA}$ 和 $\boldsymbol{F}_{RB}$ 两力的交点，故其作用线也必须位于该三角形阴影线区域内，即得式(e)的结果。

世界上第一副脚扣由我国山东省电力公司的一名普通工人张克京经过无数次试验改进，于 1960 年发明，至今仍在世界各地的电力、市政、通信等领域广泛应用，体现了中国人民的智慧，真可谓“小小脚扣、伟大发明”，如图 3-23 所示。

小小脚扣
伟大发明

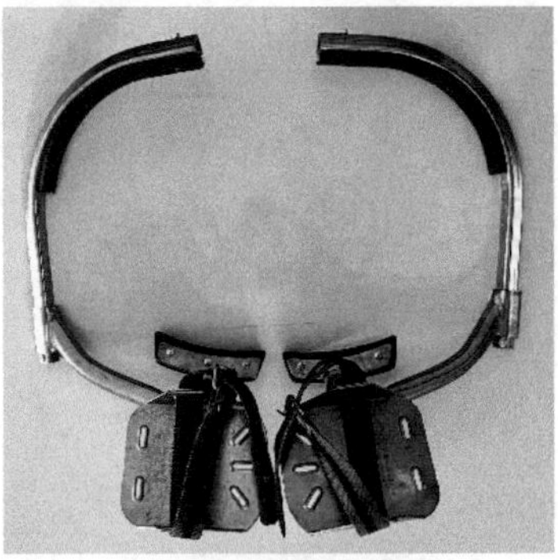

图 3-23　爬杆脚扣

【例题 3-6】 均质棱柱体重 P=4.8kN，宽 1m，放置在水平面上，接触处的静摩擦因数 f_s=1/3，在距棱柱体底面 1.6m 处作用一水平力 $\boldsymbol{F}$，如图 3-24(a)所示。试求能够保持棱柱体平衡的力 $\boldsymbol{F}$ 的值。

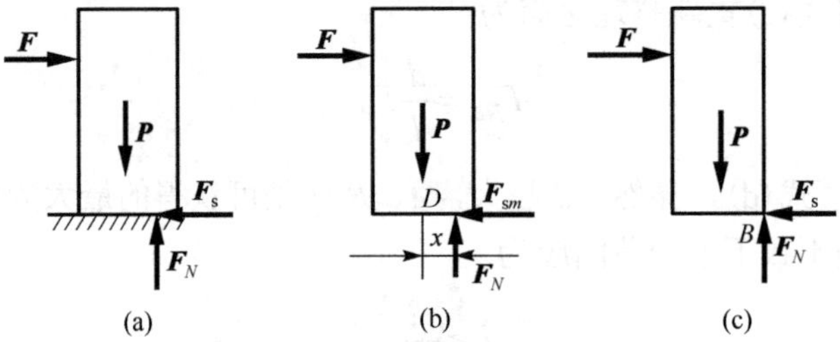

图 3-24　例题 3-6 图

解　(1)取研究对象：棱柱。棱柱要保持平衡，不仅要不滑动，还要不被推倒。

(2)分析受力：当棱柱体上没有水平力 $\boldsymbol{F}$ 作用时，均质棱柱底面的正压力为对称分布的均布压力，合力 $\boldsymbol{F}_N$ 与重力 $\boldsymbol{P}$ 共线。当棱柱体受水平力 $\boldsymbol{F}$ 作用后，棱柱底面的正压力不再为对称分布的均布压力，其合力 $\boldsymbol{F}_N$ 右移，右移距离与力 $\boldsymbol{F}$ 的大小及作用点高度有关，由平衡方程确定。现在，力 $\boldsymbol{F}$ 作用点的高度已确定，当力 $\boldsymbol{F}$ 增大时，摩擦力 $\boldsymbol{F}_s$ 的大小和正压力 $\boldsymbol{F}_N$ 偏移的距离均随之增加。当摩擦力 F_s 达到最大值 $F_{s\max}$ 时，如图 3-24(b)所示，棱柱将要滑动；而当正压力 $\boldsymbol{F}_N$ 的作用线右移到棱柱体底面边缘 B 时，如图 3-24(c)所示，棱柱将要翻倒。一般来说，这两种情况不一定同时达到，因此，要比较哪种情况先发生，才能确定力 $\boldsymbol{F}$ 的实际允许值。

(3)分两种情况计算。

先设棱柱体处于滑动的临界状态(图 3-24(b))。由投影平衡方程和摩擦方程可得

$$F = F_{sm} = f_s P = 1.6\text{kN} \tag{a}$$

再设棱柱体处于翻倒的临界状态，此时正压力 F_N 的作用线通过 B 点(图 3-24(c))。

由力矩平衡方程 $\sum M_B(\boldsymbol{F}) = 0$ 可得

$$F = \frac{0.5}{1.6} P = 1.5\text{kN} \tag{b}$$

(4)比较式(a)、式(b)可知，先出现棱柱体翻倒的临界状态，故能够保持棱柱体平衡的水平力 F 的值应该为

$$F \leqslant 1.5\text{kN}$$

以上是通过比较两种临界状态得出的正确结果。也可以在得到滑动临界状态下的力 $F = 1.6\text{kN}$ 后，以此由力矩平衡方程求得偏移量 x，如图 3-24(b)所示，可得 x=0.53m>0.5m，说明此状态不成立，应先出现翻倒失衡状态。也可以先求出翻倒临界状态 $F = 1.5\text{kN}$ 以及对应的摩擦力 $F_s = F = 1.5\text{kN}$，因其小于最大静摩擦力 $F_{s\max} = f_s P = 1.6\text{kN}$，故先出现翻倒失衡状态。

【例题 3-7】 图 3-25(a)所示起重用抓具由弯杆 ABC 和 DEF 组成，两根弯杆由 BE 杆在 B、E 两处用铰链连接，抓具各部分的尺寸如图所示，结构对称。这种抓具是靠摩擦力抓取重物的。试问为了抓取重物，抓具与重物之间的静摩擦因数应为多大？不计抓具自重。

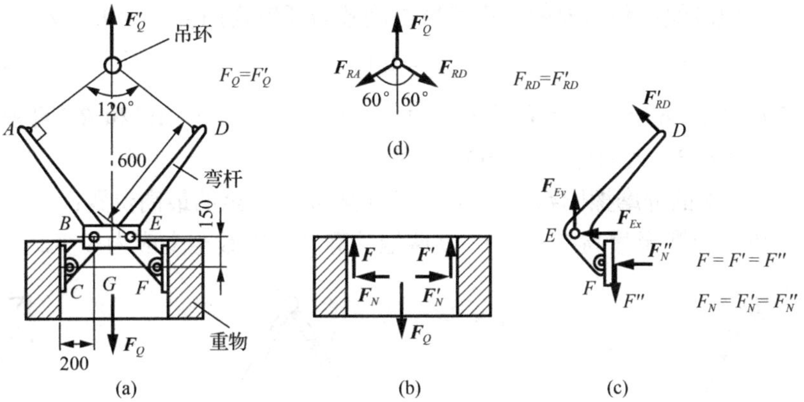

图 3-25 例题 3-7 图

解 这是一个具有摩擦的刚体系统平衡问题。只考虑整体或某个局部是不能求得问题的解答的。例如，考虑重物的平衡，只能确定重量 F_Q 与摩擦力 F 之间的关系，而摩擦力与正压力有关，在正压力未知的情形下，无法从重物的平衡求得所需的静摩擦因数。为求静摩擦因数，还必须考虑其他部分的平衡，以确定正压力与已知力 F_Q 之间的关系。

设抓具与重物之间所需的最小静摩擦因数为 f_s，这时重物正好处于平衡与下滑的临界状态。这时摩擦力达到最大值，即

$$F = F_{\max} = f_s F_N \tag{a}$$

将系统拆开，分别以重物、弯杆 *DEF*(或 *ABC*)、吊环为平衡对象，其受力分别如图 3-25(b)～(d)所示。先考虑重物平衡，求得 f_s 与 F_Q、F_N 的关系；再考虑弯杆 *DEF* 和吊环的平衡，求得 F_N 与 F_Q 的关系；最后便可求得 f_s。

(1)考虑重物平衡，如图 3-25(b)所示，可得

$$F = \frac{1}{2}F_Q \tag{b}$$

代入式(a)，得

$$f_s = \frac{F_Q}{2F_N} \tag{c}$$

式中，F_N 尚为未知。

(2)再考虑弯杆 *DEF* 的平衡(图 3-25(c))，确定 F_N。由 $\sum M_E = 0$ 及式(b)可得

$$F_N = F_N'' = \frac{600\times10^{-3}\,\mathrm{m}\cdot F_{RD}' - 100\times10^{-3}\,\mathrm{m}\cdot F_Q}{150\times10^{-3}\,\mathrm{m}} \tag{d}$$

(3)考虑吊环的平衡(图 3-25(d))，确定 F_{RD}。由对称性：$F_{RA} = F_{RD}$；再由

$$\sum F_y = 0\,,\quad F_{RD} = F_{RA} = F_Q' = F_Q$$

将其代入式(d)解出

$$F_N = \frac{50}{15}F_Q$$

将这一结果代入式(c)便得到需要的最小静摩擦因数与抓取物的重量无关，为

$$f_s = 0.15$$

【例题 3-8】 图 3-26 所示折梯立于水平面上，*AC*=*BC*=*l*=4m，*AC* 和 *BC* 可视为均质直杆，重量均为 100N，*θ*=60°，人的体重为 700N。求：

(1)若 *A*、*B* 两端的静摩擦因数均为 0.5，人能够安全爬至的最高位置；

(2)若人能够安全爬至最高点 *C*，*A*、*B* 两端的静摩擦因数至少应为多少。

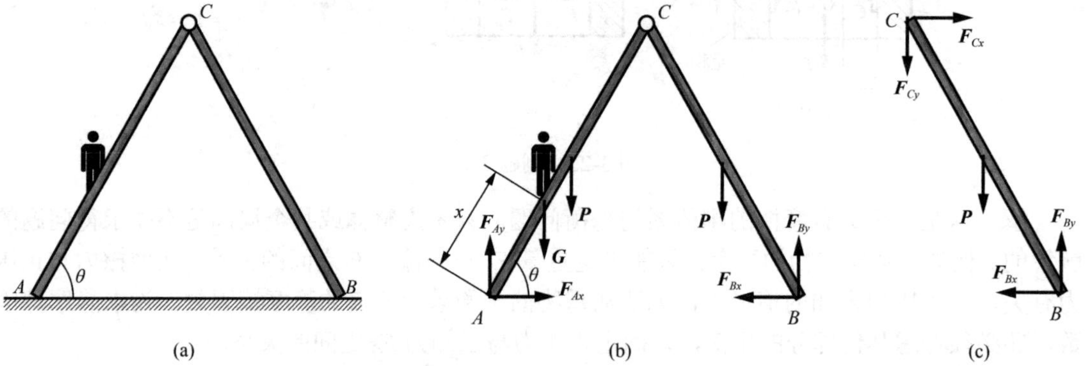

图 3-26　例题 3-8 图

解　(1)考虑整体平衡，如图 3-26(b)所示，可得

$$\sum M_A = 0\,,\quad F_{By}2l\cos 60^\circ - P\frac{3l}{2}\cos 60^\circ - P\frac{l}{2}\cos 60^\circ - Gx\cos 60^\circ = 0$$

$$F_{By} = P + \frac{Gx}{2l}$$

类似地，由 $\sum M_B = 0$ 得 $F_{Ay} = P + \dfrac{G(2l-x)}{2l}$

$$\sum F_x = 0\,,\qquad F_{Ax} - F_{Bx} = 0 \tag{a}$$

(2)考虑BC平衡，如图3-26(c)，可得

$$\sum M_C = 0\,,\quad F_{By}l\cos 60^\circ - P\frac{l}{2}\cos 60^\circ - F_{Bx}l\sin 60^\circ = 0$$

$$F_{Bx} = \frac{1}{2\sqrt{3}}\left(P + \frac{Gx}{l}\right)$$

由式(a)得 $F_{Ax} = \dfrac{1}{2\sqrt{3}}\left(P + \dfrac{Gx}{l}\right)$

下面应用 MATLAB 编写程序，分别求出 $\dfrac{F_{Ax}}{F_{Ay}}$ 和 $\dfrac{F_{Bx}}{F_{By}}$ 随 x 的变化规律，得到的结果如图 3-27 所示。由图中可以看出，①若 A、B 两端的静摩擦因数均为 0.5，人能够安全爬至的最高位置 x=3.12m；②若人能够安全爬至最高点 C，A、B 两端的静摩擦因数至少应为 0.5132。

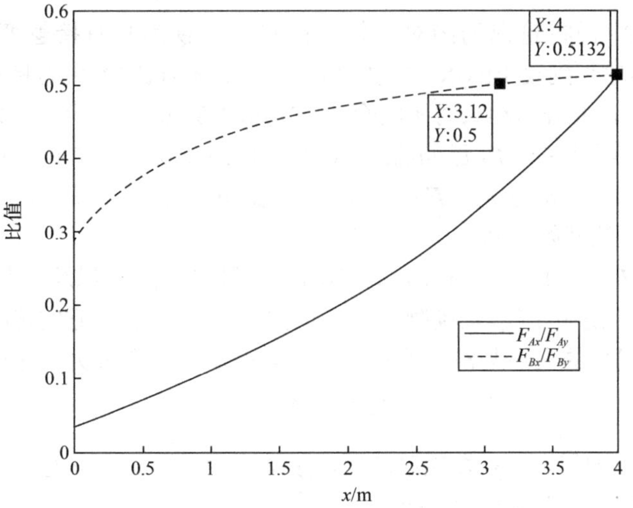

图 3-27　F_{Ax}/F_{Ay} 和 F_{Bx}/F_{By} 随 x 的变化规律

3.2.5　滚动摩阻概述

用滚动代替滑动，可以明显地提高工作效率，因而被广泛地采用。例如，搬运沉重的物体时，可在重物下安放一些小滚子(图 3-28(a))。又如，轴在轴承中转动，用滚动轴承要比滑

动轴承好(图 3-28(b))。阻碍轮子滚动的机械作用是什么？滚动代替滑动为什么会省力？这是本节要解决的问题。为此，需要建立滚动时轮-轨约束的正确力学模型。

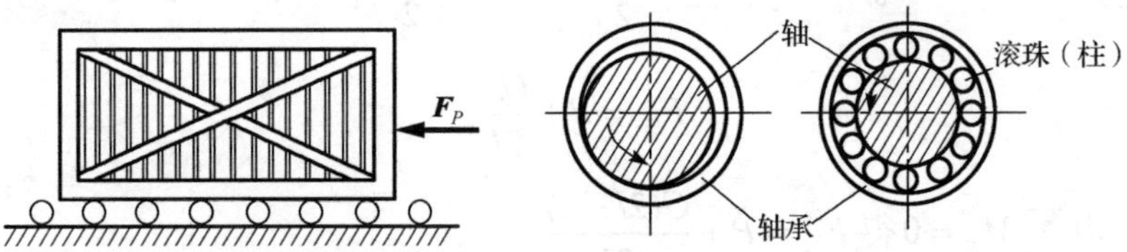

(a) 用滚子搬运重物　(b) 滑动轴承与滚动轴承

图 3-28　滚动代替滑动的实例

考察置于路轨(或地面)上的轮子，如图 3-29 所示，轮重为 W。若将轮-轨视为绝对刚性约束，则二者仅在切点 A 接触。现在轮心 C 处施加拉力 $\boldsymbol{F}_T$。轮上除受有法向反力 $\boldsymbol{F}_N$ 外，还受有摩擦力 $\boldsymbol{F}$。不难看出，轮上作用的力系为不平衡力系，即只要施加微小的拉力 $\boldsymbol{F}_T$，不管轮重 $\boldsymbol{W}$ 多大，轮都会在力偶($\boldsymbol{F}_T$，$\boldsymbol{F}$)作用下发生滚动。这显然与我们的生活常识不相符合。事实是，只有当拉力 $\boldsymbol{F}_T$ 达到一定数值时，车轮才开始滚动，否则仍保持静止。产生这一矛盾的原因是，实际上轮-轨并不是绝对刚体，二者在重力 $\boldsymbol{W}$ 作用下一般会产生一定的接触变形，从而影响约束力的分布。即使轮-轨刚度很大，但 A 点压强很大(绝对刚性情况下，因接触点面积为零，压强为无穷大)，也仍然会产生接触变形。因此，这种情况下必须考虑变形的影响，绝对刚性模型将不再适用。

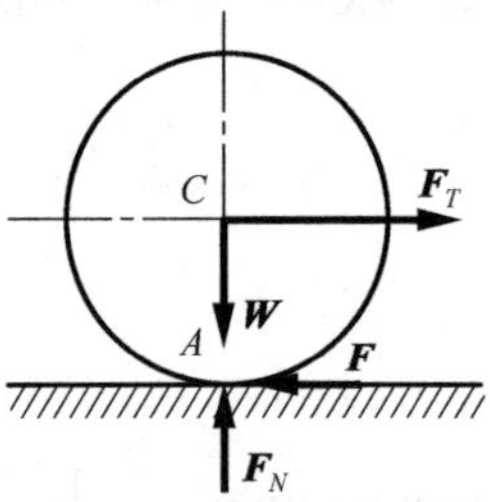

图 3-29　轮-轨的绝对刚性模型

作为一种简化，仍将轮视为绝对刚体，而将轨道视为具有接触变形的柔性约束，如图 3-30(a)所示。当轮受到较小的水平拉力 $\boldsymbol{F}_T$ 作用后，轮-轨间约束力将不对称地分布在小接触面上(图 3-30(b))，此分布约束力系的合力 $\boldsymbol{F}_R$ 如图 3-30(c)所示，且其必汇交于点 C。将 $\boldsymbol{F}_R$ 分解为 $\boldsymbol{F}_N$ 和 $\boldsymbol{F}$，可见这时 $\boldsymbol{F}_N$ 已偏离线 AC 一小段距离 δ_1，而 $\boldsymbol{F}$ 的高度变化相比 δ_1 则是小量，可以忽略。连续增加拉力 $\boldsymbol{F}_T$，$\boldsymbol{F}_N$ 的作用点与线 AC 之间的距离也随之增加，当增加到某一 δ 值时不再增加，轮开始滚动。

如果进一步将 $\boldsymbol{F}_N$、$\boldsymbol{F}$ 向点 A 简化(图 3-30(d))，则得 $\boldsymbol{F}_N$、$\boldsymbol{F}$ 以及一附加力偶 M_f，这个力偶称为**滚动阻力偶**，是由于轮-轨接触变形而形成的一个阻力偶，它的转向与轮相对轨道滚动的转向相反，其力偶矩的大小与滑动摩擦力类似，在零到一个最大值之间的范围内变化，即

$$0 \leqslant M_f \leqslant M_{\max} \tag{3-8}$$

$M_{\max}$ 称为最大滚动阻力偶。一旦发生滚动后，滚动阻力偶矩的大小近似等于 $M_{\max}$。最大滚动阻力偶的力偶矩与法向反力成正比，即

$$M_{\max} = F_N \cdot \delta \tag{3-9}$$

上式称为**滚动摩阻定律**。其中，δ 即为前述法向反为 F_N 的最大前移量，称为**滚动摩阻系数**，简称**滚阻系数**，是轮-轨接触变形区域大小的一种量度，具有长度量纲，与二者的材料和硬度有关，可以通过试验得到。例如，低碳钢车轮在钢轨上滚动时，$\delta \approx 0.5\text{mm}$；硬质合金钢球轴承在钢轨上滚动时，$\delta \approx 0.1\text{mm}$ 等。

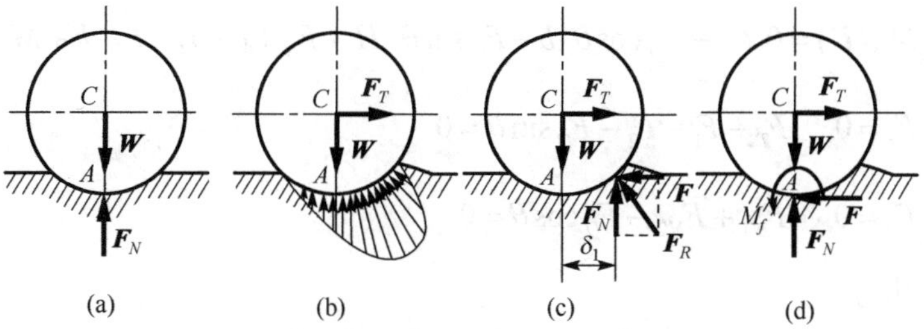

图 3-30　柔性约束模型与滚动摩阻

滚动阻力偶 M_f 的数值与滚动摩阻系数 δ 的大小有关。火车车轮必须在钢轨上行驶；骑自行车时要把轮胎充足气；在柏油路上、一般土路上或沙滩上骑自行车的感觉大不相同，甚至在烈日晒烤下的柏油路上骑行感觉特别费劲，都与此有关。

对于滚动的物体，除存在滚动阻力偶 M_f 外，滑动摩擦力 $\boldsymbol{F}$ 依然存在。滑动摩擦力阻碍轮与轨在接触处发生相对滑动，但不阻碍滚动。物体在主动力作用下克服滚动阻力偶产生滚动时，其摩擦力远小于最大静摩擦力，即

$$F \ll F_{\max}$$

也就是说，轮可以在较小的主动力作用下滚动而不滑动，因而滚动比滑动省力。如图 3-31(a)所示，欲使重 W 的物块滑动，所需拉力为

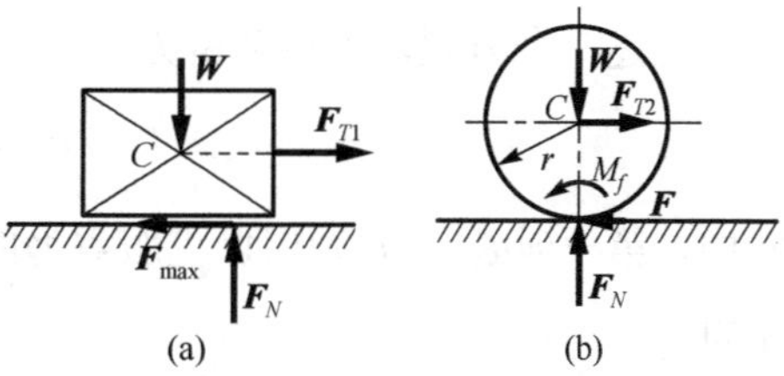

图 3-31　滑动与滚动受力比较

$$F_{T1} = F_{\max} = f_s F_N = f_s W$$

而在图 3-31(b)中，使同样重 W 的轮子滚动所需拉力则为

$$F_{T2} = F = \frac{F_N \delta}{r} = W\frac{\delta}{r}$$

一般情形下，$\delta / r \ll f_s$，故有

$$F_{T2} \ll F_{T1},\quad F \ll F_{\max}$$

以半径为 450mm 的充气橡胶轮胎在混凝土路面上滚动为例，若 $\delta \approx 3.15\text{mm}$，而 $f_s = 0.7$，则有

$$\frac{F_{T1}}{F_{T2}} = \frac{F_{\max}}{F} = \frac{f_s}{\delta / r} \approx 100$$

这表明使轮滑动的力约为使轮滚动的力的 100 倍。

【例题 3-9】 总重为 F_Q 的拖车沿倾斜角为 θ 的斜坡上行。车轮半径为 r，轮胎与路面的滚阻系数 δ 以及 F_Q、θ 等均为已知。其他尺寸如图 3-32(a)所示。试求拖车等速上行时所需的牵引力。

解　以整个拖车为平衡对象。除受有主动力 $\boldsymbol{F}_Q$、$\boldsymbol{F}_T$ 外，前后轮分别受有法向力 $\boldsymbol{F}_{N1}$、$\boldsymbol{F}_{N2}$ 和滑动摩擦力 $\boldsymbol{F}_1$ 和 $\boldsymbol{F}_2$，因为两轮均为从动轮，故 $\boldsymbol{F}_1$ 和 $\boldsymbol{F}_2$ 的方向均与运动方向相反；此外，前后轮所受的滚动阻力偶矩分别为 M_1 和 M_2，转向与轮子转动方向相反。于是整个拖车的受力如图 3-32(b)所示。因为拖车等速上行可视为平衡状态，故由平面力系的平衡方程有

$$\sum M_A(\boldsymbol{F})=0,\quad -F_Q\cos\theta\cdot b+F_Q\sin\theta\cdot H+F_{N1}(a+b)-F_T\cdot h+M_1+M_2=0$$

$$\sum F_x=0,\quad F_T-F_1-F_2-F_Q\sin\theta=0$$

$$\sum F_y=0,\quad F_{N1}+F_{N2}-F_Q\cos\theta=0$$

再由滚动摩阻定律有

$$M_1=F_{N1}\delta,\quad M_2=F_{N2}\delta$$

以上五个方程中有 F_T、F_{N1}、F_{N2}、F_1、F_2、M_1 和 M_2 共 7 个未知力，故还需考虑别的平衡对象。

以前轮为平衡对象，受力图如图 3-32(c)所示，由对轮心的力矩平衡方程：

$$\sum M_{\text{轮心}}(\boldsymbol{F})=0,\quad M_1-F_1r=0$$

同样，对于后轮有

$$M_2-F_2r=0$$

联解上述 7 个方程，求得牵引力

$$F_T=F_Q\left(\sin\theta+\frac{\delta}{r}\cos\theta\right)$$

式中，第一项 $F_Q\sin\theta$ 为用以克服重力的牵引力；第二项 $F_Q\cos\theta(\delta/r)$ 为用以克服滚动摩阻的牵引力。

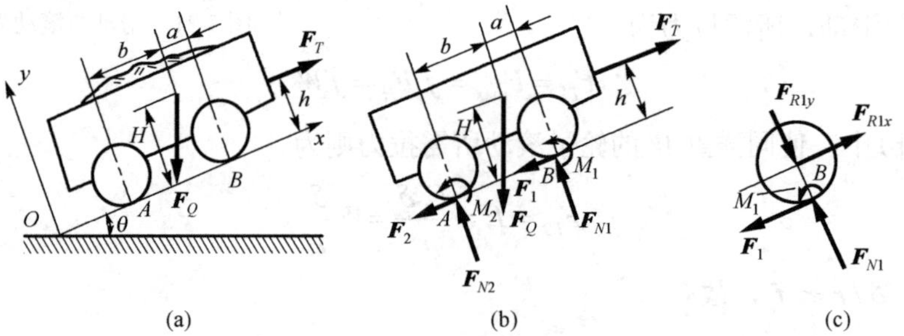

图 3-32　例题 3-9 图

习　题

1. 选择填空题

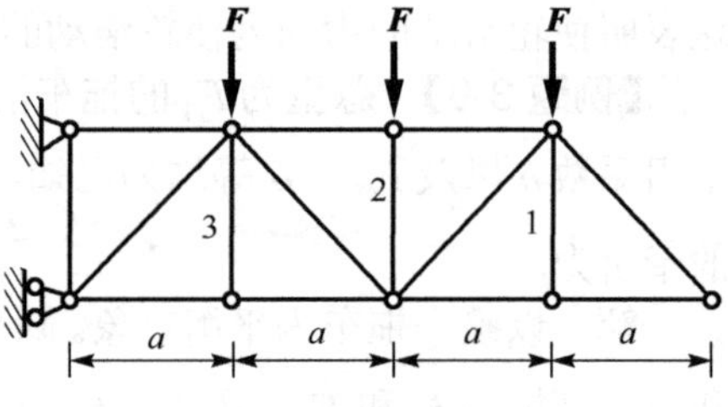

习题 3-1 图

3-1　桁架受到大小均为 F 的三个力的作用，如图所示，则杆 1 内力的大小为(　　)；杆 2 内力的大小为(　　)；杆 3 内力的大小为(　　)。

① F　　② $\sqrt{2}F$

③ 0　　④ $F/2$

3-2　不经计算，试判断图示各桁架中的零力杆。

图(a)中的(　　　　　　　　　)号杆是零力杆；

图(b)中的(　　　　　　　　　)号杆是零力杆；

图(c)中的(　　　　　　　　　)号杆是零力杆。

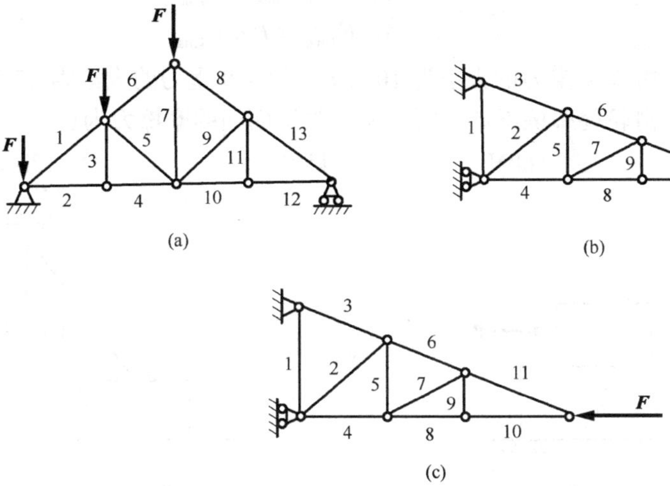

习题 3-2 图

3-3　置于倾角为 30°粗糙斜面上的物块，重量为 G，受力如图所示。已知斜面与物块间的摩擦角为 φ=25°，物块能平衡的情况是(　　)。

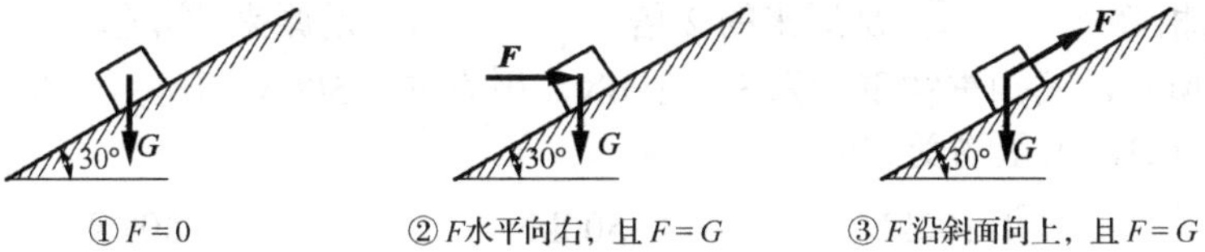

习题 3-3 图

3-4　一均质圆盘重量为 G，半径为 R，搁置在粗糙的水平面上，如图所示。已知 $M = FR$，在不计滚动阻力偶的情况下，受力分析如下(圆盘并不一定处于平衡)。其中摩擦力方向正确的是(　　)。

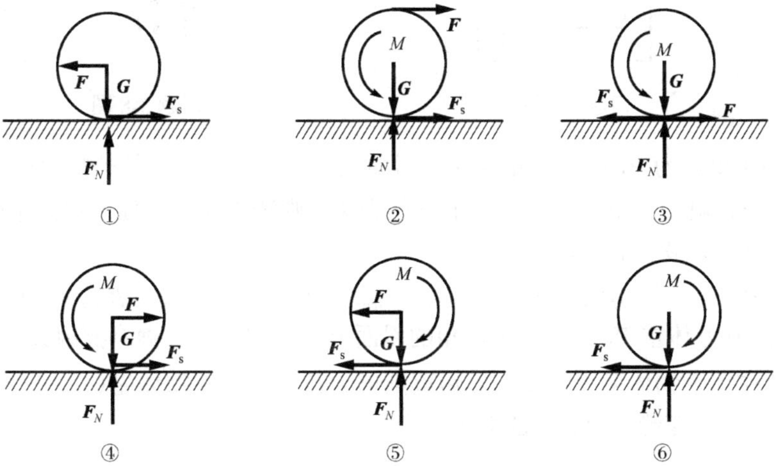

习题 3-4 图

3-5　如图所示，重量分别为G_A和G_B的物体重叠地放置在粗糙的水平面上，水平力P作用于物体A上。设A、B间的摩擦力的最大值为$F_{A\max}$，B与水平面间的摩擦力的最大值为$F_{B\max}$，若A、B能各自保持平衡，则各力之间的关系为(　　)。

① $P>F_{A\max}>F_{B\max}$　　② $P<F_{A\max}<F_{B\max}$

③ $F_{B\max}>P>F_{A\max}$　　④ $F_{B\max}<P<F_{A\max}$

3-6　如图所示，物体A重力的大小为100kN，物体B重力的大小为25kN，A与地面间的静摩擦因数为0.2，滑轮处摩擦不计，则物体A与地面间的摩擦力为(　　)。

① 20kN　② 16kN　③ 15kN　④ 12kN

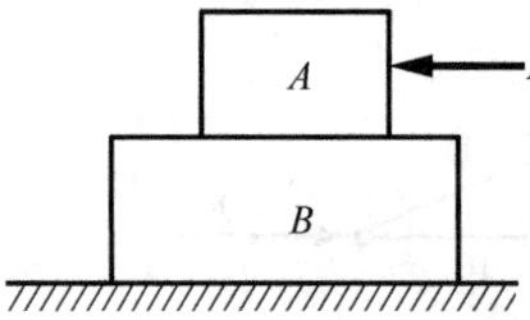

习题 3-5 图

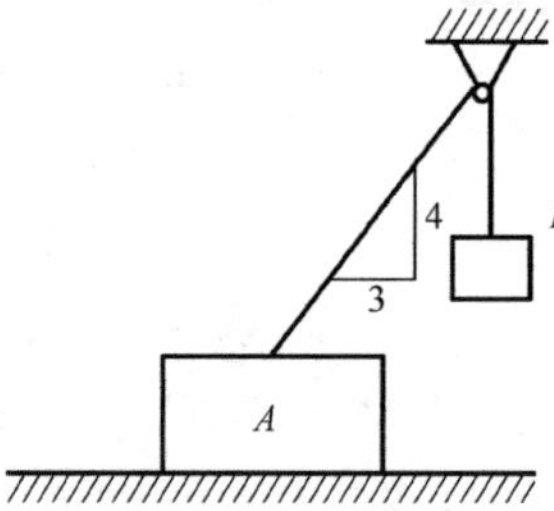

习题 3-6 图

3-7　如图所示，当左右两木板所受的压力均为F时，物体A夹在木板中间静止不动。若两端木板所受的压力增加到各为$2F$，则物体A所受到的摩擦力(　　)。

① 与原来相等　② 是原来的2倍　③ 是原来的4倍

3-8　如图所示，已知重物重量为$P=100$N，用力$F=500$N的压力压在一铅直面上，其静摩擦因数$f_s=0.3$，则重物受到的摩擦力为(　　)。

① 150kN　② 100kN　③ 500kN　④ 30kN

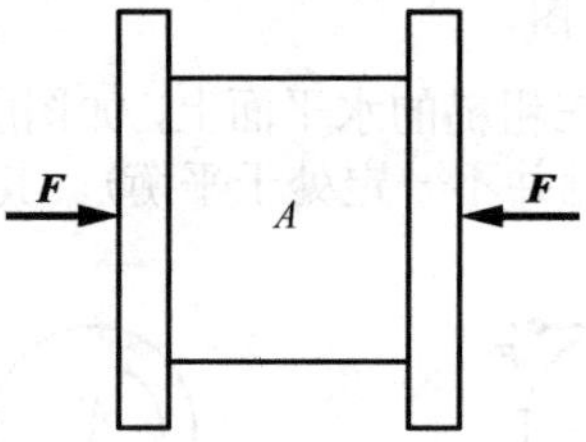

习题 3-7 图

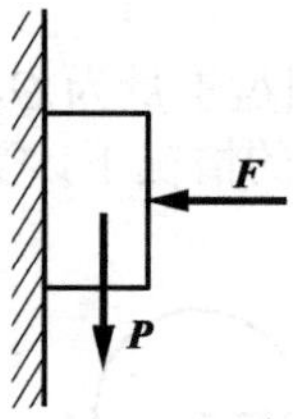

习题 3-8 图

3-9　一物块重量为P，放在倾角为α的斜面上，如图所示，斜面与物块间的摩擦角为φ_m，且$\varphi_m>\alpha$。今在物块上作用一大小也等于P的力$\boldsymbol{F}$，则物块能在斜面上保持平衡时力$\boldsymbol{F}$与斜面法线间的夹角β的最大值应是(　　)。

① $\beta_{\max}=\varphi_m$　② $\beta_{\max}=\alpha$　③ $\beta_{\max}=\varphi_m-\alpha$　④ $\beta_{\max}=2\varphi_m-\alpha$

3-10　均质立方体重P，置于30°倾角的斜面上，如图所示。静摩擦因数$f_s=0.25$，开始时在拉力$\boldsymbol{T}$的作用下物体静止不动，然后逐渐增大拉力$\boldsymbol{T}$，则物体先(　　)(滑动或翻倒)；物体在斜面上保持平衡静止时，$\boldsymbol{T}$的最大值为(　　)。

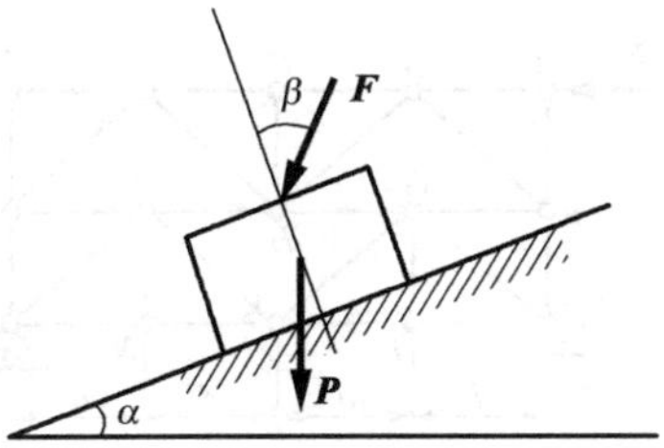

习题 3-9 图

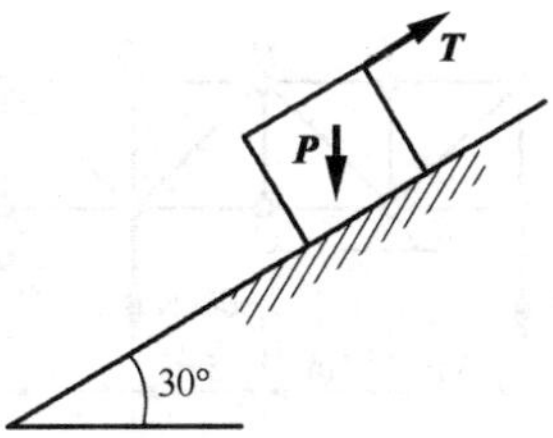

习题 3-10 图

3-11　试比较用同样材料制作、在相同的粗糙度和相同的皮带压力 F_P 作用下，平皮带与三角皮带的最大静摩擦力。由图(a)和(b)，根据平面力系的平衡方程，可得 F_{N1} = (　　)，$F_{N21} = F_{N22}$ = (　　)。设接触面间的静摩擦因数为 f_s，则平皮带的最大静摩擦力 F_{1m} = (　　)，三角皮带的最大静摩擦力 F_{2m} = (　　)，故 F_{1m} (　　) F_{2m}(比较 F_{1m} 与 F_{2m} 的大小)。

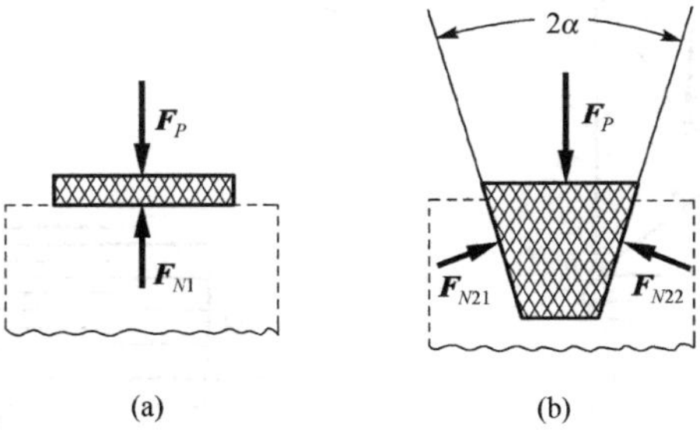

习题 3-11 图

2. 分析计算题

3-12　塔式桁架如图所示，已知载荷 F_P 和尺寸 d、l。试求杆 1、2、3 的受力。

3-13　图示构件 AE 和 EQ 铰接在一起做成一个广告牌，承受给定的分布风载。试求每个二力杆件的受力。

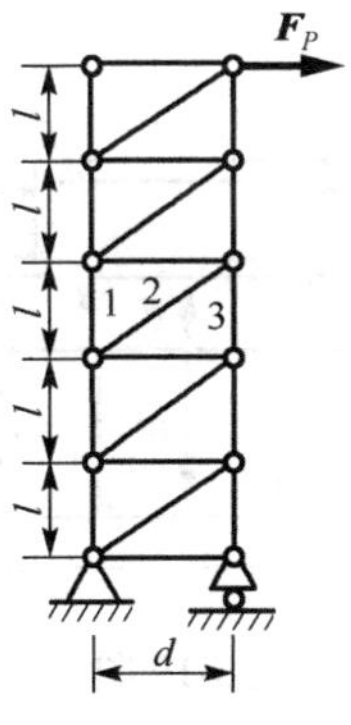

习题 3-12 图

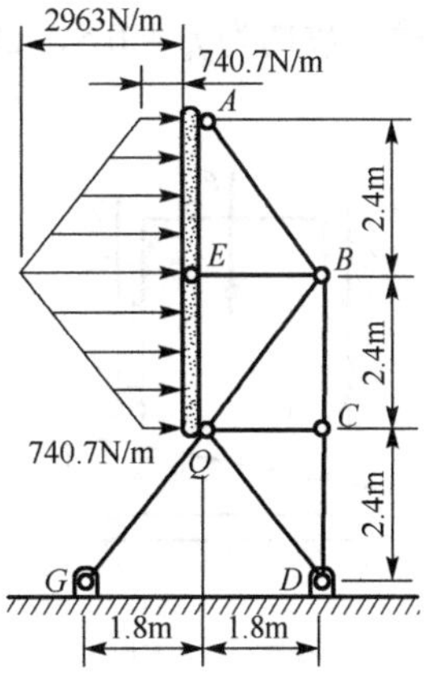

习题 3-13 图

3-14　桁架的尺寸以及所受的载荷如图所示。试求杆 BH、CD 和 GD 的受力。

3-15　图示桁架所受的载荷 F_P 和尺寸 d 均为已知。试求杆件 FK 和 JO 的受力。

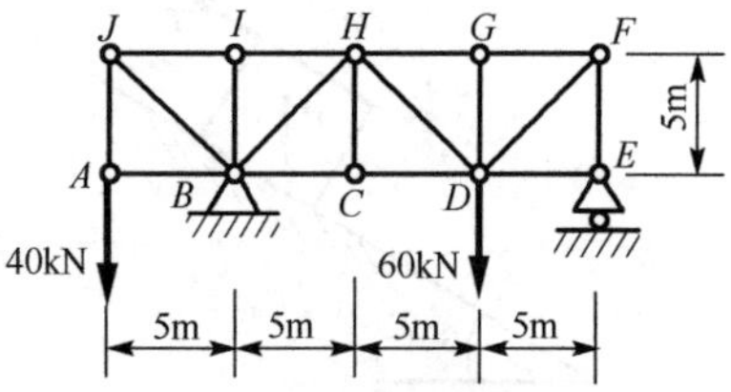

习题 3-14 图

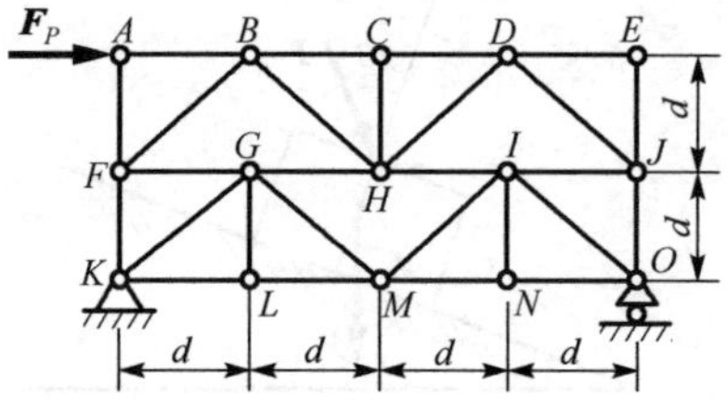

习题 3-15 图

3-16　图示桁架所受的载荷 F_P 和尺寸 d 均为已知。试求杆 1、2、3 的受力。

3-17　两本书 A 和 B，各 100 页，相互插页，按图示形状叠置。每页纸重 0.06N，纸间静摩擦因数是 0.2。若书 A 固定于桌面，试问将书 B 从书 A 中拉出需要多大的水平力 F_P。

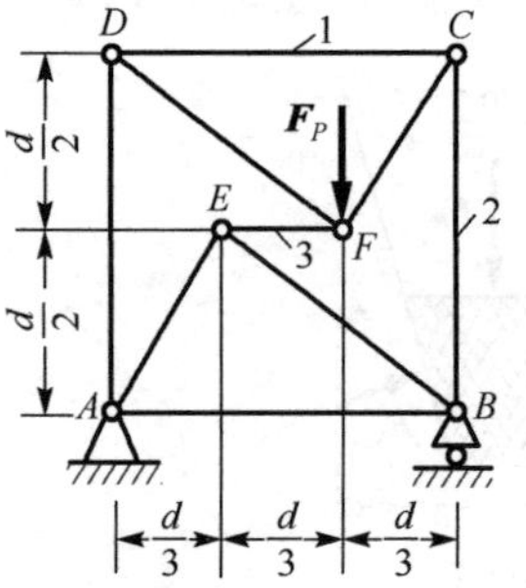

习题 3-16 图

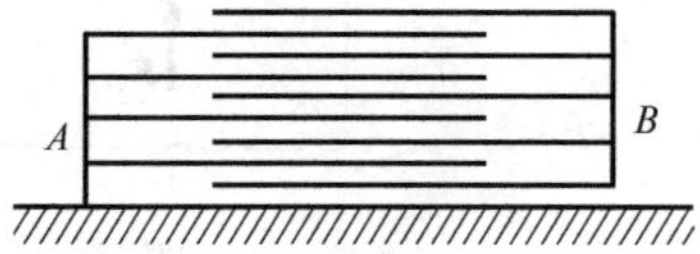

习题 3-17 图

3-18　尖劈起重装置如图所示。尖劈 A 的顶角为 α，B 块上受力 F_Q 的作用。A 块与 B 块之间的静摩擦因数为 f_s(有滚珠处摩擦力忽略不计)。若不计 A 块和 B 块的重量，试求保持平衡时主动力 F_P 的范围。

3-19　如图所示，砖夹的宽度为 250mm，杆件 AGB 和 $GCED$ 在点 G 铰接，用爪尖 A、D 抓起砖块。砖重为 W，提砖的合力 F_P 作用在砖夹的对称中心线上，尺寸如图所示。若砖夹与砖块之间的静摩擦因数均为 $f_s = 0.5$，试问 d 应为多大才能将砖块夹起(d 是铰 G 到爪尖 A、D 的高度)。

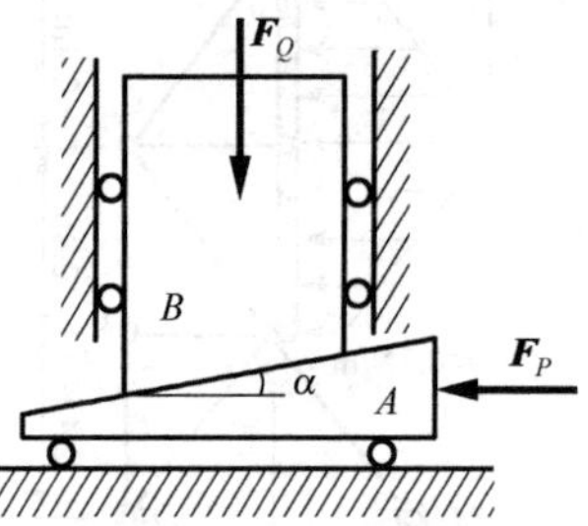

习题 3-18 图

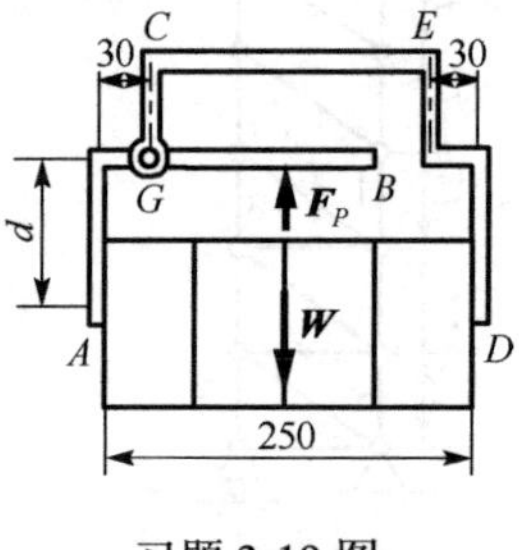

习题 3-19 图

3-20　鼓轮 B 重 500N，放在墙角里，如图所示，已知鼓轮与水平地板之间的静摩擦因数为 f_s=0.25，而铅直墙壁则是绝对光滑的。鼓轮上的绳索下挂有重物。设半径 R=20cm，r=10cm，求平衡时重物 A 的最大重量。

3-21　如图所示，鼓轮 B 重 P=1kN，A 块重 W=500N，A 块与水平面间的静摩擦因数 f_1=0.5，鼓轮与水平面间的静摩擦因数为 f_2=0.2，R=2r=10cm，物块 A 与鼓轮 B 以细绳相连，不计滚动摩擦。求使此物体系统平衡时 C 物的重量 F 的最大值。

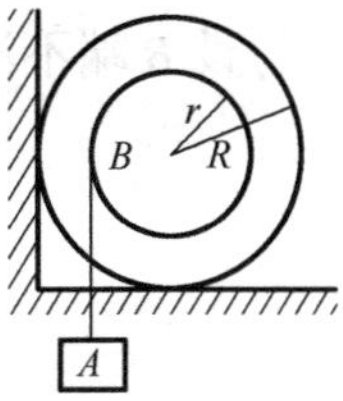

习题 3-20 图

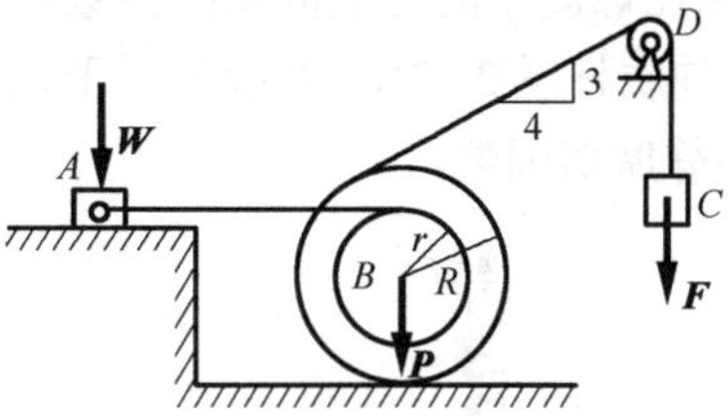

习题 3-21 图

3-22　购物车因受到某一水平力作用产生运动，如图所示。试求能够制动，使其车轮不转的圆形障碍物的最大半径 r。设不计障碍物重量，A、B 两接触点的静摩擦因数均为 f_s = 0.4。

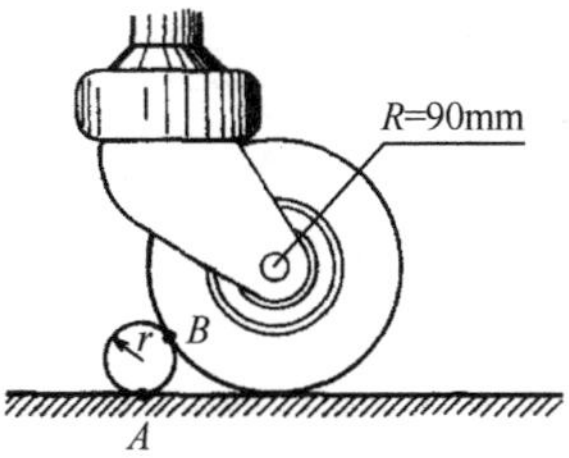

习题 3-22 图

3-23　图示矩形钢箍用以防止受拉伸载荷作用的两块木料的相对滑动，设钢箍与木料、木料与木料之间的静摩擦因数均为 0.30，且所有接触面同时产生相对滑动，F_P = 800N。试求能够阻止滑动的钢箍最大尺寸 h 及相应的正压力。

3-24　如图所示，半圆柱体重 P，重心 C 到圆心 O 的距离为 $a = 4R/(3\pi)$，其中 R 为半圆柱体的半径。若半圆柱体与水平面间的静摩擦因数为 f，求半圆柱体被拉动时所偏过的角度 θ。

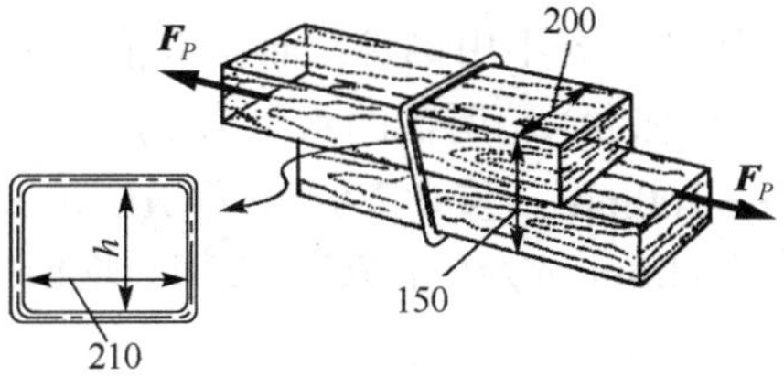

习题 3-23 图

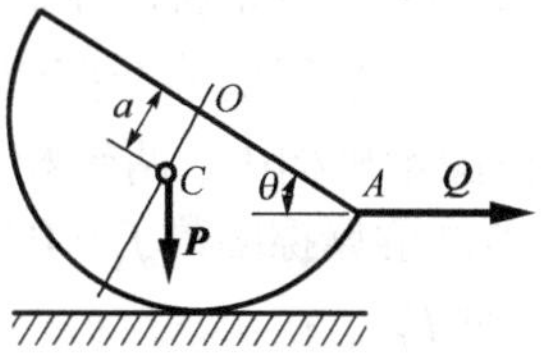

习题 3-24 图

3-25　图示均质杆重 W，长 l，置于粗糙的水平面上，二者间的静摩擦因数为 f_s。现在杆一端施加与杆垂直的力 F_P，试求使杆能够维持平衡时 F_P 的最大值。设杆的高度忽略不计。

3-26　图示三个相同的均质圆柱体堆放在水平面上，所有接触处的静摩擦因数均为 f_s。为使上面的圆柱体保持平衡，试求 f_s 值至少应为多大。

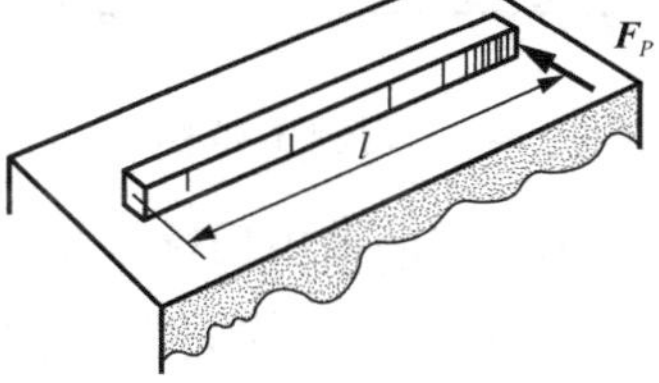

习题 3-25 图

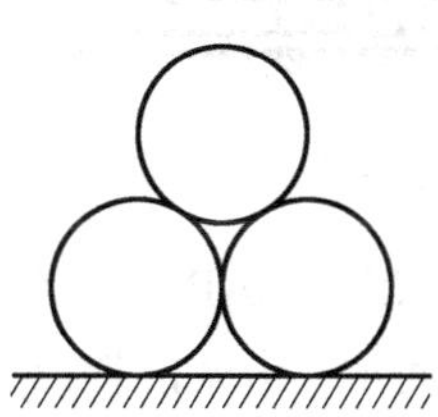

习题 3-26 图

3-27　图示为螺旋拉线装置。两个螺旋中一个为左旋，另一个为右旋，因而当转动中间的眼状螺母时，两端钢丝绳可拉紧或松开。已知螺纹是矩形的，螺旋平均半径为 6.35mm，螺距为 2.54mm，该装置现承受拉力 $F_T = 5\text{kN}$。为松开拉线，克服阻力转动螺母，需作用力矩 $M = 30.2\text{N}\cdot\text{m}$。试求在螺旋中的有效静摩擦因数。

3-28　图示均质杆重 22.2N，B 端放置于地面，A 端靠在墙上。设 B 端不滑动，试求 A 端不滑动时的最小静摩擦因数。

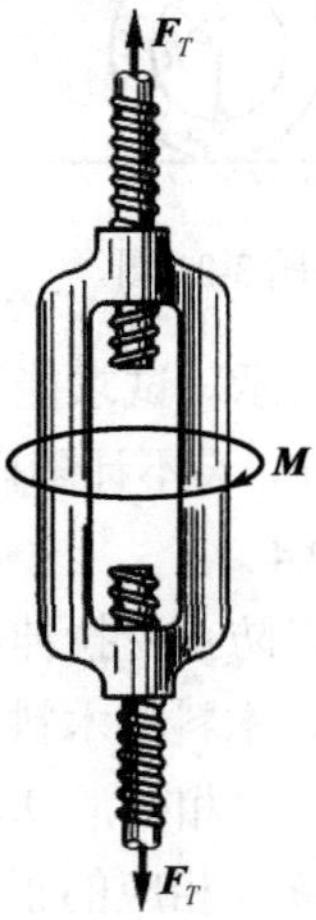

习题 3-27 图

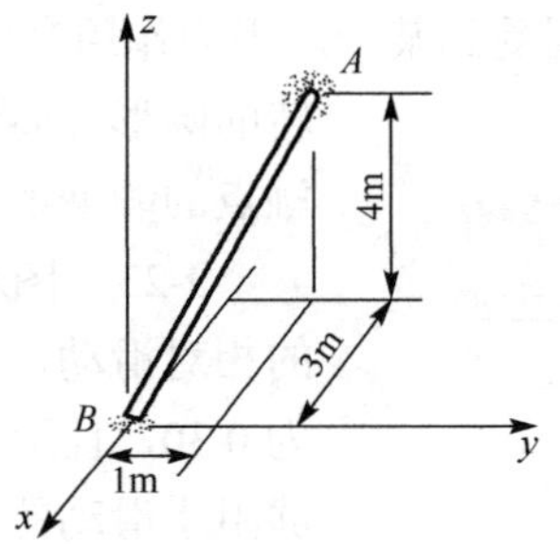

习题 3-28 图

3-29　为了在较软的地面上移动一重为 1kN 的木箱，可先在地面上铺上木板，然后在木箱与木板间放入钢管作为滚子，如图所示。若钢管直径 $d = 50\text{mm}$，钢管与木板和木箱间的滚阻系数均为 2.5mm，试求推动木箱所需的水平力 $\boldsymbol{F}_P$；若不用钢管，而使木箱直接在木板上滑动，已知木箱与木板间的静摩擦因数为 0.4，试求推动木箱所需的水平力 $\boldsymbol{F}_P$。

3-30　在图示机构中，两轮相同，半径为 $r = 100\text{mm}$，重 $W = 9\text{N}$，杆 AC 和 BC 的重量不计。已知轮-地间静摩擦因数 $f_s = 0.2$，滚阻系数 $\delta = 1\text{mm}$。今在杆 BC 中点加一垂直力 $\boldsymbol{F}_P$，试求：

(1) 平衡时 $F_{P\max}$；

(2) 当 $F_P = F_{P\max}$ 时，两轮在 D、E 两处所受到的滑动摩擦力和滚动阻力偶。

习题 3-29 图

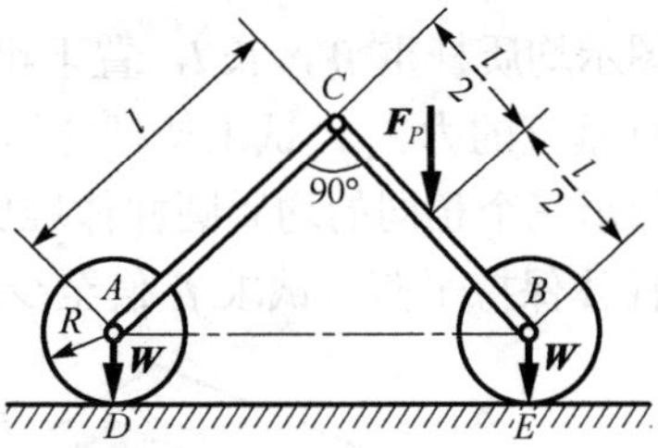

习题 3-30 图

3-31　应用 MATLAB 编写任意平面静定桁架静力分析的通用程序，并求习题 3-14 中所有杆件的受力(提示：桁架的描述包括节点位置信息、杆件与节点的关联信息以及载荷信息)。

第 4 章　点的一般运动与刚体的基本运动

4.1 点的一般运动

4.1.1 描述点运动的矢量法

1. 运动方程

考察定参考系中沿空间曲线运动的点 P，如图 4-1 所示。自坐标原点 O 向点 P 作矢量 $\boldsymbol{r}$，称为点 P 对于原点 O 的**位置矢量**(position vector)，简称**位矢**。当点 P 运动时，位矢 $\boldsymbol{r}$ 也随该点一起运动，且为时间 t 的单值连续函数，即

$$\boldsymbol{r}=\boldsymbol{r}(t) \tag{4-1}$$

因此，位矢为变矢量。上式即为用变矢量表示的点的运动方程。

点 P 在运动过程中，其位置矢量 $\boldsymbol{r}$ 的端点描绘出一条连续曲线，称为**位矢端图**(hodograph of position vector)。显然，位矢端图就是点 P 的运动**轨迹**(trajectory)。

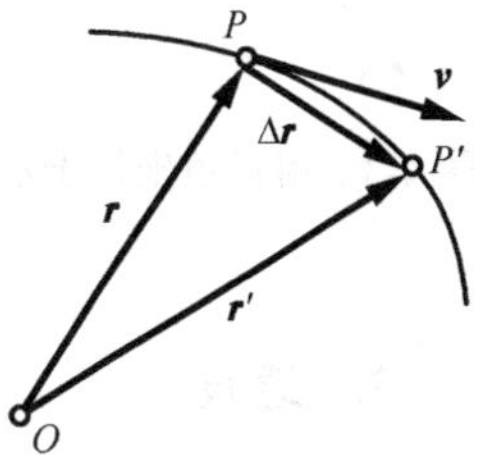

图 4-1　点的运动

2. 速度

在时间间隔Δt 内，点由位置 P 运动到 P'，其位矢的改变量称为点的**位移**(displacement)，即

$$\Delta\boldsymbol{r}=\boldsymbol{r}'-\boldsymbol{r}$$

点 P 的**速度**(velocity)为

$$\boldsymbol{v}=\lim_{\Delta t\to 0}\frac{\Delta\boldsymbol{r}}{\Delta t}=\frac{\mathrm{d}\boldsymbol{r}}{\mathrm{d}t}=\dot{\boldsymbol{r}} \tag{4-2}$$

即点的速度矢等于该点的位矢对时间的一阶导数，其方向沿运动轨迹的切线，并指向点的运动方向，大小等于矢量式(4-2)的模。

3. 加速度

点的**加速度**(acceleration)等于该点的速度矢对时间的一阶导数，或位矢对时间的二阶导数，即

$$\boldsymbol{a}=\dot{\boldsymbol{v}}=\ddot{\boldsymbol{r}} \tag{4-3}$$

显然，点的加速度也是变矢量，它描述了点的速度大小和方向的变化率。其大小为矢量式(4-3)的模，方向可如下确定。

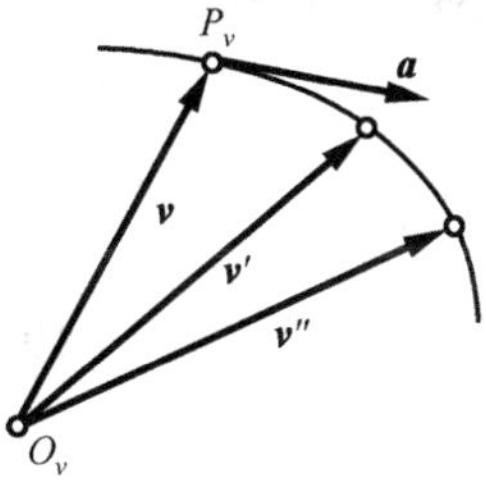

图 4-2　速度端图

将点在不同位置的速度矢作为自由矢量由空间中同一端点 O_v 连续画出，这些速度矢的端点描绘出的连续曲线，称为**速度端图**(hodograph of velocities)，如图 4-2 所示。点 P 的加速度矢 $\boldsymbol{a}$ 的方向与速度端图在相应点 P_v 的切线相平行，并指向速度矢变化的方向。

4.1.2 描述点运动的直角坐标法

1. 运动方程

在图 4-3 所示的定直角坐标系 $Oxyz$ 中，点 P 在任一瞬时的空间位置既可用相对于坐标原点 O 的位矢 $\boldsymbol{r}$ 表示，也可用点 P 的三个直角坐标 x、y、z 表示。

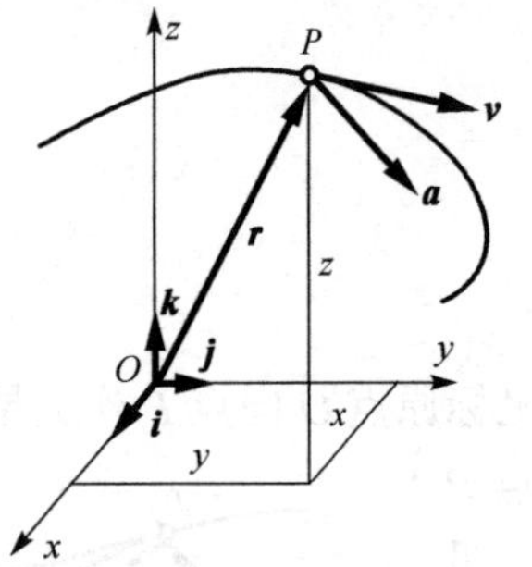

图 4-3　用直角坐标表示点的运动

位矢 $\boldsymbol{r}$ 与直角坐标 x、y、z 有如下关系：

$$\boldsymbol{r} = x\boldsymbol{i} + y\boldsymbol{j} + z\boldsymbol{k} \tag{4-4}$$

式中，$\boldsymbol{i}$、$\boldsymbol{j}$、$\boldsymbol{k}$ 分别为沿三个定坐标轴的单位矢量。

由于 $\boldsymbol{r}$ 为时间的单值连续函数，所以 x、y、z 也是时间的单值连续函数，即

$$\begin{cases} x = f_1(t) \\ y = f_2(t) \\ z = f_3(t) \end{cases} \tag{4-5}$$

式(4-5)即为以直角坐标表示的点的运动方程，消去时间 t，便可得到点的**轨迹方程**。

2. 速度

将式(4-4)代入式(4-2)，由于单位矢量 $\boldsymbol{i}$、$\boldsymbol{j}$、$\boldsymbol{k}$ 为常矢量，故有

$$\boldsymbol{v} = \dot{\boldsymbol{r}} = \dot{x}\boldsymbol{i} + \dot{y}\boldsymbol{j} + \dot{z}\boldsymbol{k} \tag{4-6}$$

设速度 $\boldsymbol{v}$ 在直角坐标轴上的投影为 v_x、v_y、v_z，即

$$\boldsymbol{v} = v_x\boldsymbol{i} + v_y\boldsymbol{j} + v_z\boldsymbol{k} \tag{4-7}$$

比较式(4-6)和式(4-7)，得

$$\begin{cases} v_x = \dot{x} \\ v_y = \dot{y} \\ v_z = \dot{z} \end{cases} \tag{4-8}$$

因此，点的速度在各直角坐标轴上的投影等于点的各对应坐标对时间的一阶导数。

3. 加速度

同理，将式(4-7)代入式(4-3)，并设 a_x、a_y、a_z 为加速度在直角坐标轴上的投影，则

$$\boldsymbol{a} = \dot{\boldsymbol{v}} = \dot{v}_x\boldsymbol{i} + \dot{v}_y\boldsymbol{j} + \dot{v}_z\boldsymbol{k} = a_x\boldsymbol{i} + a_y\boldsymbol{j} + a_z\boldsymbol{k} \tag{4-9}$$

即

$$\begin{cases} a_x = \dot{v}_x = \ddot{x} \\ a_y = \dot{v}_y = \ddot{y} \\ a_z = \dot{v}_z = \ddot{z} \end{cases} \tag{4-10}$$

因此，点的加速度在各直角坐标轴上的投影等于点的各对应坐标对时间的二阶导数。

根据式(4-8)和式(4-10)，可以分别写出速度 $\boldsymbol{v}$ 和加速度 $\boldsymbol{a}$ 的大小与方向余弦表达式。

【例题 4-1】 图 4-4 所示的椭圆规机构中，曲柄 OA 绕轴 O 逆时针转动，通过连杆 BC 带动滑块 B 和 C 在固定的滑槽内运动。已知：$OA=AB=AC=l$，$AP=d$，曲柄 OA 与水平线间的夹角 $\varphi=\omega t$。试分析连杆上点 P 的运动方程和运动轨迹，并求 $\varphi=\pi/2$ 时点 P 的速度和加速度。

解　由于点 P 的运动轨迹未知，故宜采用直角坐标法。

建立直角坐标系 Oxy，如图 4-4 所示，由几何关系可得点 P(设点 P 在 AB 段上)的运动方程：

$$\begin{cases} x=(OA+AP)\cos\varphi=(l+d)\cos\omega t \\ y=BP\sin\varphi=(l-d)\sin\omega t \end{cases}$$

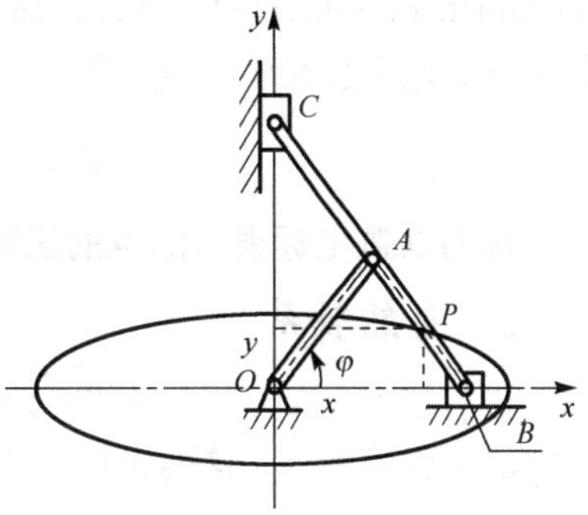

图 4-4　例题 4-1 图

消去时间 t，得到点 P 的轨迹方程：

$$\frac{x^2}{(l+d)^2}+\frac{y^2}{(l-d)^2}=1$$

可见，点 P 的轨迹是一个椭圆。

将运动方程分别对时间 t 求一阶和二阶导数，得到点 P 的速度和加速度在 x 和 y 轴上的投影为

$$\begin{cases} v_x=\dot{x}=-(l+d)\omega\sin\omega t \\ v_y=\dot{y}=(l-d)\omega\cos\omega t \end{cases}$$

$$\begin{cases} a_x=\ddot{x}=-(l+d)\omega^2\cos\omega t \\ a_y=\ddot{y}=-(l-d)\omega^2\sin\omega t \end{cases}$$

当 $\varphi=\omega t=\dfrac{\pi}{2}$ 时，有

$$v_x=-(l+d)\omega\,,\quad v_y=0$$

$$a_x=0\,,\quad a_y=-(l-d)\omega^2$$

即当 $\varphi=\dfrac{\pi}{2}$ 时，点 P 的速度和加速度分别为

$$v=\sqrt{{v_x}^2+{v_y}^2}=(l+d)\omega \qquad (\text{沿 } x \text{ 轴负向})$$

$$a=\sqrt{{a_x}^2+{a_y}^2}=(l-d)\omega^2 \qquad (\text{沿 } y \text{ 轴负向})$$

本例讨论：当点 P 在连杆的 AC 段上时，结果又如何？

需注意的是：在建立运动方程时，应将动点 P 放在任意位置，使所建立的运动方程在动点的整个运动过程中都适用。线坐标应放在坐标正向，角坐标应置于第一象限，坐标系的坐标原点应为固定不动的点。

4.1.3　描述点运动的弧坐标法

在实际工程及现实生活中，动点的轨迹往往是已知的，如运行的列车、运转的机件上的某一点等。此时便可利用点的运动轨迹建立弧坐标及自然轴系，并以此来描述和分析点的运动。

1. 运动方程

设动点 P 沿已知轨迹运动，在轨迹上任选一参考点 O 作为原点，并设原点 O 的某一侧为正向，则另一侧为负向，如图 4-5 所示。动点 P 在轨迹上任一瞬时的位置就可以用弧长 s 来确定，弧长 s 为代数量，称为动点 P 的**弧坐标**(arc coordinate of a directed curve)。显然，动点 P 运动时弧坐标 s 是时间 t 的单值连续函数，即

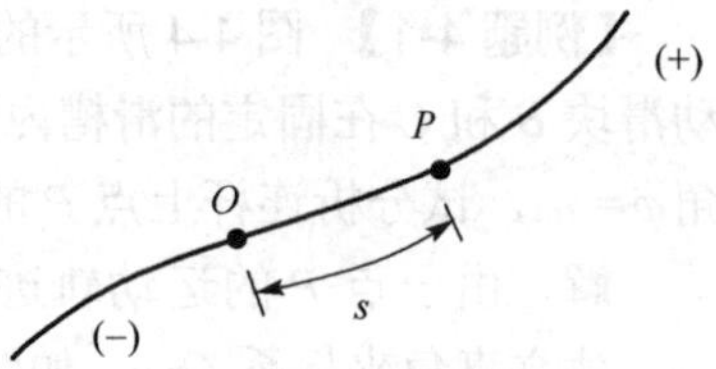

图 4-5 用弧坐标表示点的运动

$$s = f(t) \tag{4-11}$$

上式称为**以弧坐标表示的点的运动方程**。

2. 自然轴系

设有任意空间曲线，如图 4-6 所示。它在点 P 的切线为 PT，在其邻近一点 P' 的切线为 $P'T_1'$。一般情形下，这两条切线不在同一平面内。若过点 P 作直线 PT_2' 平行于 $P'T_1'$，则 PT 与 PT_2' 决定一平面 α_1。当 P' 无限趋近于 P 时，平面 α_1 趋近于某一极限平面 α，此极限平面 α 称为曲线在点 P 的**密切面**(osculating plane)。

如图 4-7 所示，沿曲线上点 P 的**切线** PT 取单位矢量 $\boldsymbol{\tau}$，并规定指向弧坐标的正向；过点 P 在密切面内作切线 PT 的垂线 PN，称为**主法线**，其单位矢量 $\boldsymbol{n}$ 指向曲线的曲率中心；过点 P 且垂直于切线 PT 及主法线 PN 的直线 PB 称为**副法线**，其单位矢量 $\boldsymbol{b}$ 由 $\boldsymbol{b} = \boldsymbol{\tau} \times \boldsymbol{n}$ 决定。显然，$\boldsymbol{\tau}$、$\boldsymbol{n}$ 均处于密切面内，而 $\boldsymbol{b}$ 垂直于密切面。

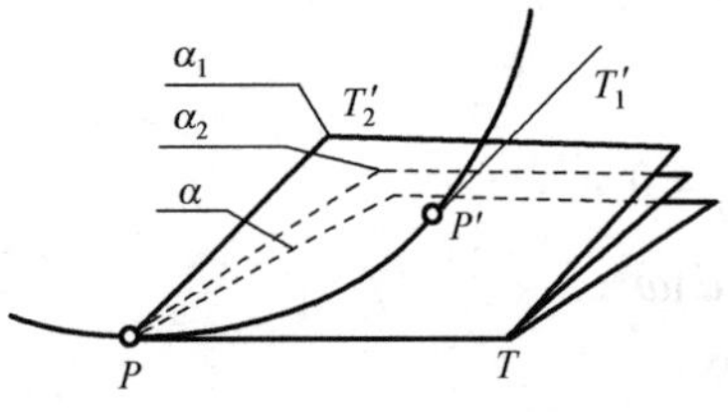

图 4-6 曲线在点 P 的密切面形成图像

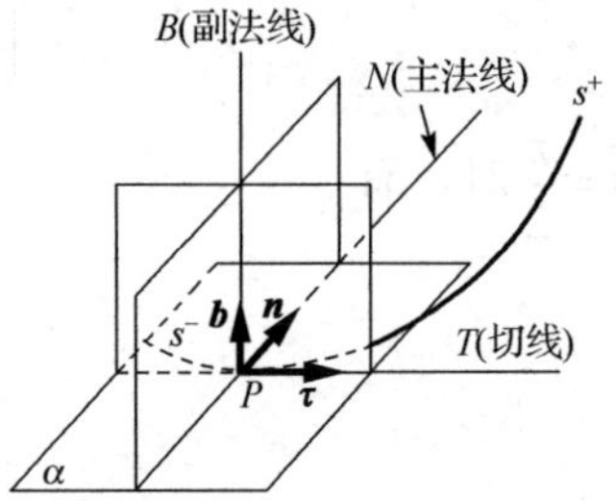

图 4-7 自然轴系及其单位矢量

以动点 P 为原点，由该点切线 PT、主法线 PN 和副法线 PB 为坐标轴组成的正交坐标系，称为曲线在点 P 的**自然轴系**(trihedral axes of a space curve)。注意，随着点 P 在轨迹上的运动，单位矢量 $\boldsymbol{\tau}$、$\boldsymbol{n}$ 和 $\boldsymbol{b}$ 的方向也在不断改变。

请读者思考：自然轴系和定直角坐标系有何共同点与不同点？

3. 速度

如图 4-8 所示，设动点在瞬时 t 位于曲线的 P 点，经过时间间隔 Δt 后，动点运动到曲线的 P' 点，弧坐标的增量为 Δs，位矢的增量为 $\Delta \boldsymbol{r}$。根据式(4-2)，并注意到 $\Delta t \to 0$ 时有 $\Delta s \to 0$，则动点的速度为

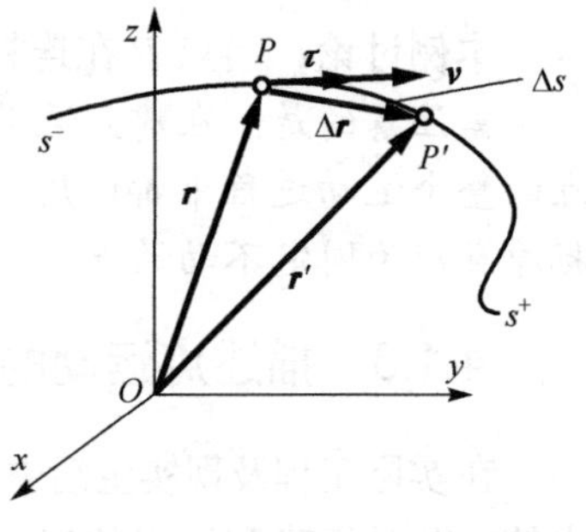

图 4-8 弧坐标下点的速度

$$\boldsymbol{v}=\lim_{\Delta t\to 0}\frac{\Delta \boldsymbol{r}}{\Delta t}=\lim_{\Delta t\to 0}\frac{\Delta s}{\Delta t}\cdot\lim_{\Delta s\to 0}\frac{\Delta \boldsymbol{r}}{\Delta s}=\frac{\mathrm{d}s}{\mathrm{d}t}\cdot\lim_{\Delta s\to 0}\frac{\Delta \boldsymbol{r}}{\Delta s} \tag{4-12}$$

因为

$$\lim_{\Delta s\to 0}\left|\frac{\Delta \boldsymbol{r}}{\Delta s}\right|=1$$

且 $\Delta\boldsymbol{r}$ 的极限方向与 $\boldsymbol{\tau}$ 一致，故式(4-12)可写为

$$\boldsymbol{v}=\frac{\mathrm{d}s}{\mathrm{d}t}\boldsymbol{\tau}=\dot{s}\boldsymbol{\tau} \tag{4-13}$$

上式表明：**动点的速度大小等于弧坐标对时间的一阶导数的绝对值，方向沿曲线的切线方向。** 若 $\dot{s}>0$，则点沿轨迹的正向运动；若 $\dot{s}<0$，则点沿轨迹的负向运动。

设

$$v=\frac{\mathrm{d}s}{\mathrm{d}t} \tag{4-14}$$

则动点的速度为

$$\boldsymbol{v}=v\boldsymbol{\tau}=\dot{s}\boldsymbol{\tau} \tag{4-15}$$

式中，v 为一代数量，是速度 $\boldsymbol{v}$ 沿轨迹切向的投影。式(4-15)将速度 $\boldsymbol{v}$ 的大小和方向分开表示，这对于进一步研究这两方面的变化即加速度具有重要意义。

4. 加速度

将式(4-15)代入式(4-3)，得动点的加速度为

$$\boldsymbol{a}=\frac{\mathrm{d}\boldsymbol{v}}{\mathrm{d}t}=\frac{\mathrm{d}}{\mathrm{d}t}(v\boldsymbol{\tau})=\frac{\mathrm{d}v}{\mathrm{d}t}\boldsymbol{\tau}+v\frac{\mathrm{d}\boldsymbol{\tau}}{\mathrm{d}t} \tag{4-16}$$

由上式可知，速度矢的变化率由其大小(代数值 v)的变化率和方向(单位矢量 $\boldsymbol{\tau}$)的变化率两部分组成。

下面先讨论式(4-16)中单位矢量 $\boldsymbol{\tau}$ 对时间的变化率。如图 4-9(a)所示，动点 P 经时间间隔 Δt，沿轨迹经过弧长 Δs 至点 P'，点 P 的切向单位矢量为 $\boldsymbol{\tau}$，点 P' 的切向单位矢量为 $\boldsymbol{\tau}'$，切线方向转动的角度为 $\Delta\varphi$。在式(4-16)中

$$\frac{\mathrm{d}\boldsymbol{\tau}}{\mathrm{d}t}=\lim_{\Delta t\to 0}\frac{\Delta\boldsymbol{\tau}}{\Delta t}=\lim_{\Delta t\to 0}\frac{\boldsymbol{\tau}'-\boldsymbol{\tau}}{\Delta t}$$

由图 4-9(b)可知，$\Delta\boldsymbol{\tau}$ 的模为

$$|\Delta\boldsymbol{\tau}|=2\cdot|\boldsymbol{\tau}|\cdot\sin\frac{\Delta\varphi}{2}=2\sin\frac{\Delta\varphi}{2}$$

则

$$\left|\frac{\mathrm{d}\boldsymbol{\tau}}{\mathrm{d}t}\right|=\lim_{\Delta t\to 0}\frac{2\sin\frac{\Delta\varphi}{2}}{\Delta t}=\lim_{\Delta t\to 0}\left[\frac{\Delta s}{\Delta t}\cdot\frac{\Delta\varphi}{\Delta s}\cdot\frac{\sin\frac{\Delta\varphi}{2}}{\frac{\Delta\varphi}{2}}\right]=\lim_{\Delta t\to 0}\left|\frac{\Delta s}{\Delta t}\right|\cdot\lim_{\Delta s\to 0}\left|\frac{\Delta\varphi}{\Delta s}\right|\cdot\lim_{\Delta\varphi\to 0}\frac{\sin\frac{\Delta\varphi}{2}}{\frac{\Delta\varphi}{2}}=v\cdot\frac{1}{\rho}\cdot 1=\frac{v}{\rho}$$

式中，$\frac{1}{\rho}=\lim_{\Delta s\to 0}\left|\frac{\Delta\varphi}{\Delta s}\right|$ 为轨迹在点 P 的曲率，ρ 为曲率半径。

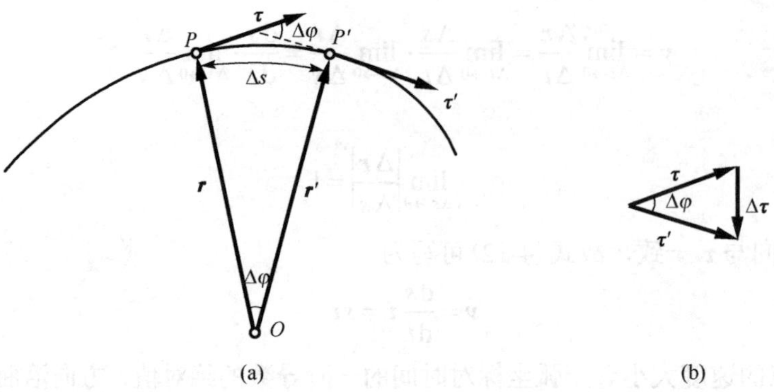

图 4-9　切向单位矢量对时间的变化率

当$\Delta t\to 0$时，$\Delta\varphi\to 0$，由$\boldsymbol{\tau}$与$\boldsymbol{\tau}'$(包括$\Delta\boldsymbol{\tau}$)构成的平面在$\Delta\varphi\to 0$时便是曲线在点P的密切面，且$\Delta\boldsymbol{\tau}$的极限方向垂直于$\boldsymbol{\tau}$，指向曲线的曲率中心，即沿着曲线在该点处的主法线方向，于是有

$$\frac{\mathrm{d}\boldsymbol{\tau}}{\mathrm{d}t}=\frac{v}{\rho}\boldsymbol{n} \tag{4-17}$$

将式(4-17)代入式(4-16)，可得动点的加速度为

$$\boldsymbol{a}=\frac{\mathrm{d}v}{\mathrm{d}t}\boldsymbol{\tau}+\frac{v^2}{\rho}\boldsymbol{n} \tag{4-18}$$

上式右端第一项是反映速度大小变化的加速度，是沿轨迹切线的矢量，称为**切向加速度**(tangential acceleration)，记为$\boldsymbol{a}_{\mathrm{t}}$；第二项是反映速度方向变化的加速度，是沿轨迹法线指向曲率中心的矢量，称为**法向加速度**(normal acceleration)，记为$\boldsymbol{a}_{\mathrm{n}}$，则式(4-18)又可写为

$$\boldsymbol{a}=\boldsymbol{a}_{\mathrm{t}}+\boldsymbol{a}_{\mathrm{n}}=a_{\mathrm{t}}\boldsymbol{\tau}+a_{\mathrm{n}}\boldsymbol{n} \tag{4-19}$$

式中

$$a_{\mathrm{t}}=\frac{\mathrm{d}v}{\mathrm{d}t}=\dot{v}=\ddot{s} \tag{4-20}$$

$$a_{\mathrm{n}}=\frac{v^2}{\rho} \tag{4-21}$$

若$\dot{v}>0$，则$\boldsymbol{a}_{\mathrm{t}}$指向轨迹的正向；若$\dot{v}<0$，则$\boldsymbol{a}_{\mathrm{t}}$指向轨迹的负向。

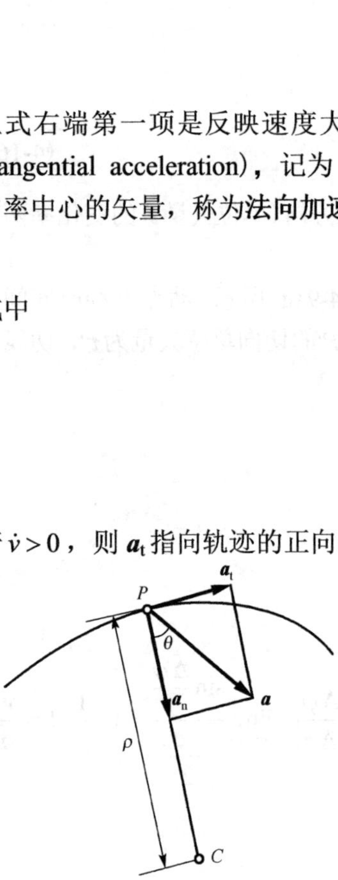

图 4-10　弧坐标下点的加速度

由于$\boldsymbol{a}_{\mathrm{t}}$、$\boldsymbol{a}_{\mathrm{n}}$均在密切面内，因此加速度$\boldsymbol{a}$也必在密切面内，如图 4-10 所示。加速度$\boldsymbol{a}$的大小和方向为

$$a=\sqrt{a_{\mathrm{t}}^2+a_{\mathrm{n}}^2} \tag{4-22}$$

$$\tan\theta=\frac{|a_{\mathrm{t}}|}{a_{\mathrm{n}}} \tag{4-23}$$

式中，θ为加速度$\boldsymbol{a}$与主法线之间的夹角。

另外，由式(4-19)可知，加速度$\boldsymbol{a}$沿副法线上的分量恒为零。

【例题 4-2】 如图 4-11 所示，动点 P 由点 A 开始沿以 R 为半径的圆弧运动，且动点到点 A 的距离 AP 以匀速 u 增加，试求点 P 沿轨迹的运动方程和以 u、φ 表示的加速度。φ 为连线 AP 与直径 AB 间的夹角。

解　因为点 P 沿已知轨迹作曲线运动，故可采用弧坐标法。

选点 A 为弧坐标的原点，并规定由 A 到 P 为弧坐标的正向 s^+，则点 P 的弧坐标为

$$s = R(\pi - 2\varphi)$$

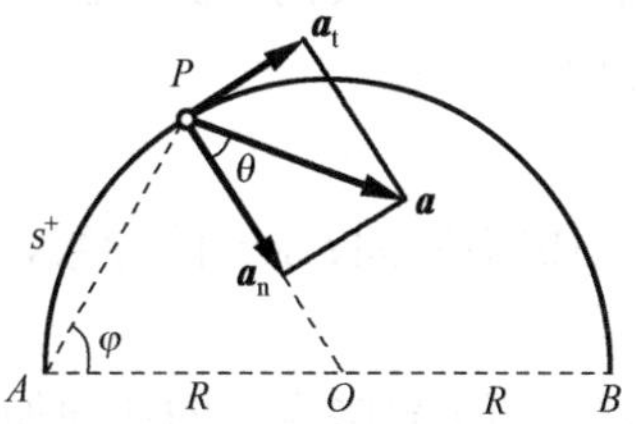

图 4-11　例题 4-2 图

因为 $AP = 2R\cos\varphi = ut$，故所求运动方程为

$$s = R\left(\pi - 2\arccos\frac{ut}{2R}\right)$$

且有

$$\dot{\varphi} = -\frac{u}{2R\sin\varphi}$$

式中，$\dot{\varphi}$ 为点 P 运动时，φ 角对时间的变化率。从而有

$$v = \dot{s} = -2R\dot{\varphi} = \frac{u}{\sin\varphi}$$

$$a_{\mathrm{t}} = \dot{v} = -u\frac{\cos\varphi}{\sin^2\varphi}\dot{\varphi} = u\frac{\cos\varphi}{\sin^2\varphi}\cdot\frac{u}{2R\sin\varphi} = \frac{u^2\cos\varphi}{2R\sin^3\varphi}$$

$$a_{\mathrm{n}} = \frac{v^2}{R} = \frac{u^2}{R\sin^2\varphi}$$

点 P 加速度 $\boldsymbol{a}$ 的大小和方向为

$$a = \sqrt{a_{\mathrm{t}}^2 + a_{\mathrm{n}}^2} = \frac{u^2}{2R\sin^3\varphi}\sqrt{\cos^2\varphi + 4\sin^2\varphi}$$

$$\tan\theta = \frac{|a_{\mathrm{t}}|}{a_{\mathrm{n}}} = \frac{1}{2}\cot\varphi$$

式中，θ 为 $\boldsymbol{a}$ 与法向加速度之间的夹角。

【例题 4-3】 图 4-12(a)为两齿轮传动系统。大齿轮绕定轴 O_1 沿顺时针方向转动，带动小齿轮绕定轴 O_2 沿逆时针方向转动，两齿轮的节圆半径分别为 r_1 和 r_2。试分析两齿轮啮合点 P_1 与 P_2 的速度和加速度。

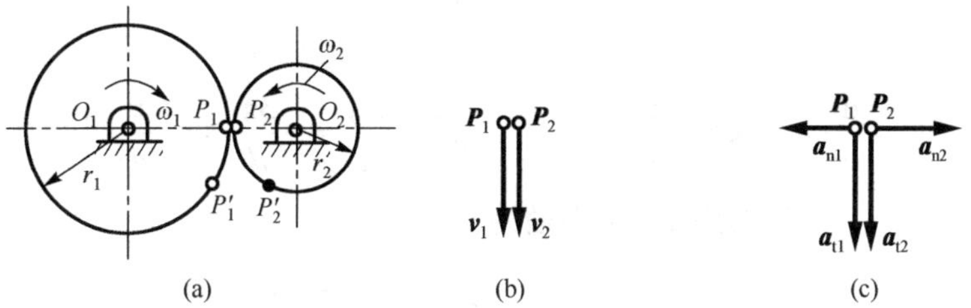

图 4-12　例题 4-3 图

解　两齿轮啮合转动时，节圆上的啮合点不发生相对滑动。在任意时间间隔内，两齿轮节圆上滚过的弧长相等，有 $\widehat{P_1P_1'}=\widehat{P_2P_2'}$，即弧坐标为

$$s_1 = s_2 \tag{a}$$

将式(a)对时间 t 求一阶导数，得

$$v_1 = \dot{s}_1 = \dot{s}_2 = v_2 \tag{b}$$

虽然两齿轮的转向相反，但两齿轮啮合点 P_1 与 P_2 在啮合瞬时的速度方向却相同(图 4-12(b))，所以有

$$\boldsymbol{v}_1 = \boldsymbol{v}_2 \tag{c}$$

将式(b)对时间 t 求一阶导数，有

$$a_{t1} = \ddot{s}_1 = \ddot{s}_2 = a_{t2} \tag{d}$$

同理，两齿轮啮合点的切向加速度方向也相同，故有

$$\boldsymbol{a}_{t1} = \boldsymbol{a}_{t2} \tag{e}$$

而法向加速度为

$$a_{n1} = \frac{\dot{s}_1^2}{r_1}, \quad a_{n2} = \frac{\dot{s}_2^2}{r_2} \tag{f}$$

且 $a_{n1} < a_{n2}$，其方向分别指向各自的轴，如图 4-12(c)所示。

小结：节圆半径不等的两齿轮啮合点的速度相等、切向加速度相等，但法向加速度不相等，且大齿轮啮合点速度的方向变化比小齿轮要缓慢。

【例题 4-4】 图 4-13 为设置滑雪比赛用的路障，先用小汽车进行试验。假设汽车的轨迹为正弦曲线，允许的最大侧向加速度(即 a_n)为 $0.7g$(g 为重力加速度)。试验希望设置的路障能通过的汽车速度为 80km/h，试求设置的路障间距 d 应为多少。

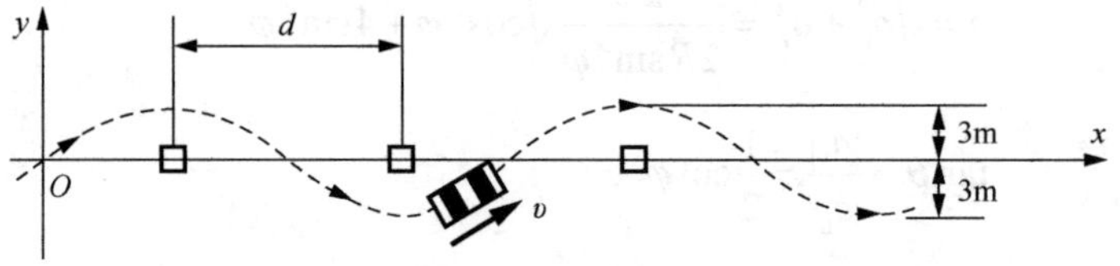

图 4-13　例题 4-4 图

解　建立图示的直角坐标系，则汽车的轨迹方程为

$$y = 3\sin\left(\frac{\pi}{d}x\right)$$

从而得到

$$y_x' = \frac{dy}{dx} = \frac{3\pi}{d}\cos\left(\frac{\pi}{d}x\right) \qquad y_x'' = \frac{d^2y}{dx^2} = -\frac{3\pi^2}{d^2}\sin\left(\frac{\pi}{d}x\right)$$

由高等数学可知，汽车轨迹的曲率半径为

$$\rho = \frac{(1+y_x'^2)^{\frac{3}{2}}}{|y_x''|} = \frac{\left[1+\dfrac{9\pi^2}{d^2}\cos^2\left(\dfrac{\pi}{d}x\right)\right]^{\frac{3}{2}}}{\left|\dfrac{3\pi^2}{d^2}\sin\left(\dfrac{\pi}{d}x\right)\right|}$$

当 $x=\dfrac{d}{2}$ 时，汽车轨迹的曲率半径最小，为 $\rho_{\min}=\dfrac{d^2}{3\pi^2}$。再由 $a_{\mathrm{n\,max}}=\dfrac{v^2}{\rho_{\min}}$，即

$$0.7g=\frac{\left(\dfrac{80000}{3600}\right)^2}{\dfrac{d^2}{3\pi^2}}$$

最终求得 $d=46.17\mathrm{m}$。

描述点的运动时并不限于上述方法，其他还有极坐标法、柱坐标法、球坐标法等，有兴趣的读者可自行推导。

4.2 刚体的基本运动

4.2.1 刚体的平移

刚体在运动过程中，其上任意一条直线始终与其初始位置平行，这种运动称为刚体的**平行移动**，简称**平移**(translation)，如牛头刨床滑枕的运动、摩天轮轿厢的运动、龙门吊吊起的集装箱的运动以及平行四边形机构中刚体 *ABDE* 的运动(图 4-14)等。

设在作平移的刚体内任取两点 A 和 B，令两点的位矢分别为 $\boldsymbol{r}_A$ 和 $\boldsymbol{r}_B$，则两条位矢端图就是两点的轨迹，如图 4-15 所示。由图可知

$$\boldsymbol{r}_A=\boldsymbol{r}_B+\overline{BA}$$

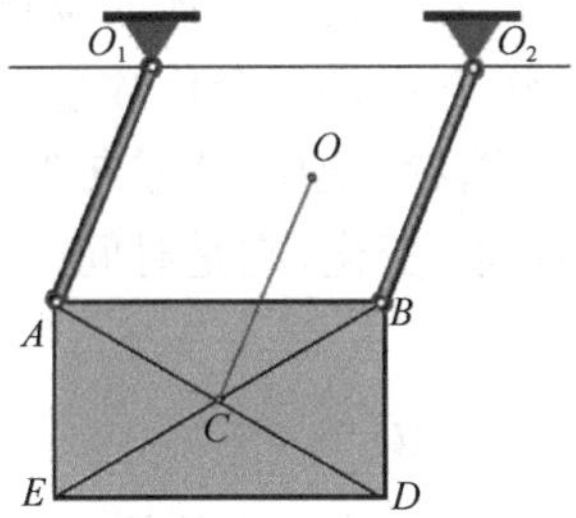

图 4-14　平行四边形机构中刚体 *ABDE* 的运动

平行四边形机构的运动

摩天轮轿厢的运动

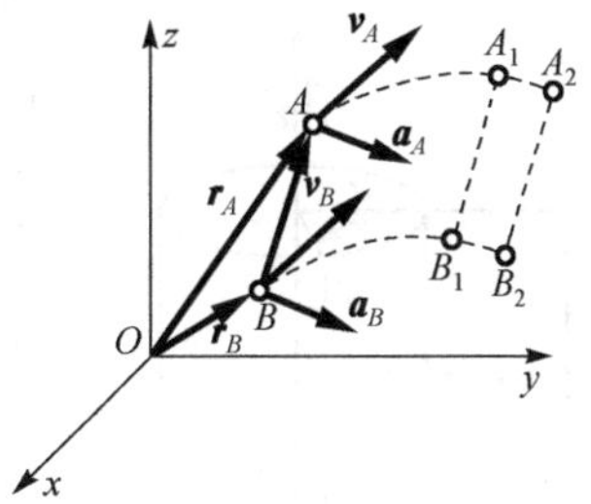

图 4-15　刚体平移

当刚体平移时，线段 BA 的长度和方向均不随时间而变化，即 $\overline{BA}$ 为常矢量。可见，点 A 和点 B 的轨迹形状完全相同。若刚体上各点轨迹为直线，则称为**直线平移**(rectilinear translation)；若为曲线，则称为**曲线平移**(curvilinear translation)。例如，汽缸内活塞和火车车厢均作直线平移，而摆动式运输机的货物则作曲线平移。

将上式对时间 t 分别求一阶和二阶导数，得到

$$\boldsymbol{v}_A=\boldsymbol{v}_B,\qquad \boldsymbol{a}_A=\boldsymbol{a}_B \tag{4-24}$$

因为点 A 和点 B 是任意选取的，因此可得结论：当刚体平移时，其上各点的轨迹形状完全相同；在同一瞬时，刚体上各点的速度相同，各点的加速度也相同。

综上所述，研究刚体平移，可以归结为研究刚体上任一点(如质心)的运动。

4.2.2　刚体的定轴转动

刚体运动过程中，其上或扩展部分有一条直线始终保持不动，则这种运动称为刚体的**定轴转动**(fixed-axis rotation)。这条固定的直线称为刚体的转轴，简称轴。

定轴转动是工程中较为常见的一种运动形式。例如，图 4-16 为蜗轮蜗杆传动系统，其中蜗轮和蜗杆作相互垂直的定轴转动。图 4-17 为风力发电机，在空气动力作用下风轮叶片绕风轮轴作相对定轴转动。

蜗轮蜗杆传动

图 4-16　蜗轮蜗杆传动系统

图 4-17　风力发电机

1. 刚体的转动方程

设有一刚体绕定轴转动，取其转轴为 z 轴，如图 4-18 所示。为了确定刚体的位置，过轴 z 作 A、B 两个平面，其中 A 为固定平面，B 是与刚体固连并随刚体一起绕 z 轴转动的平面。两平面间的夹角用 φ 表示，它确定了刚体的位置，称为刚体的**转角**，单位为弧度(rad)。转角 φ 是一个代数量，其正负号的规定如下：从 z 轴的正端向负端看，逆时针方向为正；反之为负。当刚体转动时，转角 φ 随时间 t 变化，它是时间的单值连续函数，即

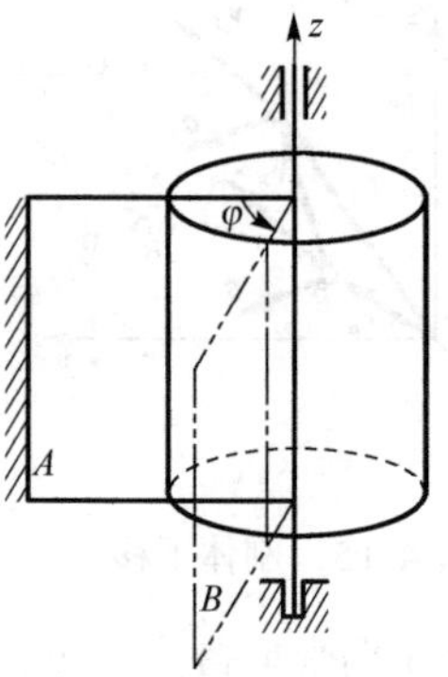

图 4-18　刚体的定轴转动

$$\varphi = f(t) \tag{4-25}$$

上式称为刚体的**转动方程**，它反映了刚体绕定轴转动的规律，如果已知函数 $f(t)$，则刚体在任一瞬时的位置即可确定。

2. 刚体的角速度

为度量刚体转动的快慢和转动方向，引入角速度的概念。设在时间间隔 Δt 内，刚体转角的改变量为 $\Delta\varphi$，则刚体的瞬时角速度定义为

$$\omega = \lim_{\Delta t \to 0} \frac{\Delta\varphi}{\Delta t} = \frac{\mathrm{d}\varphi}{\mathrm{d}t} = \dot{\varphi} \tag{4-26}$$

即**刚体的角速度等于转角对时间的一阶导数**。

角速度是一个代数量，其正、负号分别对应于刚体沿转角 φ 增大、减小的方向转动。角速度的单位是弧度/秒(rad/s)。在工程中很多情况下还用转速 n(转/分，r/min)来表示刚体的转动速度，ω 与 n 之间的换算关系为

$$\omega=\frac{2n\pi}{60}=\frac{n\pi}{30} \tag{4-27}$$

3. 刚体的角加速度

为度量角速度变化的快慢和转向，引入角加速度的概念。在时间间隔 Δt 内，刚体角速度的变化量是 $\Delta\omega$，则刚体的瞬时角加速度定义为

$$\alpha=\lim_{\Delta t\to 0}\frac{\Delta\omega}{\Delta t}=\frac{\mathrm{d}\omega}{\mathrm{d}t}=\dot{\omega}=\ddot{\varphi} \tag{4-28}$$

即刚体的角加速度等于角速度对时间的一阶导数，也等于转角对时间的二阶导数。 角加速度 α 的单位为弧度/秒 ^{2}（rad/ s^2）。

角加速度也是代数量，但它的方向并不代表刚体的转动方向。当 α 与 ω 同号时，表示角速度绝对值增大，刚体作加速转动；反之，当 α 与 ω 异号时，刚体作减速转动。

角速度和角加速度都是描述刚体整体运动的物理量。

4. 定轴转动刚体上各点的速度和加速度

刚体绕定轴转动时，除转轴上的各点固定不动外，其他各点都在通过该点并垂直于转轴的平面内做圆周运动。因此，宜采用弧坐标法。

设刚体由定平面 A 绕定轴 O 转过一角度 φ，到达平面 B，其上任一点 P_0 运动到了点 P，刚体的角速度为 ω，角加速度为 α，如图 4-19 所示。以固定点 P_0 为弧坐标原点，弧坐标的正向与 φ 角正向一致，则点 P 的弧坐标为

$$s=r\varphi \tag{4-29}$$

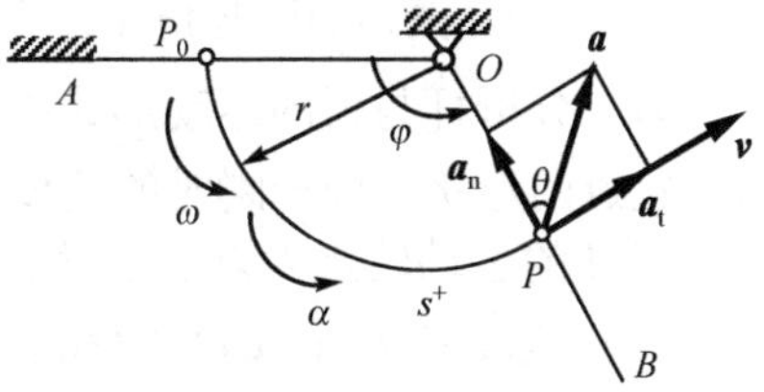

图 4-19　转动刚体上点 P 的运动分析

式中，r 为点 P 到转轴 O 的垂直距离，即转动半径。

将上式对 t 求一阶导数，得点 P 的速度为

$$v=\dot{s}=r\dot{\varphi}=r\omega \tag{4-30}$$

即定轴转动刚体上任一点速度的大小等于该点的转动半径与刚体角速度的乘积，方向沿圆周的切线并指向转动的一方。

由此，进一步可得点 P 的切向加速度和法向加速度为

$$a_{\mathrm{t}}=\dot{v}=r\dot{\omega}=r\alpha \tag{4-31}$$

$$a_{\mathrm{n}}=\frac{v^2}{\rho}=\frac{(r\omega)^2}{r}=r\omega^2 \tag{4-32}$$

即定轴转动刚体上任一点切向加速度的大小等于该点的转动半径与刚体角加速度的乘积，方向垂直于转动半径，指向与角加速度的转向一致；法向加速度的大小等于该点的转动半径与刚体角速度平方的乘积，方向沿半径并指向转轴。

于是，点 P 的加速度为

$$a=\sqrt{a_{\mathrm{t}}^2+a_{\mathrm{n}}^2}=r\sqrt{\alpha^2+\omega^4} \tag{4-33}$$

$$\tan\theta=\frac{|a_{\mathrm{t}}|}{a_{\mathrm{n}}}=\frac{|\alpha|}{\omega^2} \tag{4-34}$$

式中，θ 为加速度 $\boldsymbol{a}$ 与半径 OP 之间的夹角，如图 4-19 所示。

由式(4-30)、式(4-33)和式(4-34)可得以下结论:

(1)在同一瞬时，定轴转动刚体上各点的速度大小、加速度大小，与该点的转动半径成正比;

(2)在同一瞬时，定轴转动刚体上各点的加速度与转动半径间的夹角都相同。

因此，转动刚体上任一条通过且垂直于轴的直线上各点的速度和加速度呈线性分布，如图 4-20 所示。

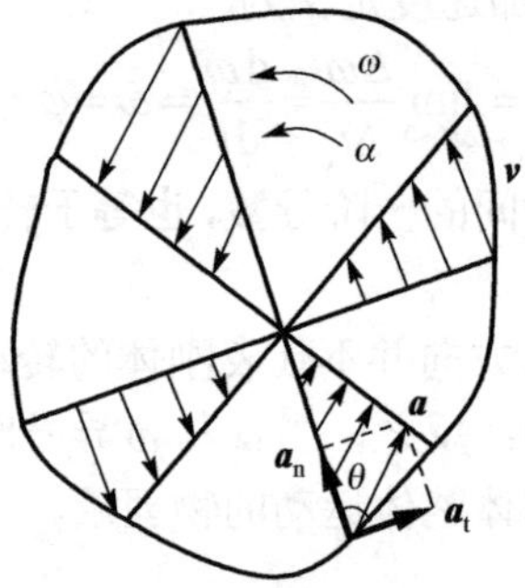

图 4-20　转动刚体上各点的速度和加速度分布

【例题 4-5】 长为 a、宽为 b 的矩形平板 $ABDE$ 悬挂在两根等长(为 l)且相互平行的直杆上，如图 4-21 所示。板与杆之间用铰链 A、B 连接，两杆又分别用铰链 O_1、O_2 与固定的水平平面连接。已知杆 O_1A 的角速度与角加速度分别为 ω 和 α。试求板中心点 C 的运动轨迹、速度和加速度。

解　分析杆与板的运动形式：两杆作定轴转动，板作平面曲线平移。因此，点 C 与点 A 运动轨迹的形状、同一瞬时的速度与加速度均相同。

点 A 的运动轨迹为以点 O_1 为圆心、l 为半径的圆弧。为此，过点 C 作线段 CO，使 $CO /\!/ AO_1$，并使 $CO = AO_1 = l$，点 C 的轨迹即为以点 O 为圆心、l 为半径的圆弧，而不是以点 O_1 为圆心或以点 O_3 为圆心的圆弧。

点 C 的速度与加速度大小分别为

$$v_C = v_A = \omega l$$

$$a_C = a_A = \sqrt{(a_A^{t})^2 + (a_A^{n})^2} = \sqrt{(\alpha l)^2 + (\omega^2 l)^2} = l\sqrt{\alpha^2 + \omega^4}$$

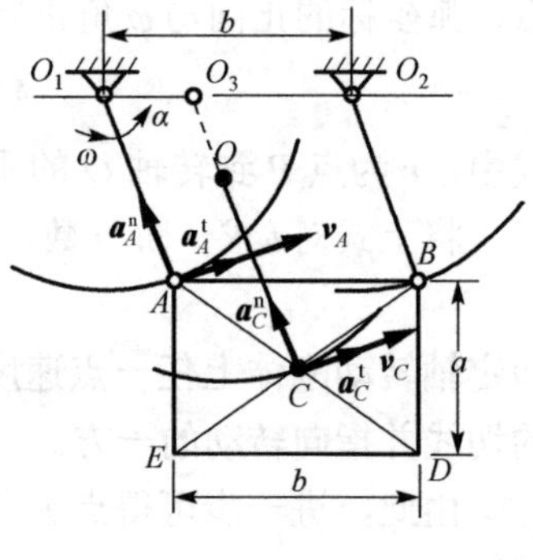

图 4-21　例题 4-5 图

它们的方向分别示于图 4-21 上。

值得注意的是，虽然平板上各点的运动轨迹为圆，但平板并不作转动，而是作曲线平移。因此，分析时要特别注意刚体运动与刚体上点的运动的区别。

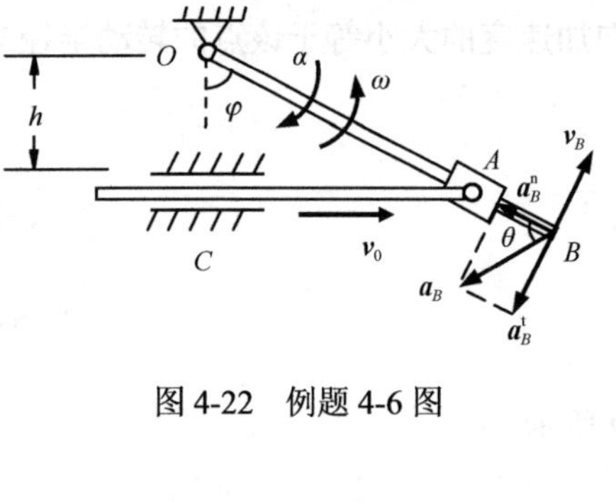

图 4-22　例题 4-6 图

【例题 4-6】 图 4-22 所示机构中，杆 AC 以匀速 v_0 沿水平导槽向右运动，通过滑块 A 使长为 l 的杆 OB 绕 O 轴转动。已知 O 轴与导槽相距 h。试求杆 OB 的角速度、角加速度及点 B 的速度和加速度(设开始时杆 OB 处于铅垂位置)。

解　欲求杆 OB 的角速度和角加速度，首先必须建立杆 OB 的转动方程。

由图可知，点 A 到点 C 的距离与杆 AC 的速度和时间有关：

$$AC = v_0 t$$

设杆与铅垂线的夹角为φ，则有

$$\tan\varphi = \frac{AC}{OC} = \frac{v_0 t}{h}$$
$$\varphi = \arctan\frac{v_0 t}{h} \tag{a}$$

将式(a)对时间 t 求导，得到杆 OB 的角速度和角加速度，分别为

$$\omega = \dot{\varphi} = \frac{\dfrac{v_0}{h}}{1+\dfrac{v_0^2 t^2}{h^2}} = \frac{v_0 h}{h^2 + v_0^2 t^2} \tag{b}$$

$$\alpha = \dot{\omega} = -\frac{2hv_0^3 t}{(h^2 + v_0^2 t^2)^2} \tag{c}$$

应用式(4-30)～式(4-32)和式(4-34)，得到点 B 的速度、加速度分别为

$$v_B = l\omega = \frac{v_0 hl}{h^2 + v_0^2 t^2} \tag{d}$$

$$a_B^{\mathrm{t}} = l\alpha = -\frac{2hv_0^3 tl}{(h^2 + v_0^2 t^2)^2} \tag{e}$$

$$a_B^{\mathrm{n}} = l\omega^2 = \frac{v_0^2 h^2 l}{(h^2 + v_0^2 t^2)^2} \tag{f}$$

$$\theta = \arctan\frac{|\alpha|}{\omega^2} = \arctan\frac{2v_0 t}{h} \tag{g}$$

杆 OB 的角速度、角加速度的转向及点 B 的速度、加速度的方向如图 4-22 所示。

5. 用矢量表示角速度和角加速度

研究图 4-23 所示的刚体定轴转动。图中，$Oxyz$ 为定参考系，其中，轴 Oz 即为刚体的转轴。设转轴 Oz 的单位矢量为 $\boldsymbol{k}$，则刚体的角速度和角加速度可以分别表示为矢量$\boldsymbol{\omega}$和$\boldsymbol{\alpha}$，称为**角速度矢和加速度矢**：

$$\boldsymbol{\omega} = \omega\boldsymbol{k}\ , \qquad \boldsymbol{\alpha} = \alpha\boldsymbol{k} \tag{4-35}$$

即其大小分别为$|\boldsymbol{\omega}| = |\omega| = |\dot{\varphi}|$，$|\boldsymbol{\alpha}| = |\alpha| = |\dot{\omega}| = |\ddot{\varphi}|$，方向沿轴 Oz，指向确定如下：对$\boldsymbol{\omega}$，按右手螺旋法则，右手弯曲的四指表示刚体的转向，拇指指向则表示 $\boldsymbol{\omega}$ 的方向；对$\boldsymbol{\alpha}$，若刚体加速转动，则$\boldsymbol{\alpha}$与$\boldsymbol{\omega}$同向(图 4-23(a))，减速转动则反向(图 4-23(b))。

角速度矢$\boldsymbol{\omega}$和加速度矢$\boldsymbol{\alpha}$ 均为滑移矢量。

6. 用矢积表示点的速度和加速度

如图 4-24 所示，刚体上点 P 的速度可表示为

$$\boldsymbol{v}_P = \boldsymbol{\omega} \times \boldsymbol{r}_P \tag{4-36}$$

式中，$\boldsymbol{r}_P$ 为点 P 对于点 O 的位矢。可以验证，该式中 $\boldsymbol{v}_P$ 的模与式(4-30)相同。

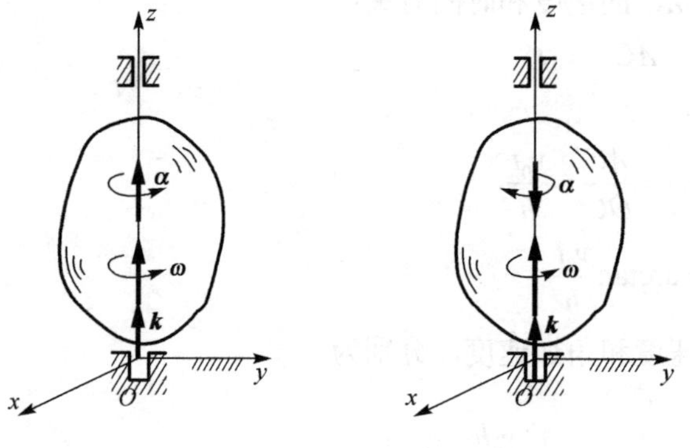

(a)　　(b)

图 4-23　用矢量表示角速度和角加速度

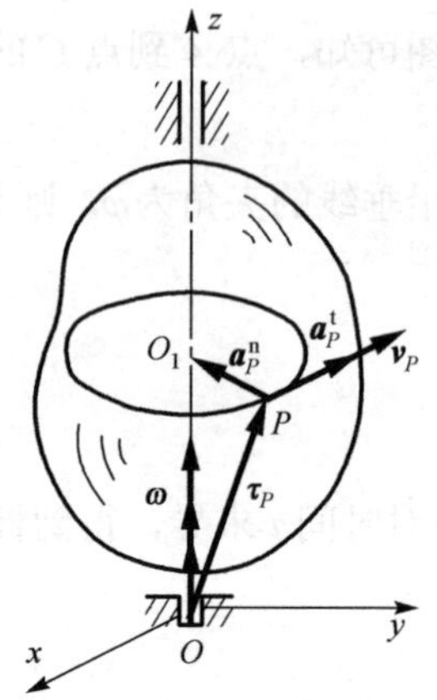

图 4-24　用矢积表示点的速度和加速度

将式(4-36)对时间求一阶导数，得到点 P 的加速度：

$$\begin{aligned} \boldsymbol{a}_P &= \dot{\boldsymbol{v}}_P = \dot{\boldsymbol{\omega}}\times\boldsymbol{r}_P + \boldsymbol{\omega}\times\dot{\boldsymbol{r}}_P = \boldsymbol{\alpha}\times\boldsymbol{r}_P + \boldsymbol{\omega}\times\boldsymbol{v}_P \\ &= \boldsymbol{\alpha}\times\boldsymbol{r}_P + \boldsymbol{\omega}\times(\boldsymbol{\omega}\times\boldsymbol{r}_P) = \boldsymbol{a}_P^{\mathrm{t}} + \boldsymbol{a}_P^{\mathrm{n}} \end{aligned} \tag{4-37}$$

上式表明，定轴转动刚体上点 P 的加速度由两部分组成，即切向加速度 $\boldsymbol{a}_P^{\mathrm{t}}$ 和法向加速度 $\boldsymbol{a}_P^{\mathrm{n}}$。$\boldsymbol{a}_P^{\mathrm{t}}$ 和 $\boldsymbol{a}_P^{\mathrm{n}}$ 的模分别对应式(4-31)、式(4-32)中加速度的大小。

7. 泊松公式

如图 4-25 所示，动坐标系 $O_1x'y'z'$ 固连在绕定轴 Oz 转动的刚体上，考察其单位矢量 $\boldsymbol{i}'$、$\boldsymbol{j}'$、$\boldsymbol{k}'$ 的端点 P_1、P_2、P_3(图中未示出)，根据式(4-2)得

$$\begin{cases} \boldsymbol{v}_{P1} = \dfrac{\mathrm{d}\boldsymbol{i}'}{\mathrm{d}t} \\ \boldsymbol{v}_{P2} = \dfrac{\mathrm{d}\boldsymbol{j}'}{\mathrm{d}t} \\ \boldsymbol{v}_{P3} = \dfrac{\mathrm{d}\boldsymbol{k}'}{\mathrm{d}t} \end{cases} \tag{4-38}$$

再由式(4-36)有

$$\begin{cases} \boldsymbol{v}_{P1} = \boldsymbol{\omega}\times\boldsymbol{i}' \\ \boldsymbol{v}_{P2} = \boldsymbol{\omega}\times\boldsymbol{j}' \\ \boldsymbol{v}_{P1} = \boldsymbol{\omega}\times\boldsymbol{k}' \end{cases} \tag{4-39}$$

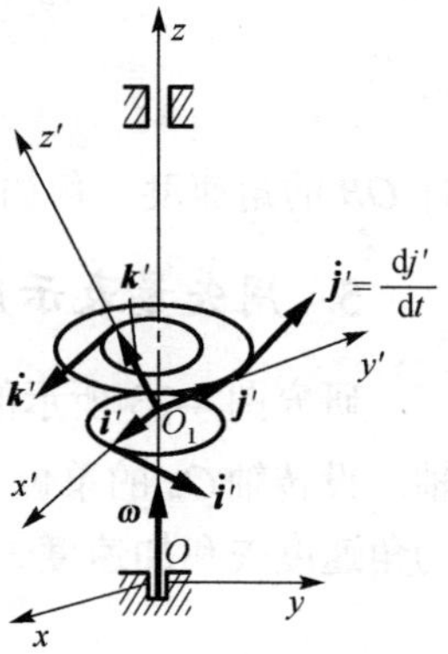

图 4-25　泊松公式的推证

比较式(4-38)和式(4-39)，得到

$$\begin{cases} \dfrac{\mathrm{d}\boldsymbol{i}'}{\mathrm{d}t} = \boldsymbol{\omega}\times\boldsymbol{i}' \\ \dfrac{\mathrm{d}\boldsymbol{j}'}{\mathrm{d}t} = \boldsymbol{\omega}\times\boldsymbol{j}' \\ \dfrac{\mathrm{d}\boldsymbol{k}'}{\mathrm{d}t} = \boldsymbol{\omega}\times\boldsymbol{k}' \end{cases} \tag{4-40}$$

该式称为**泊松公式**(Poisson formula)。

习　题

1. 选择填空题

4-1　点以匀速率沿阿基米德螺线由外向内运动，如图所示，则点的加速度(　　)。

① 不能确定　　② 越来越小　　③ 越来越大　　④ 等于零

4-2　如图所示，绳子的一端绕在滑轮上，另一端与置于水平面上的物块 B 相连，若物块 B 的运动方程为 $x=kt^2$，其中 k 为常数，轮子半径为 R，则轮缘上点 A 的加速度大小为(　　)。

① $2k$　　② $(4k^2t^2/R^2)^{\frac{1}{2}}$　　③ $(4k^2+16k^4t^4/R^2)^{\frac{1}{2}}$　　④ $2k+4k^2t^2/R$

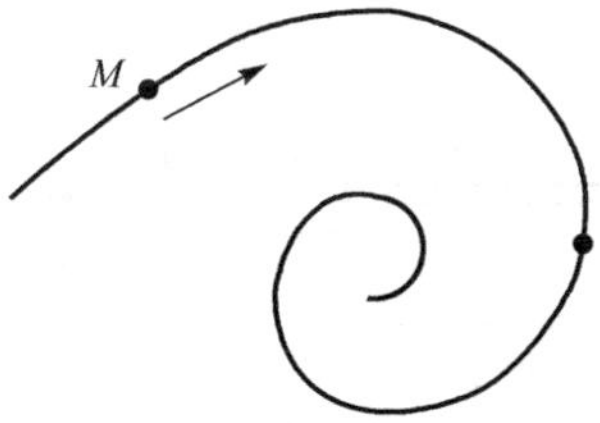

习题 4-1 图

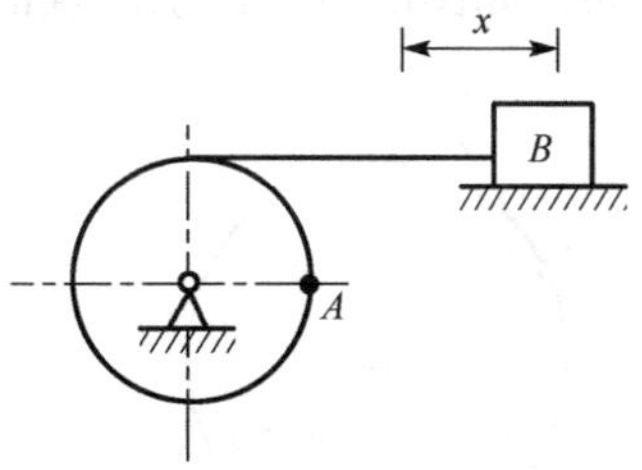

习题 4-2 图

4-3　动点 M 在空间做螺旋运动，其运动方程 $x=2\cos t$，$y=2\sin t$，$z=2t$，其中 x、y、z 以 m 计，t 以 s 计。则点 M 的切向加速度大小 $a_t=$(　　)，法向加速度大小 $a_n=$(　　)，轨迹的曲率半径 $\rho=$(　　)。

4-4　如图所示的平面机构中，三角板 ABC 与杆 O_1A、O_2B 铰接，若 $O_1A=O_2B=r$，$O_2O_1=AB$，则顶点 C 的运动轨迹为(　　)。

① 以 CO_1 长为半径，以 O_1 点为圆心的圆

② 以 CH 长为半径，以 H 点为圆心的圆

③ 以 CD 长($CD /\!/ AO_1$)为半径，以 D 点为圆心的圆

④ 以 $CO=r$ 长($CO /\!/ AO_1$)为半径，以 O 点为圆心的圆

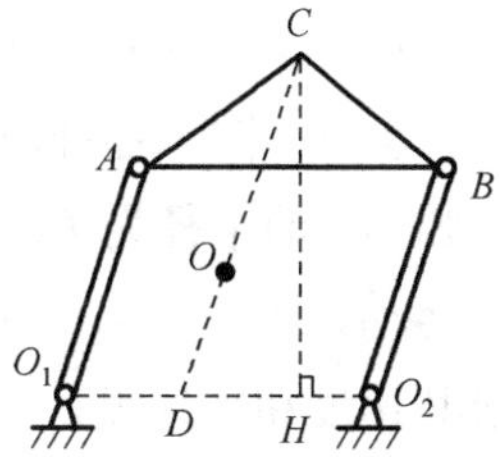

习题 4-4 图

4-5　直角曲杆 OBC 可绕 O 轴转动，如图所示。已知 OB=10cm。图示位置 φ=60°，曲杆的角速度 $\omega=0.2\text{rad/s}$，角加速度 $\alpha=0.2\text{rad/s}^2$，则曲杆上 M 点的切向加速度的大小为(　　)，方向为(　　)；法向加速度的大小为(　　)，方向为(　　)。

4-6　已知正方形板 $ABCD$ 作定轴转动，转轴垂直于板面，点 A 的速度大小 $v_A=5\text{cm/s}$，加速度大小 $a_A=5\sqrt{2}\ \text{cm/s}^2$，方向如图所示。则该正方形板转轴到点 A 的距离 OA 为(　　)cm。

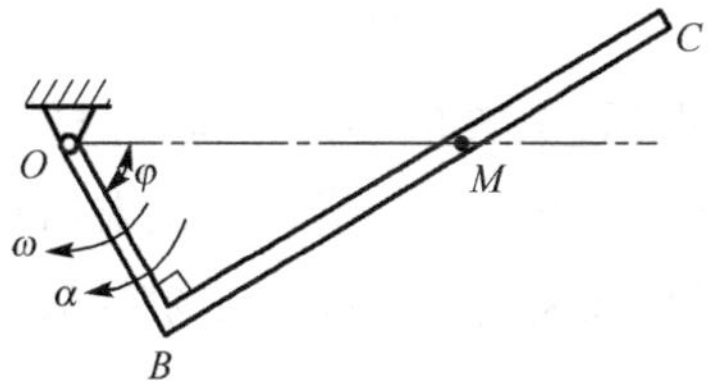

习题 4-5 图

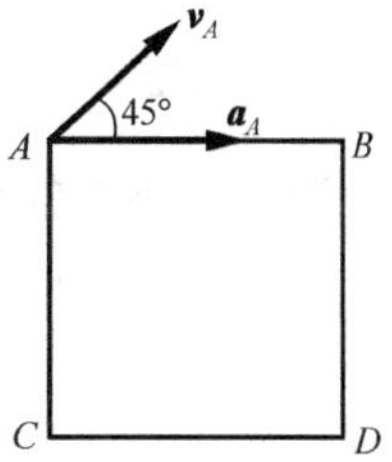

习题 4-6 图

2. 分析计算题

4-7　已知运动方程如下，试画出轨迹曲线、不同瞬时点的 $\boldsymbol{v}$、$\boldsymbol{a}$ 图像，说明运动性质。

(1) $\begin{cases} x = 4t - 2t^2 \\ y = 3t - 1.5t^2 \end{cases}$；　　(2) $\begin{cases} x = 3\sin t \\ y = 2\cos 2t \end{cases}$

4-8　如图所示，小环 A 套在光滑的钢丝圈上运动，钢丝圈半径为 R。已知小环的初速度为 v_0，并且在运动过程中小环的速度和加速度成定角 θ，且 $0 < \theta < \dfrac{\pi}{2}$，试确定小环 A 的运动规律。

4-9　滑块 A 用绳索牵引沿水平导轨滑动，绳的另一端绕在半径为 r 的鼓轮上，鼓轮以匀角速度 ω 转动，如图所示。试求滑块的速度随距离 x 的变化规律。

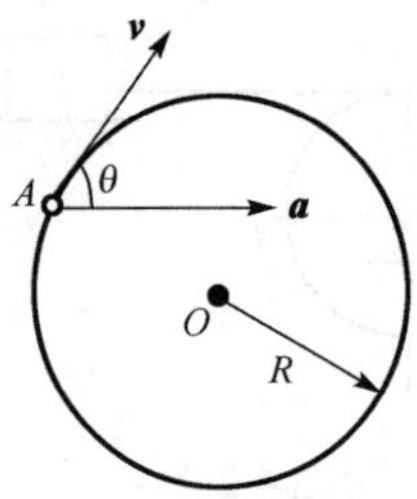

习题 4-8 图

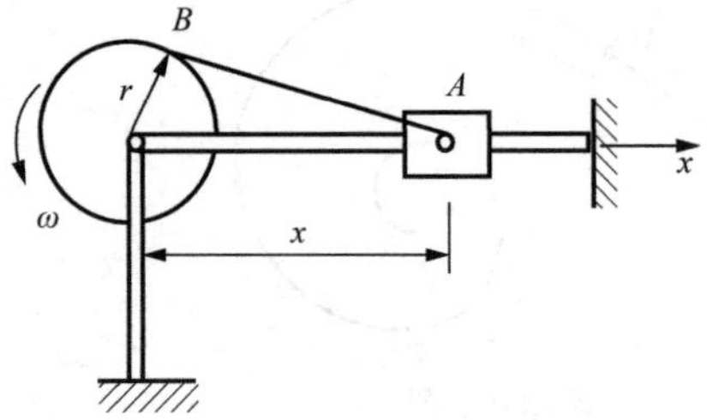

习题 4-9 图

4-10　图示凸轮顶板机构中，偏心凸轮的半径为 R，偏心距 $OC = e$，以等角速度 ω 绕轴 O 转动，从而带动顶板 A 作平移。试列写顶板的运动方程，并求其速度和加速度。

4-11　图示摇杆滑道机构中的滑块 M 同时在固定的圆弧槽 BC 和摇杆 OA 的滑道中滑动。设弧 BC 的半径为 R，摇杆 OA 的轴 O 在弧 BC 的圆周上。摇杆绕 O 轴以等角速度 ω 转动，当运动开始时，摇杆在水平位置。试分别用直角坐标法和弧坐标法给出点 M 的运动方程，并求其速度和加速度。

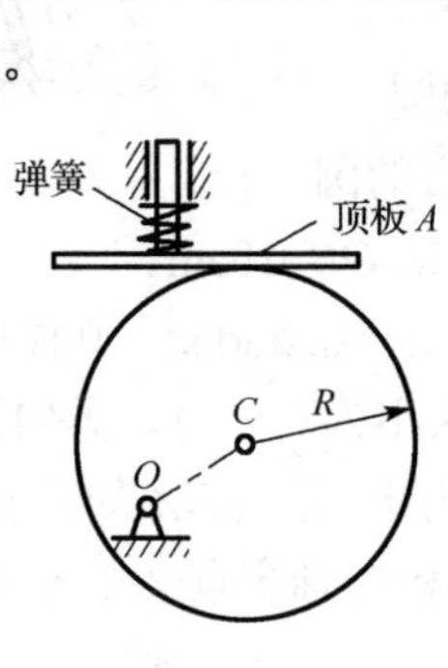

习题 4-10 图

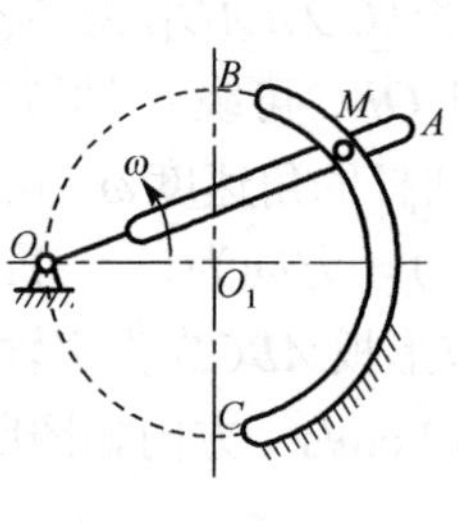

习题 4-11 图

4-12　绳的一端连在小车的点 A 上，另一端跨过点 B 的小滑车绕在鼓轮 C 上，滑车离地面的高度为 h，如图所示。若小车以匀速度 $\boldsymbol{v}$ 沿水平方向向右运动，试求当 $\theta = 45°$ 时，B、C 之间绳上一点 P 的速度、加速度和绳 AB 与铅垂线夹角对时间的二阶导数 $\ddot{\theta}$。

4-13　飞机的高度为 h，以匀速度 v 沿水平直线飞行。一雷达与飞机在同一铅垂平面内，雷达发射的电波与铅垂线成 θ 角，如图所示。试求雷达跟踪时转动的角速度 ω 和角加速度 α 与 h、v、θ 的关系。

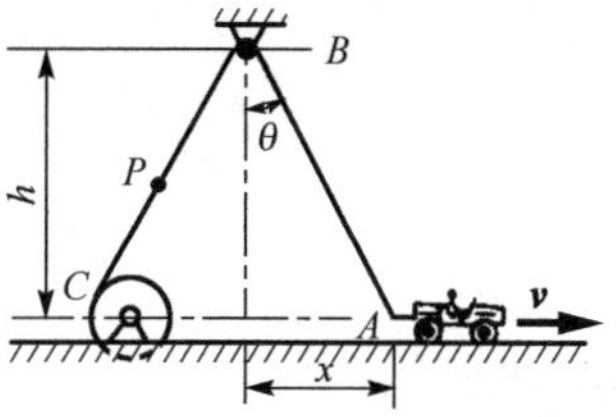

习题 4-12 图

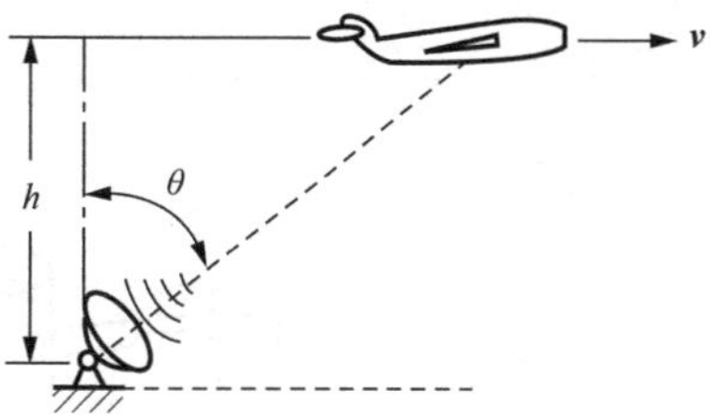

习题 4-13 图

4-14　如图所示，滑座 B 沿水平面以匀速 $\boldsymbol{v}_0$ 向右移动，由其上固连的销钉 C 固定的滑块 C 带动槽杆 OA 绕 O 轴转动。开始时槽杆 OA 恰在铅垂位置，即销钉 C 位于 C_0，$OC_0=b$。试求槽杆的转动方程、角速度和角加速度。

4-15　纸盘由厚度为 a 的纸条卷成，令纸盘的中心不动，而以等速度 v 拉纸条，如图所示。试求纸盘的角加速度(以半径 r 的函数表示)。

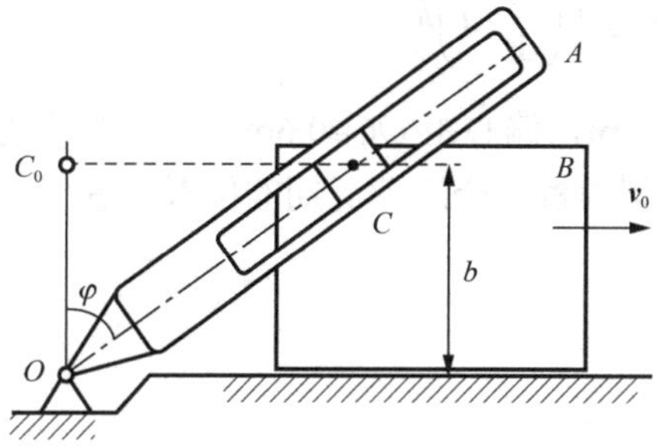

习题 4-14 图

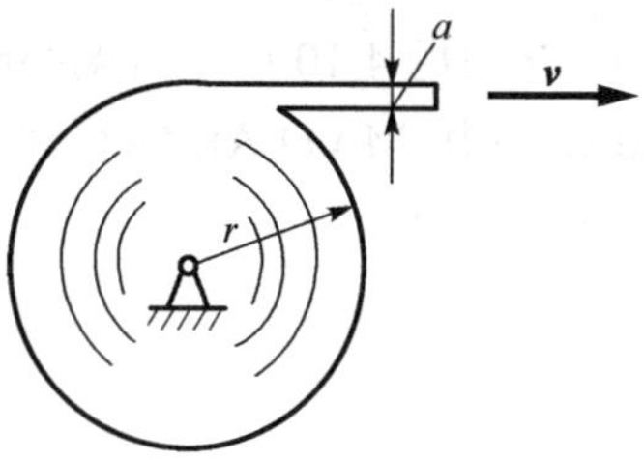

习题 4-15 图

4-16　如图所示，摩擦传动机构的主动轮 I 的转速为 n=600r/mm，它与轮 II 的接触点按箭头所示的方向移动，距离 d 按规律 d = 10−0.5t 变化，单位为 cm，t 以 s 计。摩擦轮的半径 r = 5cm，R = 15cm。试求：(1) 以距离 d 表示轮 II 的角加速度；(2) 当 d = r 时，轮 II 边缘上一点的全加速度的大小。

4-17　图示机构中齿轮 1 紧固在杆 AC 上，$AB = O_1O_2$，齿轮 1 和半径为 r_2 的齿轮 2 啮合，齿轮 2 可绕 O_2 轴转动，且和曲柄 O_2B 没有联系。设 $O_1A = O_2B = l$，$\varphi = b\sin\omega t$，试确定 $t = \pi/2\omega$ (s) 时，轮 2 的角速度和角加速度。

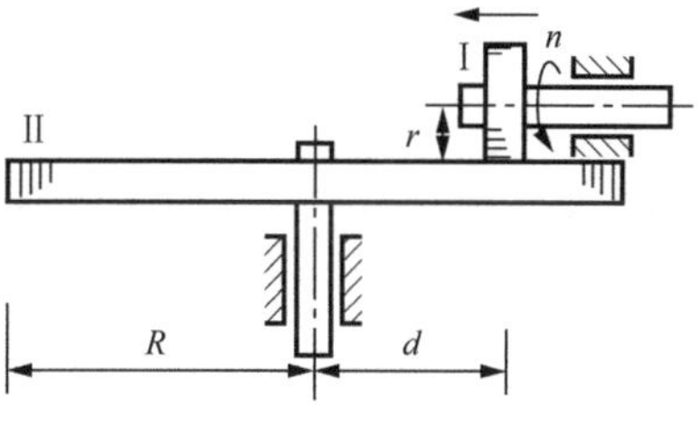

习题 4-16 图

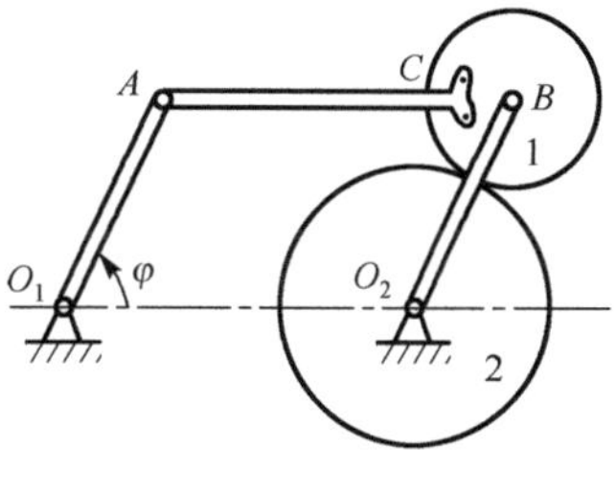

习题 4-17 图

4-18　航天器的套管式悬臂以等速向外伸展，通过内部机构控制其以等角速度 $\omega=0.05\text{rad/s}$ 绕 z 轴转动，如图所示。悬臂伸展的长度 l 从 0 到 3m 变化，外伸的敏感试验组件受到的最大加速度为 0.011m/s^2。试求悬臂被允许的伸展速度 $\dot{l}$。

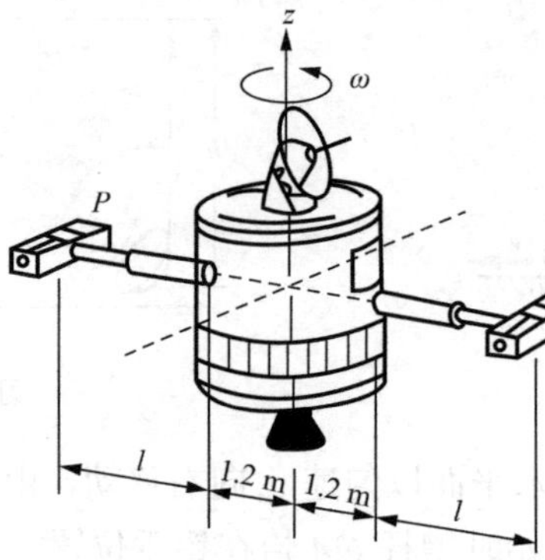

习题 4-18 图

4-19　设 $\boldsymbol{\omega}$ 为转动坐标系 $Axyz$ 的角速度矢量，$\boldsymbol{i}$、$\boldsymbol{j}$、$\boldsymbol{k}$ 为动坐标系的单位矢量。试证明：

$$\boldsymbol{\omega}=\left(\frac{\mathrm{d}\boldsymbol{j}}{\mathrm{d}t}\cdot\boldsymbol{k}\right)\boldsymbol{i}+\left(\frac{\mathrm{d}\boldsymbol{k}}{\mathrm{d}t}\cdot\boldsymbol{i}\right)\boldsymbol{j}+\left(\frac{\mathrm{d}\boldsymbol{i}}{\mathrm{d}t}\cdot\boldsymbol{j}\right)\boldsymbol{k}$$

4-20　在习题 4-10 中，若偏心凸轮的半径 $R=1\text{m}$，偏心距 $OC=0.6\text{m}$，偏心凸轮的角速度 $\omega=0.5\text{rad/s}$，应用 MATLAB 编写程序，计算并绘制顶板一个运动周期的位置、速度、加速度随时间的变化曲线。

第 5 章　点的复合运动

5.1 点的复合运动的概念

5.1.1 两种参考系

一般工程问题中，通常将固连在地球或相对地球不动的机架上的坐标系称为**定参考系**(fixed reference system)，简称**定系**，用 $Oxyz$ 坐标系表示；固连在其他相对地球运动的参考体上的坐标系称为**动参考系**(moving reference system)，简称**动系**，用 $O'x'y'z'$ 坐标系表示。例如，图 5-1 为沿直线轨道作纯滚动的车轮与车身。可以将定系 $Oxyz$ 固连于地球，将动系 $O'x'y'z'$ 固连于车身，分析轮缘上点 P(称为**动点**)的运动。又如，图 5-2 为夹持在车床三爪卡盘上的圆柱体工件与切削车刀。卡盘-工件绕轴 y' 转动，车刀向左作直线平移，运动方向如图所示。若以刀尖点 P 为动点，则可以将定系 $Oxyz$ 固连于车床床身(亦固连于地球)，将动系 $O'x'y'z'$ 固连于卡盘-工件，以此分析动点 P 的运动。

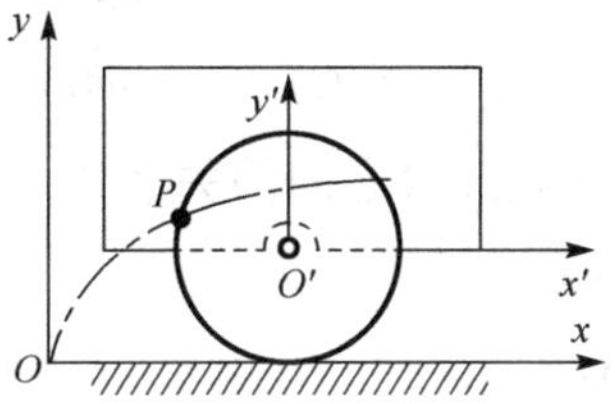

图 5-1　车辆轮缘上点 P 的运动分析

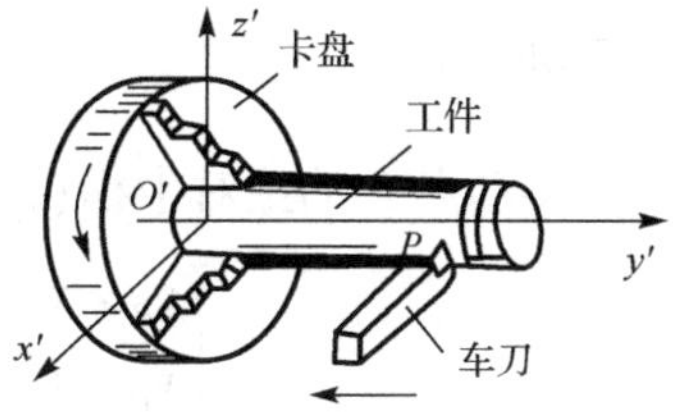

图 5-2　车刀刀尖点 P 的运动分析

5.1.2 三种运动

动点相对于定系的运动称为动点的**绝对运动**(absolute motion)；动点相对于动系的运动称为动点的**相对运动**(relative motion)；动系相对于定系的运动称为**牵连运动**(convected motion)。图 5-1 中轮缘上点 P 的绝对运动是沿旋轮线(摆线)的曲线运动，相对运动是以 O' 为圆心、轮半径为半径的圆周运动，牵连运动是直线平移。图 5-2 中刀尖点 P 的绝对运动是水平直线运动，相对运动是工件圆柱面上的螺旋线运动，牵连运动是绕 y' 轴的定轴转动。

值得注意的是：动点的绝对运动和相对运动均指点的运动(直线运动、圆周运动或其他某种曲线运动)；而牵连运动则指刚体的运动(平移、定轴转动或其他某种复杂的刚体运动)。

5.1.3 三种速度和三种加速度

动点相对于定系运动的速度和加速度，分别称为动点的**绝对速度**(absolute velocity)和**绝对加速度**(absolute acceleration)，分别用符号 $\boldsymbol{v}_{\mathrm{a}}$ 和 $\boldsymbol{a}_{\mathrm{a}}$ 表示。

动点相对于动系运动的速度和加速度，分别称为动点的**相对速度**(relative velocity)和**相对加速度**(relative acceleration)，分别用符号 $\boldsymbol{v}_r$ 和 $\boldsymbol{a}_r$ 表示。

由于动系的运动是刚体的运动而不是一个点的运动，所以除动系作平移外，一般情形下，刚体上各点的运动并不相同。将动系上每一瞬时与动点相重合的那一点称为**牵连点**，**牵连点**相对于定系运动的速度和加速度分别称为动点的**牵连速度**(convected velocity)和**牵连加速度**(convected acceleration)，分别用符号 $\boldsymbol{v}_e$ ①和 $\boldsymbol{a}_e$ 表示。由于动点相对于动系是运动的，因此，在不同的瞬时，牵连点是动系上的不同的点。

5.1.4 绝对运动方程与相对运动方程

定系和动系是两个不同的坐标系，可以利用坐标变换来建立绝对运动方程与相对运动方程之间的关系。以平面问题为例，设 Oxy 为定系，$O'x'y'$ 为动系，其原点坐标为$(x_{O'}, y_{O'})$，轴 $O'x'$ 与定轴 Ox 之间的夹角为 φ，且设 φ 以逆时针方向为正，如图 5-3 所示。动点 P 的绝对运动方程为

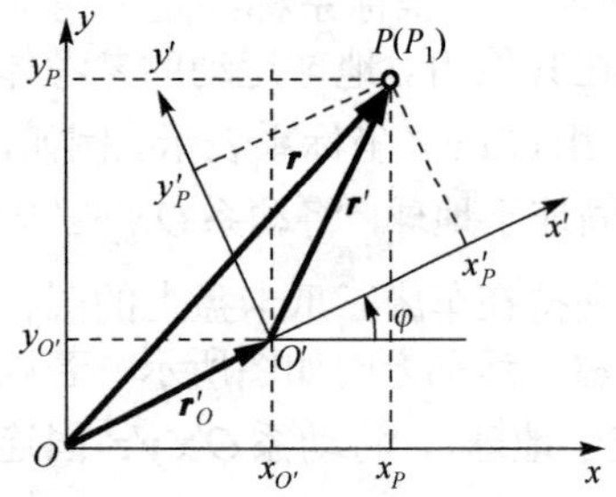

图 5-3　动点与动系均在同一平面中运动的情形

$$x_P = x_P(t)\,,\quad y_P = y_P(t)$$

动点 P 的相对运动方程为

$$x'_P = x'_P(t)\,,\quad y'_P = y'_P(t)$$

动系 $O'x'y'$ 相对于定系 Oxy 的牵连运动方程为

$$x_{O'} = x_{O'}(t)\,,\quad y_{O'} = y_{O'}(t)\,,\quad \varphi = \varphi(t)$$

由图 5-3 可得动点 P 的绝对坐标(x_P, y_P)与相对坐标(x'_P, y'_P)之间的关系式：

$$\begin{cases} x_P = x_{O'} + x'_P\cos\varphi - y'_P\sin\varphi \\ y_P = y_{O'} + x'_P\sin\varphi + y'_P\cos\varphi \end{cases} \tag{5-1}$$

上式即为平面运动情形下直角坐标形式的绝对运动方程与相对运动方程关系式。式(5-1)也定量地说明了牵连运动对绝对运动与相对运动之间差别的影响。

【例题 5-1】 如图 5-4 所示，切削刀具上点 P 按规律 $x = a\sin\omega t$ 沿定系的轴 Ox 在圆盘所在平面内做往复运动，被加工的圆盘以等角速度 ω 绕轴 O 转动。试求刀具上点 P 在圆盘上切削出的痕迹。

解　根据题意，需求刀具上点 P 相对于圆盘的轨迹方程。

(1)选取动点与动系。

动点：点 P。动系：动系 $Ox'y'$ 固连于圆盘。

(2)分析三种运动。

绝对运动：直线简谐运动。

相对运动：未知的平面曲线运动。

牵连运动：绕轴 O 的定轴转动。

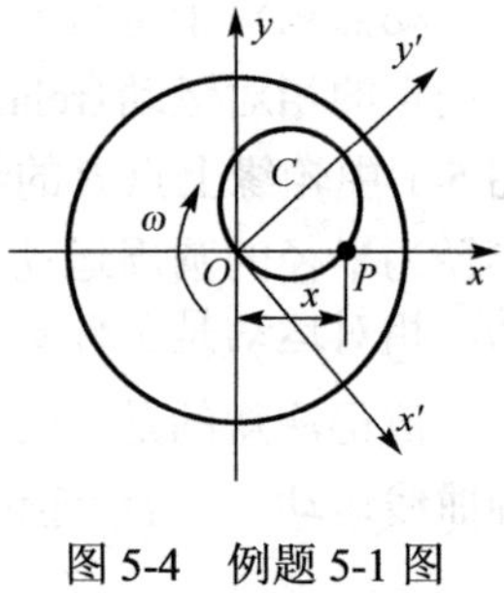

图 5-4　例题 5-1 图

(3)列写绝对运动方程与相对运动方程关系式。

① $\boldsymbol{v}_e$ 的下角标 e 为法文 entraînement 的第一字母。

动点 P 在动系 $Ox'y'$ 和定系 Oxy 中的坐标关系为

$$x' = x\cos\omega t, \quad y' = x\sin\omega t$$

将动点 P 的绝对运动方程 $x = a\sin\omega t$ 代入上式，得

$$\begin{cases} x' = a\sin\omega t\cos\omega t = \dfrac{a}{2}\sin 2\omega t \\ y' = a\sin^2\omega t = \dfrac{a}{2}(1-\cos 2\omega t) \end{cases}$$

上式即为刀具上点 P 的相对运动方程。从中消去时间 t，得刀具上点 P 的相对轨迹方程：

$$(x')^2 + \left(y' - \frac{a}{2}\right)^2 = \left(\frac{a}{2}\right)^2$$

可见，刀具上点 P 在圆盘上切削出的曲线为一个圆心在点 C、半径为 $\dfrac{a}{2}$ 的圆，圆周通过圆盘的中心 O，如图 5-4 所示。

5.2 点的速度合成定理

下面研究点的绝对速度、相对速度和牵连速度三者之间的关系。

如图 5-5 所示，设动点 P 相对定系 $Oxyz$ 和动系 $O'x'y'z'$ 运动，则动点 P 的相对运动可表示为

$$\boldsymbol{r}' = x'\boldsymbol{i}' + y'\boldsymbol{j}' + z'\boldsymbol{k}' \tag{5-2}$$

动点 P 的绝对运动可表示为

$$\boldsymbol{r} = \boldsymbol{r}_{O'} + \boldsymbol{r}' = \boldsymbol{r}_{O'} + x'\boldsymbol{i}' + y'\boldsymbol{j}' + z'\boldsymbol{k}' \tag{5-3}$$

根据相对速度和牵连速度的定义，有

$$\boldsymbol{v}_{\rm r} = \left(\frac{\mathrm{d}\boldsymbol{r}'}{\mathrm{d}t}\right)_{\boldsymbol{i}'、\boldsymbol{j}'、\boldsymbol{k}'\text{为常矢量}} = \dot{x}'\boldsymbol{i}' + \dot{y}'\boldsymbol{j}' + \dot{z}'\boldsymbol{k}' \tag{5-4}$$

$$\boldsymbol{v}_{\rm e} = \left(\frac{\mathrm{d}\boldsymbol{r}}{\mathrm{d}t}\right)_{x'、y'、z'\text{为常量}} = \frac{\mathrm{d}\boldsymbol{r}_{O'}}{\mathrm{d}t} + \left(x'\frac{\mathrm{d}\boldsymbol{i}'}{\mathrm{d}t} + y'\frac{\mathrm{d}\boldsymbol{j}'}{\mathrm{d}t} + z'\frac{\mathrm{d}\boldsymbol{k}'}{\mathrm{d}t}\right) \tag{5-5}$$

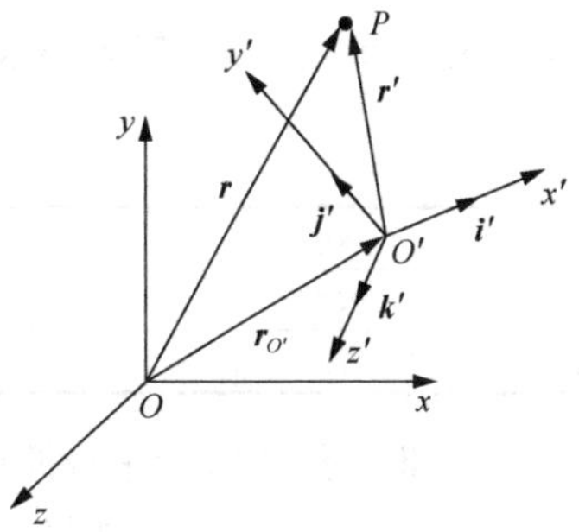

图 5-5　点的复合运动模型

由式(5-3)得动点 P 的绝对速度为

$$\boldsymbol{v}_{\rm a} = \frac{\mathrm{d}\boldsymbol{r}}{\mathrm{d}t} = \frac{\mathrm{d}\boldsymbol{r}_{O'}}{\mathrm{d}t} + \left(x'\frac{\mathrm{d}\boldsymbol{i}'}{\mathrm{d}t} + y'\frac{\mathrm{d}\boldsymbol{j}'}{\mathrm{d}t} + z'\frac{\mathrm{d}\boldsymbol{k}'}{\mathrm{d}t}\right) + (\dot{x}'\boldsymbol{i}' + \dot{y}'\boldsymbol{j}' + \dot{z}'\boldsymbol{k}')$$

将式(5-4)和式(5-5)代入上式得

$$\boldsymbol{v}_{\rm a} = \boldsymbol{v}_{\rm e} + \boldsymbol{v}_{\rm r} \tag{5-6}$$

上式称为点的**速度合成定理**(theorem for composition of velocities)，即点的绝对速度等于牵连速度与相对速度的矢量和。

速度合成定理是瞬时矢量式，每一项都有大小、方向两个要素，共六个要素。在平面问

题中，一个矢量方程对应于两个代数方程，如果已知其中四个要素，就能求出其他两个。

需要说明的是，在推导速度合成定理时，并未限制动系作何种运动，因此本定理适用于牵连运动为任何运动形式的情况。

【例题 5-2】 如图 5-6 所示，仿形机床中半径为 R 的半圆形靠模凸轮以速度 $\boldsymbol{v}_0$ 沿水平轨道向右运动，带动顶杆 AB 沿铅垂方向运动。试求 $\varphi=60^\circ$ 时顶杆 AB 的速度。

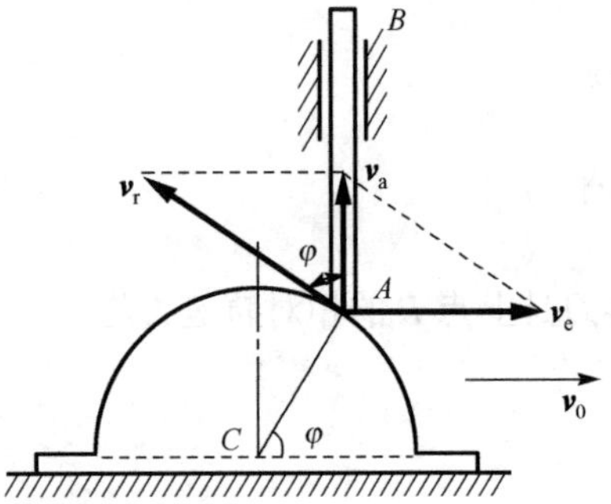

图 5-6　例题 5-2 图

解　(1) 选取动点和动系。

由于顶杆 AB 作平移，所以要求顶杆 AB 的速度，只要求其上任一点的速度即可。故选顶杆 AB 上的点 A 为动点，动系固结于凸轮。

(2) 分析三种运动。

绝对运动：动点 A 沿铅垂方向的直线运动。

相对运动：动点 A 沿凸轮轮廓的圆周运动。

牵连运动：凸轮的水平直线平移。

(3) 速度分析。

根据速度合成定理有

$$\boldsymbol{v}_a=\boldsymbol{v}_e+\boldsymbol{v}_r$$

其中，绝对速度的方向沿 AB，大小未知(即为所求)；牵连速度为凸轮上与动点 A 相重合点的速度，其方向沿水平方向，大小为 $v_e=v_0$；相对速度的方向沿凸轮轮廓上点 A 的切线方向，即垂直于半径 CA，但大小未知。各速度矢量元素分析结果列表如表 5-1 所示。

表 5-1

速度	$\boldsymbol{v}_a$	$\boldsymbol{v}_e$	$\boldsymbol{v}_r$
大小	未知	v_0	未知
方向	沿 AB	水平	$\perp CA$

据此，作速度的平行四边形，如图 5-6 所示。

(4) 确定所求的未知量。

由平行四边形的几何关系，求得

$$v_a=v_e\cot\varphi=v_0\cot 60^\circ=\frac{\sqrt{3}}{3}v_0$$

此即为顶杆 AB 的速度，方向为铅垂向上。

此外，还可求得

$$v_r=\frac{v_e}{\sin\varphi}=\frac{v_0}{\sin 60^\circ}=\frac{2\sqrt{3}}{3}v_0$$

本例讨论：若将凸轮上与顶杆上点 A 相重合的点选为动点，动系固结于顶杆 AB，是否可行？此时，赖以决定 $\boldsymbol{v}_r$ 方向的相对运动轨迹是什么？

特别注意：作速度平行四边形时，应使绝对速度为平行四边形的对角线。

【例题 5-3】 图 5-7 所示直角弯杆 OBC 以匀角速度 $\omega=0.5\text{rad/s}$ 绕轴 O 转动，使套在其上的小环 M 沿固定直杆 OA 滑动。已知 $OB=0.1\text{m}$，OB 垂直 BC。试求当 $\varphi=60^\circ$ 时小环 M 的速度。

解　(1)选取动点和动系。

动点：小环 M。动系：固连于直角弯杆 OBC。

(2)分析三种运动。

绝对运动：小环 M 沿杆 OA 的直线运动。

相对运动：小环 M 沿杆 BC 的直线运动。

牵连运动：弯杆 OBC 绕轴 O 的定轴转动。

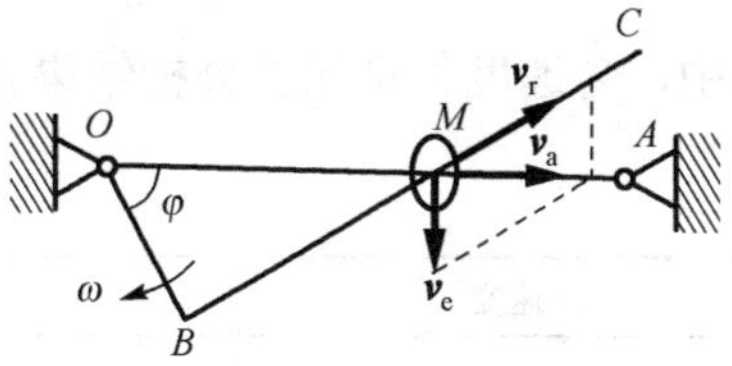

图 5-7　例题 5-3 图

(3)速度分析。

根据速度合成定理有

$$\boldsymbol{v}_a=\boldsymbol{v}_e+\boldsymbol{v}_r$$

其中，各速度矢量元素分析结果列表如表 5-2 所示。作速度平行四边形，如图 5-7 所示。

表 5-2

速度	$\boldsymbol{v}_a$	$\boldsymbol{v}_e$	$\boldsymbol{v}_r$
大小	未知	$OM\cdot\omega$	未知
方向	水平	铅垂向下	沿 BC

(4)确定所求的未知量。

由速度平行四边形的几何关系，解得小环 M 的速度为

$$v_a=\sqrt{3}v_e=0.173\text{m/s}\quad（方向向右）$$

【例题 5-4】 刨床的急回机构如图 5-8(a)所示。曲柄 OA 的一端 A 与滑块用铰链连接。当曲柄 OA 以匀角速度 ω_0 绕轴 O 转动时，通过滑块带动摇杆 O_1B 绕轴 O_1 转动。已知 $OA=r$，$\angle AO_1O=30^\circ$。试求该瞬时摇杆 O_1B 的角速度。

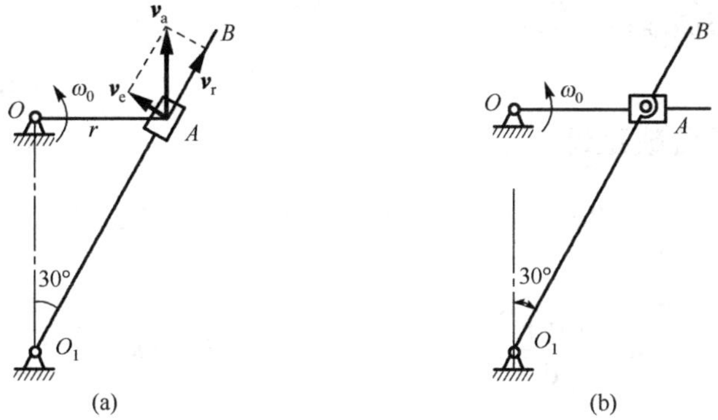

图 5-8　例题 5-4 图

解　(1)选取动点和动系。

动点：曲柄上的端点 A(滑块)。动系：固连于摇杆 O_1B。

(2)分析三种运动。

绝对运动：以点 O 为圆心、r 为半径的圆周运动。

相对运动：沿 O_1B 的直线运动。

牵连运动：绕轴 O_1 的定轴转动。

(3)速度分析。

根据速度合成定理有

$$\boldsymbol{v}_{\mathrm{a}}=\boldsymbol{v}_{\mathrm{e}}+\boldsymbol{v}_{\mathrm{r}}$$

其中，各速度矢量元素分析结果列表如表 5-3 所示。

表 5-3

速度	$\boldsymbol{v}_{\mathrm{a}}$	$\boldsymbol{v}_{\mathrm{e}}$	$\boldsymbol{v}_{\mathrm{r}}$
大小	$r\omega_0$	未知	未知
方向	铅垂向上	$\perp O_1A$	沿 O_1B

作速度平行四边形，如图 5-8(a)所示。

(4)确定所求的未知量。

由平行四边形的几何关系求得

$$v_{\mathrm{e}}=v_{\mathrm{a}}\sin 30^{\circ}=\frac{1}{2}r\omega_0$$

则摇杆 O_1B 的角速度为

$$\omega=\frac{v_{\mathrm{e}}}{O_1A}=\frac{1}{4}\omega_0\quad(\text{逆时针})$$

本例讨论：若将图 5-8(a)所示的曲柄摇杆机构改为图 5-8(b)所示的形式，即摇杆上点 A 铰接滑块，而滑块被约束在曲柄 OA 上滑动，则动点、动系如何选取？请读者自己对其进行运动分析和速度分析。

综合以上例题，请读者总结动点、动系的选取原则。

5.3 点的加速度合成定理

5.3.1 加速度合成定理

下面研究一般情形下点的各个加速度之间的关系。如图 5-5 所示，根据相对加速度的定义和式(5-2)，有

$$\boldsymbol{a}_{\mathrm{r}}=\left(\frac{\mathrm{d}^2\boldsymbol{r}'}{\mathrm{d}t^2}\right)_{\boldsymbol{i}'、\boldsymbol{j}'、\boldsymbol{k}'\text{为常矢量}}=\ddot{x}'\boldsymbol{i}'+\ddot{y}'\boldsymbol{j}'+\ddot{z}'\boldsymbol{k}' \tag{5-7}$$

根据牵连加速度的定义和式(5-3)，有

$$\boldsymbol{a}_{\mathrm{e}}=\left(\frac{\mathrm{d}^2\boldsymbol{r}}{\mathrm{d}t^2}\right)_{x'、y'、z'\text{为常量}}=\frac{\mathrm{d}^2\boldsymbol{r}_{O'}}{\mathrm{d}t^2}+\left(x'\frac{\mathrm{d}^2\boldsymbol{i}'}{\mathrm{d}t^2}+y'\frac{\mathrm{d}^2\boldsymbol{j}'}{\mathrm{d}t^2}+z'\frac{\mathrm{d}^2\boldsymbol{k}'}{\mathrm{d}t^2}\right) \tag{5-8}$$

由式(5-4)可得

$$\frac{\mathrm{d}\boldsymbol{v}_{\mathrm{r}}}{\mathrm{d}t}=(\ddot{x}'\boldsymbol{i}'+\ddot{y}'\boldsymbol{j}'+\ddot{z}'\boldsymbol{k}')+\left(\dot{x}'\frac{\mathrm{d}\boldsymbol{i}'}{\mathrm{d}t}+\dot{y}'\frac{\mathrm{d}\boldsymbol{j}'}{\mathrm{d}t}+\dot{z}'\frac{\mathrm{d}\boldsymbol{k}'}{\mathrm{d}t}\right) \tag{5-9}$$

根据泊松公式(4-40)，有

$$\frac{\mathrm{d}\boldsymbol{i}'}{\mathrm{d}t}=\boldsymbol{\omega}_{\mathrm{e}}\times\boldsymbol{i}' \qquad \frac{\mathrm{d}\boldsymbol{j}'}{\mathrm{d}t}=\boldsymbol{\omega}_{\mathrm{e}}\times\boldsymbol{j}' \qquad \frac{\mathrm{d}\boldsymbol{k}'}{\mathrm{d}t}=\boldsymbol{\omega}_{\mathrm{e}}\times\boldsymbol{k}' \tag{5-10}$$

式中，$\boldsymbol{\omega}_{\mathrm{e}}$ 为动系相对定系的角速度矢量，式(5-9)可改写为

$$\frac{\mathrm{d}\boldsymbol{v}_{\mathrm{r}}}{\mathrm{d}t}=(\ddot{x}'\boldsymbol{i}'+\ddot{y}'\boldsymbol{j}'+\ddot{z}'\boldsymbol{k}')+\boldsymbol{\omega}_{\mathrm{e}}\times(\dot{x}'\boldsymbol{i}'+\dot{y}'\boldsymbol{j}'+\dot{z}'\boldsymbol{k}')$$

再代入式(5-7)和式(5-4)，可得

$$\frac{\mathrm{d}\boldsymbol{v}_{\mathrm{r}}}{\mathrm{d}t}=\boldsymbol{a}_{\mathrm{r}}+\boldsymbol{\omega}_{\mathrm{e}}\times\boldsymbol{v}_{\mathrm{r}} \tag{5-11}$$

由上式可见，相对速度对时间的一阶导数并不等于相对加速度，这是需要特别注意的。由式(5-5)可得

$$\frac{\mathrm{d}\boldsymbol{v}_{\mathrm{e}}}{\mathrm{d}t}=\frac{\mathrm{d}^2\boldsymbol{r}_{O'}}{\mathrm{d}t^2}+\left(x'\frac{\mathrm{d}^2\boldsymbol{i}'}{\mathrm{d}t^2}+y'\frac{\mathrm{d}^2\boldsymbol{j}'}{\mathrm{d}t^2}+z'\frac{\mathrm{d}^2\boldsymbol{k}'}{\mathrm{d}t^2}\right)+\left(\dot{x}'\frac{\mathrm{d}\boldsymbol{i}'}{\mathrm{d}t}+\dot{y}'\frac{\mathrm{d}\boldsymbol{j}'}{\mathrm{d}t}+\dot{z}'\frac{\mathrm{d}\boldsymbol{k}'}{\mathrm{d}t}\right) \tag{5-12}$$

根据式(5-10)，上式可改写为

$$\frac{\mathrm{d}\boldsymbol{v}_{\mathrm{e}}}{\mathrm{d}t}=\frac{\mathrm{d}^2\boldsymbol{r}_{O'}}{\mathrm{d}t^2}+\left(x'\frac{\mathrm{d}^2\boldsymbol{i}'}{\mathrm{d}t^2}+y'\frac{\mathrm{d}^2\boldsymbol{j}'}{\mathrm{d}t^2}+z'\frac{\mathrm{d}^2\boldsymbol{k}'}{\mathrm{d}t^2}\right)+\boldsymbol{\omega}_{\mathrm{e}}\times(\dot{x}'\boldsymbol{i}'+\dot{y}'\boldsymbol{j}'+\dot{z}'\boldsymbol{k}') \tag{5-13}$$

再代入式(5-8)和式(5-4)，可得

$$\frac{\mathrm{d}\boldsymbol{v}_{\mathrm{e}}}{\mathrm{d}t}=\boldsymbol{a}_{\mathrm{e}}+\boldsymbol{\omega}_{\mathrm{e}}\times\boldsymbol{v}_{\mathrm{r}} \tag{5-14}$$

同样需要特别注意的是，牵连速度对时间的一阶导数并不等于牵连加速度。将速度合成定理(5-6)对时间求一阶导数，有

$$\frac{\mathrm{d}\boldsymbol{v}_{\mathrm{a}}}{\mathrm{d}t}=\frac{\mathrm{d}\boldsymbol{v}_{\mathrm{e}}}{\mathrm{d}t}+\frac{\mathrm{d}\boldsymbol{v}_{\mathrm{r}}}{\mathrm{d}t}$$

注意到 $\frac{\mathrm{d}\boldsymbol{v}_{\mathrm{a}}}{\mathrm{d}t}=\boldsymbol{a}_{\mathrm{a}}$，代入式(5-11)和式(5-14)，并引入

$$\boldsymbol{a}_{\mathrm{C}}=2\boldsymbol{\omega}_{\mathrm{e}}\times\boldsymbol{v}_{\mathrm{r}} \tag{5-15}$$

最后得

$$\boldsymbol{a}_{\mathrm{a}}=\boldsymbol{a}_{\mathrm{e}}+\boldsymbol{a}_{\mathrm{r}}+\boldsymbol{a}_{\mathrm{C}} \tag{5-16}$$

这就是点的**加速度合成定理**(theorem for composition of accelerations)。其中，$\boldsymbol{a}_{\mathrm{C}}$ 称为**科里奥利加速度**(Coriolis acceleration)，由法国力学家科里奥利于 1835 年提出，简称**科氏加速度**。

上述定理表明，**点的绝对加速度等于牵连加速度、相对加速度与科氏加速度的矢量和。**

5.3.2　科氏加速度

由式(5-15)可知，**科氏加速度等于动系相对于定系的角速度与动点的相对速度的矢量积的两倍**，科氏加速度既与牵连转动(动系的角速度 $\boldsymbol{\omega}_{\mathrm{e}}$)有关，又与相对运动(相对速度 $\boldsymbol{v}_{\mathrm{r}}$)有关，表明科氏加速度是牵连转动和相对运动相互作用的结果。

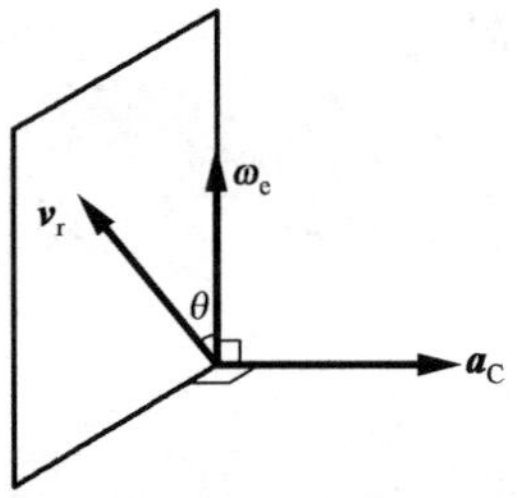

图 5-9　科氏加速度方向的确定

设动系转动的角速度矢 $\boldsymbol{\omega}_e$ 与动点的相对速度矢 $\boldsymbol{v}_r$ 之间的夹角为 θ，则由矢量积运算规则，科氏加速度 $\boldsymbol{a}_C$ 的大小为

$$a_C = 2\omega_e v_r \sin\theta$$

其方向由右手法则确定：四指指向 $\boldsymbol{\omega}_e$ 矢量正向，再转到 $\boldsymbol{v}_r$ 矢量的正向，拇指指向即为 $\boldsymbol{a}_C$ 的方向，如图 5-9 所示。

当 $\boldsymbol{\omega}_e // \boldsymbol{v}_r$ 时，$a_C = 0$；当 $\boldsymbol{\omega}_e \perp \boldsymbol{v}_r$ 时，$a_C = 2\omega_e v_r$，方向由右手法则确定。

当牵连运动为平移时，$\omega_e = 0$，因此 $a_C = 0$，$\boldsymbol{a}_a = \boldsymbol{a}_e + \boldsymbol{a}_r$。

【例题 5-5】 图 5-10 为曲柄导杆机构。滑块在水平滑槽中运动，与滑槽固结在一起的导杆在固定的铅垂滑道中运动。已知：曲柄 OA 转动的角速度为 ω_0，角加速度为 α_0(转向如图所示)，设曲柄长度为 r。试求：当曲柄与铅垂线之间的夹角 $\theta < 90°$ 时导杆的加速度。

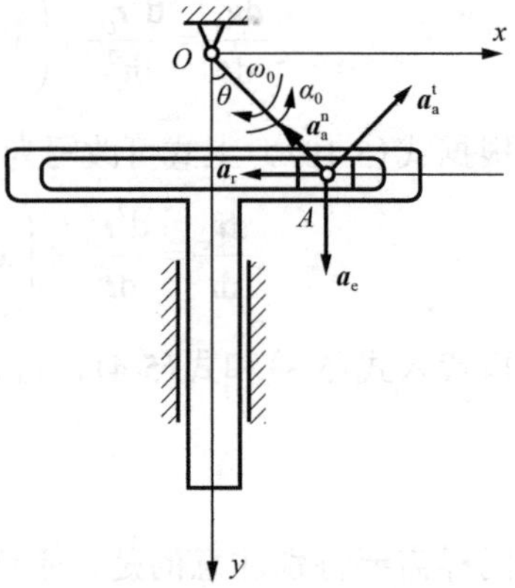

图 5-10　例题 5-5 图

解　(1) 选取动点和动系。

动点：滑块 A。动系：导杆。

(2) 运动分析。

绝对运动：以 O 为圆心、r 为半径的圆周运动。

相对运动：沿滑槽的水平直线运动。

牵连运动：铅垂方向的平移。

(3) 加速度分析。

由牵连运动为平移时的加速度合成定理有

$$\boldsymbol{a}_a = \boldsymbol{a}_a^t + \boldsymbol{a}_a^n = \boldsymbol{a}_e + \boldsymbol{a}_r$$

其中，各加速度分析结果列表如表 5-4 所示。

表 5-4

加速度	绝对加速度 $\boldsymbol{a}_a$		牵连加速度 $\boldsymbol{a}_e$	相对加速度 $\boldsymbol{a}_r$
	$\boldsymbol{a}_a^t$	$\boldsymbol{a}_a^n$		
大小	$r\alpha_0$	$r\omega_0^2$	未知	未知
方向	$\perp OA$	$A \to O$	铅垂方向	水平方向

各加速度方向如图 5-10 所示。

(4) 确定所求的未知量。

将加速度合成定理的矢量方程沿 y 方向投影，有

$$-a_a^t \sin\theta - a_a^n \cos\theta = a_e$$

解得

$$a_e = -r(\alpha_0 \sin\theta + \omega_0^2 \cos\theta)$$

此即导杆的加速度，负号表示其实际方向与假设方向相反，为铅垂向上。

【例题 5-6】 在例题 5-2 中，已知凸轮的加速度为 $\boldsymbol{a}_0$，方向如图 5-11 所示。试求该瞬时顶杆 AB 的加速度。

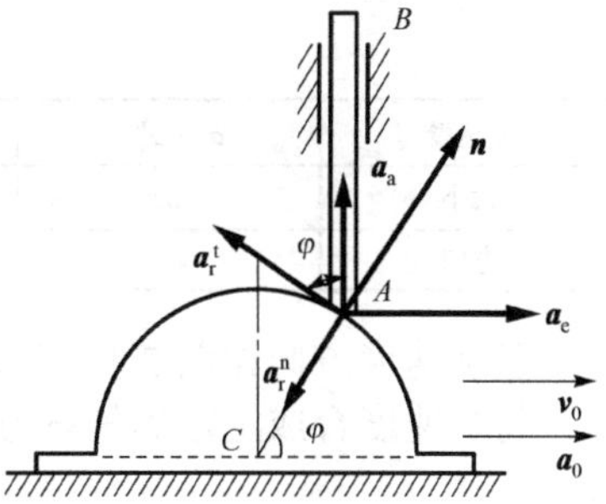

图 5-11　例题 5-6 图

解　(1) 运动分析和速度分析。

本例的运动分析与速度分析与例题 5-2 相同。

(2) 加速度分析。

由牵连运动为平移时的加速度合成定理，可得

$$\boldsymbol{a}_a = \boldsymbol{a}_e + \boldsymbol{a}_r = \boldsymbol{a}_e + \boldsymbol{a}_r^t + \boldsymbol{a}_r^n$$

其中，各加速度分析结果列表如表 5-5 所示。

表 5-5

加速度	$\boldsymbol{a}_a$	$\boldsymbol{a}_e$	$\boldsymbol{a}_r$	
			$\boldsymbol{a}_r^t$	$\boldsymbol{a}_r^n$
大小	未知	a_0	未知	v_r^2/R
方向	沿 AB	→	$\perp CA$	$A\to C$

各加速度方向如图 5-11 所示。

将加速度合成定理的矢量方程沿 $\boldsymbol{n}$ 方向投影，有

$$a_a \sin\varphi = a_e \cos\varphi - a_r^n$$

解得

$$a_a = \frac{a_e \cos\varphi - a_r^n}{\sin\varphi} = \frac{\sqrt{3}}{3}\left(a_0 - \frac{8v_0^2}{3R}\right)$$

此即顶杆 AB 的加速度。若 $a_a > 0$，则加速度方向铅垂向上；反之，则铅垂向下。

本例讨论：本例在进行加速度分析时，为求相对法向加速度 $\boldsymbol{a}_r^n$，需求相对速度 $\boldsymbol{v}_r$。也就是说，即使不求顶杆 AB 的速度也需进行速度分析。而在例题 5-5 中，却不需要。为什么？

在应用加速度合成定理时，一般应用投影方法，将加速度合成定理的矢量方程沿所选的投影轴进行投影，并由此求得所需的加速度(或角加速度)。特别要注意的是：加速度矢量方程的投影是等式两边的投影，与静平衡方程的投影关系不同。

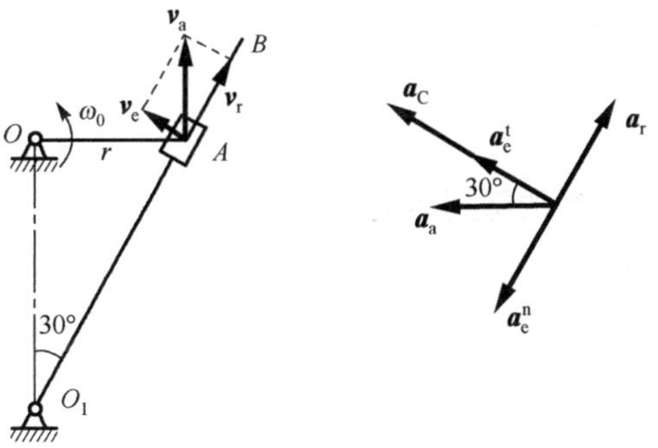

图 5-12　例题 5-7 图

【例题 5-7】 试求例题 5-4 中摇杆 O_1B 在图 5-12 所示瞬时的角加速度。

解　(1) 运动分析和速度分析。

本例的运动分析与速度分析与例题 5-4 相同。

(2) 加速度分析。

由牵连运动为转动时的加速度合成定理，可得

$$\boldsymbol{a}_a = \boldsymbol{a}_e^t + \boldsymbol{a}_e^n + \boldsymbol{a}_r + \boldsymbol{a}_C$$

其中，各加速度分析结果列表如表 5-6 所示。

表 5-6

加速度	$\boldsymbol{a}_a$（$\boldsymbol{a}_a^n$）	$\boldsymbol{a}_e^t$	$\boldsymbol{a}_e^n$	$\boldsymbol{a}_r$	$\boldsymbol{a}_C$
大小	$r\omega_0^2$	未知	$O_1A\cdot\omega^2$	未知	$2\omega v_r$
方向	←	$\perp O_1A$	$A\to O_1$	沿 O_1B	$\perp O_1B$ 左上

各加速度方向如图 5-12 所示。

将加速度合成定理的矢量方程沿 $\boldsymbol{a}_C$ 方向投影，有

$$a_a\cos 30^\circ = a_e^t + a_C$$

解得

$$a_e^t = r\omega_0^2\cdot\frac{\sqrt{3}}{2}-\frac{\sqrt{3}}{4}r\omega_0^2=\frac{\sqrt{3}}{4}r\omega_0^2$$

则杆 O_1B 的角加速度为

$$\alpha=\frac{a_e^t}{O_1A}=\frac{\sqrt{3}}{8}\omega_0^2 \quad （逆时针）$$

【例题 5-8】 图 5-13(a)为偏心凸轮顶杆机构。已知：凸轮的偏心距 $OC=e$，半径 $R=\sqrt{3}\,e$。凸轮以匀角速度 ω 绕定轴 O 转动。图示瞬时 $OC\perp CA$，且 O、A、B 三点共线。试求该瞬时顶杆 AB 的速度和加速度。

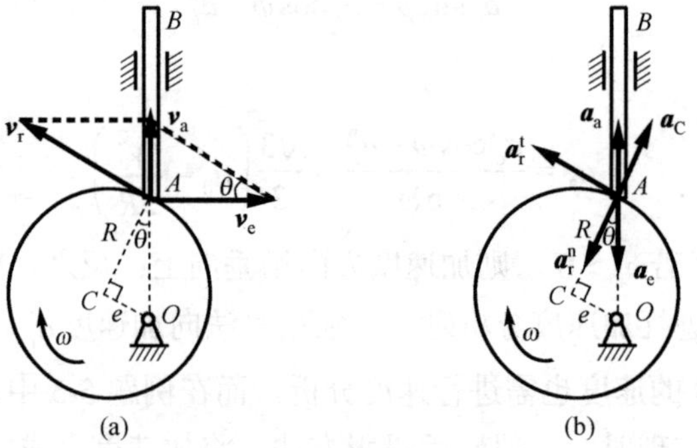

图 5-13　例题 5-8 图

解　(1)选取动点和动系。

动点：杆 AB 上的 A 点。动系：固结于凸轮。

(2)运动分析。

绝对运动：动点 A 沿铅垂方向的直线运动。

相对运动：动点 A 沿凸轮边缘以 C 为圆心、R 为半径的圆周运动。

牵连运动：凸轮绕轴 O 的定轴转动。

(3)速度分析。

根据速度合成定理，有

$$\boldsymbol{v}_a=\boldsymbol{v}_e+\boldsymbol{v}_r$$

其中，各速度分析结果列表如表 5-7 所示。

表 5-7

速度	$\boldsymbol{v}_a$	$\boldsymbol{v}_e$	$\boldsymbol{v}_r$
大小	未知	$OA\cdot\omega$	未知
方向	沿 AB	→	$\perp CA$

作速度平行四边形，如图 5-13(a)所示。

由平行四边形的几何关系，求得顶杆 AB 的速度为

$$v_a = v_e \tan\theta = OA\cdot\omega\cdot\tan 30^\circ = \frac{2\sqrt{3}}{3}e\omega \quad (\text{铅垂向上})$$

又

$$v_r = \frac{v_e}{\cos\theta} = \frac{OA\cdot\omega}{\cos 30^\circ} = \frac{4\sqrt{3}}{3}e\omega$$

(4)加速度分析。

由牵连运动为转动时的加速度合成定理，有

$$\boldsymbol{a}_a = \boldsymbol{a}_e + \boldsymbol{a}_r^t + \boldsymbol{a}_r^n + \boldsymbol{a}_C$$

其中，各加速度分析结果列表如表 5-8 所示。

表 5-8

加速度	$\boldsymbol{a}_a$	$\boldsymbol{a}_e$（$\boldsymbol{a}_e^n$）	$\boldsymbol{a}_r^t$	$\boldsymbol{a}_r^n$	$\boldsymbol{a}_C$
大小	未知	$OA\cdot\omega^2$	未知	v_r^2/R	$2\omega v_r$
方向	铅垂	↓	$\perp CA$	$A\to C$	$C\to A$

各加速度方向如图 5-13(b)所示。

将加速度合成定理的矢量方程沿 $\boldsymbol{a}_C$ 方向投影，有

$$a_a\cos\theta = -a_e\cos\theta - a_r^n + a_C$$

其中

$$a_r^n = \frac{v_r^2}{R} = \frac{16\sqrt{3}}{9}e\omega^2, \qquad a_C = 2\omega v_r = \frac{8\sqrt{3}}{3}e\omega^2$$

代入得

$$a_a = -\frac{2}{9}e\omega^2$$

此即顶杆 AB 的加速度，负号表示加速度实际方向与假设方向相反，为铅垂向下。

【例题 5-9】 已知圆轮半径为 r，以匀角速度 ω 绕 O 轴转动，如图 5-14(a)所示。试求杆 AB 在图示位置的角速度 ω_{AB} 及角加速度 α_{AB}。

解　(1)选取动点和动系。

由于本例中两物体的接触点——圆轮上点 C 和杆 AB 上点 D 都随时间而变，故均不宜选作动点，其原因是相对运动的分析非常困难。

注意到在机构运动的过程中，圆轮始终与杆 AB 相切，且轮心 O_1 到杆 AB 的距离保持不变。此时，宜选非接触点 O_1 为动点，将动系固结在杆 AB 上，且随杆 AB 作定轴转动。于是，在动系杆 AB 看动点的运动，就会发现：点 O_1 与杆 AB 的距离保持不变，并作与杆 AB 平行的直线运动。这样处理，相对运动简单、明确。

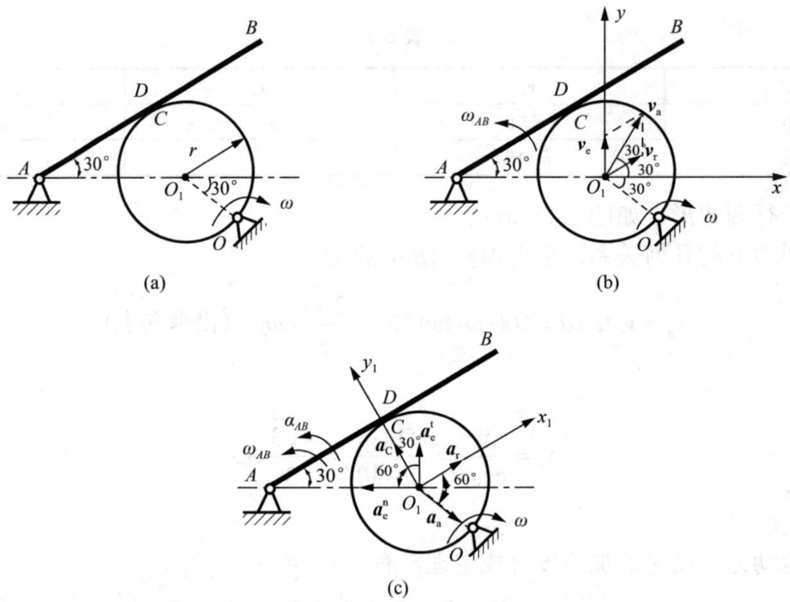

图 5-14　例题 5-9 图

(2) 运动分析。

绝对运动：动点 O_1 作以 O 为圆心、r 为半径的圆周运动。

相对运动：动点 O_1 沿平行于 AB 的直线运动。

牵连运动：杆 AB 绕轴 A 的定轴转动。

(3) 速度分析——求 ω_{AB}。

根据速度合成定理，有

$$\boldsymbol{v}_a = \boldsymbol{v}_e + \boldsymbol{v}_r$$

其中，各速度分析结果列表如表 5-9 所示。

表 5-9

速度	$\boldsymbol{v}_a$	$\boldsymbol{v}_e$	$\boldsymbol{v}_r$
大小	$r\omega$	未知	未知
方向	$\perp O_1O$ 右偏上	$\perp AO_1$	$//AB$

作速度平行四边形，如图 5-14(b) 所示。

由平行四边形的几何关系，有

$$v_e = v_r = \frac{v_a}{2\cos 30^\circ} = \frac{\sqrt{3}}{3} r\omega$$

于是杆 AB 的角速度为

$$\omega_{AB} = \frac{v_e}{O_1A} = \frac{\sqrt{3}}{6}\omega \qquad \text{(逆时针)}$$

(4) 加速度分析——求 α_{AB}。

根据牵连运动为转动的加速度合成定理，有

$$\boldsymbol{a}_a = \boldsymbol{a}_e^t + \boldsymbol{a}_e^n + \boldsymbol{a}_r + \boldsymbol{a}_C$$

其中，各加速度分析结果列表如表 5-10 所示。

表 5-10

加速度	$\boldsymbol{a}_a$（$\boldsymbol{a}_a^n$）	$\boldsymbol{a}_e^t$	$\boldsymbol{a}_e^n$	$\boldsymbol{a}_r$	$\boldsymbol{a}_C$
大小	$r\omega^2$	$O_1A\cdot\alpha_{AB}$	$O_1A\cdot\omega_{AB}^2$	未知	$2\omega_{AB}v_r$
方向	$O_1\to O$	$\perp O_1A$	$O_1\to A$	$//AB$	沿 y_1 轴正向

各加速度方向如图 5-14(c)所示。

将加速度合成定理的矢量方程沿 y_1 轴投影，有

$$-a_a\cos 30° = a_e^t\cos 30° + a_e^n\cos 60° + a_C$$

其中

$$a_e^n = O_1A\cdot\omega_{AB}^2 = \frac{1}{6}r\omega^2,\qquad a_C = 2\omega_{AB}v_r = \frac{1}{3}r\omega^2$$

解得

$$a_e^t = -\left(1+\frac{5\sqrt{3}}{18}\right)r\omega^2 \approx -1.48r\omega^2$$

于是杆 AB 的角加速度为

$$\alpha_{AB} = \frac{a_e^t}{O_1A} = -0.74\omega^2 \qquad \text{（顺时针）}$$

本例讨论：

(1)当两物体的接触点均随时间而改变时，为使动点相对动系的运动明确、清晰，应选取适当的非接触点为动点。

(2)因机构中两物体均作定轴转动，出现了两个角速度，所以计算 $\boldsymbol{a}_C$ 时应多加注意，牵连角速度是 ω_{AB} 而非 ω。

【例题 5-10】 如图 5-15(a)所示，将火车看成点 P 以等速 v_r 沿子午线自南向北行驶。为了考虑地球自转的影响，设定系为地心系(以地心为原点，坐标轴分别指向不同恒星的直角坐标系)，地球的平均半径为 R。试求：火车 P 在北纬 φ(度)处的绝对加速度。

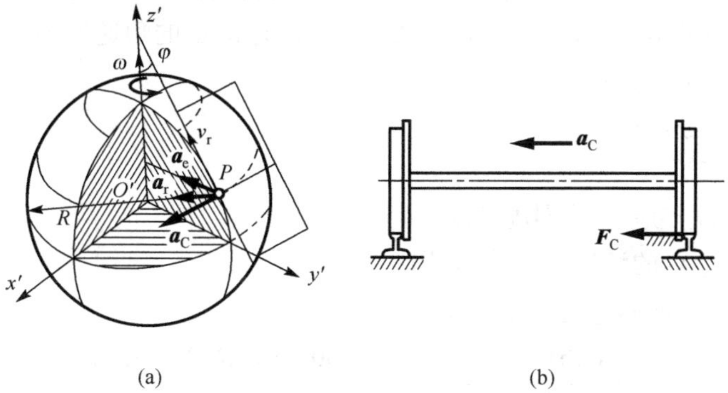

图 5-15　例题 5-10 图及铁轨的受力图

解　(1)选取动点和动系。

动点：火车。动系：地球(固结动坐标系$O'x'y'z'$，其中，原点O'与地心重合，坐标面$O'y'z'$与铁轨所在的子午面重合，$O'y'$轴与地轴重合)。

(2)运动分析。

绝对运动：在地球自转时其表面形成的回转曲面上运动。

相对运动：在子午面内的地球表面上做匀速圆周运动。

牵连运动：地球绕$O'z'$轴以其自转角速度ω作匀角速转动。

(3)加速度分析。

根据加速度合成定理，有

$$\boldsymbol{a}_{\mathrm{a}}=\boldsymbol{a}_{\mathrm{e}}+\boldsymbol{a}_{\mathrm{r}}+\boldsymbol{a}_{\mathrm{C}}$$

其中，牵连加速度$\boldsymbol{a}_{\mathrm{e}}$的方向垂直于轴$O'z'$，并指向该轴，大小为$a_{\mathrm{e}}=(R\cos\varphi)\omega^2$；相对加速度$\boldsymbol{a}_{\mathrm{r}}$的方向指向地心$O'$，大小为$a_{\mathrm{r}}=\dfrac{v_{\mathrm{r}}^2}{R}$；科氏加速度$\boldsymbol{a}_{\mathrm{C}}$的方向沿点$P$纬度线的切线，并指向西(即平行于$O'x'$轴)，大小为$a_{\mathrm{C}}=2\omega v_{\mathrm{r}}\sin\varphi$。各加速度方向如图5-15(a)所示。

设沿$O'x'$、$O'y'$和$O'z'$的单位矢量分别为$\boldsymbol{i}'$、$\boldsymbol{j}'$、$\boldsymbol{k}'$，则火车的加速度可表示为

$$\begin{aligned}\boldsymbol{a}_{\mathrm{a}}&=-R\omega^2\cos\varphi\boldsymbol{j}'+\left(-\frac{v_{\mathrm{r}}^2}{R}\cos\varphi\boldsymbol{j}'-\frac{v_{\mathrm{r}}^2}{R}\sin\varphi\boldsymbol{k}'\right)+2\omega v_{\mathrm{r}}\sin\varphi\boldsymbol{i}'\\&=2\omega v_{\mathrm{r}}\sin\varphi\boldsymbol{i}'-\left(R\omega^2+\frac{v_{\mathrm{r}}^2}{R}\right)\cos\varphi\boldsymbol{j}'-\frac{v_{\mathrm{r}}^2}{R}\sin\varphi\boldsymbol{k}'\end{aligned}$$

本例中火车的科氏加速度$\boldsymbol{a}_{\mathrm{C}}$沿纬度线的切线且指向西，即若顺着运动的方向看，指向左侧。因点的绝对加速度中有$\boldsymbol{a}_{\mathrm{C}}$的分量，根据牛顿第二定律，火车必受到来自铁轨的向左的侧向推力，如图5-15(b)所示。根据作用和反作用力定律，右侧铁轨也要受到向右的侧压力。因此，在北半球自南向北行驶的火车将使右侧铁轨磨损得厉害，而同在北半球，行驶方向相反的火车，其对铁轨磨损的情形则正好相反。对于在北半球上由北向南流的河流(如我国黄河河套地区)就有类似情形，请读者自己分析哪岸被冲刷得较为厉害。

【例题5-11】 图5-16为电影放映机中的马氏轮间歇机构。轮A以等角速度ω_1=1rad/s绕轴O_1顺时针转动。轮缘上有销钉P，图示位置θ=−45°时，销钉开始进入轮C的滑槽内，带动轮C以角速度ω_2绕轴O_2逆时针转动。当θ=45°后，两轮脱离运动联系，直到再次出现θ=−45°的上述情况，从而实现轮C的间歇转动。试求θ=20°时轮C的角速度ω_2。

解　(1)选取动点和动系。

动点：P(轮A上)。动系：轮C。

(2)分析三种运动。

绝对运动：以O_1为圆心的圆周运动。

相对运动：沿轮C的滑槽的直线运动。

牵连运动：轮C绕轴O_2的定轴转动。

(3)速度分析，如图5-16(b)所示。图中a=400mm，R=200$\sqrt{2}$ mm，θ=20°。

由余弦定理有　$x=\sqrt{a^2+R^2-2aR\cos\theta}=165.4\ \mathrm{mm}$

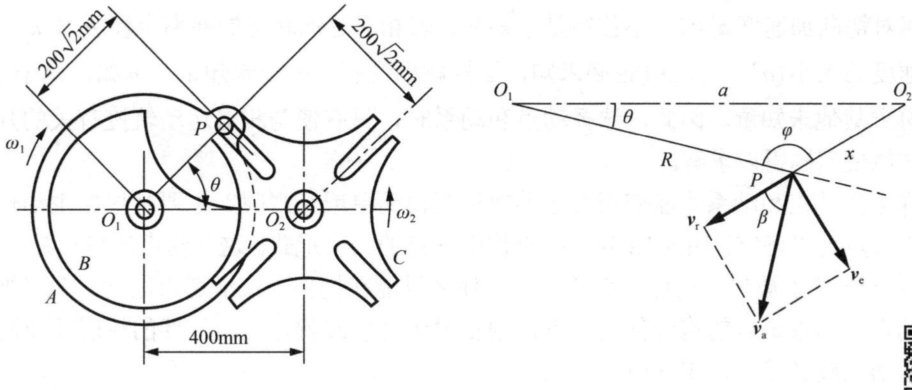

(a)　　　　(b)

图 5-16　例题 5-11 图

马氏轮间歇机构的运动

由正弦定理有 $\dfrac{\sin\varphi}{a}=\dfrac{\sin\theta}{x}$，　$\varphi=124.2^\circ$，　$\beta=\varphi-90^\circ=34.2^\circ$

根据速度合成定理 $\boldsymbol{v}_\text{a}=\boldsymbol{v}_\text{e}+\boldsymbol{v}_\text{r}$，由图 5-16(b)得

$$\omega_2 x=\omega_1 R\sin\beta$$

$$\omega_2=\frac{\omega_1 R\sin\beta}{x}=0.96\text{rad/s}$$

为了得到轮 C 的角速度随 θ 的变化规律，根据上面的思路，应用 MATLAB 编写相应的程序，求解 θ 从−45°到 45°的过程中轮 C 的角速度，得到的结果如图 5-17(a)所示。请读者自行分析轮 C 的角加速度的变化规律，得到的结果如图 5-17(b)所示。注意，这里也可以应用 MATLAB 的数值求导指令 gradient，直接由轮 C 的角速度求得轮 C 的角加速度。

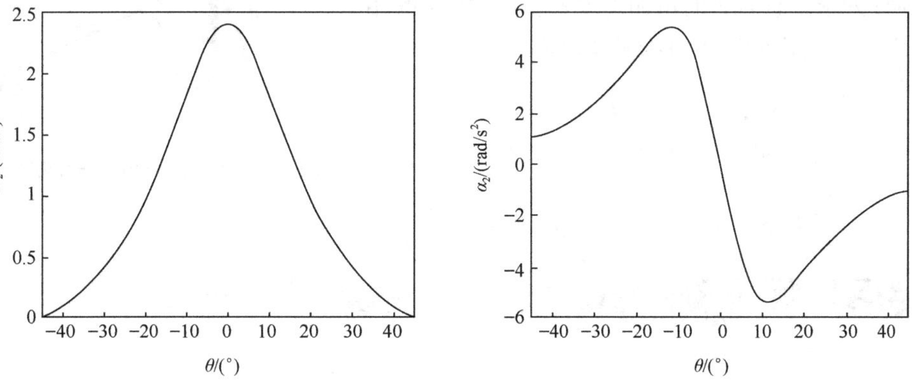

(a)　　　　(b)

图 5-17　轮 C 的角速度和角加速度随 θ 的变化规律

·正确选择动点和动系，是应用点的复合运动理论的重要步骤

动点和动系选择的两条基本原则：一是，动点、动系应分别选在两个不同的刚体上；二是，应使相对运动轨迹简单或直观。其中，第二条是选择的关键。这是因为在一般情形下，加速度合成定理中的绝对、牵连和相对加速度都能分解为切向和法向两个分量，即

$$\boldsymbol{a}_\text{a}^\text{t}+\boldsymbol{a}_\text{a}^\text{n}=\boldsymbol{a}_\text{e}^\text{t}+\boldsymbol{a}_\text{e}^\text{n}+\boldsymbol{a}_\text{r}^\text{t}+\boldsymbol{a}_\text{r}^\text{n}+\boldsymbol{a}_\text{C}$$

其中，相对切向加速度 $\boldsymbol{a}_\mathrm{r}^\mathrm{t}$ 的大小往往是未知的，若相对运动轨迹的曲率半径 ρ_r 未知，则相对法向加速度的大小 $(a_\mathrm{r}^\mathrm{n}=v_\mathrm{r}^2/\rho_\mathrm{r})$ 也必未知，这样就已经有了两个未知量。例如，对平面问题，已无法再求其他未知量。因此，选择动点和动系时，只有使与相对运动轨迹有关的几何性质已知，才能使问题得以求解。

怎样选择动点和动系才能使相对运动轨迹变得简单或直观呢？主要是根据主动件与从动件的约束特点加以确定。图 5-18 为一些机构中常见的约束形式。这些约束的特点是：构件 *AB* 上至少有一个点 *A* 被另一构件 *CD* 所约束，使之只能在构件上或滑道内运动。若将被约束的点作为动点，约束该点的构件作为动系，则相对运动轨迹就是这一构件的轮廓线或滑道。这样相对运动轨迹必然简单或直观。

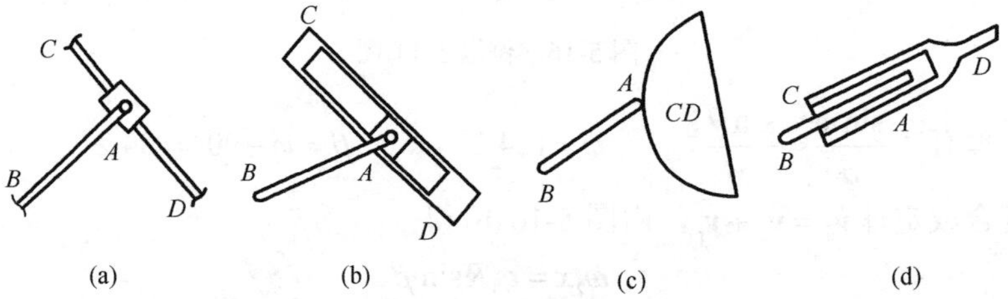

图 5-18　机构中几种有关的约束形式

· 正确应用加速度合成定理的投影式

图 5-19 所示的曲柄摇杆机构中，曲柄 *OA* 以角速度 ω_0、角加速度 α_0 绕轴 *O* 转动，从而带动摇杆 O_1B 绕轴 O_1 作往复转动。若以滑块 *A* 为动点，摇杆 O_1B 为动系，则各项加速度如图所示。

试问：为求摇杆 O_1B 的角加速度 α_{01} 和滑块 *A* 的相对加速度 $\boldsymbol{a}_\mathrm{r}$，写出的以下投影式正确吗？

$$\begin{cases}a_\mathrm{a}^\mathrm{n}\cos\varphi-a_\mathrm{a}^\mathrm{t}\sin\varphi+a_\mathrm{e}^\mathrm{t}+a_\mathrm{C}=0\\a_\mathrm{a}^\mathrm{n}\sin\varphi+a_\mathrm{a}^\mathrm{t}\cos\varphi+a_\mathrm{e}^\mathrm{n}-a_\mathrm{r}=0\end{cases}$$

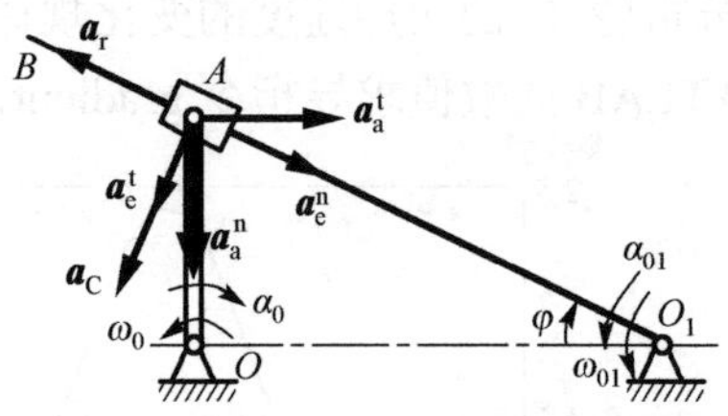

图 5-19　曲柄摇杆机构中的加速度分析

习　题

1. 选择填空题

5-1　两曲柄摇杆机构分别如图(a)、(b)所示。取套筒 *A* 为动点，则动点 *A* 的速度平行四边形(　　)。

① 图(a)、(b)所示的都正确

② 图(a)所示的正确，图(b)所示的不正确

③ 图(a)所示的不正确，图(b)所示的正确

④ 图(a)、(b)所示的都不正确

5-2　在图示机构中，已知 $s = a + b\sin\omega t$，且 $\varphi = \omega t$(其中 a、b、ω 均为常数)，AB 杆长为 L，若取小球 A 为动点，动系固连于物块 B，定系固连于地面，则小球 A 的牵连速度 $\boldsymbol{v}_e$ 的大小为(　　)；相对速度 $\boldsymbol{v}_r$ 的大小为(　　)。

① $L\omega$　　② $b\omega\cos\omega t$

③ $b\omega\cos\omega t + L\omega\cos\omega t$　　④ $b\omega\cos\omega t + L\omega$

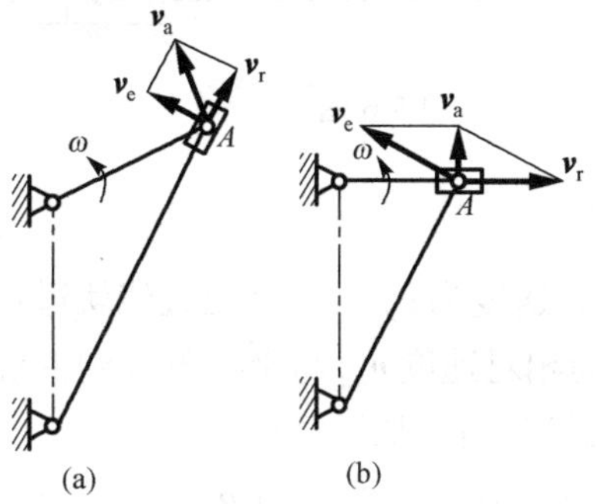

习题 5-1 图

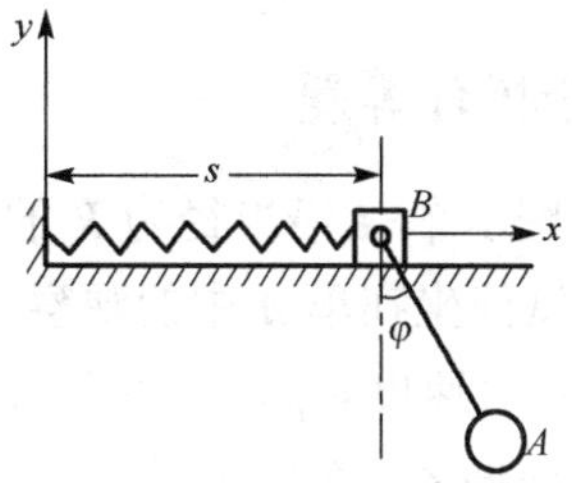

习题 5-2 图

5-3　如图所示，直角曲杆以匀角速度 ω 绕 O 轴转动，套在其上的小环 M 沿固定直杆滑动。取 M 为动点，直角曲杆为动系，则 M 的(　　)。

① $\boldsymbol{v}_e \perp CD$，$\boldsymbol{a}_C \perp CD$

② $\boldsymbol{v}_e \perp OM$，$\boldsymbol{a}_C \perp CD$

③ $\boldsymbol{v}_e \perp OM$，$\boldsymbol{a}_C \perp OM$

④ $\boldsymbol{v}_e \perp CD$，$\boldsymbol{a}_C \perp OM$

5-4　平行四边形机构如图所示。曲柄 O_1A 以匀角速度 ω 绕轴 O_1 转动，动点 M 沿 AB 杆运动的相对速度为 $\boldsymbol{v}_r$。若将动系固连于 AB 杆，则动点的科氏加速度的大小为(　　)。

① ωv_r　　② $2\omega v_r$　　③ 0　　④ $4\omega v_r$

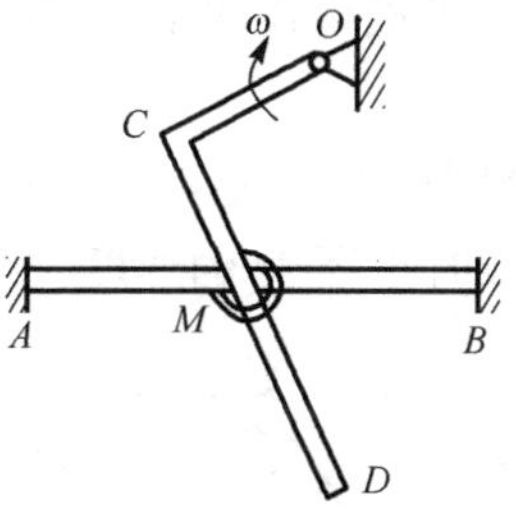

习题 5-3 图

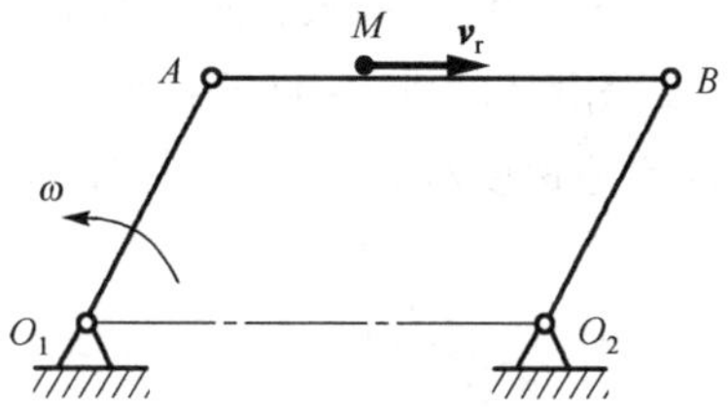

习题 5-4 图

5-5　半径为 R 的圆盘以匀角速度 ω 绕 O 轴转动，如图所示。动点 M 相对圆盘以匀速率 $v_r = R\omega$ 沿圆盘边缘运动。设将动系固连于圆盘，则在图示位置时，动点的牵连加速度大小为(　　)，方向为(　　)；动点的相对加速度大小为(　　)，方向为(　　)。

5-6　图示曲柄连杆机构中，已知曲柄的长 $OA = r$，连杆长 $AB = l$，曲柄 OA 以匀角速度 ω 绕轴 O 逆时针转动，图示瞬时夹角 φ 与 θ 均已知，若选滑块 B 为动点，动系与曲柄 OA 固连，定系与机座固连，则动点 B 的牵连速度大小为(　　)，方向为(　　)；牵连加速度大小为(　　)，方向为(　　)。

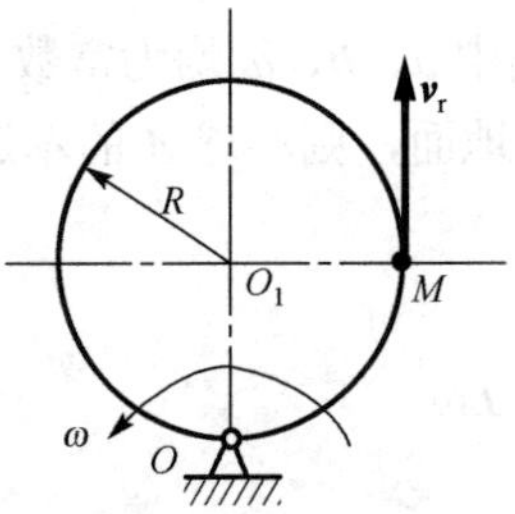

习题 5-5 图

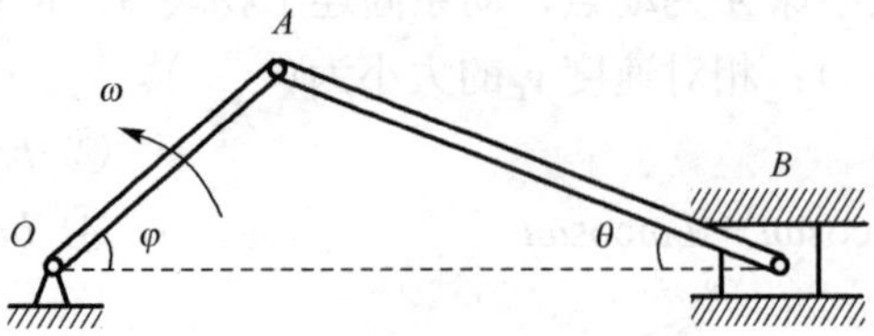

习题 5-6 图

2. 分析计算题

5-7　图示车 A 沿半径为 R 的圆弧轨道运动，其速度为 $\boldsymbol{v}_A$。车 B 沿直线轨道行驶，其速度为 $\boldsymbol{v}_B$。试问坐在车 A 中的观察者所看到的车 B 的相对速度 $\boldsymbol{v}_{BA}$ 与坐在车 B 中的观察者看到的车 A 的相对速度 $\boldsymbol{v}_{AB}$，是否有 $\boldsymbol{v}_{BA}=\boldsymbol{v}_{AB}$？(试用矢量三角形加以分析)

5-8　曲柄 OA 在图示瞬时以 ω_0 绕轴 O 转动，并带动直角曲杆 O_1BC 在图示平面内运动。若 d 为已知，试求曲杆 O_1BC 的角速度。

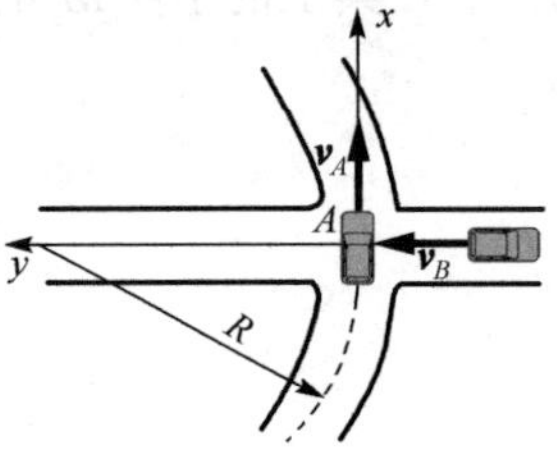

习题 5-7 图

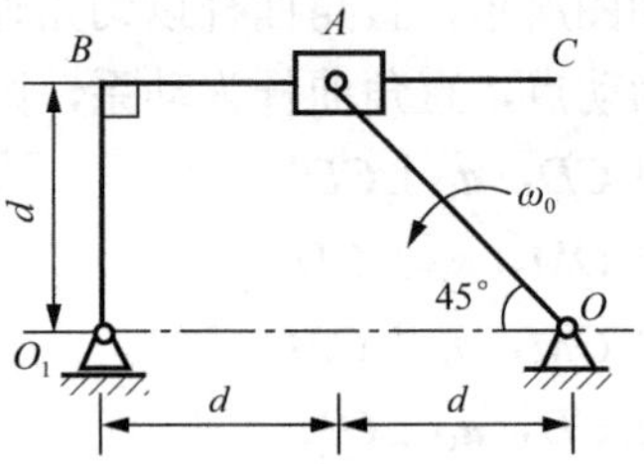

习题 5-8 图

5-9　图示曲柄滑杆机构中，滑杆上有圆弧滑道，其半径 R = 10cm，圆心 O_1 在滑杆 BC 上。曲柄长 OA = 10cm，以匀角速度 $\omega=4\pi$ rad/s 绕 O 轴转动。当机构在图示位置时，曲柄与水平线的夹角 $\varphi=30°$。试求此时滑杆 CB 的速度。

5-10　如图所示，小环 M 套在两个半径为 r 的圆环上，令圆环 O' 固定，圆环 O 绕其圆周上一点 A 以匀角速度 ω 转动。试求当 A、O、O' 位于同一直线时小环 M 的速度。

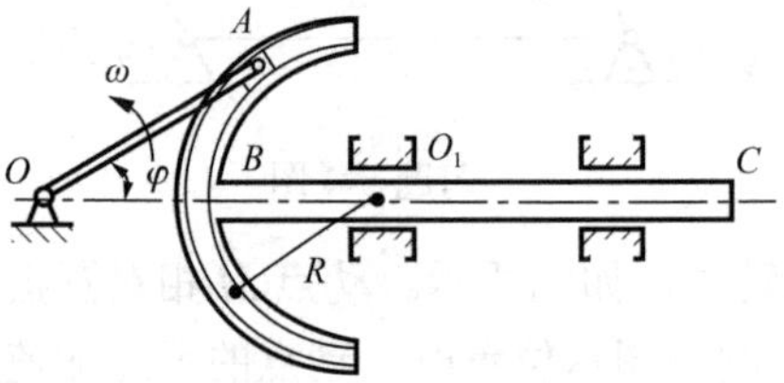

习题 5-9 图

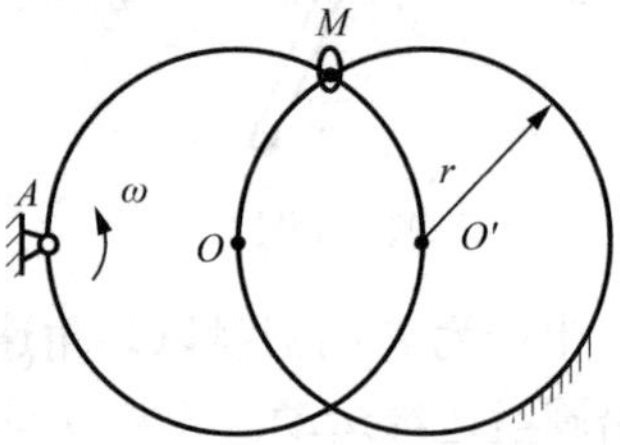

习题 5-10 图

5-11　图示刨床的加速机构由两平行轴 O 和 O_1、曲柄 OA 和滑道摇杆 O_1B 组成。曲柄 OA 的末端与滑块铰接，滑块可沿摇杆 O_1B 上的滑道滑动。已知曲柄 OA 长 r 并以等角速度 ω 转动，两轴间的距离是 $OO_1=d$。试求滑块在滑道中的相对运动方程以及摇杆的转动方程。

5-12　图示瓦特离心调速器以角速度 ω 绕铅垂轴转动。由于机器负荷的变化，调速器重球以角速度 ω_1 向外张开。已知：$\omega = 10\,\text{rad/s}$，$\omega_1 = 1.21\,\text{rad/s}$；球柄长 $l = 0.5\,\text{m}$；悬挂球柄的支点到铅垂轴的距离 $e = 0.05\,\text{m}$；球柄与铅垂轴的夹角 $\alpha = 30°$。试求此时重球的绝对速度。

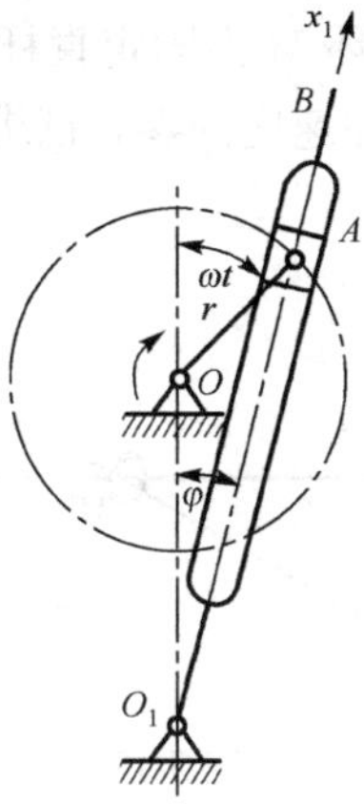

习题 5-11 图

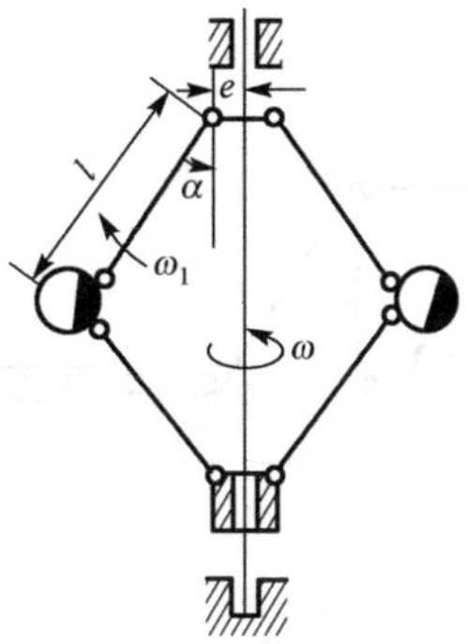

习题 5-12 图

5-13　图(a)、(b)所示两种情形下，物块 B 均以速度 $\boldsymbol{v}_B$、加速度 $\boldsymbol{a}_B$ 沿水平直线向左作平移，从而推动杆 OA 绕点 O 作定轴转动，$OA = r$，$\varphi = 40°$。试问若应用点的复合运动方法求解杆 OA 的角速度与角加速度，其计算方案与步骤应当怎样？将两种情况下的速度与加速度分量标注在图上，并写出计算表达式。

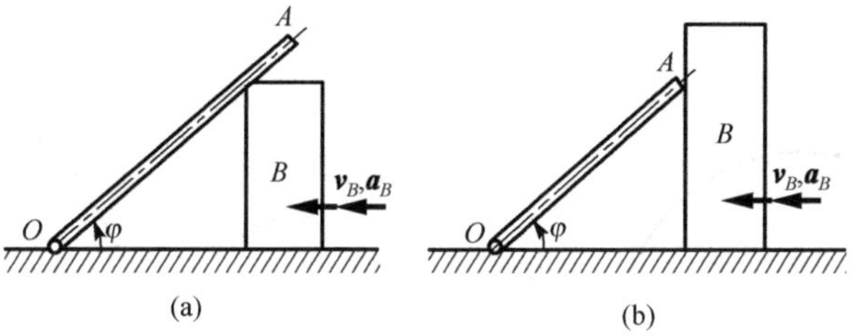

习题 5-13 图

5-14　图示铰接四边形机构中，$O_1A = O_2B = 100\text{mm}$，又 $O_1O_2 = AB$，杆 O_1A 以等角速度 $\omega = 2\text{rad/s}$ 绕 O_1 轴转动。杆 AB 上有一套筒 C，此套筒与杆 CD 相铰接。机构的各部件都在同一铅直面内。试求当 $\varphi=60°$ 时杆 CD 的速度和加速度。

5-15　如图所示，曲柄 OA 长 0.4m，以等角速度 $\omega = 0.5\text{rad/s}$ 绕 O 轴逆时针转动。由于曲柄的 A 端推动水平板 B，而使滑杆 C 沿铅直方向上升。试求当曲柄与水平线间的夹角 $\theta = 30°$ 时，滑杆 C 的速度和加速度。

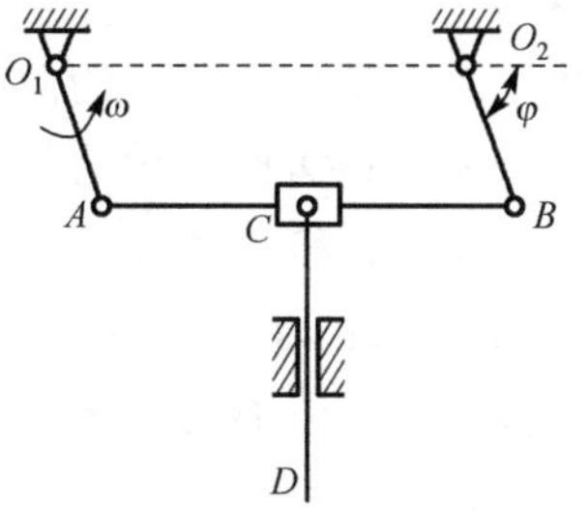

习题 5-14 图

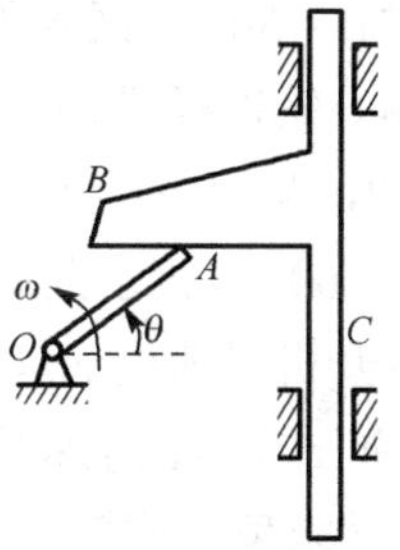

习题 5-15 图

5-16　图示平面机构中，$O_1A=O_2B=r=10\text{cm}$，$O_1O_2=AB=20\text{cm}$。在图示位置时，杆 O_1A 的角速度 $\omega=1\text{rad/s}$，角加速度 $\alpha=0.5\ \text{rad/s}^2$，$O_1A$ 与 EF 两杆位于同一水平线上。EF 杆的 E 端与三角形板 BCD 的 BD 边相接触。试求图示瞬时 EF 杆的加速度。

5-17　图示直角曲杆 OBC 绕 O 轴转动，使套在其上的小环 M 沿固定直杆 OA 滑动。已知：$OB=0.1\text{m}$，OB 与 BC 垂直，曲杆的角速度 $\omega=0.5\text{rad/s}$，角加速度为零。试求当 $\varphi=60°$ 时小环 M 的加速度。

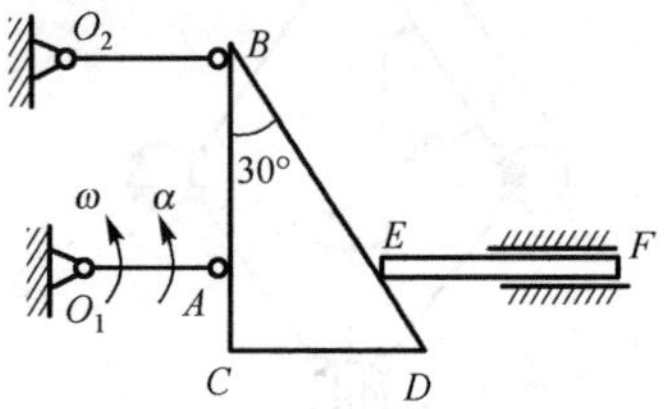

习题 5-16 图

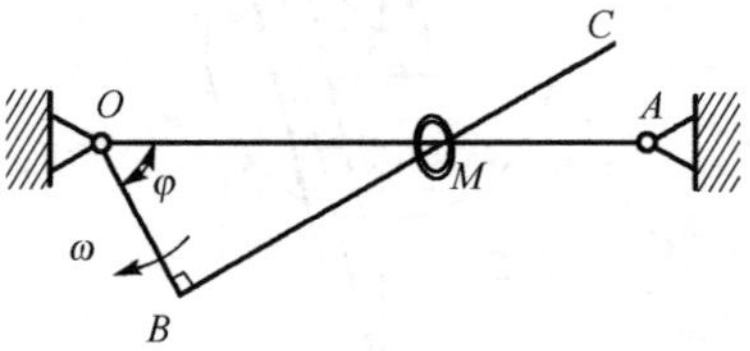

习题 5-17 图

5-18　图示圆盘以等角速度 $\omega=0.5\text{rad/s}$ 绕固定点 O 转动。盘上有一小孩由点 A 相对圆盘等速行走，其相对速度 $v_r=0.75\text{m/s}$。若：①小孩沿 ADC 方向到达 D 点，$d=1\text{m}$；②小孩沿 ABC 方向到达 B 点，$r=3\text{m}$。试求小孩的加速度 $\boldsymbol{a}_D$ 与 $\boldsymbol{a}_B$。

5-19　图示圆盘上 C 点铰接一个套筒，套在摇杆 AB 上，从而带动摇杆运动。已知：$R=0.2\text{m}$，$h=0.4\text{m}$，在图示位置时 $\theta=60°$，$\omega_0=4\text{rad/s}$，$\alpha_0=2\text{rad/s}^2$。试求该瞬时摇杆 AB 的角速度和角加速度。

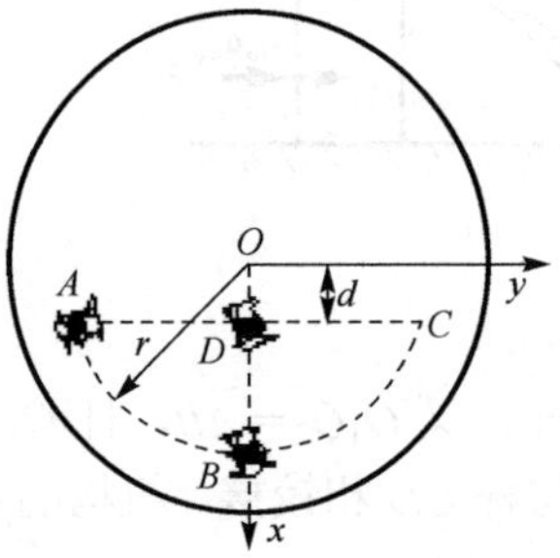

习题 5-18 图

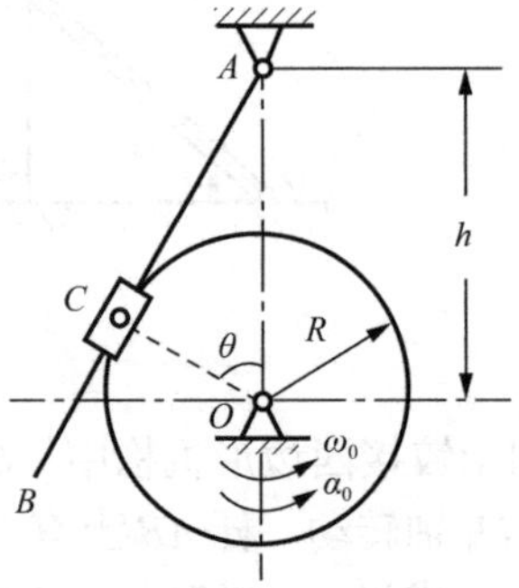

习题 5-19 图

5-20　图示为偏心凸轮顶板机构。凸轮以等角速度 ω 绕点 O 转动，其半径为 R，偏心距 $OC=e$，图示瞬时 $\varphi=30°$。试求顶板的速度和加速度。

5-21　图示偏心轮摇杆机构中，摇杆 O_1A 借助弹簧压在半径为 R 的偏心轮 C 上，偏心轮 C 绕轴 O 往复摆动，从而带动摇杆绕轴 O_1 摆动。设 $OC\perp OO_1$ 时，偏心轮 C 的角速度为 ω，角加速度为零，$\theta=60°$。试求此瞬时摇杆 O_1A 的角速度 ω_1 和角加速度 α_1。

5-22　图示直升机以速度 $v_H=1.22\text{m/s}$ 和加速度 $a_H=2\text{m/s}^2$ 向上运动。与此同时，机身(不是旋翼)绕铅垂轴 z 以等角速度 $\omega_H=0.9\text{rad/s}$ 转动。若尾翼相对机身转动的角速度为 $\omega_{BH}=180\text{rad/s}$，试求位于尾翼叶片顶端的点 P 的速度和加速度。

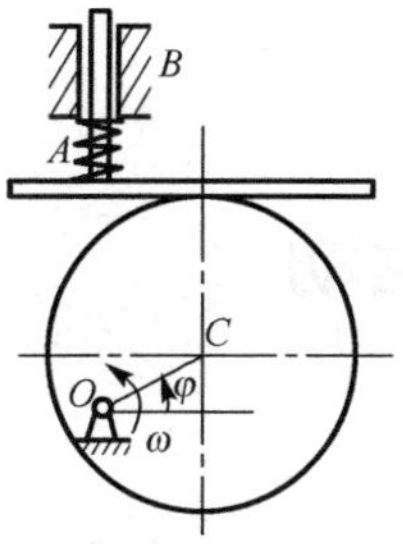

习题 5-20 图

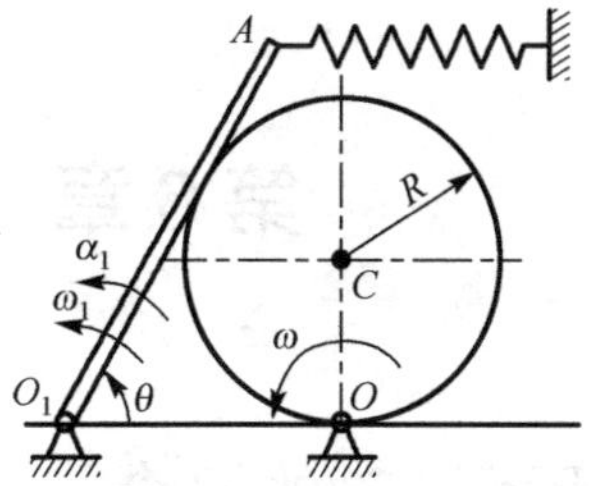

习题 5-21 图

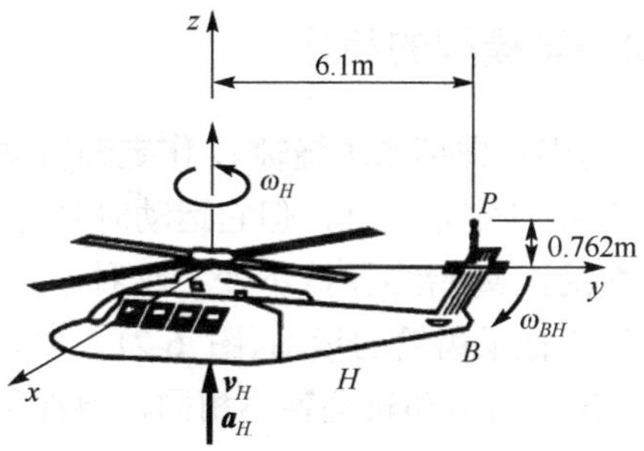

习题 5-22 图

5-23　图示机构中，半径为 R=0.5m 的圆轮和杆 OB 以匀角速度 ω=0.02π rad/s 绕 O 作定轴转动，套筒 A 可沿杆 OB 滑动，不可伸长的细绳一端绕在圆轮上，另一端系在套筒 A 上，细绳始终处于绷紧状态。坐标系 Oxy 与杆 OB 固连，初始时 θ=0.45π rad，由图可知 $x_A = \dfrac{R}{\cos\theta}$，据此求出套筒 A 的绝对速度和绝对加速度在 x 方向和 y 方向的分量，应用 MATLAB 编写程序，计算并绘制套筒 A 在 0～10s 内的速度和加速度随时间的变化曲线。根据绘制的曲线，判断是否有 $a_{Ax} = \dfrac{\mathrm{d}v_{Ax}}{\mathrm{d}t}$，$a_{Ay} = \dfrac{\mathrm{d}v_{Ay}}{\mathrm{d}t}$，为什么？

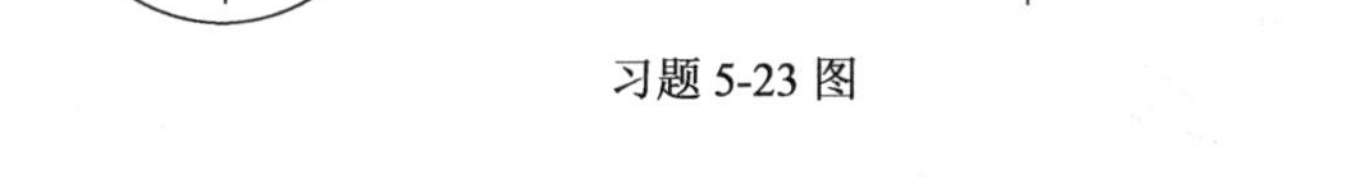

习题 5-23 图

第 6 章　刚体平面运动

6.1　刚体平面运动的概念

6.1.1　刚体平面运动力学模型的简化

图 6-1 所示的曲柄滑块机构中，曲柄 OA 绕轴 O 作定轴转动，滑块 B 作水平直线平移，而连杆 AB 的运动既不是平移也不是定轴转动，但它运动时具有一个特点，即在运动过程中，刚体上任意点到某一固定平面的距离始终保持不变。这种运动称为刚体的**平面运动**(planar motion)。又如行星减速器中三个行星齿轮的运动(图 6-2)，以及沿直线轨道滚动的轮子的运动等。刚体平面运动时，其上各点的运动轨迹各不相同，但都是平行于某一固定平面的平面曲线。

曲柄连杆
滑块机构

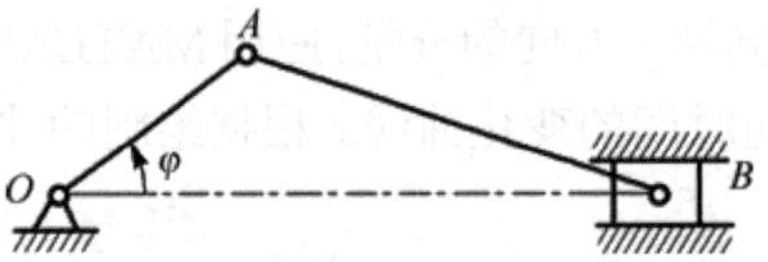

图 6-1　曲柄滑块机构

图 6-2　行星减速器

图 6-3 为作平面运动的一般刚体，刚体上各点至平面 α_1 的距离保持不变。过刚体上任意点 A，作平面 α_2 平行于平面 α_1，显然，刚体上过点 A 且垂直于平面 α_1 的直线上 A_1、A_2、A_3、⋯ 各点的运动与点 A 是相同的。因此，平面 α_2 与刚体相交所截取的**平面图形** S，就能完全表示该刚体的运动。进而，平面图形 S 上的任意线段 AB 又能代表该图形的运动，如图 6-4 所示。于是，研究刚体的平面运动可以简化为研究平面图形 S 或其上任一线段 AB 的运动。

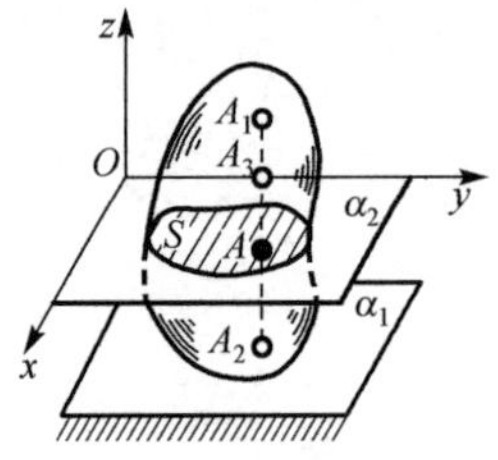

图 6-3　作平面运动的一般刚体

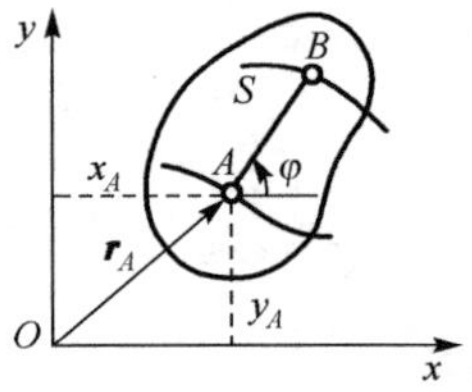

图 6-4　作平面运动的平面图形

6.1.2　刚体平面运动的运动方程

为了确定线段 AB 在平面 Oxy 上的位置，需要三个独立变量，一般选用广义坐标 $q=(x_A,y_A,\varphi)$ (图 6-4)。其中，线坐标 x_A、y_A 确定点 A 在该平面上的位置，角坐标 φ 确定线段 AB 在该平面中的方位。所以刚体平面运动的运动方程为

$$\begin{cases} x_A = f_1(t) \\ y_A = f_2(t) \\ \varphi = f_3(t) \end{cases} \tag{6-1}$$

式中，x_A、y_A 和 φ 均为时间 t 的单值连续函数。

式(6-1)描述了平面运动刚体的整体运动性质，该式完全确定了平面运动刚体的运动规律，也完全确定了该刚体上任一点的运动性质(轨迹、速度和加速度等)。

【例题 6-1】 图 6-5 所示的曲柄滑块机构中，曲柄 OA 长 r，以匀角速度 ω 绕轴 O 转动，连杆 AB 长 l。试：

(1) 写出连杆的平面运动方程；

(2) 求连杆上一点 $P(AP=l_1)$ 的轨迹、速度和加速度。

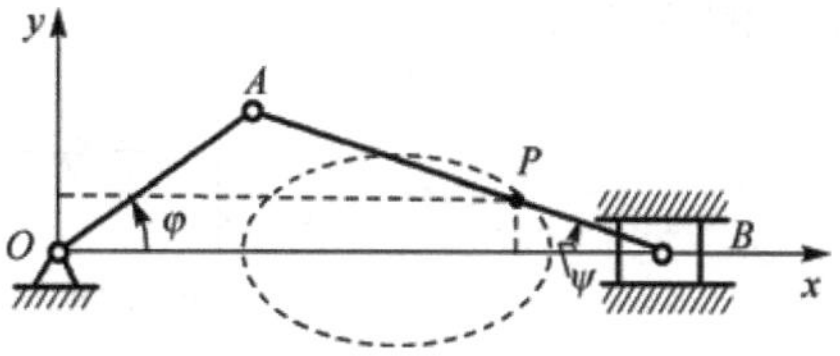

图 6-5　例题 6-1 图

解　机构组成的三角形 AOB 中，有

$$\frac{l}{\sin\varphi}=\frac{r}{\sin\psi}$$

即

$$\sin\psi=\frac{r}{l}\sin\omega t \tag{a}$$

式中，$\varphi=\omega t$。故连杆平面运动的运动方程为

$$\begin{cases} x_A = r\cos\omega t \\ y_A = r\sin\omega t \\ \psi=\arcsin\left(\dfrac{r}{l}\sin\omega t\right) \end{cases} \tag{b}$$

根据约束条件，写出点 P 的运动方程为

$$\begin{cases} x_P = r\cos\omega t + l_1\cos\psi \\ y_P = (l-l_1)\sin\psi \end{cases} \tag{c}$$

将式(a)代入式(c)，有

$$\begin{cases} x_P = r\cos\omega t + l_1\sqrt{1-\left(\dfrac{r}{l}\sin\omega t\right)^2} \\ y_P = \dfrac{r(l-l_1)}{l}\sin\omega t \end{cases} \tag{d}$$

式(d)即为点 P 的运动方程，也是以时间 t 为参量的轨迹方程(据此画出图 6-5 中的卵形线)。

对式(d)求一阶和二阶导数，可以得到点 P 的速度和加速度表达式。

考虑到实际的曲柄滑块机构中，往往有 $\dfrac{r}{l}<\dfrac{1}{3.5}$，因此，可利用泰勒公式将 x_P 表达式等号右边的第二项展开，并略去 $\left(\dfrac{r}{l}\right)^4$ 以上的高阶量，得

$$\sqrt{1-\left(\frac{r}{l}\sin\omega t\right)^2}=1-\frac{1}{2}\left(\frac{r}{l}\right)^2\sin^2\omega t+\cdots \tag{e}$$

再以 $\dfrac{1-\cos 2\omega t}{2}$ 代替 $\sin^2\omega t$，最后得点 P 的近似运动方程：

$$\begin{cases} x_P=l_1\left[1-\dfrac{1}{4}\left(\dfrac{r}{l}\right)^2+\dfrac{r}{l_1}\cos\omega t+\dfrac{1}{4}\left(\dfrac{r}{l}\right)^2\cos 2\omega t\right] \\ y_P=\dfrac{r(l-l_1)}{l}\sin\omega t \end{cases} \tag{f}$$

点 P 的速度为

$$\begin{cases} v_x=\dot{x}_P=-r\omega\left(\sin\omega t+\dfrac{1}{2}\dfrac{rl_1}{l^2}\sin 2\omega t\right) \\ v_y=\dot{y}_P=\dfrac{r(l-l_1)\omega}{l}\cos\omega t \end{cases} \tag{g}$$

点 P 的加速度为

$$\begin{cases} a_x=-r\omega^2\left(\cos\omega t+\dfrac{rl_1}{l^2}\cos 2\omega t\right) \\ a_y=-\dfrac{r(l-l_1)}{l}\omega^2\sin\omega t \end{cases} \tag{h}$$

分别描述刚体 AB 和点 P 运动的式(b)与式(f)都是在固定坐标系 Oxy 中得到的。将该两式对时间求导数，可以全面了解它们的连续运动性质。在上例中，已对式(f)作了分析。读者自己可以对式(b)加以分析。这是一种适宜于用计算机进行计算的方法。

6.2 平面运动的分解

由刚体的平面运动方程可以看到，如果平面图形中的点 A 固定不动，则刚体将作定轴转动；如果线段 AB 的方位不变(即 φ=常数)，则刚体将作平移。由此可见，平面图形的运动可以看成平移和转动的合成运动。

设在时间间隔 Δt 内，平面图形 S 由位置Ⅰ运动到位置Ⅱ，相应地，平面图形内任取的线段从 AB 运动到 $A'B'$，如图 6-6 所示。在点 A 处假想地安放一个随点 A 运动的平移坐标系(简称平移系) $Ax'y'$，若初始时 Ax' 轴和 Ay' 轴分别平行于定坐标轴 Ox 和 Oy，则当平面图形 S 运动时，平移坐标系的两轴始终分别平行于定坐标轴 Ox 和 Oy，通常将这一平移坐标系的原点 A 称为**基点**(base point)。于是，平面图形的平面运动便可分解为随同基点 A 的平移(牵连运动)和绕基点 A 的转动(相对运动)。这一位移可分解为：线段 AB 随点 A 平行移动到位置 $A'B''$，

再绕点 A' 由位置 $A'B''$ 转动 $\Delta\varphi_1$ 角到达位置 $A'B'$；若取点 B 为基点，这一位移可分解为：线段 AB 随点 B 平行移动到位置 $A''B'$，再绕点 B' 由位置 $A''B'$ 转动 $\Delta\varphi_2$ 角到达位置 $A'B'$。当然，实际上平移和转动是同时进行的。

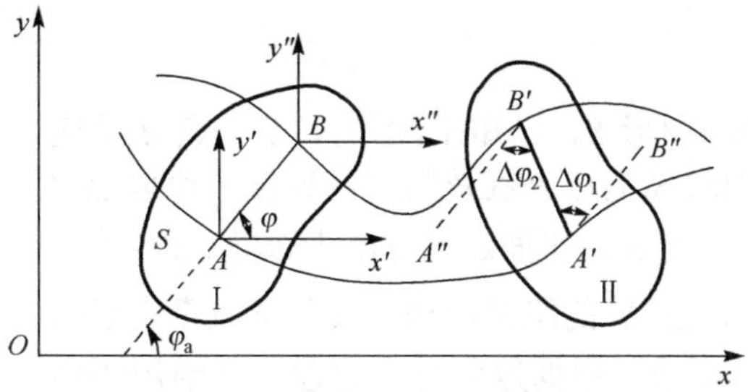

图 6-6　一般刚体平面运动的分解

由图 6-6 可知，取不同的基点，平移部分一般来说是不同的(比较图中点 A 的轨迹 AA' 和点 B 的轨迹 BB')，其速度和加速度也不相同。但对于转动部分，绕不同基点转过的角度大小、转向均相同，有 $\Delta\varphi_1=\Delta\varphi_2=\Delta\varphi$，于是

$$\lim_{\Delta t\to 0}\frac{\Delta\varphi_1}{\Delta t}=\lim_{\Delta t\to 0}\frac{\Delta\varphi_2}{\Delta t} \tag{6-2}$$

即绕不同基点转动的角速度相同，进而得到平面图形绕不同基点转动的角加速度也相同。于是有结论：**平面运动可以分解为随基点的平移和绕基点的转动，其平移部分与基点的选择有关，而转动部分与基点的选择无关。**

由图 6-6 也可以看出，在瞬时 t，平面图形 S 上线段 AB 相对于平移系 $Ax'y'$ 的方位用角度 φ 表示，而在同一瞬时，AB 相对于定坐标系 Oxy 的方位是角度 φ_a，且有

$$\varphi(t)=\varphi_a(t) \tag{6-3a}$$

从而有

$$\omega(t)=\omega_a(t) \tag{6-3b}$$

$$\alpha(t)=\alpha_a(t) \tag{6-3c}$$

由于平移系相对定坐标系无方位变化，故其相对转动量即为其绝对转动量，正因为如此，以后凡涉及平面图形相对转动的角速度和角加速度时，不必指明基点，而只说是平面图形的角速度和角加速度即可。

请读者对图 6-7 所示的曲柄滑块机构加以分析，当分别选 A、B 为基点，并建立平移系 $Ax_1'y_1'$ 与 $Bx_2'y_2'$ 时，证明：作平面运动的连杆 AB 的角速度 ω_{AB} 与基点选择无关，此 ω_{AB} 即为连杆 AB 的绝对角速度。

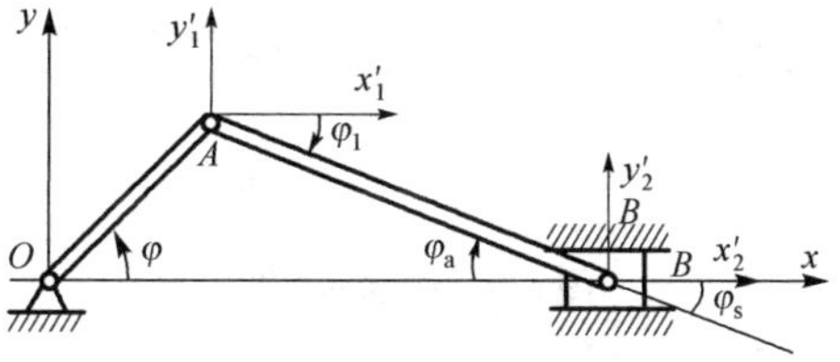

图 6-7　对连杆 AB 选择不同基点分解运动

6.3 平面图形上各点的速度分析

6.3.1 基点法

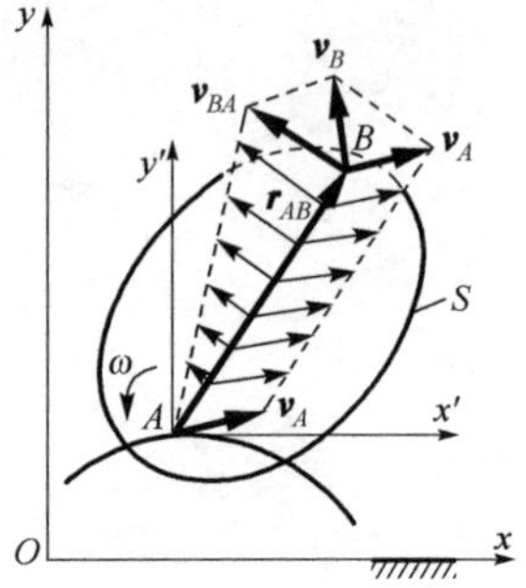

图 6-8　平面图形 S 上点的速度分析

考察图 6-8 所示的平面图形 S。已知在 t 瞬时，S 上点 A 的速度 $\boldsymbol{v}_A$ 和 S 的角速度 ω，为求 S 上点 B 在该瞬时的速度，可以点 A 为基点，建立平移系 $Ax'y'$，将 S 的平面运动分解为跟随 $Ax'y'$ 的平移和相对它的转动。这样，点 B 的绝对运动就被分解成牵连运动为平移和相对运动为圆周运动。根据速度合成定理，并沿用刚体运动的习惯符号，有

$$\boldsymbol{v}_B=\boldsymbol{v}_{\mathrm{a}}=\boldsymbol{v}_{\mathrm{e}}+\boldsymbol{v}_{\mathrm{r}}=\boldsymbol{v}_A+\boldsymbol{v}_{BA} \tag{6-4}$$

式中，牵连速度即基点的速度 $\boldsymbol{v}_{\mathrm{e}}=\boldsymbol{v}_A$（因平移系上各点速度均相同）；点 B 相对平移系 $Ax'y'$ 的速度 $\boldsymbol{v}_{\mathrm{r}}$ 记为 $\boldsymbol{v}_{BA}$，且 $\boldsymbol{v}_{BA}=\boldsymbol{\omega}\times\boldsymbol{r}_{AB}$，$\boldsymbol{r}_{AB}$ 为自基点 A 引向点 B 的位矢。几何上，由以 $\boldsymbol{v}_A$ 和 $\boldsymbol{v}_{BA}$ 为边的速度平行四边形，可求得点 B 的速度 $\boldsymbol{v}_B$。

式(6-4)表明，**平面图形上任一点的速度等于基点的速度与该点相对于以基点为原点的平移系的相对速度的矢量和**。这种确定平面图形上点的速度的方法称为**基点法**(method of base point)。

在图 6-8 中，还画出了平面图形上线段 AB 之各点的牵连速度 $\boldsymbol{v}_{\mathrm{e}}=\boldsymbol{v}_A$ 与相对速度 $\boldsymbol{v}_{BA}$ 的分布。不难看出，AB 上各点的牵连速度呈均匀分布，而相对速度则依该点至基点 A 的距离呈线性分布。

总之，用基点法分析平面图形上点的速度，只是速度合成定理的具体应用而已。

【例题 6-2】 图 6-9(a)所示的曲柄滑块机构中，曲柄 OA 长为 r，以匀角速度 ω_0 绕轴 O 转动，连杆 AB 长为 l。试求曲柄转角 $\varphi=\varphi_0$（此瞬时 $\angle OAB=90°$）和 $\varphi=0°$ 时，滑块 B 的速度 $\boldsymbol{v}_B$ 与连杆 AB 的角速度 ω_{AB}。

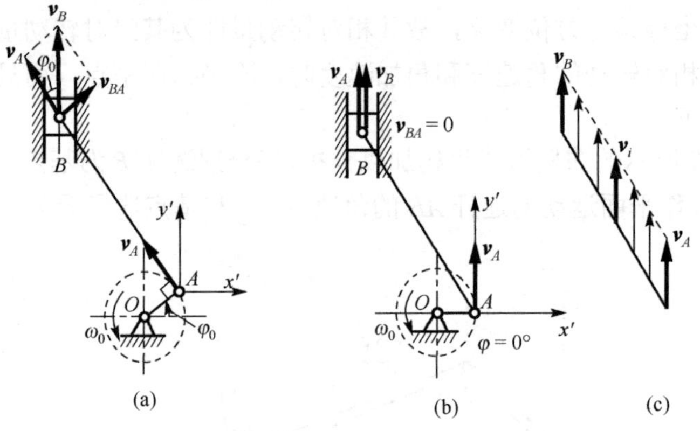

图 6-9　例题 6-2 图

解　(1) $\varphi=\varphi_0$ 的情形。

因曲柄 OA 上点 A 的速度已知，故选点 A 为基点，并建立平移系 $Ax'y'$。

由基点法，点 B 的速度可表示为

$$\boldsymbol{v}_B=\boldsymbol{v}_A+\boldsymbol{v}_{BA} \tag{a}$$

式中，$\boldsymbol{v}_B$ 的方向沿铅垂方向，大小未知；$\boldsymbol{v}_A$ 的方向垂直 OA 指向左上方，大小为 $v_A=r\omega_0$；$\boldsymbol{v}_{BA}$ 的方向垂直 AB，大小未知。作速度平行四边形，如图 6-9(a) 所示。

由几何关系，求得

$$v_B=\frac{v_A}{\cos\varphi_0}=\frac{r\omega_0}{\cos\varphi_0}\quad(\uparrow) \tag{b}$$

$$v_{BA}=v_A\tan\varphi_0=r\omega_0\tan\varphi_0$$

则连杆 AB 的角速度为

$$\omega_{AB}=\frac{v_{BA}}{l}=\frac{r}{l}\omega_0\tan\varphi_0\quad(\text{顺时针}) \tag{c}$$

(2) $\varphi=0°$ 的情形。

同样，选点 A 为基点，则点 B 的速度为

$$\boldsymbol{v}_B=\boldsymbol{v}_A+\boldsymbol{v}_{BA}$$

因此时 $\boldsymbol{v}_B//\boldsymbol{v}_A$，$\boldsymbol{v}_{BA}\perp AB$，所以速度平行四边形为特殊情形，如图 6-9(b) 所示，则有

$$v_B=v_A=r\omega_0\quad(\uparrow) \tag{d}$$

$$v_{BA}=0,\quad \omega_{AB}=0 \tag{e}$$

读者还可进一步分析这种情形下连杆 AB 上任一点 i 的绝对速度 $\boldsymbol{v}_i$，可以得到

$$\boldsymbol{v}_i=\boldsymbol{v}_B=\boldsymbol{v}_A \tag{f}$$

即连杆 AB 上各点的速度大小和方向均相同，如图 6-9(c) 所示。可见，此瞬时就速度分布而言，连杆 AB 具有平移的运动特征。由于曲柄在转角 $\varphi=0°$ 的前、后邻近瞬时，连杆均不具有这一特征，故它在该瞬时的运动称为**瞬时平移**(instantaneous translation)。

6.3.2　速度投影法

将由图 6-8 得到的式(6-4)中的各项分别向 A、B 两点连线 AB 投影，如图 6-10 所示。由于 $\boldsymbol{v}_{BA}=\boldsymbol{\omega}\times\boldsymbol{r}_{AB}$ 始终垂直于线段 AB，因此得

$$v_B\cos\beta=v_A\cos\alpha \tag{6-5}$$

式中，角 α、β 分别为速度 $\boldsymbol{v}_A$、$\boldsymbol{v}_B$ 与线段 AB 间的夹角。

上式表明，平面图形上任意两点的速度在该两点连线上的投影相等，这称为**速度投影定理**(theorem of projections of the velocity)。

这个定理的正确性也可以从另一角度得到证明：平面图形是从刚体上截取的，图形上 A、B 两点的距离应保持不变。所以这两点的速度在 AB 方向的分量必须相等，否则两点距离必将伸长或缩短。因此，速度投影定理对所有的刚体运动形式都是适用的。

应用速度投影定理分析平面图形上点的速度的方法称为**速度投影法**。

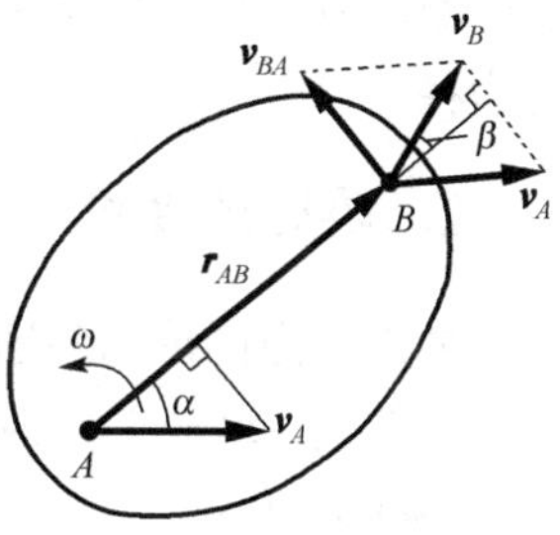

图 6-10　速度投影定理的几何表示

【例题 6-3】 试用速度投影法求例题 6-2 中曲柄转角 $\varphi=\varphi_0$（此瞬时 $\angle OAB=90°$）和 $\varphi=0°$ 两种情形下滑块 B 的速度 $\boldsymbol{v}_B$。

解　(1) $\varphi=\varphi_0$ 的情形。

如图 6-9(a)所示，点 A 的速度大小和方向已知，由滑块 B 被限制在滑槽内运动的约束条件，点 B 的速度 $\boldsymbol{v}_B$ 沿铅垂方向，也为已知。由式(6-5)，有

$$v_A=v_B\cos\varphi_0$$

于是

$$v_B=\frac{r\omega_0}{\cos\varphi_0}\quad(\uparrow)$$

(2) $\varphi=0°$ 的情形。

如图 6-9(b)所示，$\boldsymbol{v}_B // \boldsymbol{v}_A$，同理也有

$$v_B=v_A=r\omega_0\ (\uparrow)$$

本例讨论：(1)为什么两种情形下 $\boldsymbol{v}_B$ 的方向都是向上？若初设时 $\boldsymbol{v}_B$ 的方向与图示相反，则结果如何？

(2)比较本例与例题 6-2 可知，如果已知图形上一点 A 的速度大小和方向，又知道另一点 B 的速度方向，欲求其速度大小时，用速度投影法较简便，而不必知道图形的角速度。那么，用速度投影法能否直接求得图形的角速度呢？

6.3.3　瞬时速度中心法

速度瞬心法

1. 一个有趣的问题

图 6-11 为一自行车车轮在平坦的地面上滚动时拍下的一幅照片，我们的问题是：

为什么车轮辐条某些部分能够清晰地显示出来，而另外一些部分则不能呢？

根据读者拍照的常识，不难得到这样的结论：车轮辐条上各点的速度各不相同，是生成上述具有明显特征图片的原因。

怎样确定车轮辐条上各点的速度呢？本节所要介绍的瞬时速度中心的概念以及相关的方法，将为解决这一问题提供一条方便的途径。

图 6-11　自行车车轮滚动时的图片

2. 瞬时速度中心的定义

如果平面图形的角速度 $\omega\neq0$，则在每一瞬时，平面图形或其扩展部分上都唯一存在速度等于零的点，这一点称为**瞬时速度中心**(instantaneous center of velocity)，简称**速度瞬心**，记为 C^*，即 $v_{C^*}=0$。

证明：(用几何法)

设在 t 瞬时，表征平面图形 S 运动的物理量 $\boldsymbol{v}_A$、ω 如图 6-12 所示。在平面图形 S 上，过

点 A 作垂直于该点速度 $\boldsymbol{v}_A$ 的直线 AP。根据式(6-4)，以点 A 为基点，分析直线 AP 上各点速度可知：在 AP 上一定存在其上各点的相对速度与基点速度不仅共线而且反向的部分。又因为各相对速度呈线性分布，而基点速度 $\boldsymbol{v}_A$ 为均匀分布，所以在直线 AP 的这部分上唯一存在一点 C^*，使

$$v_{C^*}=v_A-v_{C^*A}=v_A-AC^*\cdot\omega=0$$

所以

$$AC^*=\frac{v_A}{\omega} \tag{6-6}$$

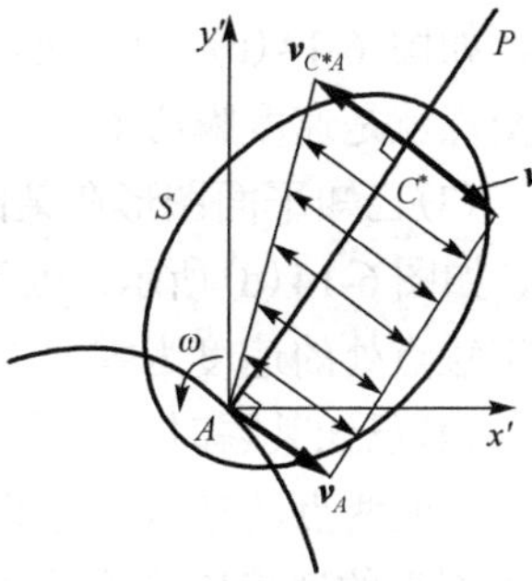

图 6-12　速度瞬心唯一存在的几何证明

3. 瞬时速度中心的意义

若已知平面图形在 t 瞬时的速度瞬心 C^* 与角速度 ω，则可以点 C^* 为基点建立平移系，分析图形上点的速度。此时，基点速度 $v_{C^*}=0$，式(6-4)化为

$$\boldsymbol{v}_B=\boldsymbol{v}_{BC^*}=\boldsymbol{\omega}\times\boldsymbol{r}_{C^*B} \tag{6-7}$$

式中，$\boldsymbol{r}_{C^*B}$ 为自点 C^* 至点 B 的位矢。

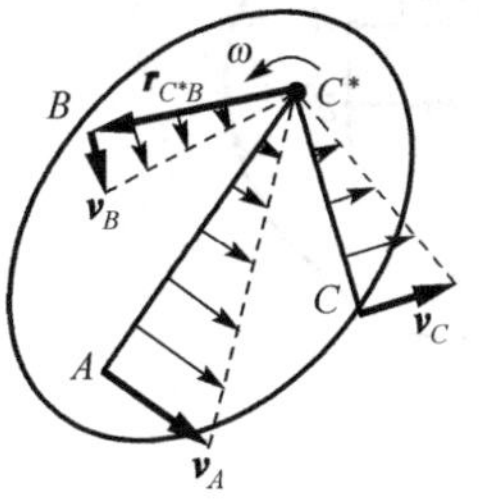

图 6-13　平面图形在 t 瞬时的运动图像

式(6-7)表明，此情形下，平面图形上点 B 的牵连速度等于零，绝对速度就等于相对速度。如图 6-13 所示，线段 C^*B 上各点的速度大小依照该点至点 C^* 的距离呈线性分布，其速度方向垂直于线段 C^*B，指向与图形的转向相一致。图中，线段 C^*A 与 C^*C 上各点的速度也与上相同。可见，就速度分布而言，平面图形在该瞬时的运动与假设它绕点 C^* 作定轴转动相类似。

另外，表征平面图形运动的物理量是随时间变化的，即 $\boldsymbol{v}_A(t)$、$\omega(t)$。因此，速度瞬心在平面图形上的位置也在不断变化，即**在不同瞬时平面图形上有不同的速度瞬心**。这又是它与定轴转动的重要区别。

因此，速度瞬心的概念对运动比较复杂的平面图形给出了清晰的运动图像：平面图形的瞬时运动为绕该瞬时的速度瞬心作瞬时转动，其连续运动为绕图形上一系列的速度瞬心作瞬时转动；同时这也为分析平面图形上各点的速度提供了一种有效的方法。若已知平面图形的速度瞬心 C^* 与角速度 ω，则平面图形上各点的速度均可求出。

4. 瞬时速度中心的确定

确定平面图形在某一瞬时的速度瞬心，与已知定轴转动刚体上两点速度的有关量确定刚体转轴位置的过程相似。下面介绍几种常见情形。

(1) 已知某瞬时平面图形上 A、B 两点速度的方向，且两速度互不平行，如图 6-14(a)所示。因为各点速度垂直于该点与速度瞬心的连线，所以，过 A、B 两点分别作速度 $\boldsymbol{v}_A$、$\boldsymbol{v}_B$ 的垂线，其交点就是速度瞬心 C^*。

(2) 已知某瞬时平面图形上 A、B 两点速度的大小与方向，且两速度均垂直于该两点的连

线，如图 6-14(b)、(c)所示，则 A、B 两点速度矢端的连线与该两点连线(或连线的延长线)的交点就是速度瞬心 C^*。

(3)已知平面图形在某固定面上作纯滚动，则平面图形上与固定面的接触点就是速度瞬心 C^*，如图 6-14(d)所示。因为此时平面图形上和固定面上两接触点的速度相等，所以平面图形上接触点处的速度为零。

(4)已知某瞬时平面图形上 A、B 两点的速度平行，但不垂直于两点的连线，如图 6-14(e)所示，或两点的速度均垂直于两点连线，且两速度大小相等、指向相同，如图 6-14(f)所示。此时图形的速度瞬心在无穷远处，平面图形的角速度 $\omega=0$，平面图形作瞬时平移，如例题 6-2 中 $\varphi=0^\circ$ 的情形。

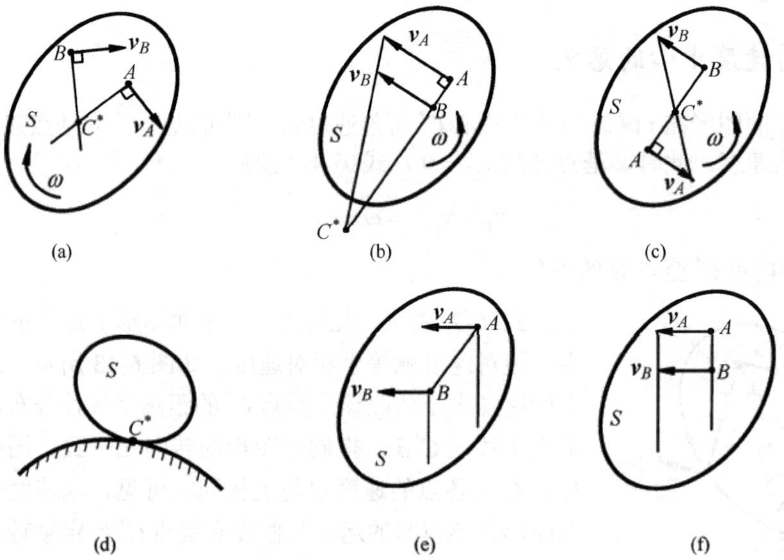

图 6-14 几种常见情形下速度瞬心位置的确定

需要注意的是，速度瞬心 C^* 有时位于平面图形以内，有时却位于平面图形边界以外，图 6-14(b)所示的就是一例，此时可以认为速度瞬心位于平面图形的扩展部分，即此时平面图形绕图形外的点 C^* 作瞬时转动。

【例题 6-4】 图 6-15 所示的四连杆机构中，杆 OA 以角速度 ω_0 绕轴 O 转动，已知：$O_1B=l$，$AB=\dfrac{3}{2}l$，且 $AD=DB$。在图示位置，$O_1B\perp OO_1$，$AB\perp O_1B$。试求此瞬时点 B 和点 D 的速度以及杆 AB 的角速度。

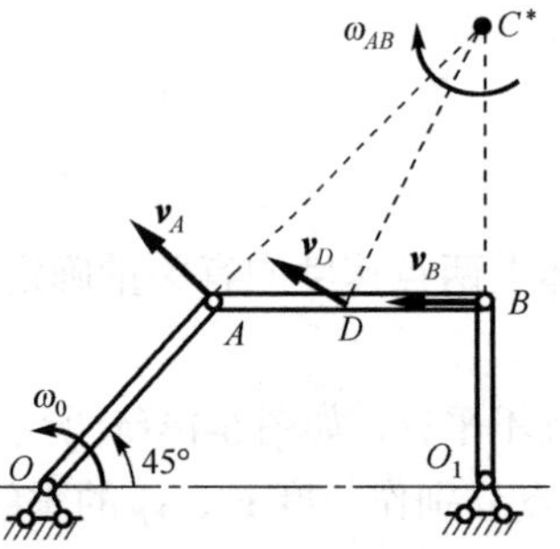

图 6-15 例题 6-4 图

解 杆 AB 做平面运动。杆上 A、B 两点的速度 $\boldsymbol{v}_A$、$\boldsymbol{v}_B$ 的方向已知，且互不平行。为此，过 A、B 两点分别作 $\boldsymbol{v}_A$、$\boldsymbol{v}_B$ 的垂线，其交点 C^* 即为杆 AB 的速度瞬心，如图 6-15 所示。显然

$$\omega_{AB}=\frac{v_A}{AC^*}=\frac{OA\cdot\omega_0}{AC^*}$$

由几何关系，有

$$OA=\sqrt{2}l\,,\quad AC^*=\frac{3\sqrt{2}}{2}l$$

$$BC^*=\frac{3}{2}l\,,\quad DC^*=\frac{3\sqrt{5}}{4}l$$

于是，杆 AB 的角速度为

$$\omega_{AB}=\frac{\sqrt{2}l\cdot\omega_0}{\dfrac{3\sqrt{2}}{2}l}=\frac{2}{3}\omega_0$$

由此可求得点 B 和点 D 的速度分别为

$$v_B=BC^*\cdot\omega_{AB}=\frac{3}{2}l\cdot\frac{2}{3}\omega_0=l\omega_0$$

$$v_D=DC^*\cdot\omega_{AB}=\frac{3\sqrt{5}}{4}l\cdot\frac{2}{3}\omega_0=\frac{\sqrt{5}}{2}l\omega_0$$

所求角速度 ω_{AB} 的转向和速度 $\boldsymbol{v}_B$、$\boldsymbol{v}_D$ 的方向均已示于图 6-15 中。

本例讨论：请读者用基点法和速度投影法求解本例，并比较这三种方法各自的特点。

【例题 6-5】 半径为 R 的车轮沿直线轨道作纯滚动，如图 6-16(a)所示。已知轮心 O 的速度 $\boldsymbol{v}_O$，试求轮缘上点 1、2、3、4 的速度。

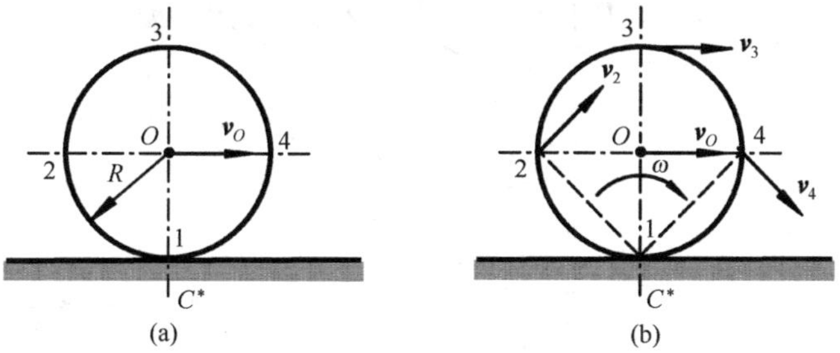

图 6-16　例题 6-5 图

解　因为车轮沿直线轨道作纯滚动，符合图 6-14(d)所示的情形，故车轮上点 1 即为速度瞬心 C^*，于是有

点 1：$v_1=v_{C^*}=0$

于是，车轮的角速度为

$$\omega=\frac{v_O}{R}\qquad（顺时针）$$

车轮上其余各点的速度均可视为该瞬时绕点 1 转动的速度(图 6-16(b))，故有

点 2：$v_2=\sqrt{2}R\cdot\omega=\sqrt{2}v_O$

点 3：$v_3=2R\cdot\omega=2v_O$

点 4：$v_4=\sqrt{2}R\cdot\omega=\sqrt{2}v_O$

各点速度方向如图 6-16(b)所示。

图 6-17　自行车车轮纯滚动时其上各点的速度

本例讨论：(1)请读者应用基点法(以点 O 为基点)校核由速度瞬心法所得结果，并思考本例能否用速度投影法求解。

(2)通过本例的分析及所得结果，不难确定自行车车轮在地面上作纯滚动时，车轮辐条上各点的速度，如图 6-17 所示。当然，也不难解释图 6-11 中的那幅照片。

【例题 6-6】 图 6-18 为汽车在水平路面上向右转弯时的情形。假设汽车的轴距为 L，轮距为 a，左前轮的转向角为 θ_A，右前轮的转向角为 θ_B，车轮 A 中心点的速度为 $\boldsymbol{v}_A$，若车轮均没有侧滑，求车身的角速度和车轮 B、C、D 中心点的速度，以及转向角 θ_A 和 θ_B 应满足的关系。

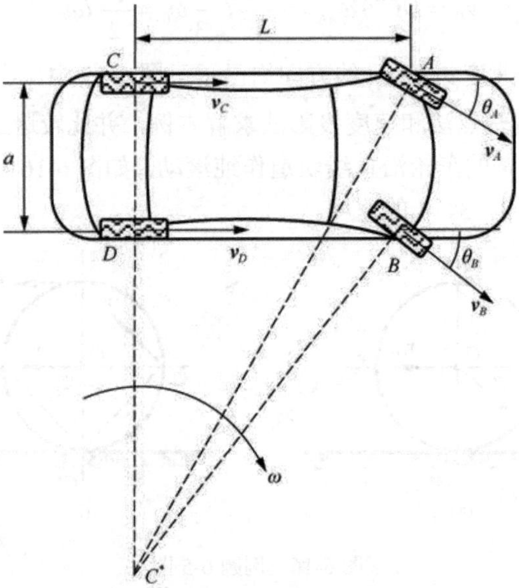

图 6-18　例题 6-6 图

解　汽车在水平路面上转弯时，其车身作平面运动。车轮中心点的速度也就是车身上相应点的速度，这些速度的垂线必交于一点 C^*，此即汽车车身的速度瞬心，故汽车车身的角速度为

$$\omega = \frac{v_A}{AC^*} = \frac{v_A \sin\theta_A}{L}$$

于是

$$v_B = \omega \cdot BC^* = \frac{v_A \sin\theta_A}{L} \cdot \frac{L}{\sin\theta_B} = \frac{v_A \sin\theta_A}{\sin\theta_B}$$

$$v_C = \omega \cdot CC^* = \frac{v_A \sin\theta_A}{L} \cdot \frac{L}{\tan\theta_A} = v_A \cos\theta_A$$

$$v_D = \omega \cdot DC^* = \frac{v_A \sin\theta_A}{L} \cdot \frac{L}{\tan\theta_B} = \frac{v_A \sin\theta_A}{\tan\theta_B}$$

注意到 $CC^* = DC^* + a$，得

$$\frac{L}{\tan\theta_A} = \frac{L}{\tan\theta_B} + a$$

需要注意的是，车轮的转向角是有一定范围的，当汽车转弯时，外侧前轮(图中的 A 轮)的转向角达到最大值 $\theta_{A\max}$ 时，AC^*定义为汽车的最小转弯半径。由图 6-18 求得汽车的最小转弯半径 $R = AC^* = \dfrac{L}{\sin\theta_{A\max}}$，可见在最大转向角相同的情况下，汽车的轴距越大，最小转弯半径越大。所以大型卡车和公交车的最小转弯半径比小汽车的最小转弯半径要大很多，这就是为什么有些右转道设在左侧车道(或左转道设在右侧车道)的原因。

6.4 平面图形上各点的加速度分析

本节只介绍用基点法确定平面图形上点的加速度。

如图 6-19(a)所示，已知平面图形 S 上点 A 的加速度 $\boldsymbol{a}_A$、图形的角速度 ω 与角加速度 α。与平面图形上各点速度分析相类似，选点 A 为基点，建立平移系 $Ax'y'$，分解图形的运动，从而也分解了图形上任一点 B 的运动。由于牵连运动为平移，可应用动系为平移时加速度合成定理的公式，并采用刚体运动的习惯符号，有

加速度分析

$$\boldsymbol{a}_B = \boldsymbol{a}_\mathrm{a} = \boldsymbol{a}_\mathrm{e} + \boldsymbol{a}_\mathrm{r} = \boldsymbol{a}_A + \boldsymbol{a}_{BA} = \boldsymbol{a}_A + \boldsymbol{a}_{BA}^\mathrm{t} + \boldsymbol{a}_{BA}^\mathrm{n} \tag{6-8}$$

式中，$\boldsymbol{a}_{BA}$ 为点 B 相对于平移系 $Ax'y'$ 做圆周运动的加速度，而 $\boldsymbol{a}_{BA}^\mathrm{t}$ 与 $\boldsymbol{a}_{BA}^\mathrm{n}$ 分别为其中的**相对切向加速度**(relative tangential acceleration)和**相对法向加速度**(relative normal acceleration)，且 $a_{BA}^\mathrm{t} = AB \cdot \alpha$，方向垂直于 AB，指向与角加速度 α 的转向相一致；$a_{BA}^\mathrm{n} = AB \cdot \omega^2$，方向由 B 指向基点 A。式(6-8)中的各量均已示于图 6-19(a)中。

式(6-8)表明，**平面图形上任一点的加速度等于基点的加速度与该点相对于以基点为原点的平移系的相对切向加速度和相对法向加速度的矢量和**。

在图 6-19(b)中，还画出了平面图形上线段 AB 之各点的牵连加速度 $\boldsymbol{a}_\mathrm{e} = \boldsymbol{a}_A$ 与相对加速度 $\boldsymbol{a}_\mathrm{r} = \boldsymbol{a}_{BA}$ 的分布。

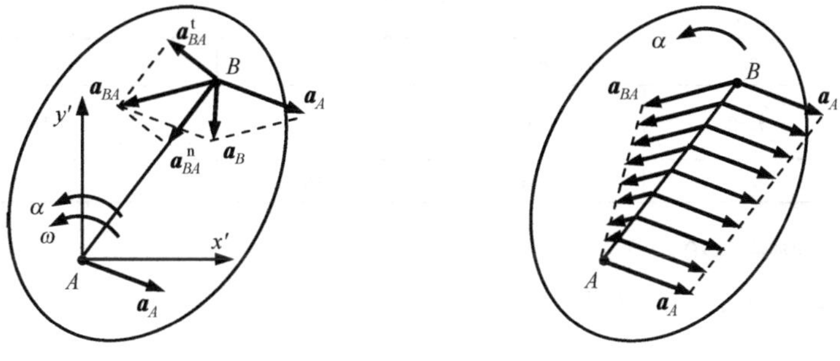

(a)　　(b)

图 6-19　平面图形上点的加速度分析

式(6-8)为平面内的矢量方程，通常可向两个相交的坐标轴投影得到两个代数方程，用以求解两个未知量。

【例题 6-7】 曲柄滑块机构如图 6-20(a)所示。曲柄 OA 长为 r，它以匀角速度 ω_0 绕轴 O 转动，连杆 AB 长为 l。试求曲柄转角 $\varphi=\varphi_0$（此时 $OA\perp AB$）和 $\varphi=0^\circ$（此时 $OA/\!/AB$）两种情形下，滑块 B 的加速度 $\boldsymbol{a}_B$ 与连杆 AB 的角加速度 α_{AB}。

解 (1) $\varphi=\varphi_0$ 的情形。

连杆 AB 做平面运动，先用速度瞬心法分析速度。已知点 A 的速度 $\boldsymbol{v}_A$ 垂直于 OA，大小为 $v_A=r\omega_0$，点 B 的速度 $\boldsymbol{v}_B$ 方向水平。过 A、B 两点分别作 $\boldsymbol{v}_A$、$\boldsymbol{v}_B$ 的垂线，其交点 C^* 即为连杆 AB 的速度瞬心。则连杆 AB 的角速度为

$$\omega_{AB}=\frac{v_A}{AC^*}=\frac{r\omega_0}{l^2/r}=\frac{r^2}{l^2}\omega_0 \tag{a}$$

再用基点法分析加速度。以点 A 为基点，由式(6-8)，点 B 的加速度为

$$\boldsymbol{a}_B=\boldsymbol{a}_A+\boldsymbol{a}_{BA}^{\mathrm{t}}+\boldsymbol{a}_{BA}^{\mathrm{n}} \tag{b}$$

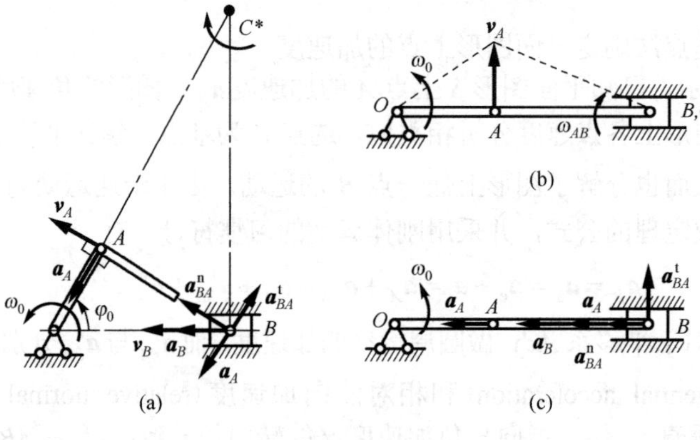

图 6-20　例题 6-7 图

式中，点 B 的加速度 $\boldsymbol{a}_B$ 方向水平，大小未知；基点 A 的加速度 $\boldsymbol{a}_A$ 方向沿 OA 指向 O，大小为 $a_A=r\omega_0^2$；点 B 的相对切向加速度 $\boldsymbol{a}_{BA}^{\mathrm{t}}$ 方向垂直于 AB，大小未知；相对法向加速度 $\boldsymbol{a}_{BA}^{\mathrm{n}}$ 方向沿 BA 指向 A，大小为 $a_{BA}^{\mathrm{n}}=AB\cdot\omega_{AB}^2=\dfrac{r^4}{l^3}\omega_0^2$。各加速度分析结果列表如表 6-1 所示。

表 6-1

加速度	$\boldsymbol{a}_B$	$\boldsymbol{a}_A$	$\boldsymbol{a}_{BA}^{\mathrm{t}}$	$\boldsymbol{a}_{BA}^{\mathrm{n}}$
大小	未知	$r\omega_0^2$	未知	$AB\cdot\omega_{AB}^2=\dfrac{r^4}{l^3}\omega_0^2$
方向	水平	$A\to O$	$\perp AB$	$B\to A$

各加速度方向如图 6-20(a)所示。

将式(b)中各项向 BA 方向投影，有

$$a_B\sin\varphi_0=a_{BA}^{\mathrm{n}}$$

解得

$$a_B = \frac{a_{BA}^{n}}{\sin\varphi_0} = \frac{r^4\omega_0^2}{l^3\sin\varphi_0} \quad (\leftarrow) \tag{c}$$

再将式(b)中各项向 $\boldsymbol{a}_A$ 方向投影，有

$$a_B\cos\varphi_0 = a_A - a_{BA}^{t}$$

解得

$$a_{BA}^{t} = a_A - a_B\cos\varphi_0 = r\omega_0^2 - \frac{r^4}{l^3}\omega_0^2\cot\varphi_0$$

于是，杆 AB 的角加速度为

$$\alpha_{AB} = \frac{a_{BA}^{t}}{AB} = \frac{r}{l}\omega_0^2\left(1-\frac{r^3}{l^3}\cot\varphi_0\right) \tag{d}$$

(2) $\varphi = 0°$ 的情形。

如图 6-20(b)所示，过 A、B 两点分别作 $\boldsymbol{v}_A$、$\boldsymbol{v}_B$ 的垂线，其交点恰好位于点 B。因此，点 B 即为连杆 AB 的速度瞬心 C^*。于是，连杆 AB 的角速度为

$$\omega_{AB} = \frac{v_A}{AB} = \frac{r\omega_0}{l} \tag{e}$$

仍用基点法分析加速度。此情形下，$\boldsymbol{a}_A$ 的大小与 $\varphi=\varphi_0$ 时相同，但 $a_{BA}^{n} = AB\cdot\ \omega_{AB}^2 = \dfrac{r^2}{l}\omega_0^2$。各加速度方向如图 6-20(c)所示。

将式(b)中各项向 BA 方向投影，得

$$\begin{aligned} a_B &= a_A + a_{BA}^{n} \\ &= r\omega_0^2\left(1+\frac{r}{l}\right) \quad (\leftarrow) \end{aligned} \tag{f}$$

而在 AB 的垂线方向上只有 $\boldsymbol{a}_{BA}^{t}$ 一个量，故有

$$a_{BA}^{t} = 0, \quad \alpha_{AB} = 0 \tag{g}$$

此情形下的结果表明，速度瞬心 B 的速度为零，但加速度不为零。这也说明在下一瞬时，点 B 将不再是速度瞬心，即速度瞬心是瞬时的。

【例题 6-8】 如图 6-21(a)所示，半径为 R 的车轮沿直线轨道作纯滚动。已知轮心 O 的速度为 $\boldsymbol{v}_O$，加速度为 $\boldsymbol{a}_O$。试求轮缘上点 1、2、3、4 的加速度。

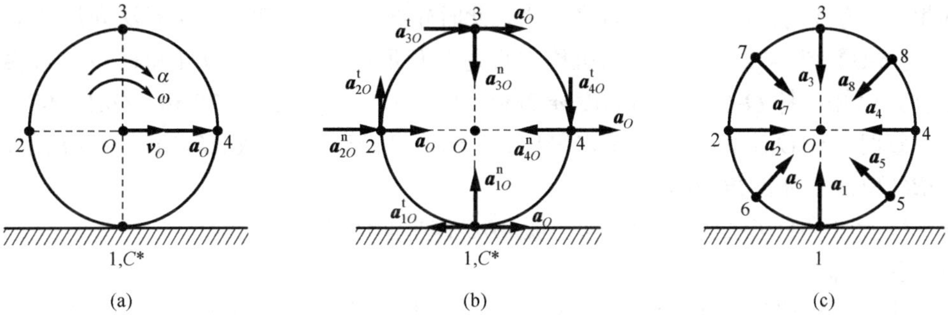

图 6-21　例题 6-8 图

解　车轮作平面运动。由例题 6-5 可知车轮的角速度为

$$\omega = \frac{v_O}{R} \quad (\text{顺时针}) \tag{a}$$

因轮心 O 的加速度已知，故以轮心 O 为基点，由式(6-8)，轮缘上任一点 P（图中未标出）的加速度为

$$\boldsymbol{a}_P = \boldsymbol{a}_O + \boldsymbol{a}_{PO}^{\mathrm{t}} + \boldsymbol{a}_{PO}^{\mathrm{n}} \tag{b}$$

在上例中，待求点的加速度方向是已知的；而本例中，待求点的加速度大小、方向均未知。因此，必须先求出车轮的角加速度 α，否则问题无法求解。

因式(a)在任何瞬时均成立，故可将其对时间求一阶导数，得

$$\alpha = \dot{\omega} = \frac{\dot{v}_O}{R} = \frac{a_O}{R} \quad (\text{顺时针}) \tag{c}$$

由此，式(b)中等号右边的三项除 $\boldsymbol{a}_O$ 已知外，其余两项的大小分别为

$$\begin{aligned} a_{PO}^{\mathrm{t}} &= \alpha R = a_O \\ a_{PO}^{\mathrm{n}} &= \omega^2 R = \frac{v_O^2}{R} \end{aligned} \tag{d}$$

于是，由式(b)和式(d)，轮缘上点 1、2、3、4 的加速度分别为

点 1：$\boldsymbol{a}_1 = \dfrac{v_O^2}{R}\boldsymbol{j}$

点 2：$\boldsymbol{a}_2 = \left(a_O + \dfrac{v_O^2}{R}\right)\boldsymbol{i} + a_O\boldsymbol{j}$

点 3：$\boldsymbol{a}_3 = 2a_O\boldsymbol{i} - \dfrac{v_O^2}{R}\boldsymbol{j}$

点 4：$\boldsymbol{a}_2 = \left(a_O - \dfrac{v_O^2}{R}\right)\boldsymbol{i} - a_O\boldsymbol{j}$

各点加速度的方向如图 6-21(b)所示。

本例讨论：(1)点 1 为速度瞬心 C^*，但其加速度仍不为零，故当车轮在地面上只滚不滑(纯滚动)时，车轮与地面的接触点(速度瞬心)的加速度不等于零，其方向指向轮心。

(2)若轮心 O 做等速运动，即 $\boldsymbol{a}_O = 0$，则轮缘上各点的加速度分布如图 6-21(c)所示，即大小均相同，方向均指向轮心。请读者思考，此时轮缘上的加速度是“绝对法向加速度”吗？

【例题 6-9】图 6-22 所示的平面机构由直角三角形板 ABC 与杆 O_1A 和杆 O_2C 铰接，O_1O_2 连线铅垂。已知：杆 O_2C 以匀角速度 ω=2rad/s 绕轴 O_2 转动，O_2C=20cm，O_1A =AC=40cm。在图示位置时，杆 O_1A 和 O_2C 处于水平位置。试求此瞬时：(1)板 ABC 和杆 O_1A 的角速度；(2)板 ABC 和杆 O_1A 的角加速度。

解　杆 O_1A 和杆 O_2C 作定轴转动，板 ABC 作平面运动。

(1)速度分析。

由于 A、C 两点的速度 $\boldsymbol{v}_A // \boldsymbol{v}_C$，且两速度并不垂直于 AC，所以板 ABC 作瞬时平移。

$$\omega_{ABC} = 0, \qquad v_A = v_C = O_2C \cdot \omega = 40\ \mathrm{cm/s} \tag{a}$$

则杆 O_1A 的角速度为

$$\omega_{O_1A}=\frac{v_A}{O_1A}=\frac{40}{40}=1(\text{rad/s})\qquad(\text{逆时针})$$

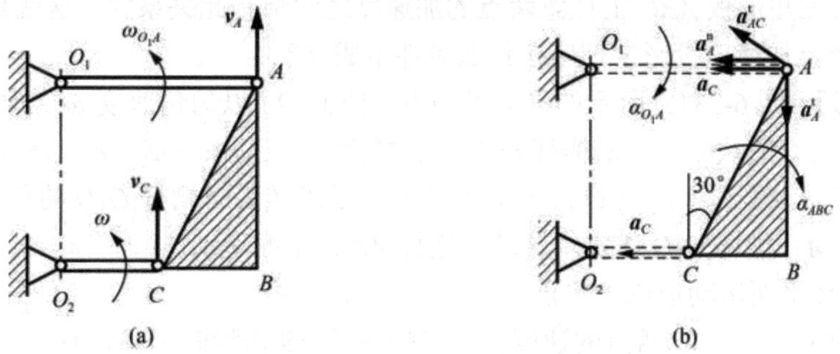

图 6-22　例题 6-9 图

(2) 加速度分析。

以点 C 为基点，由式(6-8)，点 A 的加速度为

$$\boldsymbol{a}_A=\boldsymbol{a}_A^{\mathrm{t}}+\boldsymbol{a}_A^{\mathrm{n}}=\boldsymbol{a}_C+\boldsymbol{a}_{AC}^{\mathrm{t}}+\boldsymbol{a}_{AC}^{\mathrm{n}}\tag{b}$$

其中，各加速度分析结果列表如表 6-2 所示。各加速度方向如图 6-22(b)所示。

表 6-2

加速度	$\boldsymbol{a}_A^{\mathrm{t}}$	$\boldsymbol{a}_A^{\mathrm{n}}$	$\boldsymbol{a}_C$	$\boldsymbol{a}_{AC}^{\mathrm{t}}$	$\boldsymbol{a}_{AC}^{\mathrm{n}}$
大小	未知	$O_1A\cdot\omega_{O_1A}^2$	$O_2C\cdot\omega^2$	未知	0
方向	$\perp O_1A$	$A\to O_1$	$C\to O_2$	$\perp AC$	

将式(b)中各项向 AC 方向投影，得

$$a_A^{\mathrm{t}}\cos 30^\circ+a_A^{\mathrm{n}}\sin 30^\circ=a_C\sin 30^\circ\tag{c}$$

解得

$$a_A^{\mathrm{t}}=(a_C-a_A^{\mathrm{n}})\tan 30^\circ=\frac{40}{3}\sqrt{3}\ \text{cm/s}^2$$

则杆 O_1A 的角加速度为

$$\alpha_{O_1A}=\frac{a_A^{\mathrm{t}}}{O_1A}=\frac{\sqrt{3}}{3}=0.577\ (\text{rad/s}^2)\qquad(\text{顺时针})$$

将式(b)中各项向 AO_1 方向投影，得

$$a_A^{\mathrm{n}}=a_C+a_{AC}^{\mathrm{t}}\cos 30^\circ$$

解得

$$a_{AC}^{\mathrm{t}}=(a_A^{\mathrm{n}}-a_C)/\cos 30^\circ=-\frac{80}{3}\sqrt{3}\ \text{cm/s}^2$$

则板 ABC 的角加速度为

$$\alpha_{ABC}=\frac{a_{AC}^{\mathrm{t}}}{AC}=-\frac{2}{3}\sqrt{3}=-1.155\ (\text{rad/s}^2)\quad(\text{顺时针})\tag{d}$$

各角加速度转向如图 6-22(b)所示。

本例讨论：(1)由式(a)和式(d)可知，刚体作瞬时平移，其角速度等于零，而角加速度不等于零。这是瞬时平移和平移(恒有$\omega=0,\alpha=0$)的重要区别。

(2)式(c)表明，A、C两点的加速度在该两点连线上的投影是相等的，即$\left[\boldsymbol{a}_A\right]_{AC}=\left[\boldsymbol{a}_C\right]_{AC}$。实际上，此瞬时三角形板$ABC$上任意两点的加速度之间都有此关系式，这就是加速度投影定理。请读者思考，加速度投影定理应在什么条件下成立？

【例题 6-10】 图 6-23(a)所示的平面机构中，曲柄OA以匀角速度ω绕轴O转动，连杆AB的中点C处连一滑块C，可沿槽杆O_1D的直槽滑动。已知：$OA=r$，$AB=l$，图示瞬时O、A、O_1三点在同一水平线上，且$OA\perp AB$，$\theta=30°$。试求该瞬时槽杆O_1D的角速度。

解　曲柄OA、槽杆O_1D作定轴转动，连杆AB作平面运动。

(1)先用刚体平面运动理论求出点C(即滑块C)的速度。

研究连杆AB。由A、B两点的速度方向可知连杆AB作瞬时平移，有

$$v_C=v_B=v_A=r\omega$$

各速度方向如图 6-23(a)所示。

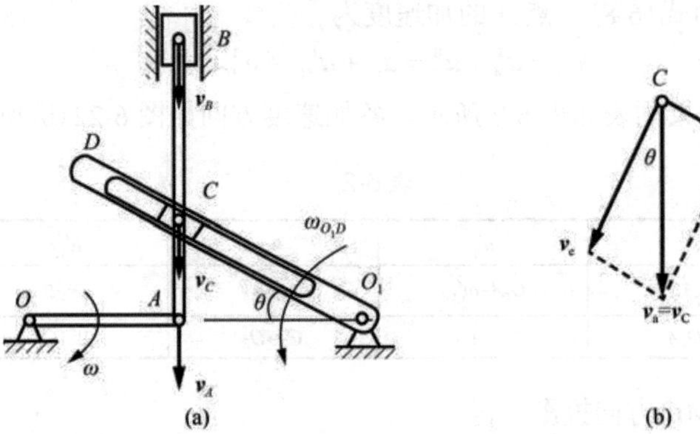

图 6-23　例题 6-10 图

(2)再用点的复合运动理论求得槽杆上与滑块C相重合点的速度，从而求解所需角速度。

选取动点：滑块C。动系：槽杆O_1D。

根据速度合成定理有

$$\boldsymbol{v}_a=\boldsymbol{v}_e+\boldsymbol{v}_r$$

其中，各速度矢量元素分析结果列表如表 6-3 所示。作速度平行四边形，如图 6-23(b)所示。

表 6-3

速度	$\boldsymbol{v}_a$	$\boldsymbol{v}_e$	$\boldsymbol{v}_r$
大小	$r\omega$	未知	未知
方向	铅垂向下	$\perp O_1D$	沿O_1D

由平行四边形的几何关系，解得

$$v_e=v_a\cos\theta=\frac{\sqrt{3}}{2}r\omega$$

于是，槽杆O_1D的角速度为

$$\omega_{O_1D}=\frac{v_e}{O_1C}=\frac{\frac{\sqrt{3}}{2}r\omega}{l}=\frac{\sqrt{3}r}{2l}\omega$$

其转向如图 6-23(a)所示。

本例讨论： 这是一个需要联合应用点的复合运动和刚体平面运动理论求解的综合性问题。若要求该瞬时槽杆 O_1D 的角加速度，则又如何求解？请有兴趣的读者自行分析。

· 平面图形上点的加速度分布是否也能看成绕速度瞬心 C^* 旋转？

例如，如图 6-24 所示，半径各为 r 和 R 的圆柱体相互固结。小圆柱体在水平地面上作纯滚动，其角速度为ω，角加速度为α。试判断下面所列的大圆柱体上点 A 的绝对速度、绝对切向加速度和绝对法向加速度大小的正误(其方向已示于图上)，并将错者改正。

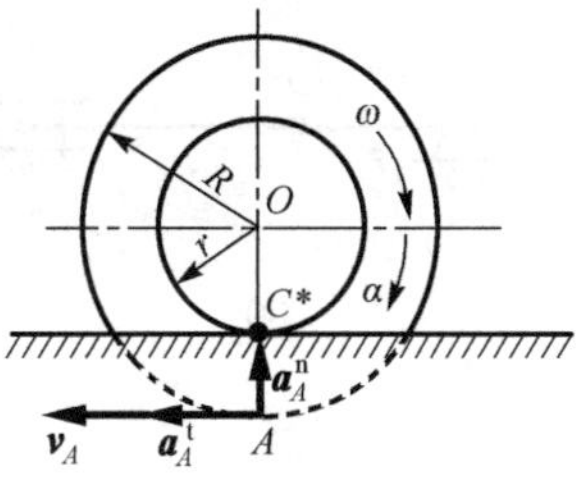

图 6-24　作纯滚动的圆柱体上点的加速度分析

$$v_A=(R-r)\omega\ ,\quad a_A^{\mathrm{t}}=(R-r)\alpha\ ,\quad a_A^{\mathrm{n}}=(R-r)\omega^2$$

· 刚体复合运动概述

第 4 章和本章只介绍了刚体的平移、定轴转动和平面运动，而实际上刚体还有其他运动形式。第 5 章中介绍的点的复合运动的分析方法，可推广应用到刚体的复合运动，在本章中已将平面运动分解成随基点的平移和绕基点的转动。类似于式(5-6)，对于刚体绕相交轴转动的合成，有

$$\boldsymbol{\omega}_{\mathrm{a}}=\boldsymbol{\omega}_{\mathrm{e}}+\boldsymbol{\omega}_{\mathrm{r}} \tag{6-9}$$

式中，$\boldsymbol{\omega}_{\mathrm{a}}$ 为刚体的绝对角速度；$\boldsymbol{\omega}_{\mathrm{e}}$ 为刚体的牵连角速度；$\boldsymbol{\omega}_{\mathrm{r}}$ 为刚体的相对角速度。

式(6-9)在机械传动中有广泛应用。而对于刚体绕平行轴转动的合成，则退化为

$$\omega_{\mathrm{a}}=\omega_{\mathrm{e}}\pm\omega_{\mathrm{r}} \tag{6-10}$$

当$\boldsymbol{\omega}_{\mathrm{r}}$与$\boldsymbol{\omega}_{\mathrm{e}}$反向时，上式右边$\omega_{\mathrm{r}}$前取“负”号；而当$\omega_{\mathrm{e}}-\omega_{\mathrm{r}}=0$时，$\omega_{\mathrm{a}}=0$，称为转动偶，此时刚体作平移。自行车的脚踏板运动基本上就是这种情况。

习　题

1. 选择填空题

6-1　某瞬时，平面图形上任意两点 A、B 的速度分别为 $\boldsymbol{v}_A$ 和 $\boldsymbol{v}_B$，如图所示。此时该两点连线中点 C 的速度 $\boldsymbol{v}_C$ 和点 C 相对基点 A 的速度 $\boldsymbol{v}_{CA}$ 分别为(　　)和(　　)。

① $\boldsymbol{v}_C=\boldsymbol{v}_A+\boldsymbol{v}_B$　　② $\boldsymbol{v}_C=(\boldsymbol{v}_A+\boldsymbol{v}_B)/2$

③ $\boldsymbol{v}_{CA}=(\boldsymbol{v}_A-\boldsymbol{v}_B)/2$　　④ $\boldsymbol{v}_{CA}=(\boldsymbol{v}_B-\boldsymbol{v}_A)/2$

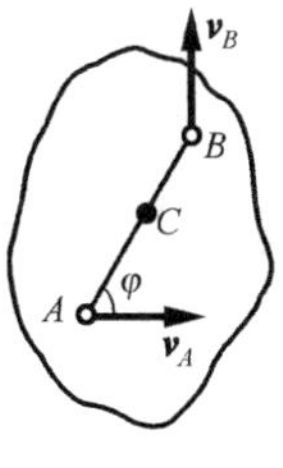

习题 6-1 图

6-2　在图示三种运动情况下，平面运动刚体的速度瞬心：(a)为(　　)；(b)为(　　)；(c)为(　　)。

① 无穷远处　　② A 点　　③ B 点　　④ C 点

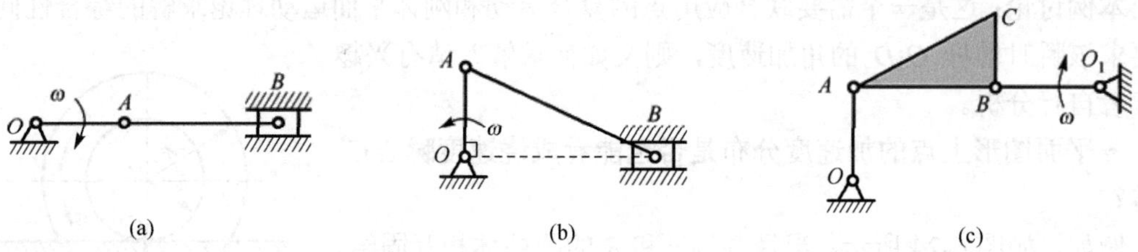

习题 6-2 图

6-3　在图示瞬时，已知 $O_1A = O_2B$，且 $O_1A // O_2B$，则(　　)。

① $\omega_1 = \omega_2$，$\alpha_1 = \alpha_2$　　② $\omega_1 \neq \omega_2$，$\alpha_1 = \alpha_2$

③ $\omega_1 = \omega_2$，$\alpha_1 \neq \alpha_2$　　④ $\omega_1 \neq \omega_2$，$\alpha_1 \neq \alpha_2$

6-4　圆盘沿水平轨道作纯滚动，如图所示，动点 M 沿圆盘边缘的圆槽以 $\boldsymbol{v}_r$ 做相对运动。已知：圆盘的半径为 R，圆盘中心以匀速 $\boldsymbol{v}_O$ 向右运动。若将动系固连于圆盘，则在图示位置时，动点 M 的牵连加速度为(　　)。

① 0　　② v_O^2/R

③ $2v_O^2/R$　　④ $4v_O^2/R$

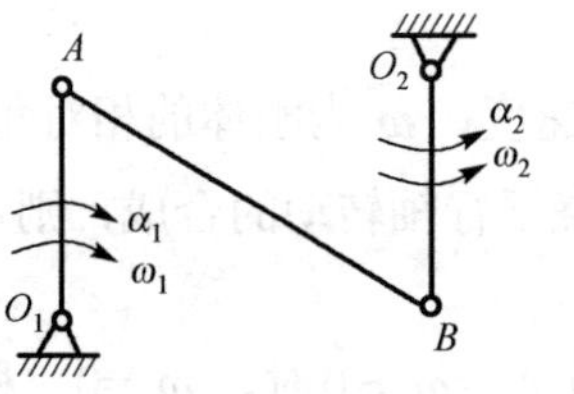

习题 6-3 图

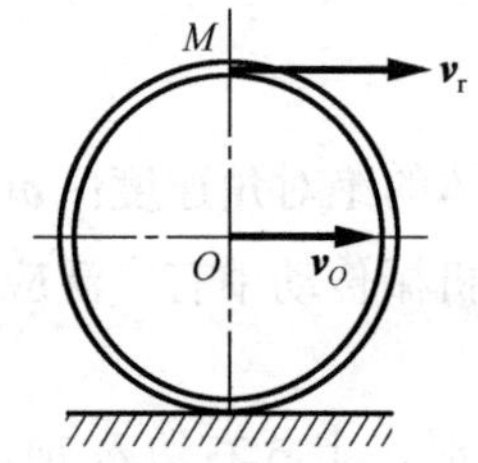

习题 6-4 图

6-5　半径为 r 的圆柱形滚子沿半径为 R 的圆弧槽纯滚动，在图示瞬时，滚子中心 C 的速度为 $\boldsymbol{v}_C$，切向加速度为 $\boldsymbol{a}_C^t$，则速度瞬心的加速度大小为(　　)。

6-6　如图所示，某瞬时，平面图形上 A 点的速度 $\boldsymbol{v}_A \neq \boldsymbol{0}$，加速度 $\boldsymbol{a}_A = \boldsymbol{0}$，$B$ 点的加速度大小 a_B = 40cm/s^2，与 AB 连线间的夹角 φ=60°。若 AB=5cm，则此瞬时该平面图形角速度的大小为(　　)；角加速度的大小为(　　)。

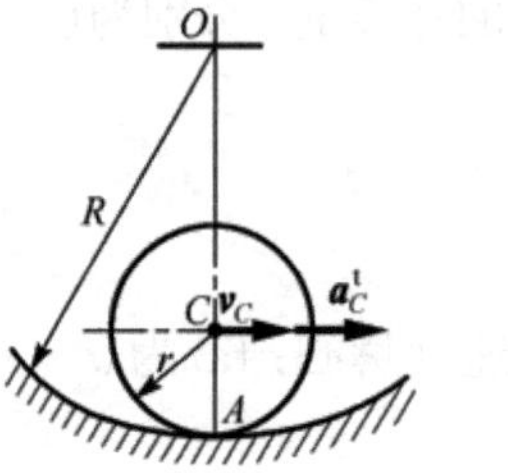

习题 6-5 图

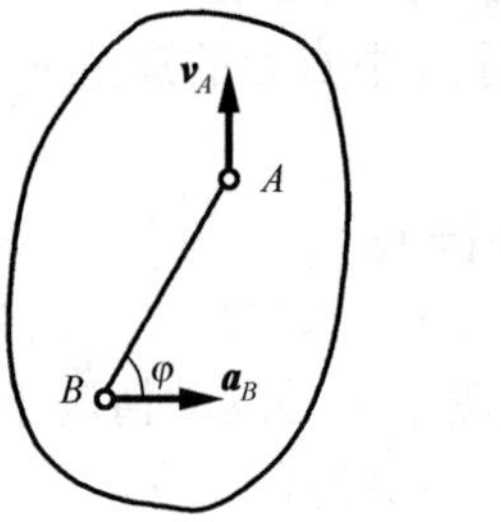

习题 6-6 图

2. 分析计算题

6-7　图示半径为 r 的齿轮由曲柄 OA 带动，沿半径为 R 的固定齿轮滚动。曲柄 OA 以匀角加速度 α_0 绕轴 O 转动，当运动开始时，角速度 $\omega_0 = 0$，转角 $\varphi_0 = 0$。试求动齿轮以圆心 A 为基点的平面运动方程。

6-8　杆 AB 斜靠于高为 h 的台阶角 C 处，一端 A 以匀速 v_0 沿水平向右运动，如图所示。试以杆与铅垂线的夹角 θ 表示杆的角速度。

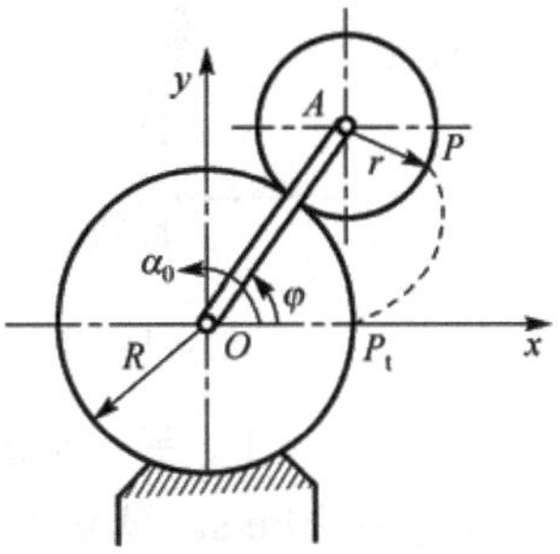

习题 6-7 图

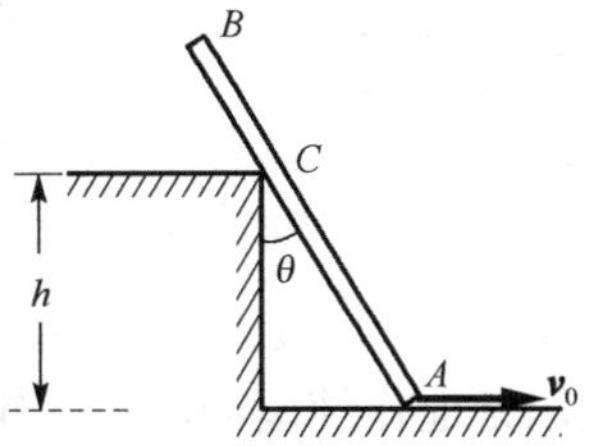

习题 6-8 图

6-9　图示拖车的车轮 A 与垫滚 B 的半径均为 r。试问当拖车以速度 $\boldsymbol{v}$ 前进时，轮 A 与垫滚 B 的角速度 ω_A 与 ω_B 有什么关系？设轮 A 和垫滚 B 与地面之间以及垫滚 B 与拖车之间无滑动。

6-10　图示的四连杆机械 $OABO_1$ 中，$OA = O_1B = \dfrac{1}{2}AB$，曲柄 OA 的角速度 $\omega = 3\text{rad/s}$。试求当 $\varphi = 90°$ 而曲柄 O_1B 重合于 OO_1 的延长线上时，杆 AB 和曲柄 O_1B 的角速度。

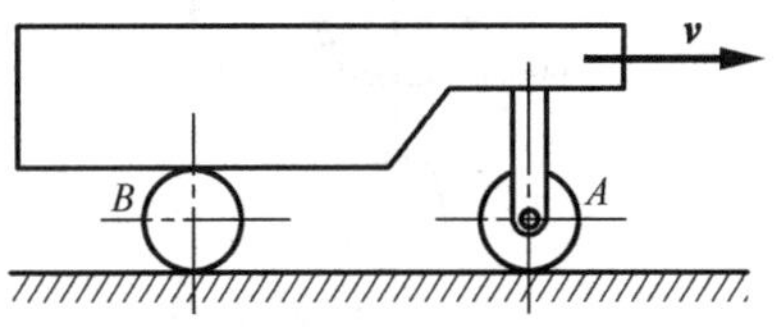

习题 6-9 图

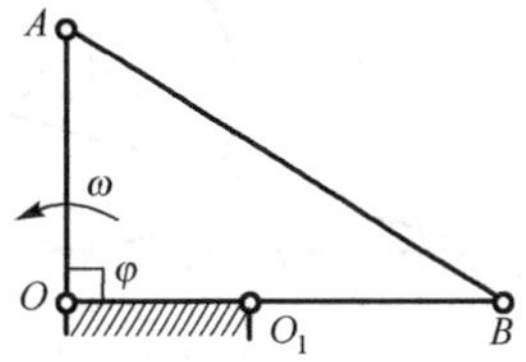

习题 6-10 图

6-11　图示飞机以速度 $v = 200\text{km/h}$ 沿水平航线飞行，同时以角速度 $\omega = 0.25\text{rad/s}$ 回收着陆轮。试求着陆轮 OC 的瞬时速度中心，并说明瞬时速度中心相对飞机的位置与角 θ 有无关系。

6-12　绕电话线的卷轴在水平地面上作纯滚动，如图所示，线上的点 A 有向右的速度 $v_A = 0.8\text{m/s}$，试求卷轴中心 O 的速度与卷轴的角速度，并问此时卷轴是向左还是向右滚动？

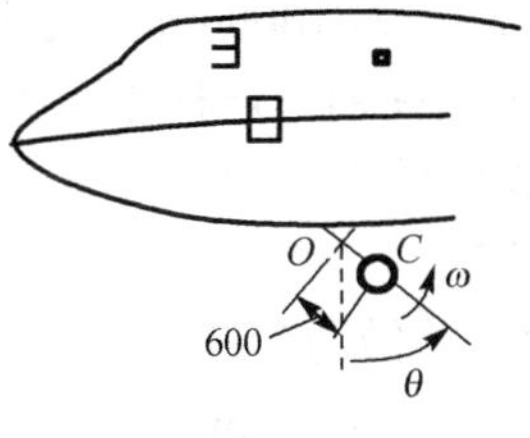

习题 6-11 图

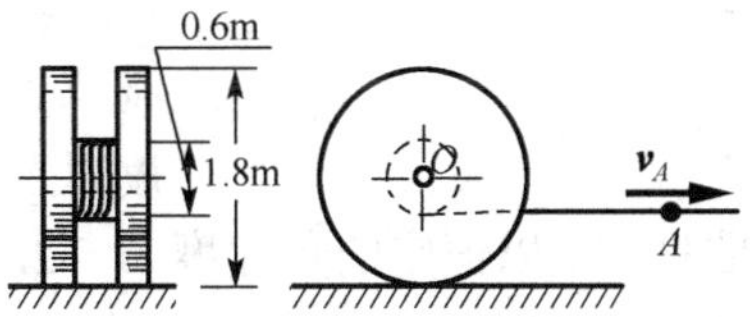

习题 6-12 图

6-13　如图所示，直径为$60\sqrt{3}$ mm 的滚子在水平面上作纯滚动，杆 BC 一端与滚子铰接，另一端与滑块 C 铰接。设杆 BC 在水平位置时，滚子的角速度ω=12rad/s，θ=30°，φ=60°，BC=270mm。试求该瞬时杆 BC 的角速度和点 C 的速度。

6-14　图示曲柄滑块机构中，曲柄角速度 $\omega = 20\,\text{rad/s}$，试求当曲柄 OA 在两铅垂位置和两水平位置时配汽机构中气阀推杆 DE 的速度。已知 OA=400mm，AC=CB=$200\sqrt{37}$ mm。

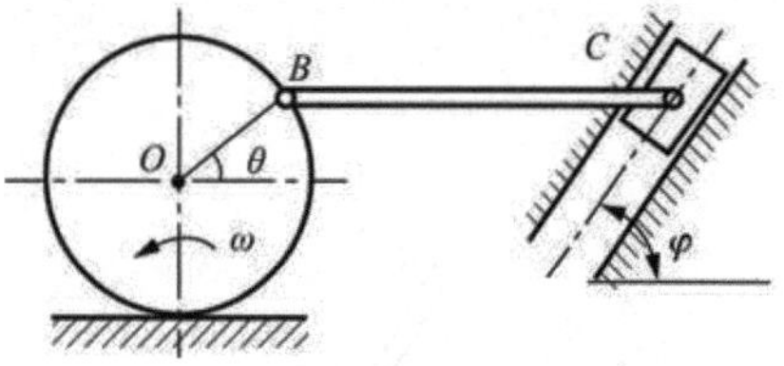

习题 6-13 图

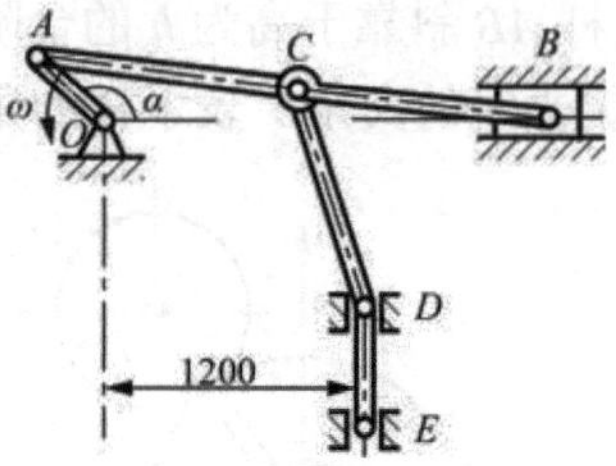

习题 6-14 图

6-15　杆 AB 长为 $l = 1.5$m，一端铰接在半径为 $r = 0.5$m 的轮缘上，另一端放在水平面上，如图所示。轮沿地面作纯滚动，已知轮心 O 速度的大小为 v_O = 20m/s。试求图示瞬时(OA 水平)点 B 的速度以及轮 O 和杆 AB 的角速度。

6-16　图示滑轮组中，绳索以速度 $v_C = 0.12\,\text{m/s}$ 下降，各轮半径已知，如图所示。假设绳在轮上不打滑，试求轮 B 的角速度与重物 D 的速度。

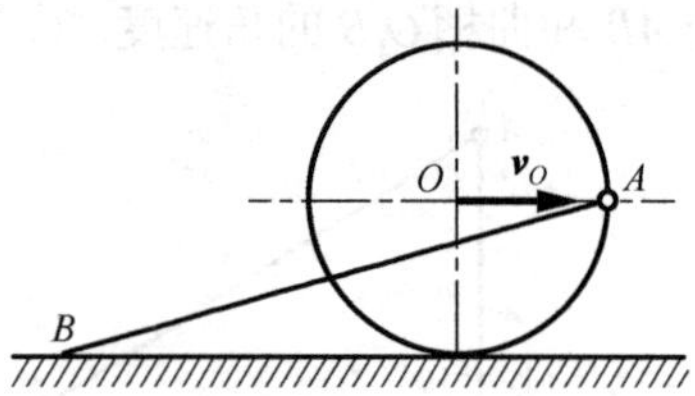

习题 6-15 图

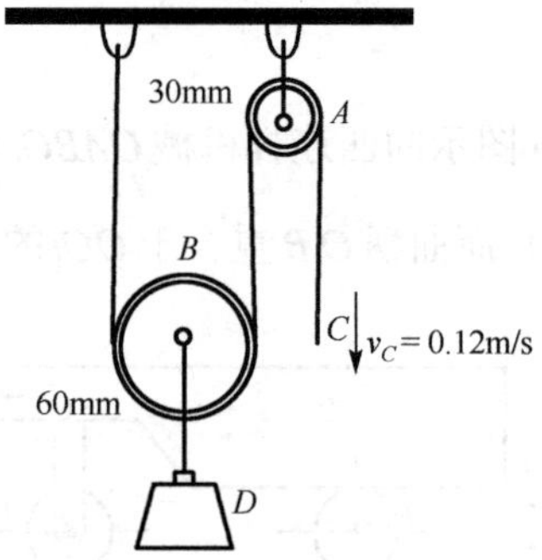

习题 6-16 图

6-17　链杆式摆动传动机构如图所示，$DCEA$ 为一摇杆，且 $CA \perp DE$。曲柄 OA= 200mm，CD=CE=250mm，曲柄转速 n=70r/min，$CO = 200\sqrt{3}$ mm。试求当 $\varphi = 90°$ 且 OA 与 CA 成60°角时，F、G 两点的速度的大小和方向。

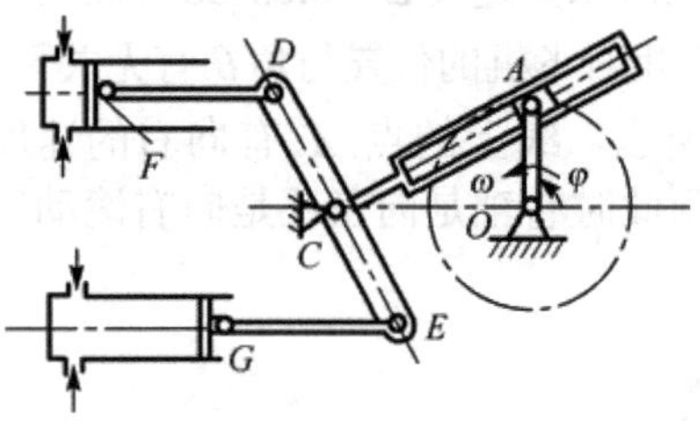

习题 6-17 图

6-18　如图所示，曲柄 OA 长为 200mm，以等角速度 $\omega = 10\,\text{rad/s}$ 转动，并带动长为 1000mm 的连杆 AB；滑块 B 沿铅垂滑道运动。试求当曲柄与连杆相互垂直并与水平轴线各成角 $\alpha = 45°$ 和 $\beta = 45°$ 时，连杆的角速度、角加速度以及滑块 B 的加速度。

6-19　曲柄 OA 以恒定的角速度 ω = 2rad/s 绕轴 O 转动，并借助连杆 AB 驱动半径为 r 的轮子在半径为 R 的圆弧槽中作无滑动的滚动。设 $OA = AB = R = 2r$ = 1m，试求图示瞬时点 B 和点 C 的速度和加速度。

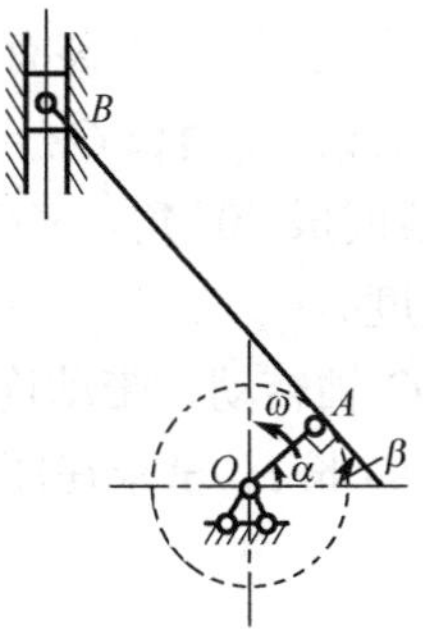

习题 6-18 图

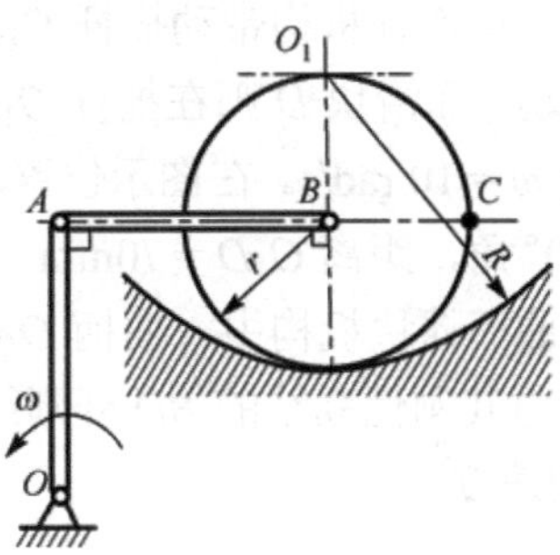

习题 6-19 图

6-20　图示机构由直角形曲杆 ABC、等腰直角三角形板 CEF、直杆 DE 和两个链杆铰接而成，DE 杆绕 D 轴匀速转动，角速度为 ω_0。试求图示瞬时（AB 水平，DE 铅垂）点 A 的速度和三角形板 CEF 的角加速度。

6-21　图示机构中，曲柄 OA 以等角加速度 $\alpha_0 = 5\text{rad/s}^2$ 转动，且在此瞬时其角速度为 $\omega_0 = 10\text{rad/s}$，$OA = r = 200\text{mm}$，$O_1B = 1000\text{mm}$，$AB = l = 1200\text{mm}$。试求当曲柄 OA 和摇杆 O_1B 在铅垂位置时，B 点的速度和加速度（切向和法向）。

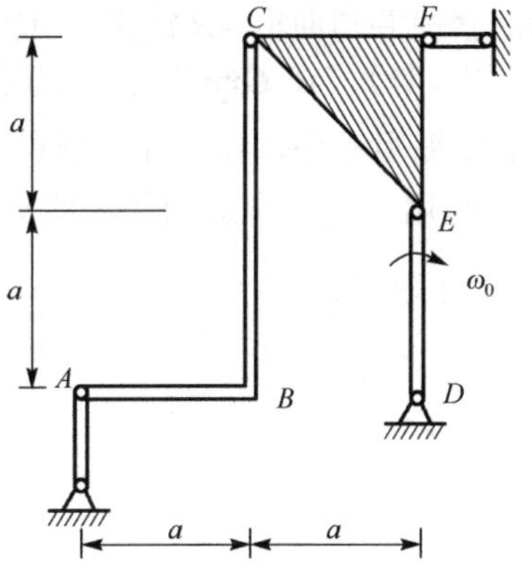

习题 6-20 图

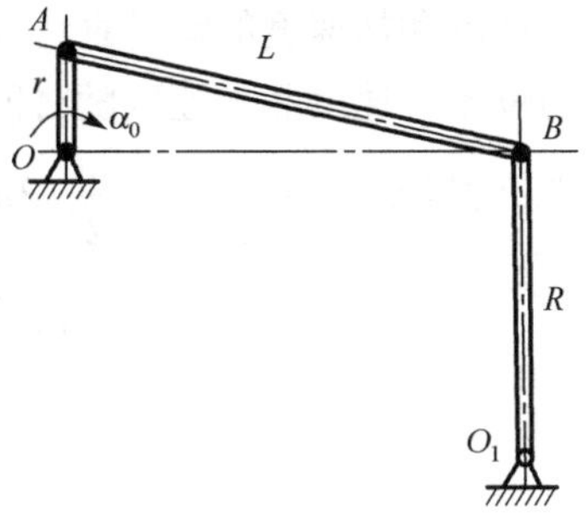

习题 6-21 图

6-22　在图示机构中，曲柄 OA 长为 r，绕 O 轴以等角速度 ω_O 转动，$AB = 6r$，$BC = 3\sqrt{3}\,r$。试求图示位置时滑块 C 的速度和加速度。

6-23　图示直角刚性杆，$AC = CB = 0.5\text{m}$，设在图示瞬时，两端滑块沿水平与铅垂轴的加速度如图所示，大小分别为 $a_A = 1\text{m/s}^2$，$a_B = 3\text{m/s}^2$。试求此时直角杆的角速度和角加速度。

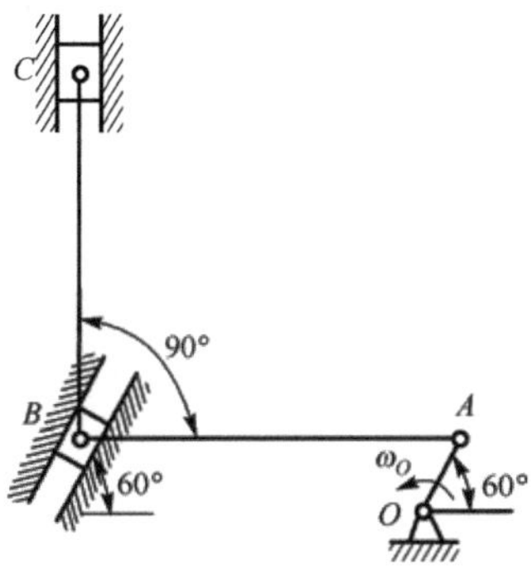

习题 6-22 图

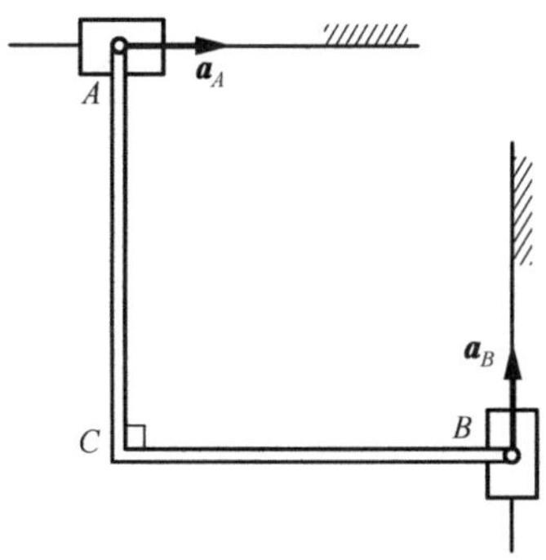

习题 6-23 图

6-24　图示曲柄连杆机构带动摇杆 O_1C 绕 O_1 轴摆动。在连杆 AB 上装有两个滑块，滑块 B 在水平槽内滑动，而滑块 D 则在摇杆 O_1C 的槽内滑动。已知：曲柄长 $OA = 50\text{mm}$，绕 O 轴转动的匀角速度 $\omega = 10\ \text{rad/s}$。在图示位置时，曲柄与水平线间成 90° 角，$\angle OAB = 60°$，摇杆与水平线间成 60° 角，距离 $O_1D = 70\text{mm}$。试求摇杆的角速度。

6-25　图示曲柄摇块机构中，曲柄 OA 以角速度 ω_0 绕 O 轴转动，带动连杆 AC 在摇块 B 内滑动；摇块及与其刚性联结的 BD 杆则绕 B 铰转动，杆 BD 长 l。试求在图示位置时摇块的角速度及点 D 的速度。

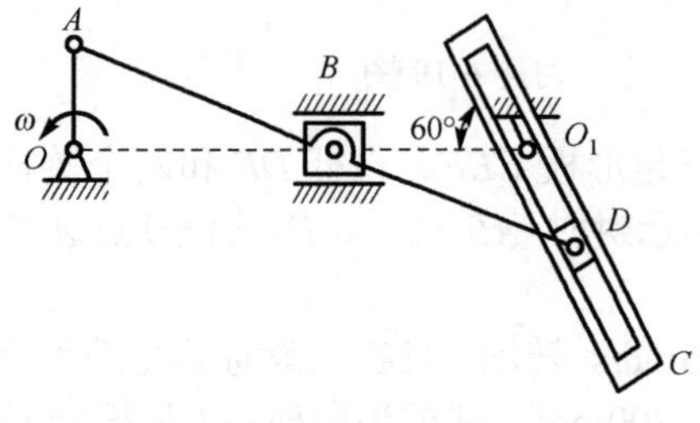

习题 6-24 图

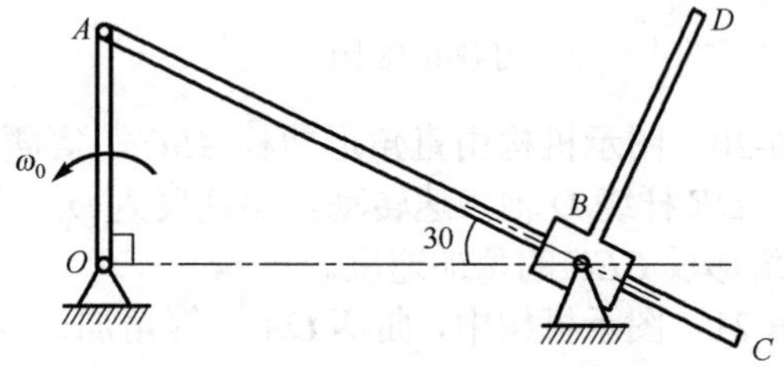

习题 6-25 图

6-26　图示机构中，杆 CD 穿过绕 O 做定轴转动的套筒并与曲柄 AB 铰接，$AB = 0.6\text{m}$，$OA = BD = 0.8\text{m}$，曲柄 AB 的转角 $\theta = 0.1\pi t$ rad (式中 t 以 s 计)，在 Oxy 坐标系中直接写出点 D 的位置、速度和加速度的解析表达式，应用 MATLAB 编写程序，计算并绘制点 D 一个运动周期内的位置、速度和加速度随时间的变化曲线。再应用点的复合运动和刚体平面运动理论验证特殊位置(如 $\theta=0$、$\dfrac{\pi}{2}$、π、$\dfrac{3\pi}{2}$、2π 等)的上述结果的正确性。

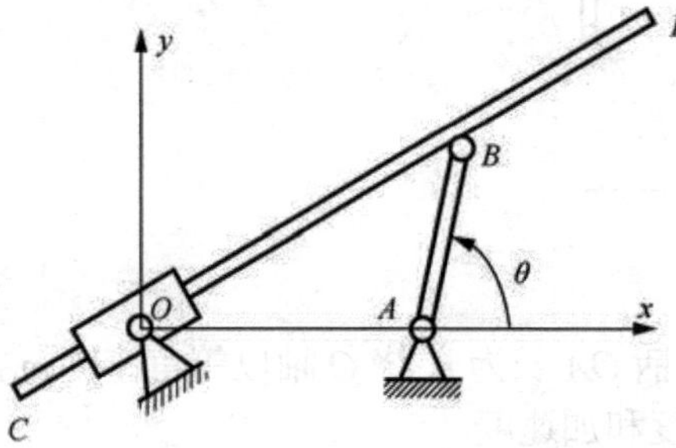

习题 6-26 图

第 7 章　质点系动量定理

7.1 质点系动力学普遍定理概述

7.1.1　动力学普遍定理概述

从本章开始到第 9 章介绍质点系动力学普遍定理及其应用。

对于质点系，从理论上讲，可以对每个质点应用牛顿第二定律列出其动力学基本方程，从而求解质点系的动力学问题。但这样做将会面临两方面的困难：一是方程数目太多，从而带来数学上的求解困难；二是出现了大量的不需要求解的未知内力。

对于绝大部分工程实际问题，并不需要求出质点系中每个质点的运动规律，而只需知道表征质点系整体运动的某些特征量。质点系动力学普遍定理(动量定理、动量矩定理和动能定理)正是从不同的侧面揭示了度量质点系整体运动状态的物理量(动量、动量矩和动能)与作用其上的力系总效果(主矢、主矩和功)之间的关系，这些定理及其推论不仅使得质点系的动力学问题在数学求解方面得到了简化，而且具有明显的物理意义。

7.1.2　质点系的质心

考察由 n 个质点组成的质点系，如图 7-1 所示。其中第 i 个质点的质量、位矢、速度和加速度分别为 m_i、$\boldsymbol{r}_i$、$\boldsymbol{v}_i$ 和 $\boldsymbol{a}_i$，则质点系质心的位矢公式为

$$\boldsymbol{r}_C = \frac{\sum m_i \boldsymbol{r}_i}{M} \tag{7-1}$$

将上式对时间求一次导数和两次导数得

$$\boldsymbol{v}_C = \frac{\sum m_i \boldsymbol{v}_i}{M} \tag{7-2}$$

$$\boldsymbol{a}_C = \frac{\sum m_i \boldsymbol{a}_i}{M} \tag{7-3}$$

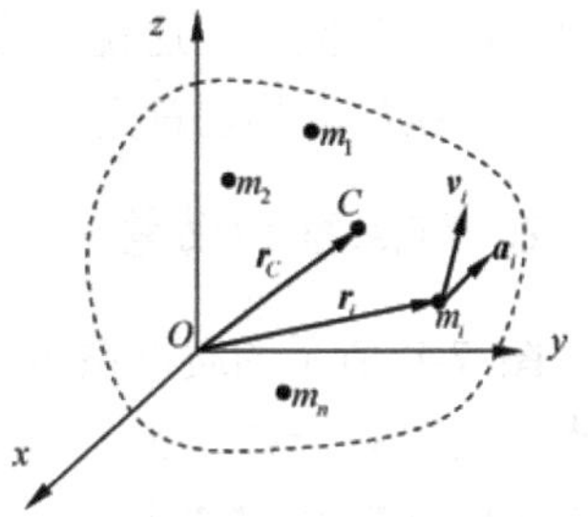

图 7-1　n 个质点组成的质点系

式中，$\boldsymbol{r}_C$ 为质点系质心的位矢；$\boldsymbol{v}_C$ 为质点系质心的速度；$\boldsymbol{a}_C$ 为质点系质心的加速度；$M=\sum m$ 为质点系的总质量。

在均匀重力场中，质点系的质心与重心的位置重合。值得注意的是，质心与重心是两个不同的概念，质心比重心具有更加广泛的力学意义。

7.1.3　质点系的外力和内力

如果研究对象为图 7-2 虚线所包围的质点系，则该质点系以外的物体作用于该质点系中各质点的力是外力，图中 $\boldsymbol{F}_i^{e}$ 即为外力(上标 e 表示外力)；而质点系内各质点之间的相互作用

力为内力，图中 $\boldsymbol{F}_i^{\mathrm{i}}$ 和 $\boldsymbol{F}_i'^{\mathrm{i}}$ 均为内力(上标 i 表示内力)。由于内力总是成对出现的，故有

$$\sum \boldsymbol{F}_i^{\mathrm{i}} = \boldsymbol{0} \tag{7-4}$$

$$\sum M_O(\boldsymbol{F}_i^{\mathrm{i}}) = 0 \tag{7-5}$$

即内力的主矢和对任一点的主矩均为零。

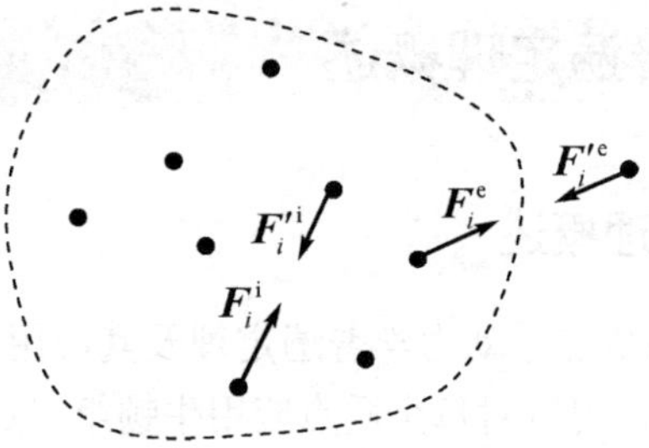

图 7-2　质点系的外力和内力

7.2 动　量

1. 质点的动量

质点的质量与速度的乘积称为质点的**动量**(momentum)或称**线动量**(linear- momentum)，即

$$\boldsymbol{p}_i = m_i \boldsymbol{v}_i \tag{7-6}$$

质点的动量是定位矢量，是度量质点运动的基本特征量之一。例如，子弹的质量虽小，但由于其运动速度很大，所以能将钢板击穿；轮船的速度很小，但因其质量很大，故可以将钢筋混凝土的码头撞坏。这说明将质点的质量和速度这两个量综合为动量，以度量运动的一种效应，具有明显的物理意义。

2. 质点系的动量

图 7-1 所示的质点系运动时，其诸质点在每一瞬时均有各自的动量。它们就像作用在诸质点上的力系一样，也是一个矢量系。力系是力的集合；动量系是各质点动量的集合，即 $\boldsymbol{p} = (m_1\boldsymbol{v}_1, m_2\boldsymbol{v}_2, \cdots, m_n\boldsymbol{v}_n)$ 。

质点系中所有质点动量的矢量和称为**质点系的动量**，即

$$\boldsymbol{p} = \sum m_i \boldsymbol{v}_i \tag{7-7}$$

质点系的动量是度量质点系整体运动的基本特征量之一。根据式(7-2)，式(7-7)可改写为

$$\boldsymbol{p} = M\boldsymbol{v}_C \tag{7-8}$$

上式表明，质点系的动量大小等于质点系的总质量乘以质心速度的大小，方向与质心速度的方向相同，这相当于将质点系总质量集中于质心的质点的动量。因此，质点系的动量反映了其质心的运动，这是质点系整体运动的一部分。

【例题 7-1】 图 7-3(a)所示的椭圆规尺由质量为 m_1 的均质曲柄 OA、质量为 $2m_1$ 的规尺 BD 以及质量均为 m_2 的滑块 B、D 组成。已知 $OA = AB = AD = l$，曲柄以角速度 ω 绕 O 轴转动。求：曲柄与水平线夹角为 θ 瞬时曲柄 OA 及机构的总动量。

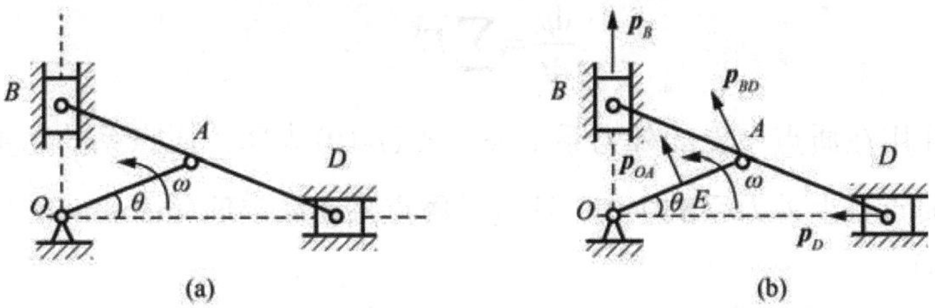

图 7-3　例题 7-1 图

解　(1)曲柄的动量。

均质曲柄的质心在 OA 的中点 E 处(图 7-3(b))。由式(7-8)，曲柄动量的大小为

$$p_{OA} = m_1 v_E = m_1 \frac{l}{2}\omega$$

方向与 $\boldsymbol{v}_E$ 相同。

(2)机构的总动量。

机构的总动量等于曲柄、规尺及两滑块动量的矢量和，即

$$\boldsymbol{p} = \boldsymbol{p}_{OA} + \boldsymbol{p}_{BD} + \boldsymbol{p}_B + \boldsymbol{p}_D$$

若将均质规尺 BD 及两个滑块视为一个质点系，由于 B、D 滑块质量相同，则该质点系的质心即在 BD 中点 A 处，动量便为

$$\boldsymbol{p}' = \boldsymbol{p}_{BD} + \boldsymbol{p}_B + \boldsymbol{p}_D = (2m_1 + 2m_2)\boldsymbol{v}_A$$

方向与 $\boldsymbol{v}_A$ 相同。由于 $\boldsymbol{v}_A$ 与 OA 中点 E 处的速度 $\boldsymbol{v}_E$ 方向相同，故 $\boldsymbol{p}'$ 与 $\boldsymbol{p}_{OA}$ 方向一致，于是机构总动量的大小为

$$p = p_{OA} + p' = m_1 \frac{l}{2}\omega + 2(m_1 + m_2)l\omega = \left(\frac{5}{2}m_1 + 2m_2\right)l\omega$$

方向与 $\boldsymbol{p}'$、$\boldsymbol{p}_{OA}$ 相同。

7.3　质点系动量定理与质心运动定理

7.3.1　动量定理

由物理学中质点的动量定理或牛顿第二定律可知，对于质点系中第 i 个质点，有

$$\frac{\mathrm{d}}{\mathrm{d}t}(m_i \boldsymbol{v}_i) = \boldsymbol{F}_i$$

对质点系中所有质点写出此式并求和；然后，对其等号左边交换求和与求导的顺序，从而可得

$$\frac{\mathrm{d}}{\mathrm{d}t}\left(\sum m_i \boldsymbol{v}_i\right)=\sum \boldsymbol{F}_i^{\mathrm{e}}+\sum \boldsymbol{F}_i^{\mathrm{i}} \tag{7-9}$$

同时注意到式(7-4)和式(7-7)，则上式可写为

$$\frac{\mathrm{d}\boldsymbol{p}}{\mathrm{d}t}=\sum \boldsymbol{F}_i^{\mathrm{e}} \tag{7-10}$$

式中，$\sum \boldsymbol{F}_i^{\mathrm{e}}$ 为作用在质点系上的外力系主矢。式(7-10)表明，质点系的动量对时间的一阶导数等于作用在该质点系上外力系的主矢，这就是**质点系动量定理**(theorem of the momentum of a system of particles)。

由式(7-10)可见，质点系动量的变化仅取决于外力系的主矢，内力不能改变质点系的动量。式(7-10)是质点系动量定理的微分形式，将其对时间积分即可得到质点系动量定理的积分形式。

7.3.2 质心运动定理

将式(7-8)代入式(7-10)，得

$$M\boldsymbol{a}_C=\sum \boldsymbol{F}_i^{\mathrm{e}} \tag{7-11}$$

上式表明，质点系的总质量与其质心加速度的乘积等于作用在该质点系上外力系的主矢，这就是**质量中心运动定理**，简称为**质心运动定理**(theorem of the motion of the centre of mass)。

式(7-11)与牛顿第二定律表达式 $m\boldsymbol{a}=\boldsymbol{F}$ 在形式上类似，但前者是描述质点系整体运动的动力学方程，后者仅描述单个质点的动力学关系。

质心运动定理是动量定理的推论。这一推论进一步说明了动量定理的实质：外力系的主矢仅确定了质点系质心的运动状态变化。

7.3.3 动量定理与质心运动定理的投影式与守恒式

(1)质点系动量定理与质心运动定理在实际应用时通常采用投影式。式(7-10)与式(7-11)在直角坐标系中的投影式分别为

$$\begin{cases}\dfrac{\mathrm{d}p_x}{\mathrm{d}t}=\sum F_{ix}^{\mathrm{e}}\\[2mm]\dfrac{\mathrm{d}p_y}{\mathrm{d}t}=\sum F_{iy}^{\mathrm{e}}\\[2mm]\dfrac{\mathrm{d}p_z}{\mathrm{d}t}=\sum F_{iz}^{\mathrm{e}}\end{cases} \tag{7-12}$$

$$\begin{cases}Ma_{Cx}=\sum F_{ix}^{\mathrm{e}}\\ Ma_{Cy}=\sum F_{iy}^{\mathrm{e}}\\ Ma_{Cz}=\sum F_{iz}^{\mathrm{e}}\end{cases} \tag{7-13}$$

(2)若作用于质点系的外力系主矢恒等于零，即 $\sum \boldsymbol{F}_i^{\mathrm{e}}=0$，根据式(7-10)和式(7-8)，则有

$$\boldsymbol{p}=\boldsymbol{C}_1 \tag{7-14}$$

$$\boldsymbol{v}_C=\boldsymbol{C}_2 \tag{7-15}$$

两式中的 $\boldsymbol{C}_1$ 与 $\boldsymbol{C}_2$ 均为常矢量，它们取决于运动的初始条件。式(7-14)称为**质点系动量守恒**(conservation of momentum of system of particles)，式(7-15)称为**质点系质心速度守恒**。

(3)若作用于质点系上的外力系主矢在某一坐标轴(如 x 轴)上的投影恒等于零，即 $\sum F_{ix}^{\mathrm{e}}=0$，根据式(7-12)与式(7-8)，分别有

$$p_x=C_3 \tag{7-16}$$

$$v_{Cx}=C_4 \tag{7-17}$$

两式中的 C_3 与 C_4 为两个常标量，它们由运动的初始条件决定。式(7-16)和式(7-17)分别表示**质点系动量和质心速度在 x 轴上的投影守恒**。

7.4 动量定理应用于简单刚体系统

因为刚体的质心易于确定，所以将动量定理应用于单个刚体时主要采用其质心运动形式——质心运动定理；对刚体系统而言，因为系统中每个刚体的质心比整个系统的质心易于确定，所以上述定理又可写为

$$\frac{\mathrm{d}}{\mathrm{d}t}(M\boldsymbol{v}_C)=\frac{\mathrm{d}}{\mathrm{d}t}\left(\sum M_i\boldsymbol{v}_{Ci}\right)=\boldsymbol{F}_R^{\mathrm{e}} \tag{7-18}$$

或

$$M\boldsymbol{a}_C=\sum(M_i\boldsymbol{a}_{Ci})=\boldsymbol{F}_R^{\mathrm{e}} \tag{7-19}$$

式中，M_i、$\boldsymbol{v}_{Ci}$ 和 $\boldsymbol{a}_{Ci}$ 分别为系统中第 i 个刚体的质量以及质心的速度和加速度；$\boldsymbol{F}_R^{\mathrm{e}}=\sum\boldsymbol{F}_i^{\mathrm{e}}$ 为质点系上的外力系主矢。

【例题 7-2】 图 7-4(a)所示的机构中，已知鼓轮 A 由半径分别为 r 和 R 的两轮固结而成，其质量为 m_1，转轴 O 为其质心。重物 B 的质量为 m_2，重物 C 的质量为 m_3。斜面光滑，倾角为 θ。若重物 B 的加速度为 $\boldsymbol{a}$，求轴承 O 处的约束力。

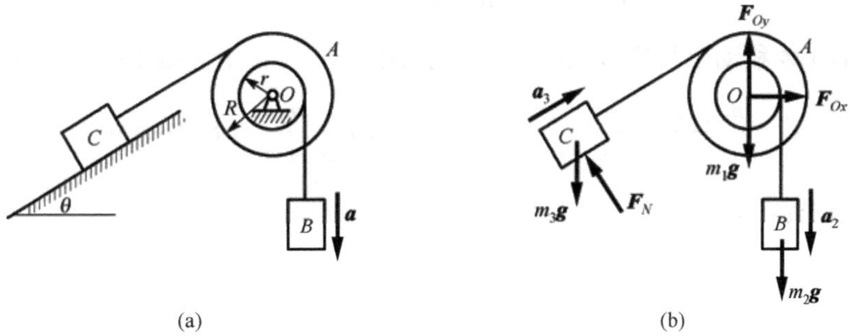

图 7-4　例题 7-2 图

解　选鼓轮 A 及重物 B、C 为研究对象，画出研究对象的受力图(图 7-4(b))。

应用动量定理确定轴承 O 处的约束力。鼓轮 A 作定轴转动，其质心的加速度为 0，设重物

B 加速度的大小 $a_2=a$，根据运动学关系，重物 C 加速度的大小 $a_3=aR/r$，则由式(7-19)，有

$$m_3a_3\cos\theta=F_{Ox}-F_N\sin\theta$$
$$m_3a_3\sin\theta-m_2a_2=F_{Oy}+F_N\cos\theta-(m_1+m_2+m_3)g$$

由于在垂直于斜面的方向上重物 C 的加速度为零，所以 $F_N=m_3g\cos\theta$，将其代入上式，最后得到

$$F_{Ox}=m_3a\frac{R}{r}\cos\theta+m_3g\cos\theta\sin\theta$$
$$F_{Oy}=m_3a\frac{R}{r}\sin\theta-m_2a-m_3g\cos^2\theta+(m_1+m_2+m_3)g$$

【例题 7-3】 图 7-5(a)所示的浮动起重机举起质量 m_1=2000kg 的重物。设起重机质量 m_2=20000kg，杆长 OA=8m；开始时杆 OA 与铅直位置成 60°角，水的阻力和杆重均略去不计。当起重杆 OA 转到与铅直位置成 30°角时，求起重机的位移。

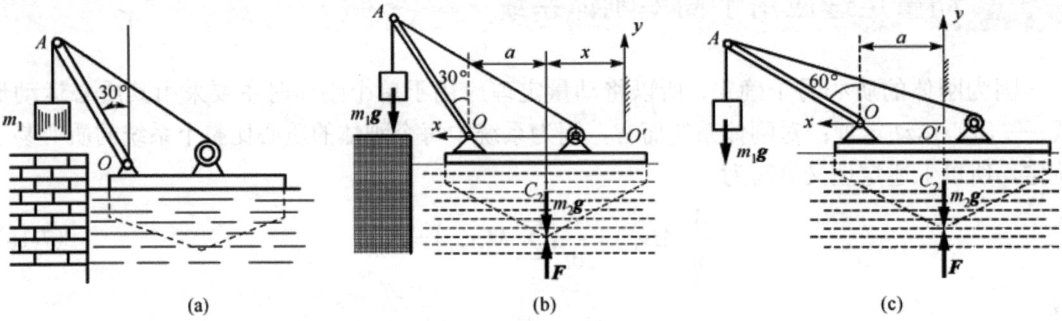

图 7-5　例题 7-3 图

解　取浮动起重机与重物为研究对象，取坐标系 $O'xy$，其中轴 $O'y$ 通过起重机质心 C_2 的初始位置，如图 7-2(c)所示。由于不受水平方向外力作用且系统原来静止，故系统质心的水平坐标 x_C 不变。设起重机发生的位移为 x，O 至 C_2 的水平距离为 a。

(1)初始位置时，起重杆 OA 与铅直线成 60°角(图 7-5(c))，由质心坐标公式有

$$x_C=\frac{m_1(\overline{OA}\sin 60^\circ+a)}{m_1+m_2}=\frac{m_1}{m_1+m_2}(a+8\sin 60^\circ)$$

(2)起重杆 OA 移动至与铅直线成 30°角时(图 7-5(b))，由质心坐标公式有

$$x_C'=\frac{m_1(\overline{OA}\sin 30^\circ+a+x)+m_2x}{m_1+m_2}=x+\frac{m_1}{m_1+m_2}(a+8\sin 30^\circ)$$

系统质心水平位置守恒：

$$x_C=x_C'$$

$$x=\frac{8m_1}{m_1+m_2}(\sin 60^\circ-\sin 30^\circ)=\frac{8\times 2\times\left(\frac{\sqrt{3}}{2}-\frac{1}{2}\right)}{2+20}=0.266(\text{m})$$

故起重机位置向左移动了 0.266m。

【例题 7-4】 在图 7-6(a)所示的曲柄滑杆机构中，曲柄 OA 以等角速度 ω 绕轴 O 转动。开始时，曲柄 OA 水平向右。已知：曲柄的质量为 m_1，滑块 A 的质量为 m_2，滑杆的质量为 m_3，曲柄的质心在 OA 的中点，$OA=l$；滑杆的质心在点 C，$BC=\dfrac{l}{2}$。求：(1)机构质量中心的运动方程；(2)作用点 O 的最大水平约束力。

解 (1)建立图示直角坐标系 Oxy，求得系统的质心坐标为

$$x_C=\frac{m_1\dfrac{l}{2}\cos\omega t+m_2 l\cos\omega t+m_3\left(l\cos\omega t+\dfrac{l}{2}\right)}{m_1+m_2+m_3}$$

$$=\frac{m_3 l}{2(m_1+m_2+m_3)}+\frac{m_1+2m_2+2m_3}{2(m_1+m_2+m_3)}l\cos\omega t$$

$$y_C=\frac{m_1\cdot\dfrac{l}{2}\sin\omega t+m_2 l\sin\omega t}{m_1+m_2+m_3}$$

$$=\frac{m_1+2m_2}{2(m_1+m_2+m_3)}l\sin\omega t$$

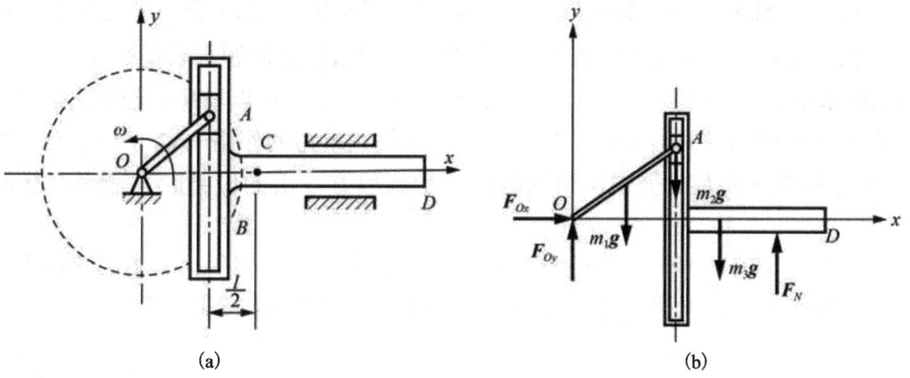

图 7-6　例题 7-4 图

(2)取整个系统为研究对象，其受力分析如图 7-6(b)所示，在 x 方向系统只受到点 O 约束力 $\boldsymbol{F}_{Ox}$ 的作用，根据质心运动定理在轴 x 上的投影式得

$$F_{Ox}=(m_1+m_2+m_3)a_{Cx}$$

其中

$$a_{Cx}=\ddot{x}_C=-\frac{m_1+2m_2+2m_3}{2(m_1+m_2+m_3)}l\omega^2\cos\omega t$$

则

$$F_{Ox}=-\frac{m_1+2m_2+2m_3}{2}l\omega^2\cos\omega t$$

故作用在 O 处的最大水平约束力为

$$F_{Ox\max}=\frac{m_1+2m_2+2m_3}{2}l\omega^2$$

【例题 7-5】 图 7-7 为伞兵跳伞降落过程，假设伞兵的质量为 M，降落伞的质量为 m，降落伞受到的空气阻力 $F_D=\frac{1}{2}\rho v^2 C_D S$，其中 ρ 为空气密度，v 为降落伞的下降速度，C_D 为降落伞的的阻力系数，S 为降落伞的阻力面积。试分析以下两种情形下伞兵的下降速度和下降高度随时间的变化：(1) 伞兵跳伞后立即开伞；(2) 伞兵跳伞自由下落时间 Δt 后再开伞。不考虑伞兵受到的空气阻力。

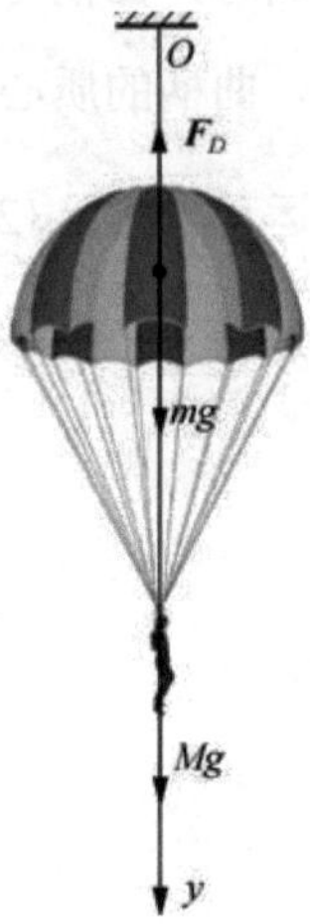

图 7-7 例题 7-5 图

解 建立图示的坐标系，O 点为伞兵跳伞的位置。以伞兵和降落伞组成的系统为研究对象，受力如图 7-7 所示。

(1) 在伞兵和降落伞的整个下降过程中，由质点系的动量定理得

$$(M+m)\ddot{y}=(M+m)g-\frac{1}{2}\rho\dot{y}^2 C_D S \tag{a}$$

(2) 在伞兵跳伞自由下落时间 Δt 的过程中，由质点系的动量定理得

$$(M+m)\ddot{y}=(M+m)g \tag{b}$$

时间 Δt 之后伞兵和降落伞的下降过程满足方程(a)。

显然方程(a)无法解析求解，下面应用 MATLAB 进行数值求解。假设伞兵的质量为 70kg，降落伞的质量为 2.5kg，$\rho=1.29\text{kg/m}^3$，$C_D=0.7$，$S=20\text{m}^2, \Delta t=5\text{s}$，将上述二阶微分方程改写为一阶微分方程组，应用 MATLAB 的常微分方程组初值问题求解指令 ode45，编写相应的 MATLAB 求解程序，得到的数值计算结果如图 7-8 所示。可以看出，若伞兵跳伞后立即开伞，则人在空中停留的时间较长；若先不开伞，系统在重力的作用下自由下落 5s，然后再开伞，这样就大大减少了人在空中停留的时间，受到敌方攻击的机会大大减少，从而使伞兵更加安全。

事实上，降落伞开伞(即从开始充气到完全张满)是需要时间的，若考虑降落伞的开伞时间，应该如何分析？若同时考虑伞兵受到的空气阻力，又该如何分析？

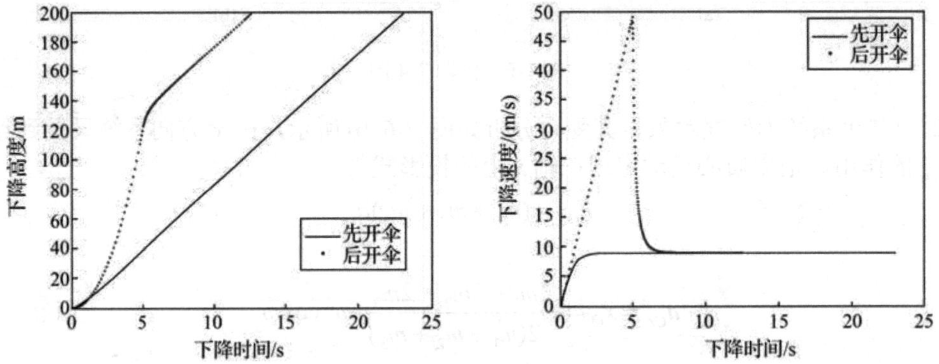

图 7-8 伞兵降落过程数值计算结果

· **驱动汽车行驶的力**

图 7-9 为一汽车向左加速行驶时的受力图，包括汽车重力 $\boldsymbol{W}$、两轮分别受到的地面约束力 $\boldsymbol{F}_{N1}$ 和 $\boldsymbol{F}_{N2}$、滚动阻力偶 M_{f1} 与 M_{f2} 和空气阻力 $\boldsymbol{F}_r$。此外，对于后轮驱动的汽车，发动机

汽缸内气体的爆炸力是汽车的内力，它通过传动机构在两后轮上作用按逆时针转向的内主动力偶 M，使后轮上与地面相接触的点产生向后滑动的趋势，这样，地面对后轮便作用有方向向前的摩擦力 $\boldsymbol{F}_1$。由于汽车的前轮是从动轮，在后轮上内主动力偶 M 的作用下，前轮上与地面相接触的点便产生向前的滑动趋势，因而前轮受有方向向后的摩擦力 $\boldsymbol{F}_2$。根据质心运动定理，有

$$m\boldsymbol{a}_C = \boldsymbol{F}_1 - \boldsymbol{F}_2 - \boldsymbol{F}_r$$

式中，m、$\boldsymbol{a}_C$ 分别是汽车的质量和质心加速度。

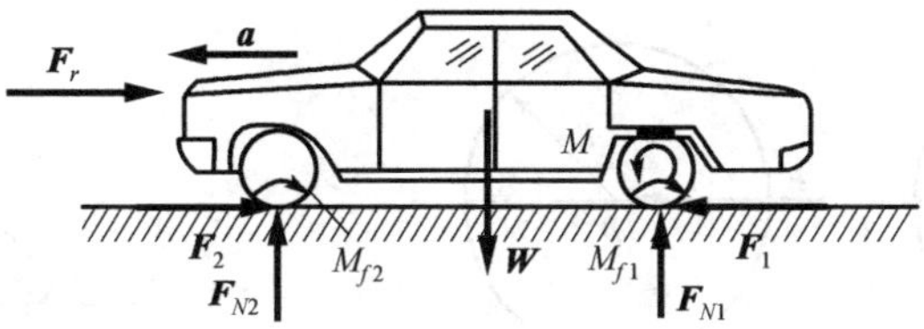

图 7-9　后轮驱动的汽车向左做加速运动时的受力图

上式表明，后轮上受到的摩擦力 $\boldsymbol{F}_1$ 即为汽车的驱动力或牵引力。在汽车行驶时，只有当 $F_1 > F_2 + F_r$ 时，才能使其质心获得向前的加速度，从而使汽车向前行驶。

• 动约束力分析

请读者结合本章中关于动约束力的分析，研究下列现象。

人静止地蹲(或半蹲)在磅秤上(图 7-10(a))。此时磅秤指针显示人体的重量。然后，人的双脚不离开磅秤缓慢站起，同时双臂上举，并再保持静止(图 7-10(b)、(c))。在这一运动过程中磅秤指针的读数将发生什么变化？为什么？

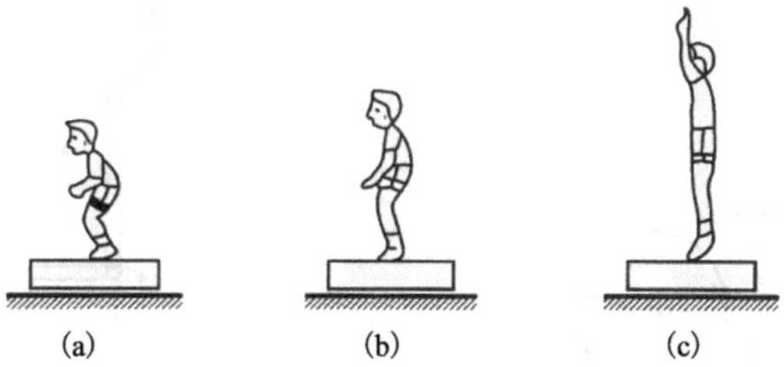

图 7-10　人蹲在磅秤上再缓慢站起，磅秤指针的读数将发生什么变化？

习　题

1. 选择填空题

7-1　两个完全相同的圆盘放在光滑水平面上，如图所示。在两个圆盘的不同位置上分别作用两个相同的力 $\boldsymbol{F}$ 和 $\boldsymbol{F}'$。设两圆盘从静止开始运动，则某瞬时两圆盘动量大小 p_A 和 p_B 的关系是(　　)。

① $p_A < p_B$　　② $p_A > p_B$　　③ $p_A = p_B$　　④ 不能确定

7-2　匀质杆 AB 重 G，其 A 端置于光滑水平面上，B 端用绳子悬挂，如图所示。取坐标系 Oxy，此时该杆质心 C 的 x 坐标 $x_C=0$。若将绳子剪断，则(　　)。

① 杆倒向地面的过程中，其质心 C 运动的轨迹为圆弧

② 杆倒至地面后，$x_C>0$

③ 杆倒至地面后，$x_C=0$

④ 杆倒至地面后，$x_C<0$

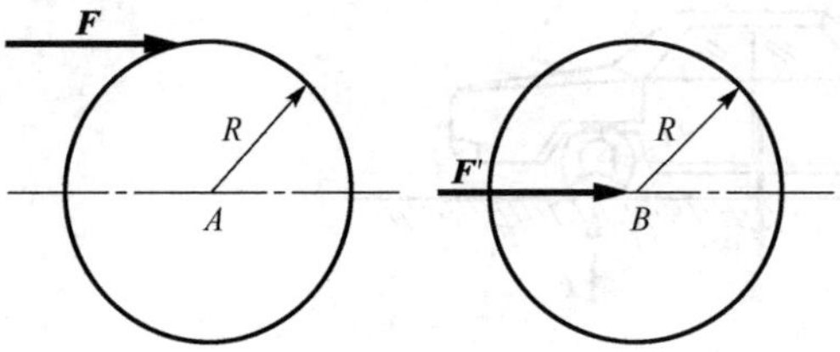

习题 7-1 图

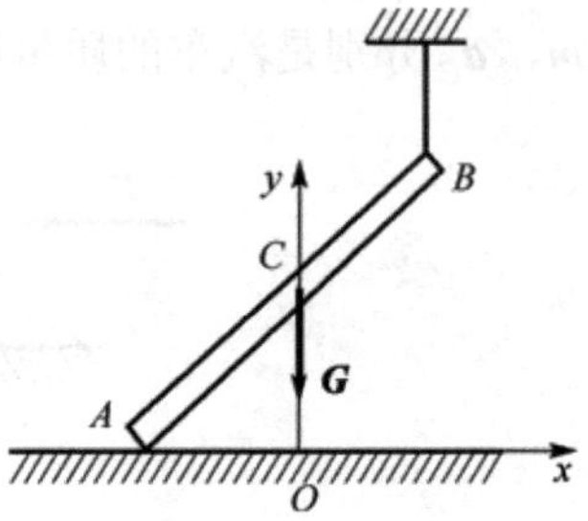

习题 7-2 图

7-3　OA 杆绕 O 轴逆时针转动，匀质圆盘沿 OA 杆作纯滚动，如图所示。已知圆盘的质量 m=20kg，半径 R=10cm。在图示位置时，OA 杆的倾角为 30°，其转动的角速度 ω_1=1rad/s，圆盘相对于 OA 杆转动的角速度 ω_2=4rad/s，$OB=10\sqrt{3}$ cm，则此时圆盘的动量大小为(　　)。

① 6.93N·s　　② 8N·s　　③ 8.72N·s　　④ 4N·s

7-4　图示平面连杆机构中，曲柄 O_1A、O_2B 和连杆 AB 皆可视为质量为 m、长为 $2r$ 的均质细杆。图示瞬时，曲柄 O_1A 逆时针转动的角速度为 ω，则该瞬时此系统的动量 $\boldsymbol{p}$ 为(　　)。

① $2\,mr\omega\boldsymbol{i}$　　② $3\,mr\omega\boldsymbol{i}$　　③ $4\,mr\omega\boldsymbol{i}$　　④ $6\,mr\omega\boldsymbol{i}$

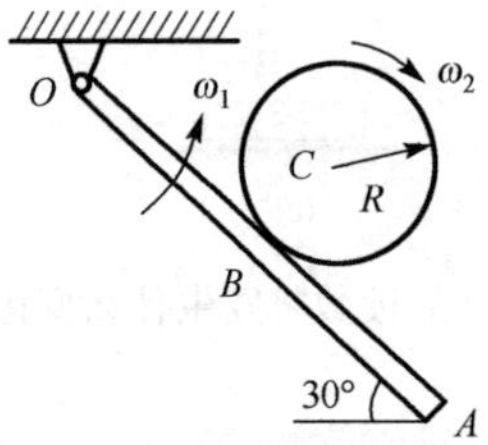

习题 7-3 图

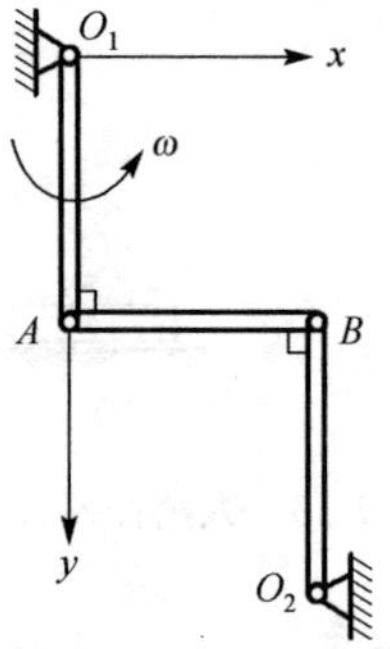

习题 7-4 图

7-5　图示平面机构中，物块 A 的质量为 m_1，可沿水平直线轨道滑动；均质杆 AB 的质量为 m_2、长为 $2l$，其 A 端与物块铰接，B 端固连一质量为 m_3 的质点。图示瞬时，物块的速度为 $\boldsymbol{v}$，杆的角速度为 ω，则此平面机构在该瞬时的动量 $\boldsymbol{p}$ 为(　　)。

① $(m_1+m_2+m_3)\,v\boldsymbol{i}$

② $[m_1v-(m_2+2m_3)\,l\omega\cos\theta]\boldsymbol{i}-(m_2+2m_3)\,l\omega\sin\theta\boldsymbol{j}$

③ $[m_1v-(m_2+2m_3)\,l\omega\cos\theta]\boldsymbol{i}+(m_2+2m_3)\,l\omega\sin\theta\boldsymbol{j}$

④ $[(m_1+m_2+m_3)\,v-(m_2+2m_3)\,l\omega\cos\theta]\boldsymbol{i}-(m_2+2m_3)\,l\omega\sin\theta\boldsymbol{j}$

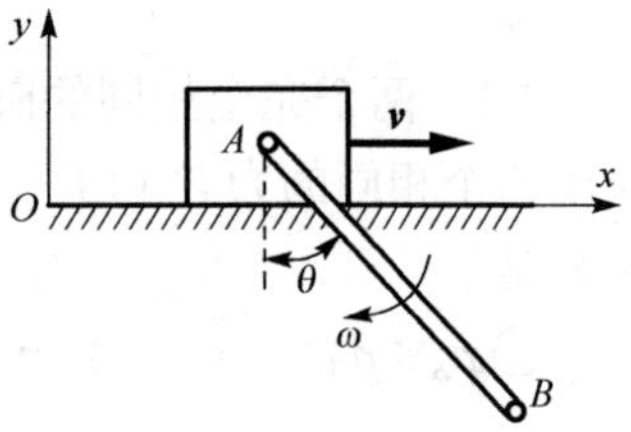

习题 7-5 图

7-6　已知三棱柱体 A 的质量为 m_1，物块 B 的质量为 m_2，在图示三种情形下，物块均由三棱柱体顶端无初速释放。若三棱柱体初始静止，不计各处摩擦，不计弹簧质量，则运动过程中(　　)情形动量守恒。

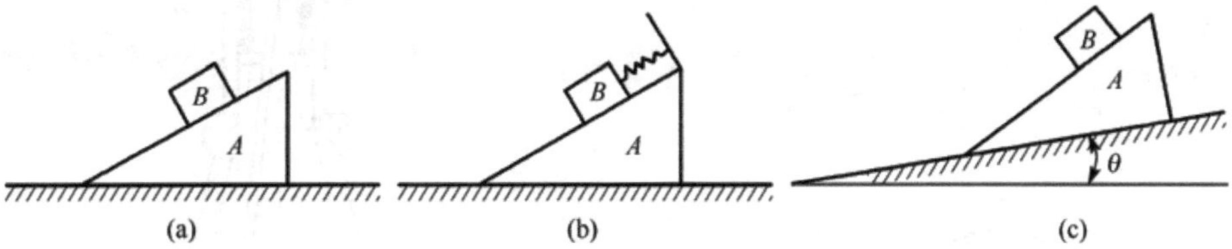

习题 7-6 图

2. 分析计算题

7-7　汽车以 36km/h 的速度在平直道上行驶。设车轮在制动后立即停止转动。问车轮对地面的动摩擦因数 f 应为多大方能使汽车在制动后 6s 停止？

7-8　图示水泵的固定外壳 D 和基础 E 的质量为 m_1，曲柄 $OA=d$，质量为 m_2，滑道 B 和活塞 C 的质量为 m_3。若曲柄 OA 以角速度 ω 作匀角速转动，试求水泵在唧水时给地面的动压力(曲柄可视为匀质杆)。

7-9　机车以速度 $v=72$km/h 沿直线轨道行驶，如图所示。平行杆 ABC 的质量为 200kg，其质量可视为沿长度均匀分布。曲柄长 $r=0.3$m，质量不计。车轮半径 R=1m，车轮只滚动而不滑动。求：车轮施加于铁轨的动压力的最大值。

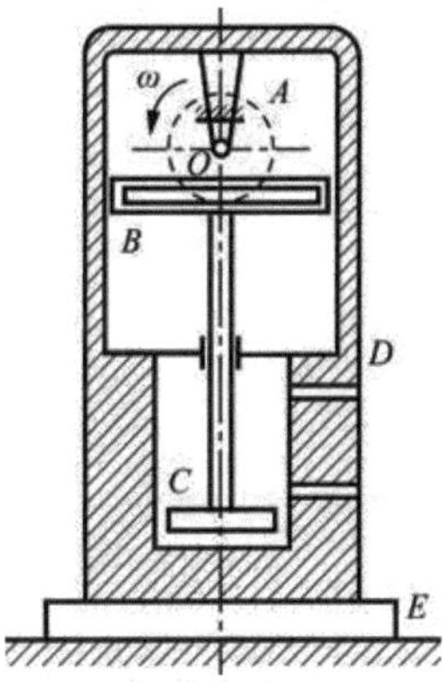

习题 7-8 图

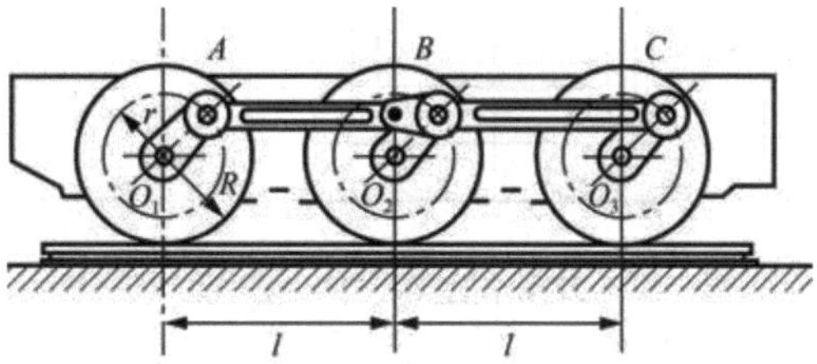

习题 7-9 图

7-10　图示凸轮机构中，凸轮半径为 r、偏心距为 e。凸轮绕 A 轴以匀角速度 ω 转动，带动滑杆 D 在套筒 E 中沿水平方向做往复运动。已知凸轮质量为 m_1，滑杆质量为 m_2，求：在任一瞬时机座螺钉所受的动反力。

7-11　图示立式内燃机中，汽缸、机架和轴承的质量共为 10×10^3kg，活塞质量为 981kg，其重心在十字头 O 处。活塞的冲程为 600mm，每分钟的转数为 300r。曲柄长 r 与连杆长 l 之比为 1/6，曲柄与连杆的质量忽略不计。发动机用螺栓固定在基础上，机器未开动时，螺杆的受力等于零，求：发动机作用在基础上的最大压力 F_N 以及作用在全部螺杆上的最大拉力 F_T。

提示：应将根式 $\sqrt{1-\left(\dfrac{r}{l}\right)^2\sin^2\varphi}$ 展开为级数，并舍去其中高于 $\left(\dfrac{r}{l}\right)^2$ 的项。

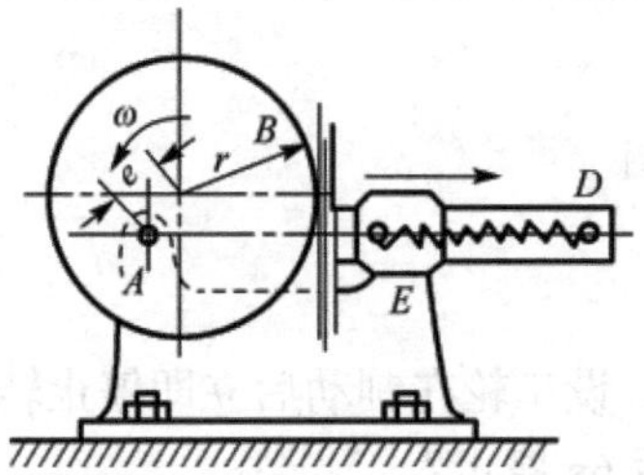

习题 7-10 图

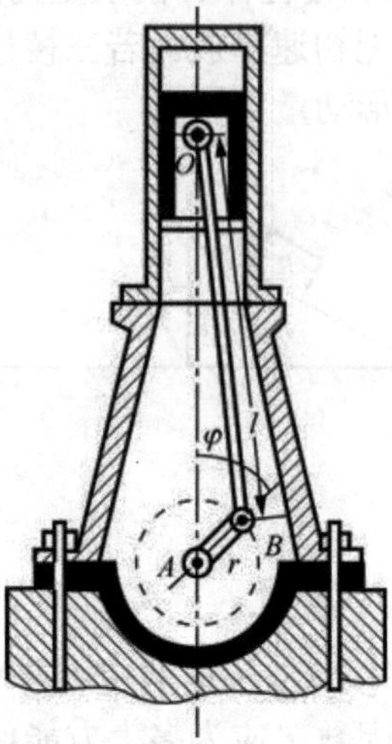

习题 7-11 图

7-12　图示框架的质量为 M，置于光滑水平面上。框架中单摆的摆长为 l，质量为 m。在摆角为 θ_0 时框架处于静止状态，此时将单摆自由释放。求：当单摆运动到铅垂位置时框架的位移。

7-13　匀质杆 AB 长 $2l$，B 端放置在光滑水平面上。杆在图示位置自由倒下，试求 A 点的轨迹方程。

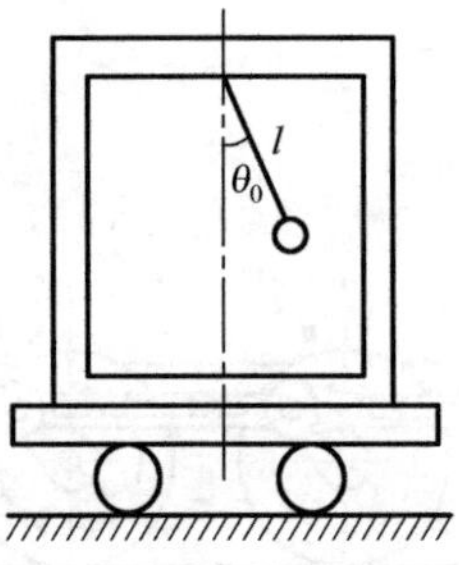

习题 7-12 图

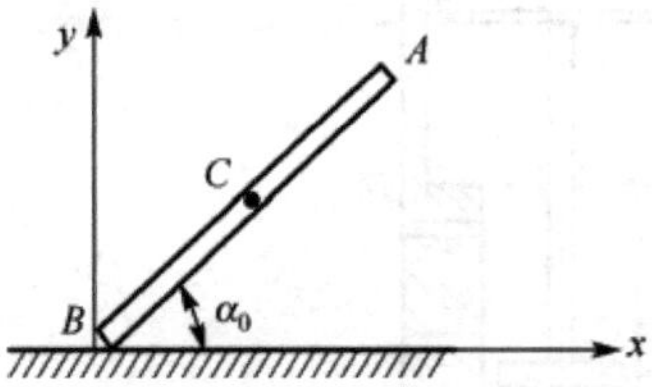

习题 7-13 图

7-14　如图所示，质量为 m 的滑块 A 可以在水平光滑槽中运动，刚度系数为 k 的弹簧一端与滑块相连接，另一端固定。杆 AB 的长度为 l，质量忽略不计，A 端与滑块 A 铰接，B 端装有质量为 m_1 的小球，在铅直平面内可绕点 A 旋转。设在力偶 M 作用下转动角速度 ω 为常数。求滑块 A 的运动微分方程。

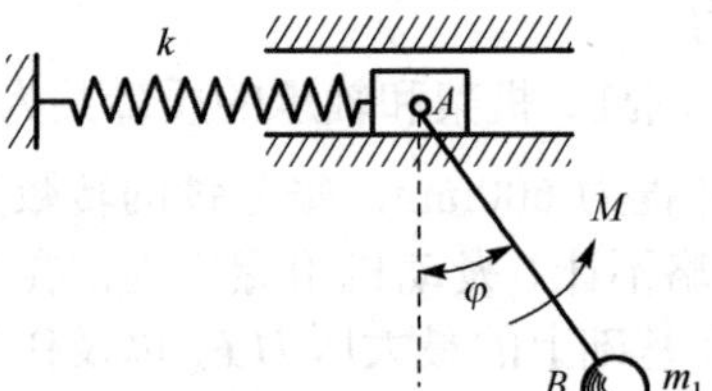

习题 7-14 图

7-15　图示质量为 M=1200kg 的拖拉机 A 用于起吊质量为 m=150kg 的重物 B，拖拉机发动机驱动车轮产生的水平牵引力 F=1200N。初始时重物 B 置于地面上，有关尺寸如图所示，系统静止，不计滑轮的质量，应用 MATLAB 编写程序，计算并绘制起吊过程中重物 B 的高度、速度和加速度随时间的变化曲线。

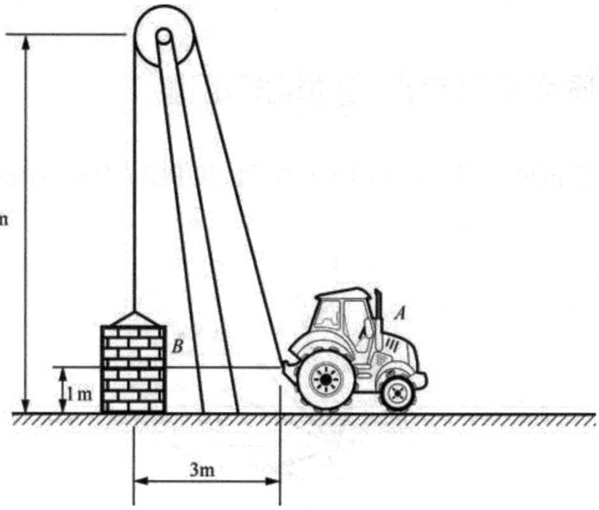

习题 7-15 图

7-16　在习题 7-11 中，不对根式做近似，应用 MATLAB 编写程序，计算并绘制一个周期内发动机作用在基础上的铅垂方向的约束力随时间的变化曲线，并与习题 7-11 的结果进行对比。

第 8 章　质点系动量矩定理

8.1　质点及质点系对定点的动量矩定理

考察由 n 个质点组成的质点系，如图 8-1 所示。其中第 i 个质点的质量、位矢和速度分别为 m_i、$\boldsymbol{r}_i$ 和 $\boldsymbol{v}_i$。

动量矩定理

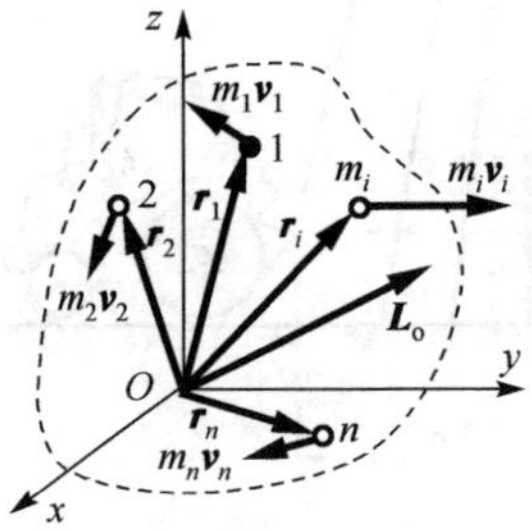

图 8-1　质点系对定点的动量矩

8.1.1　质点对定点的动量矩

质点 i 的动量对于定点 O 之矩称为质点对定点 O 的动量矩(moment of momentum)，即

$$\boldsymbol{L}_{Oi} = \boldsymbol{r}_i \times m_i \boldsymbol{v}_i \tag{8-1}$$

质点对定点的动量矩是定位矢量，其作用点在所选的矩心 O 上。它是度量质点运动的另一个基本特征量。例如，行星围绕太阳在椭圆轨道上运动，虽然由太阳引向行星的位矢和动量都在不断变化，但是行星动量对太阳中心之矩却是不变的，即动量矩守恒(开普勒的面积速度定律)。这说明用动量矩可以度量质点运动的另一种效应，同样具有明显的物理意义。

8.1.2　质点系对定点的动量矩

图 8-1 所示的质点系中各质点动量对定点 O 之矩的矢量和，称为**质点系对定点的动量矩**，即

$$\boldsymbol{L}_O = \sum (\boldsymbol{r}_i \times m_i \boldsymbol{v}_i) \tag{8-2}$$

质点系对定点的动量矩是定位矢量，其作用点在所选的矩心 O 上，它是度量质点系整体运动的另一个基本特征量。

8.1.3　质点系对定点的动量矩定理

物理学中已给出质点的动量矩定理：

$$\frac{\mathrm{d}}{\mathrm{d}t}(\boldsymbol{r}_i \times m_i \boldsymbol{v}_i) = \boldsymbol{r}_i \times \boldsymbol{F}_i = \boldsymbol{M}_{Oi} \tag{8-3}$$

式中，$\boldsymbol{F}_i$为作用于质点 i 上的力；$\boldsymbol{M}_{Oi}$ 为力 $\boldsymbol{F}_i$ 对定点 O 之矩。上式表明，质点对定点 O 的动量矩对时间的一阶导数等于作用在质点上的力对同一点之矩。

现将质点系中第 i 个质点上的作用力分为外力 $\boldsymbol{F}_i^{\mathrm{e}}$ 和内力 $\boldsymbol{F}_i^{\mathrm{i}}$，并将式(8-3)改写为

$$\frac{\mathrm{d}}{\mathrm{d}t}(\boldsymbol{r}_i\times m_i\boldsymbol{v}_i)=\boldsymbol{r}_i\times\boldsymbol{F}_i^{\mathrm{e}}+\boldsymbol{r}_i\times\boldsymbol{F}_i^{\mathrm{i}} \tag{8-4}$$

对于由 n 个质点组成的质点系，对所有质点求和得

$$\sum\frac{\mathrm{d}}{\mathrm{d}t}(\boldsymbol{r}_i\times m_i\boldsymbol{v}_i)=\sum(\boldsymbol{r}_i\times\boldsymbol{F}_i^{\mathrm{e}})+\sum(\boldsymbol{r}_i\times\boldsymbol{F}_i^{\mathrm{i}})$$

将求导和求和运算交换次序，并注意到$\sum(\boldsymbol{r}_i\times\boldsymbol{F}_i^{\mathrm{i}})=\boldsymbol{0}$，得

$$\frac{\mathrm{d}}{\mathrm{d}t}\sum(\boldsymbol{r}_i\times m_i\boldsymbol{v}_i)=\sum(\boldsymbol{r}_i\times\boldsymbol{F}_i^{\mathrm{e}}) \tag{8-5a}$$

或

$$\frac{\mathrm{d}\boldsymbol{L}_O}{\mathrm{d}t}=\boldsymbol{M}_O^{\mathrm{e}} \tag{8-5b}$$

即质点系对定点 O 的动量矩对时间的一阶导数等于作用在该质点系上的外力系对同一点的主矩，此即质点系对定点的动量矩定理(theorem of moment of momentum of a system of particles)。

由式(8-5)可见，质点系动量矩的变化仅取决于外力系的主矩，内力不能改变质点系的动量矩。式(8-5)是质点系动量矩定理的微分形式，将其积分可得到质点系动量矩定理的积分形式。

1. 质点系对定轴的动量矩定理

将式(8-5b)等号两边的各项投影到以定点 O 为原点的直角坐标系 $Oxyz$ 上，得

$$\begin{cases}\dfrac{\mathrm{d}L_x}{\mathrm{d}t}=M_x^{\mathrm{e}}\\[2mm]\dfrac{\mathrm{d}L_y}{\mathrm{d}t}=M_y^{\mathrm{e}}\\[2mm]\dfrac{\mathrm{d}L_z}{\mathrm{d}t}=M_z^{\mathrm{e}}\end{cases} \tag{8-6}$$

这就是质点系对定点的动量矩定理的投影形式，也称为**质点系对定轴的动量矩定理**，即质点系对定轴的动量矩对时间的一阶导数等于作用在质点系上的外力系对同轴之矩。

2. 质点系动量矩定理的守恒形式

在式(8-5b)中，若外力系对定点 O 的主矩 $\boldsymbol{M}_O^{\mathrm{e}}=\boldsymbol{0}$，则质点系对该点的动量矩守恒，即

$$\boldsymbol{L}_O=\boldsymbol{C} \tag{8-7}$$

在式(8-6)中，若外力系对定轴(如 z 轴)之矩为零，则质点系对该轴的动量矩守恒，即

$$L_z=C_1 \tag{8-8}$$

【例题 8-1】 图 8-2 为二猴爬绳比赛。猴 A 与猴 B 的质量相等，即 $m_A = m_B = m$ 。爬绳时猴 A 相对绳爬得快，猴 B 相对绳爬得慢。二猴分别抓住缠绕在定滑轮 O 上的软绳的两端，在同一高度上，从静止开始同时向上爬。假设不计绳子与滑轮的质量，不计轴 O 的摩擦，且绳与滑轮间没有相对滑动，试分析比赛结果。另外，若已知二猴相对绳子的速度大小分别为 v_{Ar} 与 v_{Br} ，试分析绳子的绝对速度 v 。

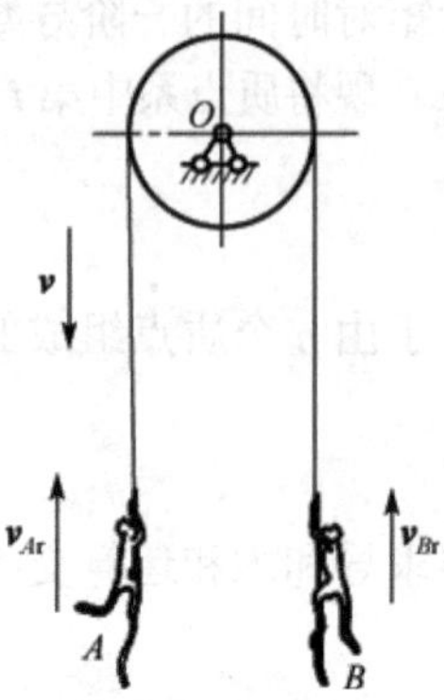

图 8-2　例题 8-1 图

解　考察由滑轮、绳与 A、B 二猴组成的二质点系。由于二猴重力对轴 O 之矩的代数和为零，即

$$m_B gr - m_A gr = 0 \qquad \text{(a)}$$

式中，r 为滑轮半径。所以，质点系对轴 O 的动量矩守恒，且等于零：

$$L_O = m_A v_{Aa} r - m_B v_{Ba} r = 0 \qquad \text{(b)}$$

即

$$v_{Aa} = v_{Ba} \qquad \text{(c)}$$

故二猴的绝对速度大小相等，方向相同，比赛结果为同时到达顶端。

假设绳子运动的绝对速度大小为 v，则有

$$v_{Aa} = v_{Ar} - v, \qquad v_{Ba} = v_{Br} + v \qquad \text{(d)}$$

这样得到绳子的绝对速度：

$$v = \frac{v_{Ar} - v_{Br}}{2} \qquad \text{(e)}$$

实际上，猴子的体力差别只影响它们相对绳子的运动速度。为了满足整体系统对轴 O 的动量矩为零，绳子必然同弱猴一起向上运动，同时以自己的速度作为弱猴向上的牵连速度而帮助它运动。事实上，弱猴即使不向上爬，而只将身体吊挂在绳子上，绳子也会在强猴到达终点的同时将其带到同一高度上。

请读者思考：若考虑滑轮的质量且绳与滑轮间没有相对滑动，则如何求解本例？

8.2 刚体定轴转动动力学方程 · 刚体对轴的转动惯量

8.2.1 刚体定轴转动动力学方程

应用式(8-6)，可以得到刚体定轴转动动力学方程。设刚体绕定轴 z 转动(图 8-3)，其角速度与角加速度分别为 ω 与 α 。刚体上第 i 个质点的质量为 m_i ，至轴 z 的距离为 r_i ，动量 $p_i = m_i r_i \omega$ ，则刚体对定轴 z 的动量矩为

$$L_z = \sum m_i r_i \omega \cdot r_i = \sum (m_i r_i^2)\omega = J_z \omega \qquad (8\text{-}9)$$

式中，$J_z = \sum (m_i r_i^2)$ 称为刚体对轴 z 的**转动惯量**(moment of inertia)。

将式(8-9)代入式(8-6)的第三式，得

$$J_z \dot{\omega} = M_z^{\mathrm{e}} \qquad (8\text{-}10\text{a})$$

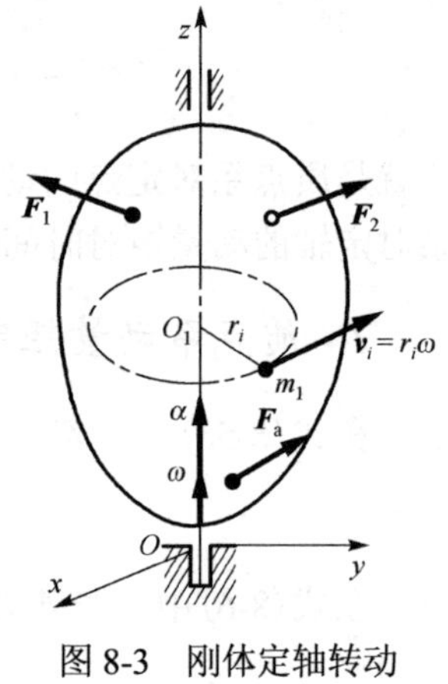

图 8-3　刚体定轴转动的动力学分析

或

$$J_z\alpha = M_z^{\mathrm{e}} \tag{8-10b}$$

该式即**刚体定轴转动动力学方程**(differential equation of rotation of rigid body with a fixed axis)，即刚体对定轴的转动惯量与角加速度的乘积等于作用在刚体上的外力系对该轴之矩。

式(8-10)是质点系对定轴的动量矩定理的一个推论。由于工程上作定轴转动的刚体很普遍，所以式(8-10)具有重要的工程意义。

8.2.2　刚体对轴的转动惯量

1. 转动惯量

在物理学中已初步建立了刚体对定轴 z 的转动惯量的概念，即

$$J_z = \sum m_i r_i^2 = \sum m_i (x_i^2 + y_i^2) \tag{8-11a}$$

或

$$J_z = \int_m r^2 \mathrm{d}m = \int_m (x^2 + y^2)\mathrm{d}m \tag{8-11b}$$

式中，$\mathrm{d}m$ 为第 i 个质点的质量微元。式(8-11)表明，刚体转动惯量是刚体质量与一直线的位置相关联的量。它不仅与刚体的质量有关，而且与质量对轴 z 的分布状况有关。

将牛顿第二定律 $\boldsymbol{ma} = \boldsymbol{F}$ 与刚体定轴转动动力学方程 $J_z\alpha = M_z^{\mathrm{e}}$ 逐项对应比较，可以看出：**转动惯量是刚体作定轴转动的惯性量度。**

图 8-4(a)为机器主轴上安装的飞轮，其作用是，用自身很大的转动惯量储存动能，以便在主轴出现转速波动时进行调节，从而稳定主轴转速。即主轴转速下降时，由飞轮输出动能；相反，则吸收动能。因此，它不仅质量大，而且将约 95%的质量集中在轮缘处，使其对转轴的转动惯量大。图 8-4(b)为仪表的指针，它要求有较高的灵敏度，能较快且较准确地反映出仪器所测物理量的最小信号。因此，指针对转轴的转动惯量要小。为此不仅用较少的轻金属制成，而且将质量较多地集中在转轴附近。

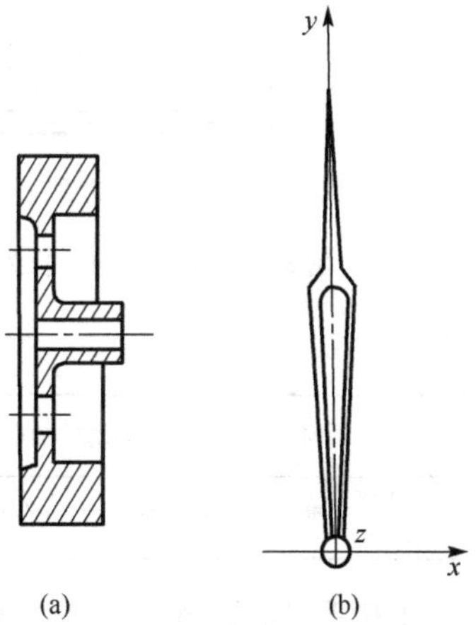

图 8-4　机器飞轮与仪表指针的转动惯量比较

2. 回转半径

质量为 m 的刚体对轴 z 的转动惯量 J_z 可表示为

$$J_z = m\rho_z^2 \qquad \text{或} \qquad \rho_z = \sqrt{\frac{J_z}{m}} \tag{8-12}$$

式中，ρ_z 称为**回转半径**(radius of gyration)。回转半径的含义是，若将刚体的质量 m 集中在距离轴 z 为 ρ_z 的圆周上，其转动惯量与原刚体的转动惯量相等。

3. 转动惯量的平行轴定理

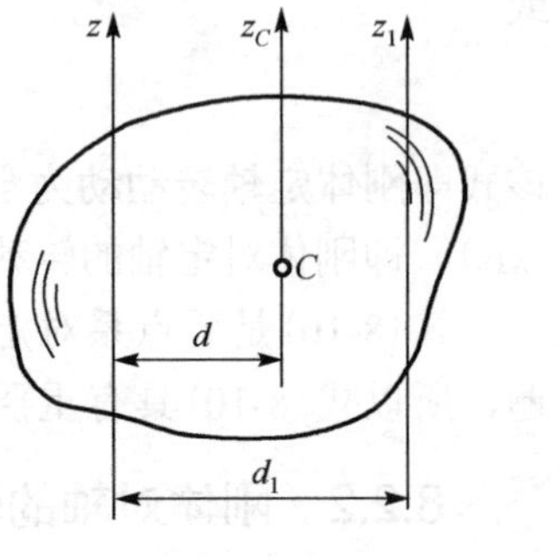

图 8-5　刚体对平行轴的转动惯量

根据刚体转动惯量的定义，可以证明：刚体对轴 z 的转动惯量，等于它对过质心 C 并与轴 z 平行的轴 z_C 的转动惯量，加上刚体质量 m 与两轴距离 d 的平方的乘积。这就是**转动惯量的平行轴定理**(parallel-axis theorem of moment of inertia)。

如图 8-5 所示，将转动惯量的平行轴定理用公式写为

$$J_z = J_{zC} + md^2 \tag{8-13}$$

请读者思考：在图 8-5 中另有与轴 z 平行的轴 z_1，刚体对该两轴的转动惯量是否能够写出以下关系，即 $J_{z1} = J_z + md_1^2$？其中，d_1 为轴 z 与 z_1 之间的距离。

4. 简单几何形状的均质刚体的转动惯量

图 8-6 与图 8-7 分别表示质量为 m、长为 l 的均质细直杆与质量为 m、半径为 R 的均质圆板。其转动惯量均示于表 8-1 中。读者可以思考：将图 8-6 中均质细直杆沿 z 方向展延成矩形薄板后的情况会怎样呢？

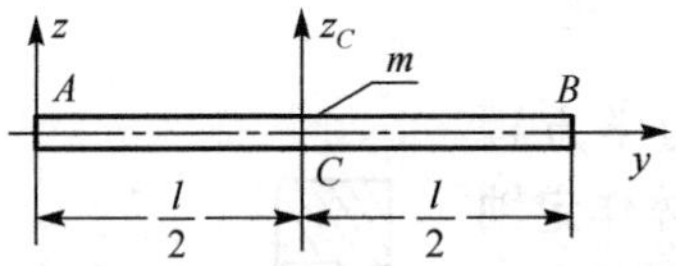

图 8-6　质量为 m、长为 l 的均质细直杆

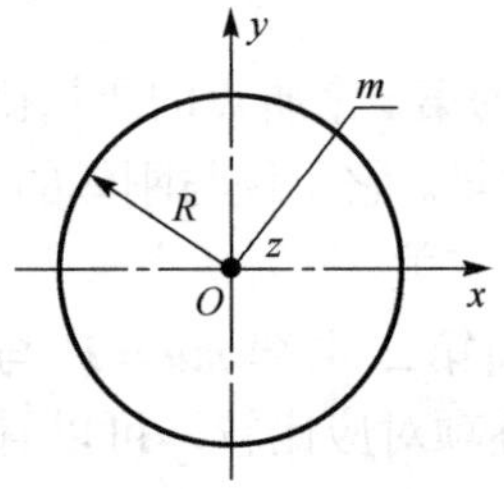

图 8-7　质量为 m、半径为 R 的均质圆板

表 8-1　简单几何形状物体的转动惯量

质量为 m、长为 l 的均质细直杆(图 8-6)	$J_z = \frac{1}{3}ml^2, J_{zC} = \frac{1}{12}ml^2$
质量为 m、半径为 R 的均质圆板(图 8-7)	$J_x = J_y = \frac{1}{4}mR^2, J_z = \frac{1}{2}mR^2$

【例题 8-2】 半径为 R、质量为 m 的均质圆轮绕定轴 O 转动，如图 8-8 所示。轮上缠绕细绳，绳端悬挂重 W 的物块 P。试求物块下落的加速度。

解　方法 1：将绳子截开，分为物块与轮两个研究对象。其受力如图 8-8 所示。

对物块应用牛顿第二定律：

$$\frac{W}{g}a_P = W - F_T \tag{a}$$

对轮应用刚体定轴转动动力学方程：

$$\frac{1}{2}mR^2\alpha = F_T'R \tag{b}$$

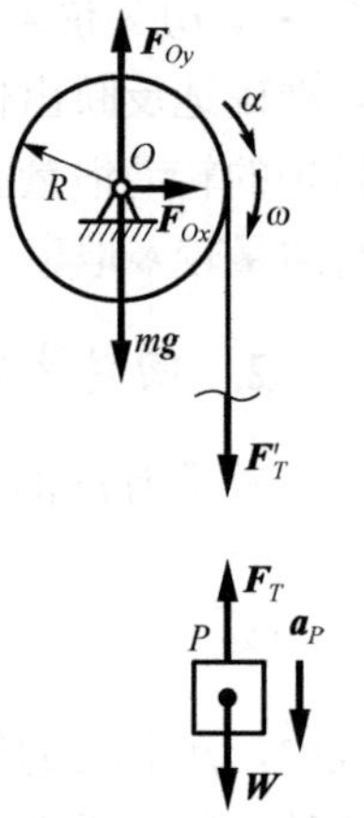

图 8-8　例题 8-2 图

由运动学关系有

$$a_P = \alpha R \tag{c}$$

将以上三式联立解得

$$a_P = \frac{W}{\dfrac{m}{2} + \dfrac{W}{g}} \tag{d}$$

方法 2：应用质点系对定轴的动量矩定理(式(8-6)第三式)，考察整个系统，有

$$\frac{\mathrm{d}}{\mathrm{d}t}\left(\frac{1}{2}mR^2\omega + \frac{W}{g}vR\right) = WR$$

$$\frac{1}{2}mR^2\alpha + \frac{W}{g}a_P R = WR \tag{e}$$

将运动学关系式(c)代入式(e)后，得到与式(d)相同的结果。

本例小结：

· 方法的比较

应用牛顿第二定律和刚体定轴转动动力学方程时，必须拆开系统求解；而应用质点系对定轴的动量矩定理(式(8-6))时，可考虑整体系统写出其动力学方程。后一方法不仅计算简便，而且进一步体现了质点系动力学普遍定理的特征：建立度量质点系整体运动状态的物理量与作用力系总效果之间的关系。

· 请读者思考

(1)本例能否考虑整个系统应用 $J_O\alpha = M_O$ 求解？总结刚体定轴转动动力学方程与质点系(相对定轴)动量矩定理的区别与联系，从而弄清前者的应用条件，不致将应该采用后者解决的问题错误地用前者解决。

(2)若圆轮对轴 O 的转动惯量未知，则本例可用作测量圆轮转动惯量的装置，请读者自己设计测量方法。

【例题 8-3】 均质圆轮 A 的质量为 m_1，半径为 r_1，以角速度 ω 绕杆 OA 的 A 端转动，此时将轮放置在质量为 m_2 的另一均质圆轮 B 上，其半径为 r_2，如图 8-9(a)所示。轮 B 原为静止，但可绕其中心自由转动。放置后，轮 A 的重量由轮 B 支持。略去轴承的摩擦和杆 OA 的重量，并设两轮间的摩擦因数为 f。问自轮 A 放在轮 B 上到两轮间没有相对滑动为止，需要经过多少时间？

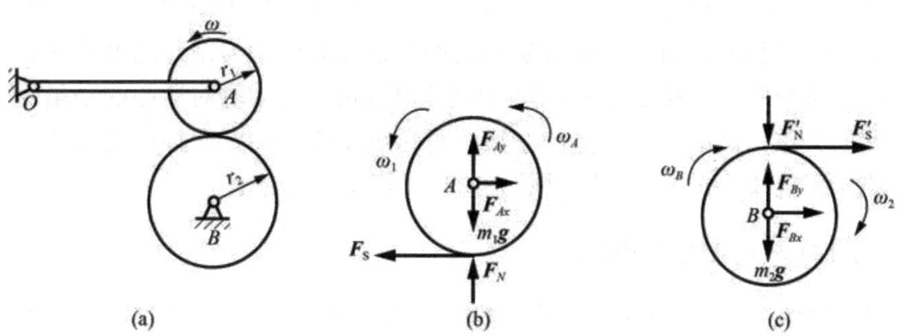

图 8-9　例题 8-3 图

解　分别取轮 A、B 为研究对象，其受力和运动分析如图 8-9(b)、(c)所示，根据刚体定轴转动动力学方程，对轮 A、B 分别有

$$J_1\frac{\mathrm{d}\omega_A}{\mathrm{d}t}=-F_\mathrm{s}r_1$$

$$J_2\frac{\mathrm{d}\omega_B}{\mathrm{d}t}=F'_\mathrm{s}r_2$$

分离变量并积分：

$$J_1\int_{\omega}^{\omega_1}\mathrm{d}\omega_A=-F_\mathrm{s}r_1\int_0^t\mathrm{d}t$$

$$J_2\int_0^{\omega_2}\mathrm{d}\omega_B=F'_\mathrm{s}r_2\int_0^t\mathrm{d}t$$

得到

$$J_1\omega_1-J_1\omega=-F_\mathrm{s}r_1t$$

$$J_2\omega_2=F'_\mathrm{s}r_2t$$

由题意可知

$$\omega_1:\omega_2=r_2:r_1$$

将其代入以上两式，联立求解得

$$\frac{J_1\omega-F_\mathrm{s}r_1t}{F'_\mathrm{s}r_2t}=\frac{J_1r_2}{J_2r_1}$$

注意到

$$J_1=\frac{m_1r_1^2}{2},\quad J_2=\frac{m_2r_2^2}{2},\quad F_\mathrm{s}=F'_\mathrm{s}=F_N=fm_1g$$

代入上式解得

$$t=\frac{\omega r_1}{2fg\left(1+\dfrac{m_1}{m_2}\right)}$$

8.3 质点系对质心的动量矩定理及讨论

采用式(8-5b)和式(8-6)表述动量矩定理时，其动量矩和外力矩的矩心(或轴)为惯性参考系中的固定点(或固定轴)。质点系中各质点的动量也是其质量与绝对速度的乘积。但在实际中需要研究质点系在质心平移参考系(非惯性系)中做相对运动时对质心的动量矩变化率与外力系主矩之间的关系。例如，运动员腾空后，可通过质心运动定理描述其质心的运动，但相对质心所做的各种转体动作则需采用对质心的动量矩定理描述。

8.3.1 质点系对质心的动量矩

如图 8-10 所示，$Oxyz$ 为固定参考系，$Cx'y'z'$ 为跟随质心的平移参考系。质点系边界内第 i 个质点的质量为 m_i，$\boldsymbol{r}_i$ 和 $\boldsymbol{r}'_i$ 分别为质点 i 相对于点 O 和质心 C 的位矢，$\boldsymbol{v}_i$ 和 $\boldsymbol{v}_{ir}$ 分别为质点 i 相对于固定参考系 $Oxyz$ 和动参考系 $Cx'y'z'$ 的速度。

质点系中各质点在平移参考系 $Cx'y'z'$ 中的相对运动动量对质心 C 之矩的矢量和，称为**质点系对质心 C 的动量矩**，即

$$L_C = \sum(\boldsymbol{r}_i' \times m_i \boldsymbol{v}_{ir}) \tag{8-14}$$

根据 $\boldsymbol{v}_i = \boldsymbol{v}_{ir} + \boldsymbol{v}_C$ 和 $\sum(\boldsymbol{r}_i' \times m_i \boldsymbol{v}_C) = \sum(m_i \boldsymbol{r}_i') \times \boldsymbol{v}_C = 0$，可以证明

$$L_C = \sum(\boldsymbol{r}_i' \times m_i \boldsymbol{v}_i) \tag{8-15}$$

注意，L_C 也为定位矢量，其作用点在质心 C 处。

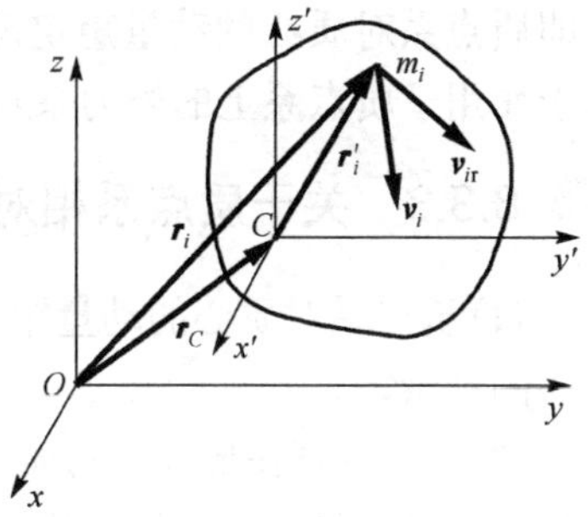

图 8-10　质点系对质心的动量矩

8.3.2　质点系对质心的动量矩定理

由图 8-10 可见

$$\boldsymbol{r}_i = \boldsymbol{r}_C + \boldsymbol{r}_i'$$

故质点系对定点 O 的动量矩为

$$L_O = \sum(\boldsymbol{r}_i \times m_i \boldsymbol{v}_i) = \boldsymbol{r}_C \times \sum(m_i \boldsymbol{v}_i) + \sum(\boldsymbol{r}_i' \times m_i \boldsymbol{v}_i)$$

将质点系的动量 $\sum(m_i \boldsymbol{v}_i) = m\boldsymbol{v}_C$ 代入上式得

$$L_O = \sum(\boldsymbol{r}_i \times m_i \boldsymbol{v}_i) = \boldsymbol{r}_C \times m\boldsymbol{v}_C + \sum(\boldsymbol{r}_i' \times m_i \boldsymbol{v}_i)$$

注意到式(8-15)，得

$$L_O = \boldsymbol{r}_C \times m\boldsymbol{v}_C + L_C \tag{8-16}$$

式(8-16)表明，质点系对定点 O 的动量矩等于集中于质心 C 的动量对定点 O 的动量矩与质点系对质心 C 的动量矩的矢量和。

根据质点系对定点 O 的动量矩定理，有

$$\frac{\mathrm{d}}{\mathrm{d}t}(\boldsymbol{r}_C \times m\boldsymbol{v}_C + L_C) = \sum(\boldsymbol{r}_i \times \boldsymbol{F}_i^{\mathrm{e}})$$

将 $\boldsymbol{r}_i = \boldsymbol{r}_C + \boldsymbol{r}_i'$ 代入上式得

$$\frac{\mathrm{d}\boldsymbol{r}_C}{\mathrm{d}t} \times m\boldsymbol{v}_C + \boldsymbol{r}_C \times \frac{\mathrm{d}(m\boldsymbol{v}_C)}{\mathrm{d}t} + \frac{\mathrm{d}L_C}{\mathrm{d}t} = \sum(\boldsymbol{r}_C \times \boldsymbol{F}_i^{\mathrm{e}}) + \sum(\boldsymbol{r}_i' \times \boldsymbol{F}_i^{\mathrm{e}})$$

注意到 $\dfrac{\mathrm{d}\boldsymbol{r}_C}{\mathrm{d}t} \times m\boldsymbol{v}_C = \boldsymbol{v}_C \times m\boldsymbol{v}_C = 0$，$\boldsymbol{r}_C \times \dfrac{\mathrm{d}(m\boldsymbol{v}_C)}{\mathrm{d}t} = \boldsymbol{r}_C \times \sum \boldsymbol{F}_i^{\mathrm{e}} = \sum(\boldsymbol{r}_C \times \boldsymbol{F}_i^{\mathrm{e}})$，于是上式成为

$$\frac{\mathrm{d}L_C}{\mathrm{d}t} = \sum(\boldsymbol{r}_i' \times \boldsymbol{F}_i^{\mathrm{e}})$$

或

$$\frac{\mathrm{d}L_C}{\mathrm{d}t} = \boldsymbol{M}_C^{\mathrm{e}} \tag{8-17}$$

此即**质点系对质心的动量矩定理**。这一定理表明，质点系对质心的动量矩对时间的一阶导数等于作用于质点系上的外力系对质心的主矩。

8.3.3　关于质点系相对质心(平移参考系)动量矩定理的讨论

(1)质点系对质心的动量矩的变化仅取决于外力系对质心的主矩，内力不能改变质点系对质心的动量矩。

(2)式(8-17)在形式上与质点系对定点的动量矩定理完全相同。需要注意的是，只有矩心取为质心时才是如此。这再次显示出质心这个特殊点的动力学性质。

(3)若外力系对质心的主矩为零，即 $\boldsymbol{M}_C^{\mathrm{e}}=0$，则由式(8-17)得

$$\boldsymbol{L}_C=\text{常矢量} \tag{8-18}$$

称为**质点系对质心的动量矩守恒**。

(4)质点系质心运动定理与相对质心的动量矩定理

$$M\boldsymbol{a}_C=\boldsymbol{F}_R^{\mathrm{e}},\quad \frac{\mathrm{d}\boldsymbol{L}_C}{\mathrm{d}t}=\boldsymbol{M}_C^{\mathrm{e}}$$

分别描述了质点系质心的运动和相对质心的运动。因此，两定理联合完成了对一般质点系整体运动的动力学描述。二者相辅相成，共同构成质点系普遍定理的动量方法。

· 两种跳水运动的腾空动作

图 8-11 和图 8-12 为跳水运动员的两种腾空动作，运动员在蹬离跳板后(动作 1)，若忽略空气阻力，则其身体质心的抛物线轨迹由质心运动定理确定。

图 8-11 为团身后空翻一周半跳水动作。运动员在蹬离跳板后(动作 1)，由双脚与跳板的反作用，获得绕过质心横轴(轴 z)的动量矩 L_{Cz}。由于腾空后只受重力作用，所以此相对质心动量矩守恒，即 L_{Cz}=常量。从动作 2 至动作 4，运动员团身，缩小了各肢体与过质心轴 z 的距离，绕质心快速旋转共一周。在动作 4 以后，运动员放开团身，使这一旋转减慢，再经过半周后入水。

图 8-12 为屈体向前跳水动作。它与图 8-11 所示动作不同的是，运动员在用双脚蹬离跳板时所获得的相对质心动量矩 L_{Cz} (仍有 L_{Cz}=常量)，从动作 1 至动作 4，集中于上半身(主要是头与躯干)，在此运动阶段，下肢基本上无转动；而从动作 4 至动作 7(入水)，此相对质心动量矩 L_{Cz} 又集中于下半身(主要是大腿与小腿)，上半身却基本上无转动。这种力学现象称为总动量矩守恒下的各部分物体间动量矩转移。

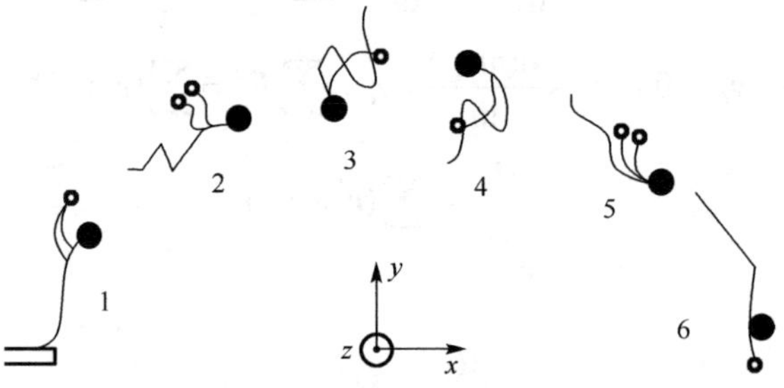

图 8-11　团身后空翻一周半跳水动作

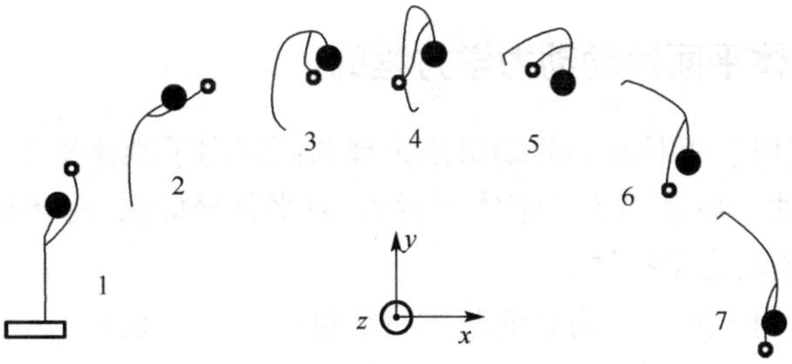

图 8-12　屈体向前跳水动作

8.4　刚体平面运动动力学方程及讨论

本节将质心运动定理与相对质心的动量矩定理应用于刚体平面运动动力学分析，得到描述刚体平面运动的动力学方程。所用方法与所得结果对刚体平面运动动力学及现代多刚体系统动力学都有重要意义，成为现代动力学中与由分析动力学发展的方法相并列的重要方法。

8.4.1　刚体平面运动动力学方程

图 8-13 中的平面图形 S 是过平面运动的刚体质心 C 的质量对称平面，在此平面内受有外力系 $\boldsymbol{F}=(\boldsymbol{F}_1,\boldsymbol{F}_2,\cdots,\boldsymbol{F}_n)$ 作用。设 $Cx'y'$ 为原点固结于质心 C 的平移坐标系，则刚体运动可分解为跟随质心的平移和相对此平移坐标系的转动。

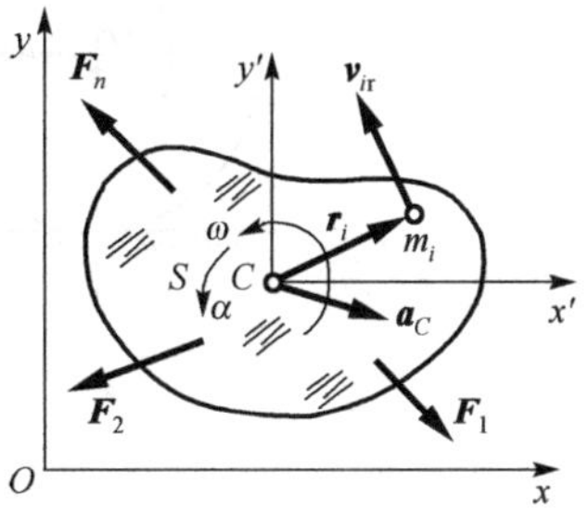

图 8-13　平面图形 S 相对质心运动的动力学分析

由运动学可知，平面图形上任一点相对于质心 C（平移坐标系）的速度大小为

$$v_{ir}=r_i\omega$$

式中，ω 为平面图形的角速度；r_i 为该点到质心 C 的距离。于是刚体相对质心的动量矩可用代数量表示为

$$L_C=\sum r_i m_i v_{ir}=\sum r_i m_i r_i\omega=\left(\sum m_i r_i^2\right)\omega=J_C\omega$$

式中，J_C 为刚体对于过质心 C 且垂直于运动平面的轴的转动惯量。

对刚体平面运动，应用质心运动定理和相对质心的动量矩定理得

$$\begin{cases} m\boldsymbol{a}_C=\sum \boldsymbol{F}^{\mathrm{e}} \\ J_C\alpha=\sum M_C(\boldsymbol{F}^{\mathrm{e}}) \end{cases} \tag{8-19a}$$

式中，m 为刚体的质量；$\boldsymbol{a}_C$ 为质心的加速度；α 为刚体的角加速度。上式也可写为投影形式的动力学方程：

$$\begin{cases} m\ddot{x}_C=\sum F_x^{\mathrm{e}} \\ m\ddot{y}_C=\sum F_y^{\mathrm{e}} \\ J_C\ddot{\varphi}=\sum M_C(\boldsymbol{F}^{\mathrm{e}}) \end{cases} \tag{8-19b}$$

式(8-19a)与(8-19b)为**刚体平面运动动力学方程**(dynamic equation of planar motion of rigid body)。

8.4.2 关于刚体平面运动动力学方程的讨论

(1) 质点系动量定理与相对质心的动量矩定理共同应用于刚体平面运动动力学分析，前者描述了刚体质心的运动，后者描述了刚体相对质心(平移坐标系)的转动。总之，二者联合完成了对刚体平面运动的动力学描述。

(2) 静力学研究作用于刚体上力系的基本特征量：主矢与主矩；运动学研究将刚体平面运动分解为随基点的平移和相对基点的转动。动力学将上述概念分别联系起来，而且只有对质心这个特殊点才能联系起来。

(3) 若式(8-19)等号的左边项均恒等于零，即刚体的动量与动量矩均恒无变化，则得到静力学中平面力系的平衡方程，即外力系的主矢与主矩均等于零。因此，质点系动量定理与相对质心的动量矩定理还联合完成了对刚体平面运动的特例——平衡情形的静力学描述。刚体静力学是刚体动力学的特例。

【例题 8-4】 图 8-14 所示的均质圆轮的质量为 16kg，半径为 100mm，与地面间的动摩擦因数为 $f = 0.25$。若球心 O 的初速度 $v_0 = 400\text{mm/s}$，初角速度 $\omega_0 = 2\text{rad/s}$，试问经过多少时间后轮停止滑动？此时轮心速度为多大？

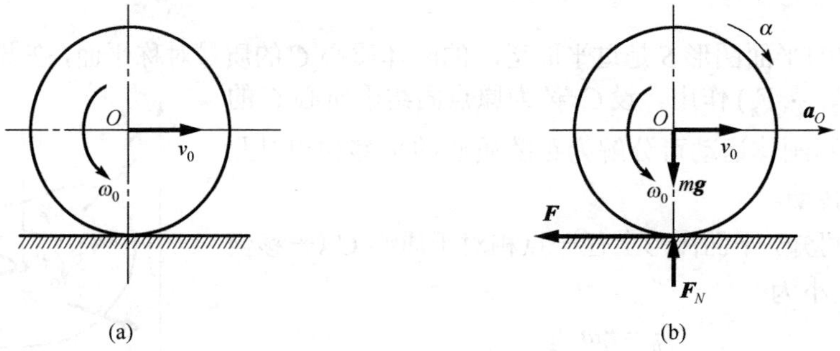

图 8-14　例题 8-4 图

解　取圆轮为研究对象，其运动和受力如图 8-14(b)所示。根据刚体平面运动动力学方程(8-19b)，有

$$ma_O = -F$$

$$0 = F_N - mg$$

$$J_O\alpha = Fr$$

圆轮与地面间有相对滑动时，有

$$F = fF_N = fmg$$

$$J_O = \frac{1}{2}mr^2$$

由以上解得

$$a_O = -fg \tag{a}$$

$$\alpha = \frac{2fg}{r} \tag{b}$$

由式(a)得

$$v = v_0 - fgt \tag{c}$$

由式(b)得

$$\omega = -\omega_0 + \frac{2fg}{r}t$$

当经过 t_1(s)后，圆轮只滚不滑，此时有 $v = r\omega$，即有

$$v_0 - fgt_1 = -r\omega_0 + 2fgt_1$$

$$t_1 = \frac{v_0 + r\omega_0}{3fg} = 0.0816\,\text{s}$$

将上式代入式(c)得

$$v = \frac{2v_0 - r\omega_0}{3} = 0.2\,\text{m/s}$$

【例题 8-5】 质量为 m、长为 l 的均质杆 AB，A 端置于光滑水平面上，B 端用铅直绳 BD 连接，如图 8-15(a)所示。假设 $\theta = 60^\circ$，试求绳 BD 突然被剪断的瞬时，杆 AB 的角加速度和 A 处的约束力。

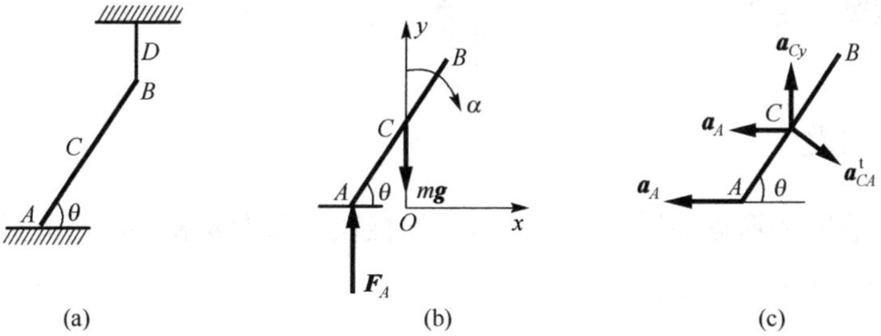

图 8-15　例题 8-5 图

解　绳被剪断后，杆 AB 做平面运动，受力如图 8-15(b)所示，应用式(8-19)，有

$$ma_{Cx} = 0 \tag{a}$$

$$ma_{Cy} = F_A - mg \tag{b}$$

$$J_C\alpha = F_A\frac{l}{2}\cos\theta \tag{c}$$

由式(a)及初始条件可知，杆在水平方向质心守恒，即质心 C 只在铅垂方向运动。式(b)和式(c)中有 a_{Cy}、F_A 和 α 三个未知量，需补充运动学方程。若以 A 为基点(图 8-15(c))，则根据平面运动刚体的加速度合成定理，将各加速度在 y 方向投影，有

$$a_{Cy} = -a_{CA}^{\text{t}}\cos\theta = -\frac{l}{4}\alpha \tag{d}$$

将式(b)～式(d)联立，解得

$$\alpha = \frac{12g}{7l},\quad F_A = \frac{4}{7}mg$$

本例讨论：(1)以上两个例题的分析与求解过程表明，应用刚体平面运动动力学方程解题时，往往需要附加运动学方程，才能得到最后的解答。

(2)本例属于**突然解除约束问题**，简称**突解约束问题**。类似的问题如图 8-16 所示，用刚性细绳以不同形式悬挂的均质杆 AB，杆长均为 l，质量均为 m，若突然将 B 端细绳剪断，请读者分析两种情形下 A 端的约束力。

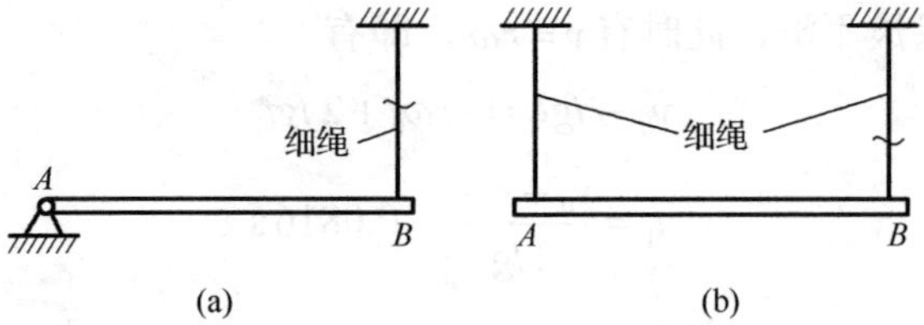

图 8-16　突然解除约束问题

突解约束问题的力学特征为：系统解除约束后，其自由度一般会增加；解除约束的前后瞬时，其一阶运动量(速度与角速度)连续，但二阶运动量(加速度与角加速度)发生突变。因此，突解约束问题属于动力学问题，而不属于静力学问题。

习　题

1. 选择填空题

8-1　图示均质圆环形盘的质量为 m，内、外直径分别为 d 和 D，则此盘对垂直于盘面的中心轴 O 的转动惯量为(　　)。

① $md^2/8$　　② $mD^2/8$

③ $m(D^2-d^2)/8$　　④ $m(D^2+d^2)/8$

8-2　一均质杆 OA 与均质圆盘在圆盘中心 A 处铰接，在图示位置时，OA 杆绕固定轴 O 转动的角速度为 ω，圆盘相对于杆 OA 的角速度也为 ω。设 OA 杆与圆盘的质量均为 m，圆盘的半径为 r，杆长 $l=3r$，则此时该系统对固定轴 O 的动量矩大小为(　　)。

① $L_O=22mr^2\omega$　　② $L_O=12.5mr^2\omega$

③ $L_O=13mr^2\omega$　　④ $L_O=12mr^2\omega$

8-3　图(a)所示的均质圆盘沿水平地面作直线平移，图(b)所示的均质圆盘沿水平直线作纯滚动。设两盘质量皆为 m，半径皆为 r，轮心 C 的速度皆为 $\boldsymbol{v}$，则图示瞬时，它们各自对轮心 C 和对与地面接触点 D 的动量矩分别为

图(a)：L_C=(　　　　)，L_D=(　　　　)；

图(b)：L_C=(　　　　)，L_D=(　　　　)。

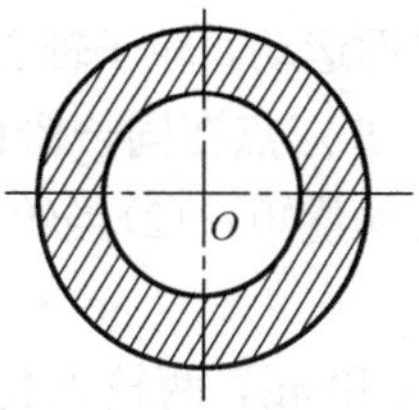

习题 8-1 图

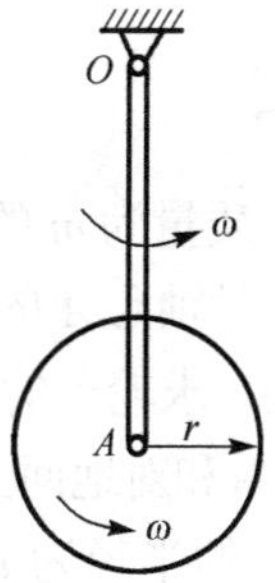

习题 8-2 图

8-4　如图所示，一半径为 R、质量为 m 的圆轮，在下列两种情况下沿平面作纯滚动：(1) 轮上作用一顺时针的力偶矩为 M 的力偶；(2) 轮心作用一大小等于 M/R 的水平向右的力 F。若不计滚动摩擦，则两种情况下(　　)。

① 轮心加速度相等，滑动摩擦力大小相等

② 轮心加速度不相等，滑动摩擦力大小相等

③ 轮心加速度相等，滑动摩擦力大小不相等

④ 轮心加速度不相等，滑动摩擦力大小不相等

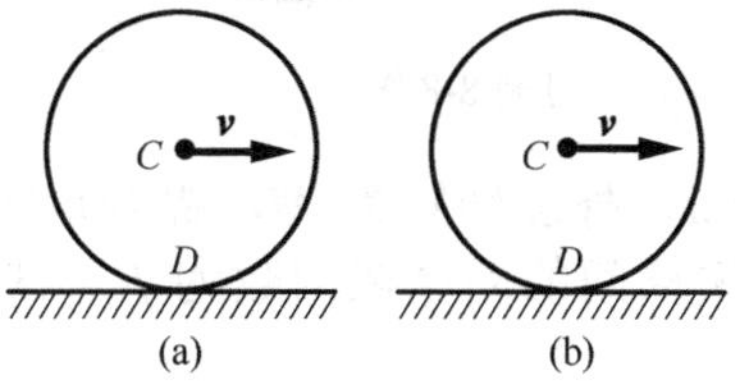

习题 8-3 图

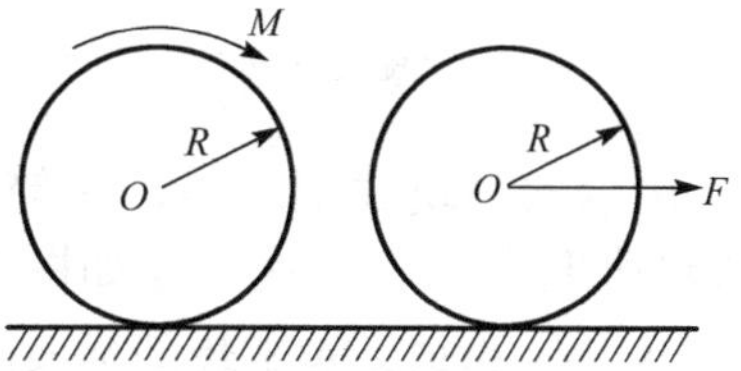

习题 8-4 图

8-5　如图所示，均质长方形板由 A、B 两处的滑动轮支撑在光滑水平面上。初始时板处于静止状态，若突然撤去 B 端的支撑轮，试问此瞬时(　　)。

① A 点有水平向左的加速度　　② A 点有水平向右的加速度

③ A 点加速度方向垂直向上　　④ A 点加速度为零

8-6　如图所示，水平均质杆 OA 的重量为 P，细绳 AB 未剪断前 O 点的支反力为 $P/2$。现将绳剪断，试判断在刚剪断 AB 绳的瞬时，下列说法正确的是(　　)。

① O 点支反力仍为 $P/2$

② O 点支反力小于 $P/2$

③ O 点支反力大于 $P/2$

④ O 点支反力为 0

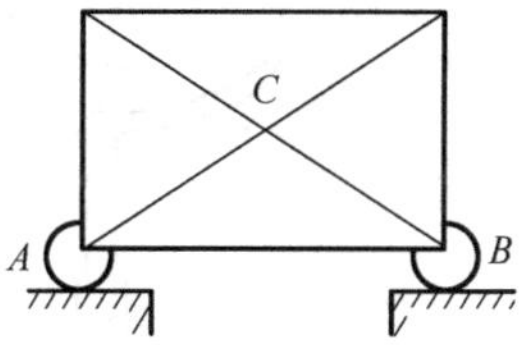

习题 8-5 图

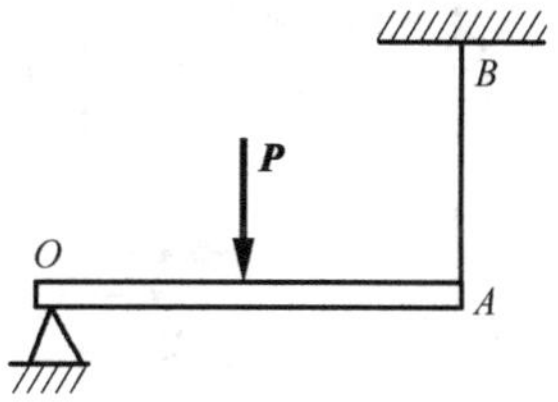

习题 8-6 图

2. 分析计算题

8-7　如图所示，质量为 m 的偏心轮在水平面上做平面运动。轮子轴心为 A，质心为 C，$AC = e$；轮子半径为 R，对轴心 A 的转动惯量为 J_A；C、A、B 三点在同一铅直线上。(1) 当轮子只滚不滑时，若 $\boldsymbol{v}_A$ 已知，求轮子的动量和对地面上点 B 的动量矩；(2) 当轮子又滚又滑时，若 $\boldsymbol{v}_A$、ω 已知，求轮子的动量和对地面上点 B 的动量矩。

8-8　图示两带轮的半径为 R_1 和 R_2，其质量各为 m_1 和 m_2，两轮以胶带相连接，各绕两平行的固定轴转动。在带轮 1 上作用矩为 M 的主动力偶，在带轮 2 上作用矩为 M' 的阻力偶。带轮可视为均质圆盘，胶带与轮间无滑动，胶带质量略去不计。求带轮 1 的角加速度。

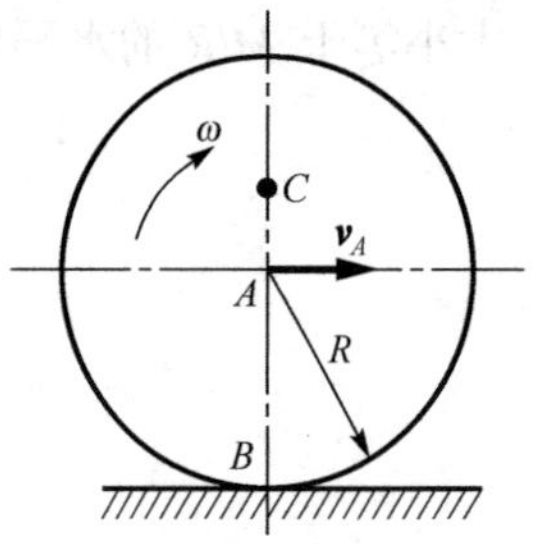

习题 8-7 图

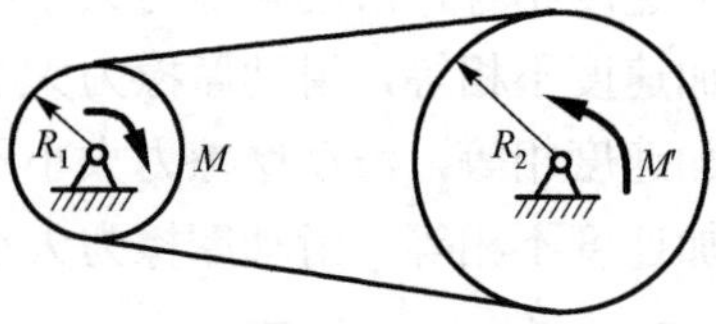

习题 8-8 图

8-9　图示双闸块式制动器，滚筒的转动惯量为 J，外加转矩为 M，提升重物质量为 m，制动时速度为 v_0，其他尺寸如图所示。闸块与滚筒间的动摩擦因数为 f。试：

(1) 设 F 为一定值，求重物的加速度；

(2) F 至少为多大，可以刹住滚筒；

(3) 制动时间要求小于 t_1，问 F 需多大？

8-10　水平圆盘可绕铅垂轴 z 转动，如图所示。其对 z 轴的转动惯量为 J_z。一质量为 m 的质点在圆盘上做匀速圆周运动，圆的半径为 r，速度为 v_0，圆心到盘心的距离为 l。开始运动时，质点在位置 A，圆盘角速度为零。试求圆盘角速度 ω 与角 φ 间的关系。轴承摩擦略去不计。

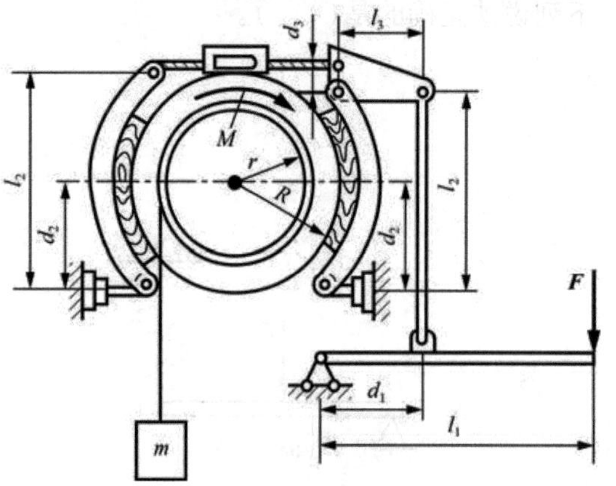

习题 8-9 图

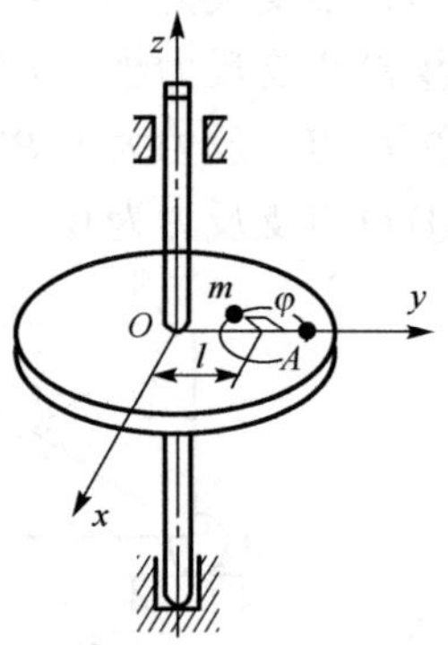

习题 8-10 图

8-11　为了求得连杆的转动惯量，用一细圆杆穿过十字头销 A 处的衬套管，并使连杆绕此细杆的水平轴线摆动，如图(a)、(b)所示。摆动 100 次半圆期 T 所用的时间为 $100T$=100s。如图(c)所示，为了求得连杆重心到悬挂轴的距离 AC=d，将连杆水平放置，在点 A 处用杆悬挂，点 B 放置于台秤上，台秤读数为 F=490N。已知连杆质量为 80kg，A 与 B 间的距离 l = 1m，十字头销的半径 r=40mm。试求连杆对于通过重心 C 并垂直于图面的轴的转动惯量 J_C。

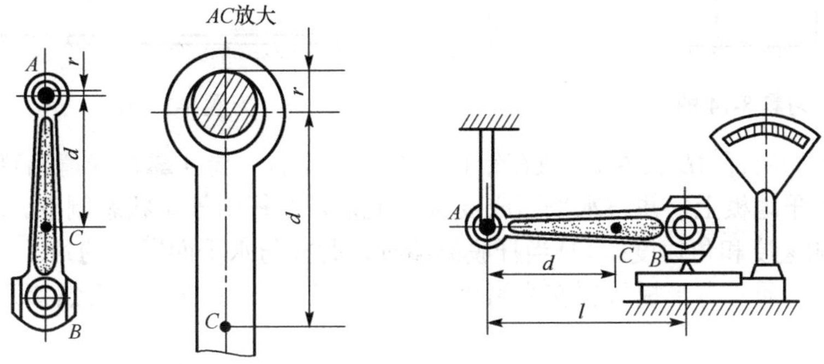

(a)　　　　(b)　　　　(c)

习题 8-11 图

8-12　图示圆柱体 A 的质量为 m，在其中部绕以细绳，绳的一端 B 固定。圆柱体随绳子解开而降落，其初速为零。求当圆柱体的轴降落了高度 h 时的速度 v 和绳子的拉力 F_T。

8-13　重物 A 的质量为 m_1，系在绳子上，绳子跨过不计质量的固定滑轮 D，并绕在鼓轮 B 上，如图所示。由于重物下降，带动轮 C，使它沿水平轨道滚动而不滑动。设鼓轮半径为 r，轮 C 的半径为 R，两者固连在一起，总质量为 m_2，对其水平轴 O 的回转半径为 ρ。求重物 A 的加速度。

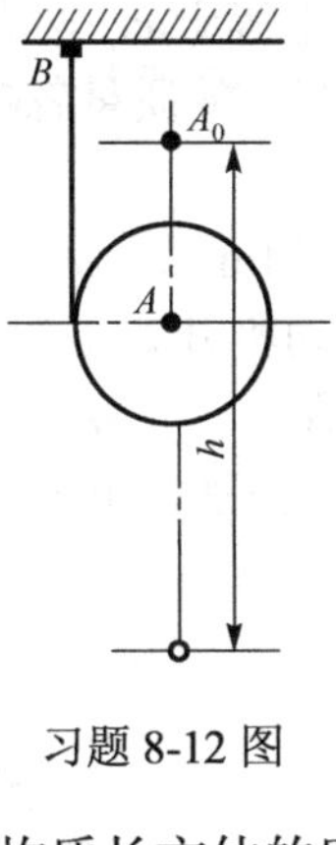

习题 8-12 图

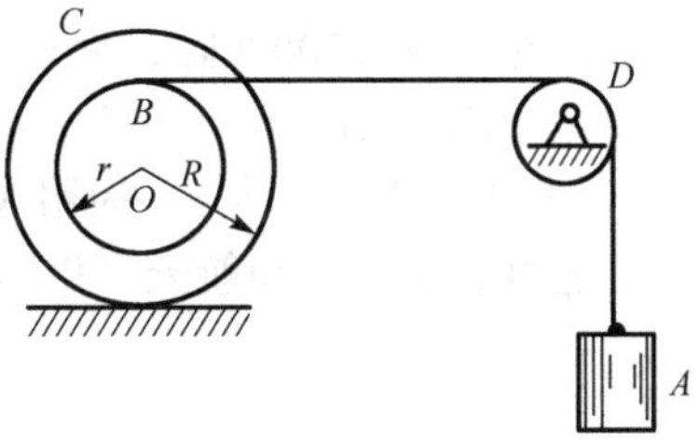

习题 8-13 图

8-14　图示均质长方体的质量为 50kg，与地面间的动摩擦因数为 0.20，在力 $\boldsymbol{F}$ 作用下向右滑动。试求：

(1) 不倾倒时 F 的最大值；　　　　(2) 此时长方体的加速度。

8-15　匀质圆轮的质量为 m，半径为 r，静止地放置在水平胶带上，如图所示，若在胶带上作用拉力 F，并使胶带与轮子间产生相对滑动。设轮子和胶带间的动摩擦因数为 f，试求轮子中心 O 经过距离 s 所需的时间和此时轮子的角速度。

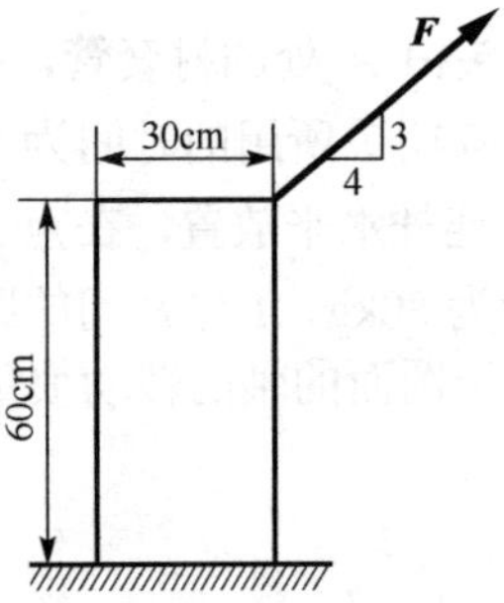

习题 8-14 图

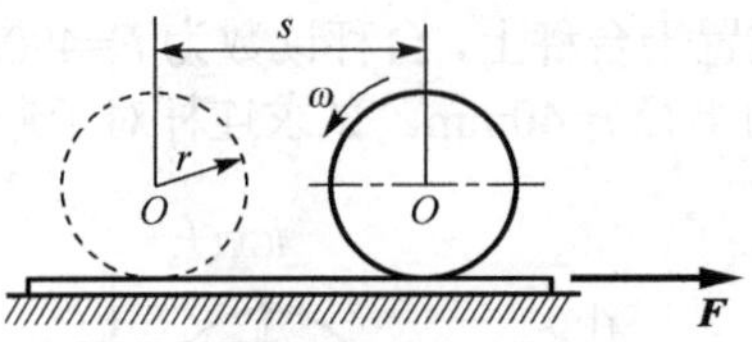

习题 8-15 图

8-16 图示均质杆 AB 长为 l，放在铅直平面内，杆的一端 A 靠在光滑铅直墙上，另一端 B 放在光滑的水平地板上，并与水平面成 φ_0 角。此后，令杆由静止状态倒下。求：(1)杆在任意位置时的角加速度和角速度；(2)当杆脱离墙时，此杆与水平面所夹的角。

8-17 图示匀质长方形板放置在光滑水平面上，若点 B 的支承面突然移开，试求此瞬时点 A 的加速度。

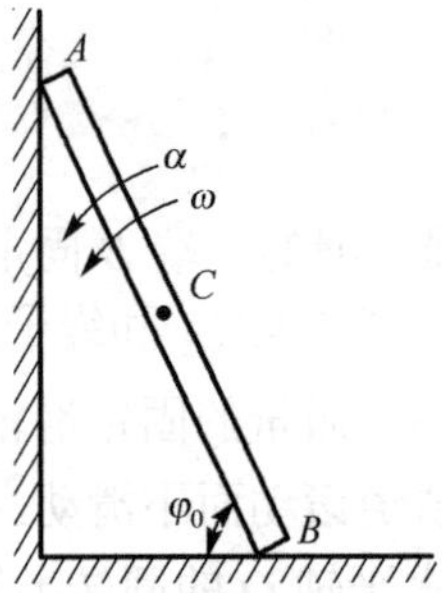

习题 8-16 图

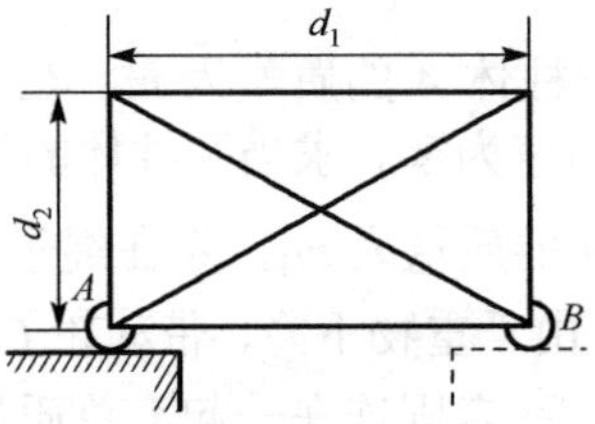

习题 8-17 图

8-18 均质实心圆柱体 A 和薄铁环 B 的质量均为 m，半径都等于 r，两者用杆 AB 铰接，无滑动地沿斜面滚下，斜面与水平面的夹角为 θ，如图所示。若杆的质量忽略不计，求杆 AB 的加速度和杆的内力。

8-19 如图所示，质量 M=120000kg、对 x 轴的回转半径为 14m、质心位于 G 的航天飞机在深空飞行，故重力可忽略不计。当其速度为 3km/s 时，发动机开始工作，产生的推力为 $T = 600(1 - e^{-0.3t})$kN，式中 t 的单位为 s。应用 MATLAB 编写程序，计算并绘制 0～10s 内航天飞机质心的位移、速度、加速度和航天飞机的转角、角速度、角加速度随时间的变化曲线。

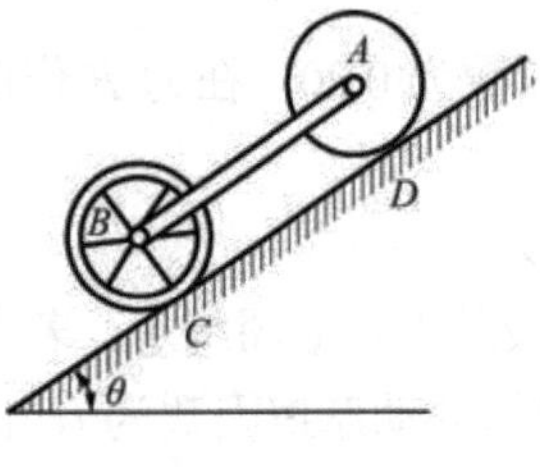

习题 8-18 图

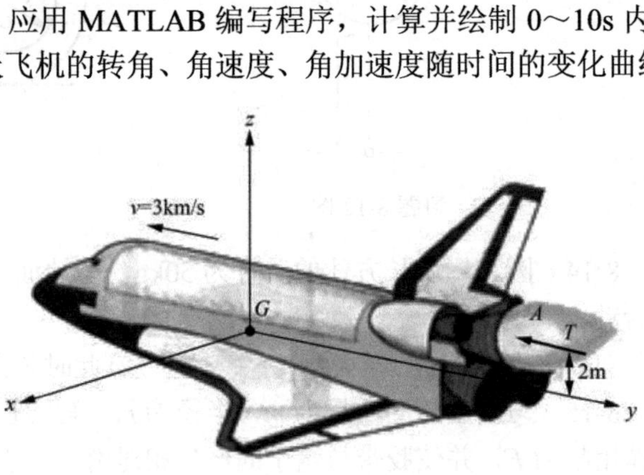

习题 8-19 图

第 9 章　质点系的动能及动能定理

9.1 力的功

9.1.1　力的功的定义

设质点系中的第 i 个质点在力 $\boldsymbol{F}_i$ 的作用下沿图 9-1 所示的轨迹运动，$\mathrm{d}\boldsymbol{r}_i$ 是力 $\boldsymbol{F}_i$ 作用点的无限小位移，它沿轨迹在该点的切线方向。

物理学中已定义力 $\boldsymbol{F}_i$ 的元功为

$$
\begin{aligned}
\mathrm{d}W &= \boldsymbol{F}_i \cdot \mathrm{d}\boldsymbol{r}_i \\
&= F_i \mathrm{d}s \cos\angle(\boldsymbol{F}_i, \boldsymbol{t}_i) \\
&= F_x \mathrm{d}x + F_y \mathrm{d}y + F_z \mathrm{d}z
\end{aligned}
\tag{9-1}
$$

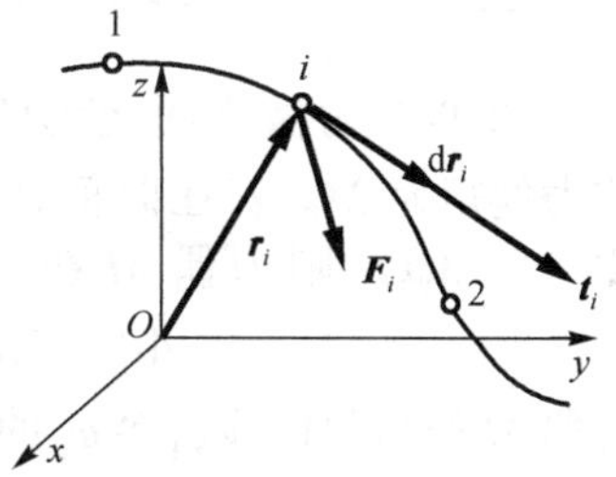

图 9-1　力的功

式中，$\mathrm{d}s$ 为力 $\boldsymbol{F}_i$ 的作用点沿轨迹的弧长微元；$\boldsymbol{t}_i$ 为轨迹上点的切线单位矢；$\boldsymbol{F}_i = (F_x, F_y, F_z)$；$\mathrm{d}\boldsymbol{r}_i = (\mathrm{d}x, \mathrm{d}y, \mathrm{d}z)$。注意到，**一般情形下，$\mathrm{d}W$ 不是功函数的微分，仅仅是点积 $\boldsymbol{F}_i \cdot \mathrm{d}\boldsymbol{r}_i$ 的记号。**

力 $\boldsymbol{F}_i$ 在点的轨迹上从点 1 到点 2 的过程中所做的功为

$$
W_{1-2} = \int_{\widehat{12}} \boldsymbol{F}_i \cdot \mathrm{d}\boldsymbol{r}_i \tag{9-2}
$$

式中，$\widehat{12}$ 为轨迹上从点 1 到点 2 的弧长。力的功是力对物体在空间的累积效应的度量。

9.1.2　弹簧力的功

1. 直线弹簧力的功

如图 9-2 所示，处于弹性范围内的直线弹簧(简称为线簧)力可以表示为 $\boldsymbol{F} = -kx\boldsymbol{i}$。其中，$k$ 为弹簧的刚度系数，x 为弹簧的伸长量。

弹簧力 $\boldsymbol{F}$ 的作用点从位置 1 到位置 2 所做的功

$$
W_{1-2} = \int_{x_1}^{x_2} (-kx)\mathrm{d}x = \frac{1}{2}k(x_1^2 - x_2^2) \tag{9-3}
$$

若上述初位置 1 与末位置 2 是空间中的任意两点，式(9-3)仍然成立。

2. 扭转弹簧力矩的功

如图 9-3 所示，扭转弹簧(简称为扭簧)的一端固定于铰 O，另一端固定于作定轴转动的刚体(图中为直杆)上。设杆在水平位置($\theta = 0^\circ$)时，扭簧未变形，且扭簧变形时处于弹性范围，则扭簧作用在杆上的力对于点 O 的矩为 $M=-k\theta$，其中 k 为扭簧的刚度系数。当杆从角 θ_1 转动至角 θ_2 时，力矩 M 做的功为

$$W_{1-2}=\int_{\theta_1}^{\theta_2}(-k\theta)\mathrm{d}\theta=\frac{1}{2}k(\theta_1^2-\theta_2^2) \tag{9-4}$$

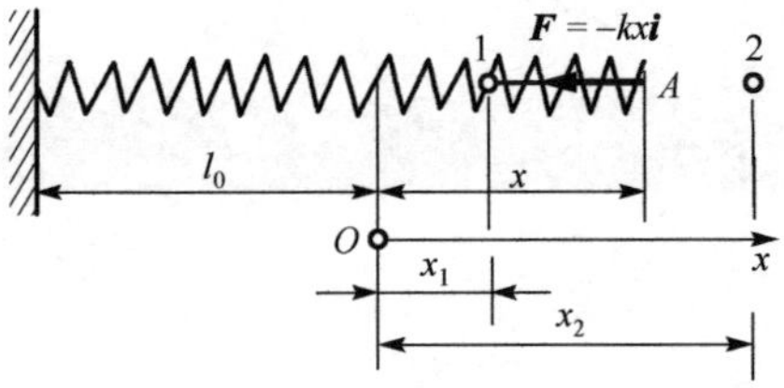

图 9-2　直线弹簧力的功

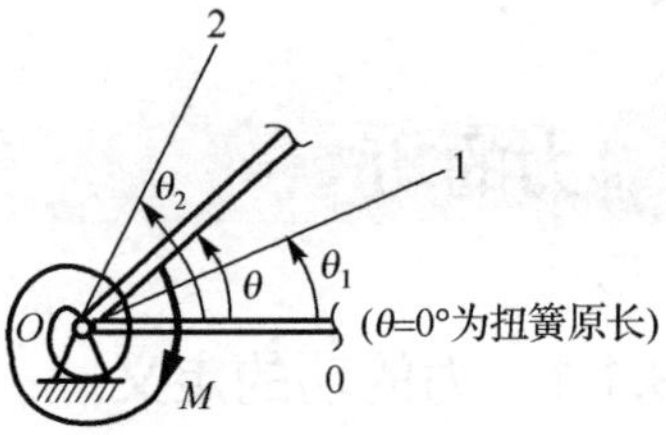

图 9-3　扭转弹簧力矩的功

9.1.3　作用在刚体上力偶的功

图 9-4 为做平面运动的刚体。刚体上作用力偶的力偶矩为 M，若在时间间隔 $\mathrm{d}t$ 内刚体的角位移微元为 $\mathrm{d}\varphi$，则力偶 M 在上述位移上的元功为

$$\mathrm{d}W=M\mathrm{d}\varphi \tag{9-5a}$$

力偶 M 在从角位移 φ_1 至 φ_2 的过程中所做的功为

$$W_{1-2}=\int_{\varphi_1}^{\varphi_2}M\mathrm{d}\varphi \tag{9-5b}$$

上式同样适用于刚体作定轴转动的情形。

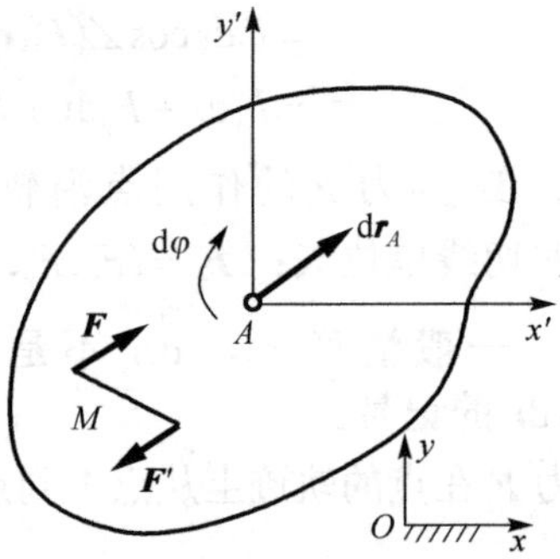

图 9-4　作用在平面运动刚体上力偶的功

9.1.4　内力的功

1. 内力功分析

虽然内力是成对出现的，其矢量和为零，但内力的功可能不等于零。

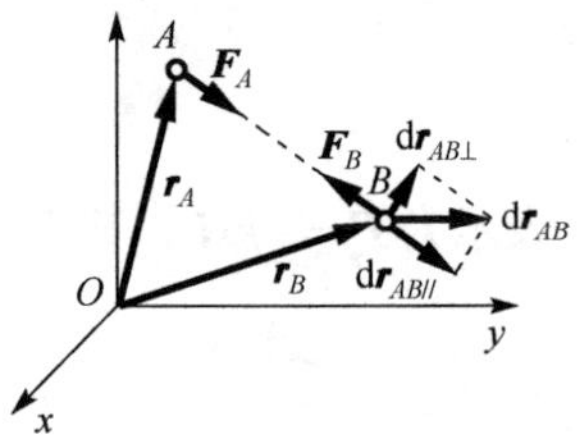

图 9-5　内力功分析

如图 9-5 所示，设两质点 A、B 之间相互作用的内力为 $\boldsymbol{F}_A$、$\boldsymbol{F}_B$，$\boldsymbol{F}_A=-\boldsymbol{F}_B$。质点 A、B 相对于固定点 O 的位矢分别为 $\boldsymbol{r}_A$、$\boldsymbol{r}_B$，$\boldsymbol{r}_B=\boldsymbol{r}_A+\boldsymbol{r}_{AB}$。若在时间间隔 $\mathrm{d}t$ 内，A、B 两点的无限小位移分别为 $\mathrm{d}\boldsymbol{r}_A$、$\mathrm{d}\boldsymbol{r}_B$，则内力在该位移上的元功之和为

$$\mathrm{d}W^{\mathrm{i}}=\boldsymbol{F}_A\cdot\mathrm{d}\boldsymbol{r}_A+\boldsymbol{F}_B\cdot\mathrm{d}\boldsymbol{r}_B=\boldsymbol{F}_B\cdot(-\mathrm{d}\boldsymbol{r}_A+\mathrm{d}\boldsymbol{r}_B)=\boldsymbol{F}_B\cdot\mathrm{d}\boldsymbol{r}_{AB}$$

可将 $\mathrm{d}\boldsymbol{r}_{AB}$ 分解为平行于 $\boldsymbol{F}_B$ 和垂直于 $\boldsymbol{F}_B$ 两部分，即

$$\mathrm{d}\boldsymbol{r}_{AB}=\mathrm{d}\boldsymbol{r}_{AB//}+\mathrm{d}\boldsymbol{r}_{AB\perp}$$

这样

$$\mathrm{d}W^{\mathrm{i}}=\boldsymbol{F}_B\cdot(\mathrm{d}\boldsymbol{r}_{AB//}+\mathrm{d}\boldsymbol{r}_{AB\perp})=\boldsymbol{F}_B\cdot\mathrm{d}\boldsymbol{r}_{AB//} \tag{9-6}$$

上式表明，当 A、B 两质点之间的相对距离变化时，其内力的元功之和不等于零。

2. 工程上内力做功的几种情形

(1)所有发动机作为整体考察，其内力都做功。

如蒸汽机、内燃机、涡轮机、电动机和发电机等。汽车内燃机汽缸内膨胀的气体质点之间及气体对活塞和汽缸的作用力都是内力。这些内力做功使汽车的动能增加。

(2)机器中有相对滑动的两个零件之间的内摩擦力做负功，消耗机器的能量。如轴与轴承、相互啮合的齿轮、滑块与滑道等。

(3)弹性构件中的内力分量(弯矩、剪力和轴向力)做负功，转变为弹性势能，即弹性应变能。

9.1.5 约束力的功

约束力不做功或做功之和等于零的约束称为理想约束。下面介绍几种常见的理想约束及其约束力所做的功。

(1)光滑固定面接触、一端固定的柔索、光滑活动铰链支座约束，由于约束力都垂直于力作用点的位移，故约束力不做功。

(2)光滑固定铰链支座、固定端等约束，由于约束力所对应的位移为零，故约束力也不做功。

(3)光滑铰链、刚性二力杆等作为系统内的约束时，其约束力总是成对出现的，若其中一个约束力做正功，则另一个约束力必做数值相同的负功，最后约束力做功之和等于零。如图 9-6(a)所示的铰链 O 处相互作用的约束力 $\boldsymbol{F}=-\boldsymbol{F}'$，在铰链中心 O 处的任何位移 $\mathrm{d}\boldsymbol{r}$ 上所做的元功之和为

$$\boldsymbol{F}\cdot\mathrm{d}\boldsymbol{r}+\boldsymbol{F}'\cdot\mathrm{d}\boldsymbol{r}=\boldsymbol{F}\cdot\mathrm{d}\boldsymbol{r}-\boldsymbol{F}\cdot\mathrm{d}\boldsymbol{r}=0$$

又如图 9-6(b)所示的刚性二力杆对 A、B 两点的约束力 $\boldsymbol{F}_1=-\boldsymbol{F}_2$，两作用点的位移分别为 $\mathrm{d}\boldsymbol{r}_1$、$\mathrm{d}\boldsymbol{r}_2$，因为 AB 是刚性杆，故两端位移在其连线上的投影相等，即 $\mathrm{d}r_1'=\mathrm{d}r_2'$，这样约束力所做的元功之和为

$$\boldsymbol{F}_1\cdot\mathrm{d}\boldsymbol{r}_1+\boldsymbol{F}_2\cdot\mathrm{d}\boldsymbol{r}_2=F_1\mathrm{d}r_1'-F_1\mathrm{d}r_2'=0$$

(4)无滑动滚动(纯滚动)的约束，如图 9-6(c)所示。当一圆轮在固定约束面上无滑动滚动时，若滚动阻力偶可略去不计。由运动学可知，C 为瞬时速度中心，即 C 点的位移 $\mathrm{d}\boldsymbol{r}_C$ 等于零，这样，作用于 C 点的约束反力 $\boldsymbol{F}_N$ 和摩擦力 $\boldsymbol{F}$ 所做的元功之和为

$$\boldsymbol{F}_N\cdot\mathrm{d}\boldsymbol{r}_C+\boldsymbol{F}\cdot\mathrm{d}\boldsymbol{r}_C=0$$

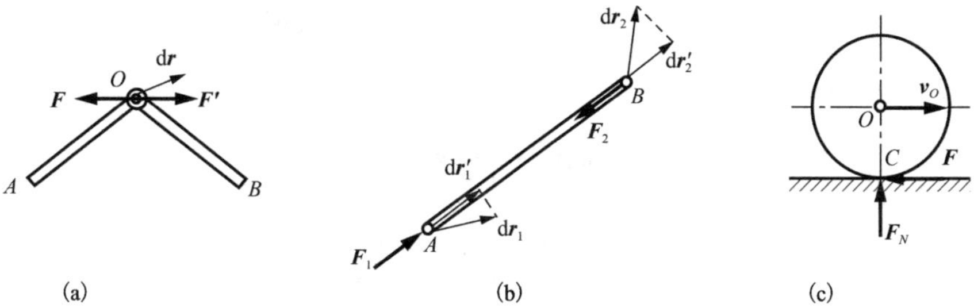

图 9-6　理想约束

需要特别指出的是，一般情况下，滑动摩擦力与物体的相对位移反向，摩擦力做负功，不是理想约束，只有当纯滚动时才是理想约束。

9.1.4 节与 9.1.5 节中所述的两种力所做之功表明：虽然内力不能改变质点系的动量和动量矩，但可能改变它的能量；外力能改变质点系的动量和动量矩，但不一定能改变其能量。

9.2 质点系与刚体的动能

物体由于机械运动而具有的能量，称为动能(kinetic energy)。动能的概念与计算不仅是质点系动能定理的基础，而且是分析动力学的重要基础。

9.2.1 质点系的动能

物理学定义质点的动能为

$$T=\frac{1}{2}mv^2 \tag{9-7}$$

式中，m、v 分别为质点的质量和速度。质点动能是度量质点运动的另一个物理量，动能为标量。

质点系的动能为系统内所有质点的动能之和，即

$$T=\sum\frac{1}{2}m_i v_i^2 \tag{9-8}$$

质点系动能是度量质点系整体运动的另一个物理量，只取决于各质点的质量和速度大小，而与速度方向无关。

【例题 9-1】 不能伸长的柔索绕过小滑轮 A，并在其两端系着质量分别为 m_1 和 m_2 的物块，如图 9-7 所示。物块 m_1 沿铅垂导杆滑动，铅垂导杆与滑轮 A 之间的距离为 d，柔索总长为 l_0，不计柔索和滑轮的质量。试用物块 m_1 下降到某一高度时所具有的速度 v_1 表示质点系的动能。

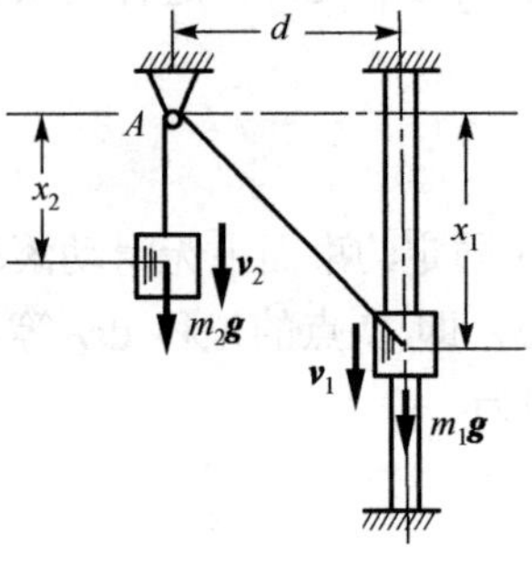

图 9-7　例题 9-1 图

解　这是由两个质点组成的质点系。两质点的位置坐标(x_1,x_2)满足方程：

$$x_2+\sqrt{d^2+x_1^2}=l_0$$

将上式对时间求导，可得两物块速度 v_1 与 v_2 之间的关系：

$$v_2=-\frac{x_1}{\sqrt{d^2+x_1^2}}v_1$$

于是，由式(9-8)可得质点系的动能：

$$\begin{aligned}T&=\frac{1}{2}m_1v_1^2+\frac{1}{2}m_2v_2^2\\&=\frac{1}{2}m_1v_1^2+\frac{1}{2}m_2\cdot\frac{x_1^2}{d^2+x_1^2}v_1^2\\&=\frac{1}{2}\left(m_1+\frac{m_2x_1^2}{d^2+x_1^2}\right)v_1^2\end{aligned}$$

9.2.2 柯尼希定理

考察图 9-8 所示的一般质点系。设 $Oxyz$ 为固定参考系，以质心 C 为基点，建立平移系 $Cx'y'z'$。将系统运动分解为跟随质心 C 的平移和相对于质心平移系 $Cx'y'z'$ 的运动。由速度合成定理，质点系中任一点 i 的速度为 $\boldsymbol{v}_i=\boldsymbol{v}_C+\boldsymbol{v}_{\mathrm{r}i}$，得

$$v_i^2=\boldsymbol{v}_i\cdot\boldsymbol{v}_i=v_C^2+v_{\mathrm{r}i}^2+2\boldsymbol{v}_C\cdot\boldsymbol{v}_{\mathrm{r}i}$$

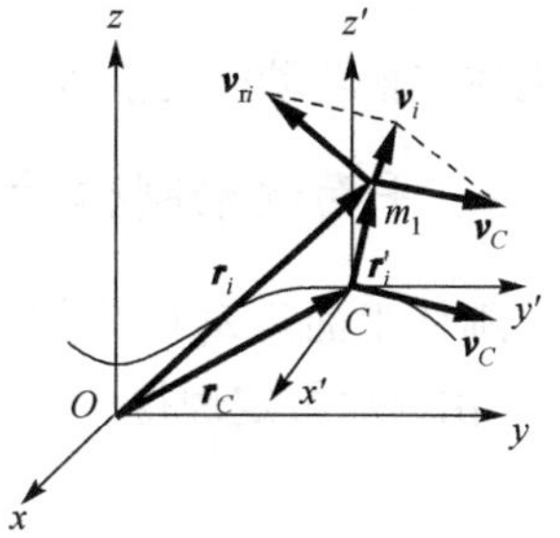

图 9-8 以质心为基点分解质点系的运动

若第 i 个质点的质量为 m_i，质点系的总质量为 m，则质点系的动能为

$$T=\sum\frac{1}{2}m_iv_i^2=\sum\frac{1}{2}m_i(v_C^2+v_{\mathrm{r}i}^2+2\boldsymbol{v}_C\cdot\boldsymbol{v}_{\mathrm{r}i})$$
$$=\frac{1}{2}mv_C^2+\sum\frac{1}{2}m_iv_{\mathrm{r}i}^2+\boldsymbol{v}_C\cdot\sum m_i\boldsymbol{v}_{\mathrm{r}i}$$

式中，等号右边第一项为质点系跟随质心平移的动能；第二项为质点系相对于质心平移系运动的动能，用 T_{r} 表示；第三项为质心速度与质点系相对于质心平移系的动量矢的标量积。根据质心定义式(7-1)，$\sum m_i\boldsymbol{r}_{\mathrm{r}i}=m\boldsymbol{r}_{\mathrm{r}C}$，对其求导后，必有 $\sum m_i\boldsymbol{v}_{\mathrm{r}i}=m\boldsymbol{v}_{\mathrm{r}C}=0$，式中 $\boldsymbol{r}_{\mathrm{r}i}$ 和 $\boldsymbol{v}_{\mathrm{r}i}$、$\boldsymbol{r}_{\mathrm{r}C}$ 和 $\boldsymbol{v}_{\mathrm{r}C}$ 分别为第 i 个质点和质心 C 在质心平移系中的位矢和速度。

于是，上式可写成

$$T=\frac{1}{2}mv_C^2+T_{\mathrm{r}} \tag{9-9}$$

式(9-9)表明：质点系的绝对运动的动能等于系统跟随质心平移的动能(牵连运动动能)与相对于质心平移系运动的动能(相对运动动能)之和，此即**柯尼希定理**(Koenig theorem)。

需要注意的是，若任选一点 A 为基点分解质点系的运动，则质点系中任一点 i 的速度都可写成 $\boldsymbol{v}_i=\boldsymbol{v}_A+\boldsymbol{v}_{\mathrm{r}i}$，式中等号右边两项分别为点 A 的速度(牵连速度)与点 i 相对随点 A 平移系的速度(相对速度)。虽然如此，但是一般情形下，$T=\frac{1}{2}mv_A^2+T_{\mathrm{r}}$ 并不成立，这是因为 $\sum m_i\boldsymbol{v}_{\mathrm{r}i}=m\boldsymbol{v}_{\mathrm{r}C}$ 并不等于零(此时 $\boldsymbol{v}_{\mathrm{r}C}$ 为质心 C 在随点 A 平移系中的速度)。只有以质心 C 为基点分解质点系的运动，式(9-9)才是正确的。这又一次揭示了质心这个特殊点的动力学性质。

9.2.3 刚体的动能

刚体的运动形式不同，其动能表达式不同。

1. 平移刚体的动能

刚体平移时，其上各点在同一瞬时的速度均相同，可用质心速度表示，因此有

$$T=\sum\frac{1}{2}m_iv_i^2=\frac{1}{2}\left(\sum m_i\right)v_C^2=\frac{1}{2}mv_C^2 \tag{9-10}$$

式中，m 为刚体的质量。该式表明，刚体平移的动能相当于将刚体质量集中在质心时的质点动能。

2. 定轴转动刚体的动能

物理学中已经给出刚体定轴转动的动能表达式：

$$T=\frac{1}{2}J_z\omega^2 \tag{9-11}$$

即刚体定轴转动的动能等于刚体对定轴的转动惯量与角速度平方乘积的 1/2。

3. 平面运动刚体的动能

刚体平面运动可分解为跟随质心的平移(牵连运动)和相对质心平移系的转动(相对运动)。由柯尼希定理得

$$T=\frac{1}{2}mv_C^2+\frac{1}{2}J_{Cz}\omega^2 \tag{9-12}$$

式中，m 为刚体的质量；J_{Cz} 为刚体对通过质心且垂直于运动平面的轴的转动惯量；ω 为刚体的角速度。式(9-12)表明，刚体平面运动的动能等于随质心平移的动能与相对质心平移系的转动动能之和。

请读者证明：刚体平面运动的动能还可以写为 $T=\frac{1}{2}J_{C^*z}\omega^2$，式中 J_{C^*z} 为刚体对通过速度瞬心 C^* 且垂直于运动平面的轴的转动惯量。

【例题 9-2】 图 9-9 所示滑块 A 的质量为 m，可在滑道内滑动，用铰链连接质量为 M、长为 l 的匀质杆 AB。现已知滑块沿滑道的速度为 v_A，杆 AB 的角速度为 ω。当杆与铅垂线的夹角为 φ 时，试求系统的动能。

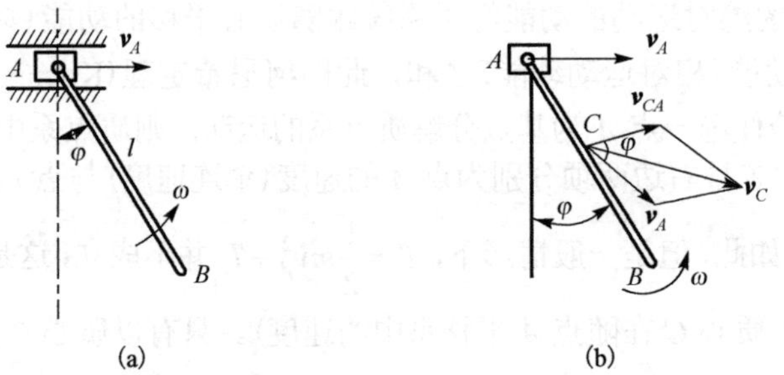

图 9-9　例题 9-2 图

解　系统的动能为滑块 A 的动能与杆 AB 的动能之和。滑块 A 作平移，其动能为

$$T_A=\frac{1}{2}mv_A^2$$

杆 AB 做平面运动，其动能为

$$T_{AB}=\frac{1}{2}Mv_C^2+\frac{1}{2}J_{Cz}\omega^2$$

由图 9-9(b)，根据刚体平面运动的速度基点法，有

$$v_C^2=\left(\frac{l}{2}\omega\right)^2+v_A^2+2\cdot\frac{l}{2}\omega v_A\cos\varphi$$

故系统的动能为

$$
\begin{aligned}
T &= T_A + T_B \\
&= \frac{1}{2}mv_A^2 + \frac{1}{2}M\left[\left(\frac{l}{2}\omega\right)^2 + v_A^2 + 2\cdot\frac{l}{2}\omega v_A\cos\varphi\right] + \frac{1}{2}\cdot\frac{1}{12}Ml^2\cdot\omega^2 \\
&= \frac{1}{2}\left[(m+M)v_A^2 + \frac{1}{3}Ml^2\omega^2 + Ml\omega v_A\cos\varphi\right]
\end{aligned}
$$

本例讨论：从运动学角度看，可将杆 AB 做平面运动分解为跟随基点 A 的平移和相对基点 A 的转动。相应地，将杆的动能写成 $T_{AB}=\frac{1}{2}mv_A^2+\frac{1}{2}J_{Az}\dot{\varphi}^2$，其中 J_{Az} 为杆 AB 对通过点 A 且与图面垂直的轴的转动惯量。这一动能表达式正确吗？

图 9-10 为外接行星轮机构。质量为 m、半径为 r 的小轮 A 在半径为 R 的固定大轮 O 上作纯滚动。曲柄 OA 不计质量，以角速度 ω 绕定轴 O 转动。从运动学角度看，小轮在图示瞬时绕其上与大轮相接触的点 C^* 作瞬时转动，即点 C^* 是小轮的速度瞬心。请读者分析，小轮的动能能否写成 $T=\frac{1}{2}J_{C^*z}\cdot\omega_A^2$？其中，$J_{C^*z}$ 为小轮对通过点 C^* 且与图面垂直的轴的转动惯量，ω_A 是轮 A 的角速度，$\omega_A=\frac{(R+r)\omega}{r}$。小轮的动能式还有没有其他写法？

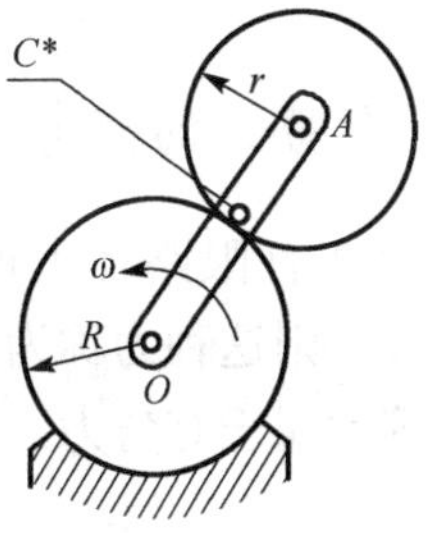

图 9-10　外接行星轮的动能计算

9.3　质点系动能定理与机械能守恒

9.3.1　质点系动能定理

物理学中已经由牛顿第二定律推导出质点动能定理的微分形式：

$$
\mathrm{d}\left(\frac{1}{2}mv^2\right)=\mathrm{d}W=\boldsymbol{F}\cdot\mathrm{d}\boldsymbol{r} \tag{9-13}
$$

式中，$\boldsymbol{F}$ 为作用在质点上的合力；$\mathrm{d}\boldsymbol{r}$ 为质点的元位移。上式表明，质点动能的微分等于作用在质点上合力的元功。

将式(9-13)积分，得到质点动能定理的积分形式：

$$
\frac{1}{2}mv_2^2-\frac{1}{2}mv_1^2=W_{1-2}=\int_1^2\boldsymbol{F}\cdot\mathrm{d}\boldsymbol{r} \tag{9-14}
$$

这表明，质点从初位置 1 到末位置 2 的运动过程中，其动能的改变量等于作用在质点上的合力所做之功。

对质点系中所有质点写出式(9-13)并求和，再交换等号左边项的求和与微分运算符号，得到质点系动能定理的微分形式：

$$
\mathrm{d}\left(\sum\frac{1}{2}m_iv_i^2\right)=\sum\mathrm{d}W_i=\sum\boldsymbol{F}_i\cdot\mathrm{d}\boldsymbol{r}_i \tag{9-15a}
$$

或简写为

$$dT = dW \tag{9-15b}$$

这表明质点系动能的微分等于作用在质点系上所有力的元功之和。

对质点系中所有质点写出式(9-14)并求和，得到质点系动能定理的积分形式：

$$T_2 - T_1 = W_{1-2} \tag{9-16}$$

这表明，质点系从初位置 1 到末位置 2 的运动过程中，其动能的改变量等于作用在质点系上所有力所做之功的代数和。

注意到上述“所有有功力”，或包括外力和内力，或包括主动力和约束力，在理想约束系统中，只包含外主动力和内主动力。

9.3.2 有势力和势能

1. 有势力的概念

若力在有限路程上所做的功仅与其起点和终点的位置有关，而与其作用点所经过的路径无关，则这种力称为**有势力**(potential force)或**保守力**(conservative force)，例如，重力、弹性力等均属于有势力。

2. 势能的定义

受有势力的质点系在某一位置的**势能**(potential energy)是指系统在这一位置所具有对外界做功的能力。它在数值上等于系统从这一位置回到势能零点时，其上所有有势力所做之功的总和。

显然，势能的大小与正负都是相对于零势位置而言的。因此，确定系统的势能之前，必须首先选定零势位置。

3. 有势力的元功与势能微分的关系

从物理学可知，有势力做功，其势能相应降低或增加。若以 dW 表示有势力的元功，dV 表示势能微分，则有

$$dW = -dV \tag{9-17}$$

这是有势力或保守力的数学定义，它表明保守力的元功等于其势能的全微分并冠以负号，而势能则是有势力作用点位置的单值函数，即 $V=V(x,y,z)$。

将上式积分得到

$$W_{1-2} = V_1 - V_2 \tag{9-18}$$

上式表明，有势力作用点从初位置 1 到末位置 2 时，该力所做的功等于其初、末位置的势能差。

4. 有势力的其他等价定义

(1)若有势力作用点由起点沿闭合路径再回到起点，则该力所做之功为零，即

$$\oint dW = 0 \tag{9-19}$$

(2)有势力在坐标轴上的投影等于其势能对相应坐标偏导数的负值，即

$$F_x = -\frac{\partial V}{\partial x},\quad F_y = -\frac{\partial V}{\partial y},\quad F_z = -\frac{\partial V}{\partial z} \tag{9-20}$$

式中，F_x、F_y、F_z 为有势力 $\boldsymbol{F}$ 在 x、y、z 轴上的投影。

5. 弹性势能

对于弹簧，一般都以未变形时的位置作为零势位置。

1) 直线弹簧的势能

如图 9-2 所示，根据式(9-3)，变形为 λ 的位置 A 的弹簧的弹性势能为

$$V = \int_{\lambda}^{0} (-kx)\mathrm{d}x = \frac{1}{2}k\lambda^2 \tag{9-21}$$

式中，k 为弹簧的刚度系数。

2) 扭转弹簧的弹性势能

如图 9-3 所示，设扭转弹簧受力后转过的角度为 θ，则根据式(9-4)其弹性势能为

$$V = \int_{\theta}^{0} (-k\theta)\mathrm{d}\theta = \frac{1}{2}k\theta^2 \tag{9-22}$$

式中，扭转弹簧刚度系数 k 为产生单位扭转角所需施加的力矩(或力偶矩)。

请读者思考，若不以弹簧未变形时的位置作为零势位置，则弹簧的弹性势能如何计算？

9.3.3 机械能守恒

若系统仅有有势力做功，则由式(9-16)和式(9-18)可得

$$T_1 + V_1 = T_2 + V_2 \tag{9-23a}$$

或

$$T + V = E = \text{常数} \tag{9-23b}$$

式中，T_1、V_1 和 T_2、V_2 分别为质点系在位置 1 和位置 2 时所具有的动能和势能；E 为系统的**机械能**(mechanical energy)。式(9-23)表明，系统仅在有势力作用下运动时，其机械能保持不变，即机械能守恒。这样的质点系通常称为**保守系统**(conservative system)。相反，受非势力，特别是耗散力(如有功的摩擦力、介质阻力等)作用的系统，称为**非保守系统**(nonconservative system)。

【例题 9-3】 平面机构由两均质杆 AB、BO 组成，两杆的质量均为 m，长度均为 l，在铅垂平面内运动。在杆 AB 上作用一不变的力偶 M，从图 9-11(a)所示的位置由静止开始运动。不计摩擦，求当杆端 A 即将碰到铰支座 O 时杆端 A 的速度。

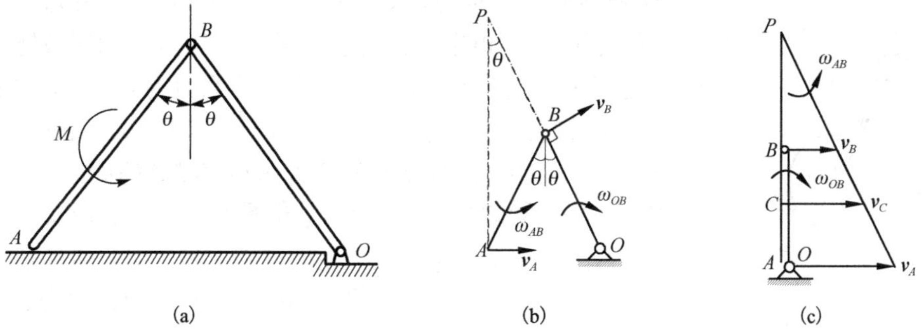

图 9-11　例题 9-3 图

解　杆 OB 作定轴转动，杆 AB 做平面运动。由图 9-11(b)可见，点 P 为杆 AB 的速度瞬心，故

$$\omega_{AB}=\omega_{OB}=\omega$$

转向如图 9-11(b)所示。且

$$v_B=l\omega,\quad v_A=2l\cos\theta\cdot\omega$$

当 A 即将碰到 O 点时，$\theta=0$，$\boldsymbol{v}_A // \boldsymbol{v}_B$（图 9-11(c)），由上式可得

$$v_A=2v_B=2l\omega$$

又由图 9-11(c)有

$$v_C=\frac{3}{2}l\omega$$

整个运动过程中只有力偶 M 和重力做功：

$$W_{1-2}=M\theta-2\cdot mg\frac{l}{2}(1-\cos\theta)$$

系统初始静止，动能 $T_1=0$。当杆端 A 即将碰到铰支座 O 时，系统的动能为

$$\begin{aligned}T_2=T_{AB}+T_{OB}&=\frac{1}{2}mv_C^2+\frac{1}{2}J_C\omega^2+\frac{1}{2}J_O\omega^2\\&=\frac{1}{2}m\left(\frac{3}{2}l\omega\right)^2+\frac{1}{2}\times\frac{1}{12}ml^2\omega^2+\frac{1}{2}\times\frac{1}{3}ml^2\cdot\omega^2\\&=\frac{4}{3}ml^2\omega^2=\frac{1}{3}mv_A^2\end{aligned}$$

根据动能定理，有

$$T_2-T_1=W_{1-2}$$

得

$$\frac{1}{3}mv_A^2=M\theta-mgl\ (1-\cos\theta)$$

$$v_A=\sqrt{\frac{3}{m}[M\theta-mgl\ (1-\cos\theta)]}$$

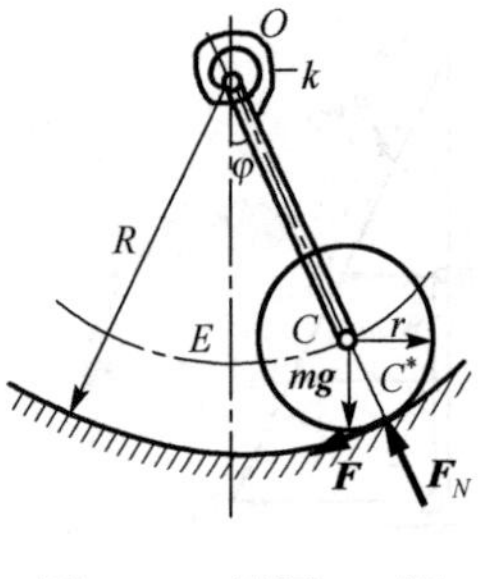

图 9-12　例题 9-4 图

【例题 9-4】　质量为 m、半径为 r 的圆柱，在半径为 R 的固定大圆槽内作纯滚动，如图 9-12 所示。圆心 C 与 O 分别用铰链连接轻质刚性杆的两端。在杆上 O 处还安装有刚度系数为 k 的扭转弹簧。当杆处于铅垂位置时，扭簧没有变形。若不计滚动阻碍，试列写系统的运动微分方程，并确定圆柱绕平衡位置作小幅摆动的周期。

解　圆柱所受的法向正压力 $\boldsymbol{F}_N$ 和摩擦力 $\boldsymbol{F}$ 在它滚动过程中均不做功。当不计滚动阻碍时，圆柱在由重力、弹簧力组成的势力场中运动，这一系统为保守系统。假设杆 OC 与铅垂线的夹角为 φ，系统的动能为

$$T=\frac{1}{2}mv_C^2+\frac{1}{2}J_C\omega^2 \tag{a}$$

式中，质心速度$v_C=(R-r)\dot{\varphi}$。圆柱作平面运动，圆柱上与圆槽相接触的点C^*为速度瞬心，据此，圆柱的绝对角速度$\omega=\dfrac{v_C}{r}=\dfrac{R-r}{r}\dot{\varphi}$，又$J_C=\dfrac{1}{2}mr^2$。将$\omega$、$J_C$的表达式代入式(a)，得

$$T=\frac{1}{2}m(R-r)^2\dot{\varphi}^2+\frac{1}{2}\cdot\frac{1}{2}mr^2\cdot\frac{(R-r)^2}{r^2}\dot{\varphi}^2=\frac{3}{4}m(R-r)^2\dot{\varphi}^2 \tag{b}$$

以点O为重力势能零点，$\varphi=0$为扭簧势能零点。于是，系统在任一位置φ的势能为

$$V=-mg(R-r)\cos\varphi+\frac{1}{2}k\varphi^2 \tag{c}$$

根据系统机械能守恒，得

$$\frac{3}{4}m(R-r)^2\dot{\varphi}^2-mg(R-r)\cos\varphi+\frac{1}{2}k\varphi^2=E \tag{d}$$

上式给出了圆柱角速度$\dot{\varphi}$随角位移φ变化的规律。

为了得到系统的动力学微分方程，将式(d)对时间求一次导数，并约去$\dot{\varphi}$，得

$$\frac{3}{2}m(R-r)^2\ddot{\varphi}+[mg(R-r)+k]\sin\varphi=0 \tag{e}$$

这是一个二阶非线性常微分方程，其解析解为一椭圆积分，比较复杂。下面应用MATLAB通过一组数值解来说明在小幅摆动时，其周期与初始条件无关，具有等时性，而在大幅摆动时，其周期与初始条件有关，不再具有等时性。

假设m=1kg，R=1m，r=0.3m，$k=1\,\mathrm{N\cdot m/rad}$，$g=9.8\,\mathrm{m/s^2}$，将上述二阶微分方程改写为一阶微分方程组，应用 MATLAB 的常微分方程组初值问题求解指令 ode45，编写相应的 MATLAB 求解程序，图 9-13(a)给出了初始条件分别为$\varphi_0=10°$、50°、90°，$\dot{\varphi}_0=0$的数值计算结果。可以看出，φ_0越大，运动周期越长，表明运动周期与初始条件有关。另外，若将初始条件分别取为$\varphi_0=5°$、10°、15°，$\dot{\varphi}_0=0$，修改上面的 MATLAB 程序，得到的计算结果如图 9-13(b)所示，从图中可以看出，当φ_0较小时，式(e)的解具有等时性，其周期与初始条件无关。

在小幅摆动的情形下，可以取$\sin\varphi\approx\varphi$，将式(e)线性化为

$$\frac{3}{2}m(R-r)^2\ddot{\varphi}+[mg(R-r)+k]\varphi=0 \tag{f}$$

这是自由振动方程(参见 12.2 节)，可知小幅摆动的周期为

$$T=2\pi(R-r)\sqrt{\frac{3}{2\left[g(R-r)+\dfrac{k}{m}\right]}} \tag{g}$$

图 9-13(b)同时给出了方程(f)在初始条件$\varphi_0=5°$、$\dot{\varphi}_0=0$的结果，可以看出在小幅摆动时，线性化的结果与非线性化的结果非常接近，表明线性化的方程(f)能够反映非线性方程(e)的运动特性。

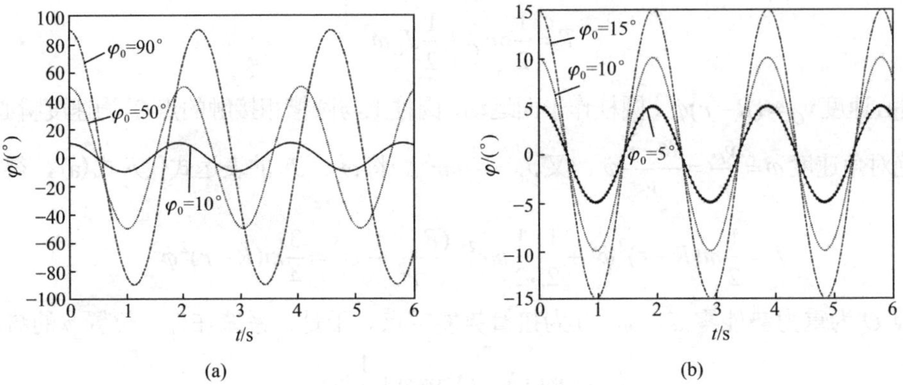

图 9-13　系统的摆动过程

思考：试用刚体平面运动动力学方程求解本例，并与这里的方法进行比较。

9.4 动力学普遍定理综合应用

动力学普遍定理包括了矢量方法和能量方法。动量定理给出了质点系动量的变化与外力主矢之间的关系，可以用于求解质心运动或某些外力。动量矩定理描述了质点系动量矩的变化与外力主矩之间的关系，可以用于具有转动特性的质点系，求解角加速度等运动量和外力。动能定理建立了做功的力与质点系动能变化之间的关系，可用于复杂的质点系、刚体系求运动。应用动量定理和动量矩定理的优点是不必考虑系统的内力；应用动能定理的好处是理想约束力所做之功为零，因而不必考虑。

在很多情形下，需要综合应用这三个定理，才能获得问题的解答。正确分析问题的性质，灵活应用这些定理，往往会达到事半功倍的效果。另外，这三个定理都存在不同的守恒形式，也要给予特别的重视。

【例题 9-5】 均质圆轮 A 和 B 的重量均为 W，半径均为 r。物块 C 的重量也为 W。A、B、C 用轻绳相联系，如图 9-14(a)所示。轮 A 在倾角 $\alpha=30°$ 的斜面上作纯滚动。轮 B 上作用有力偶矩为 M 的力偶，且 $\frac{3}{2}Wr > M > \frac{Wr}{2}$。不计圆轮 B 轴承处的摩擦。试求物块 C 的加速度 a_C、轮 A、B 之间的绳子拉力 F_T 和 B 处轴承的约束力 $\boldsymbol{F}_B$。

动力学的
演变与创新
思维训练

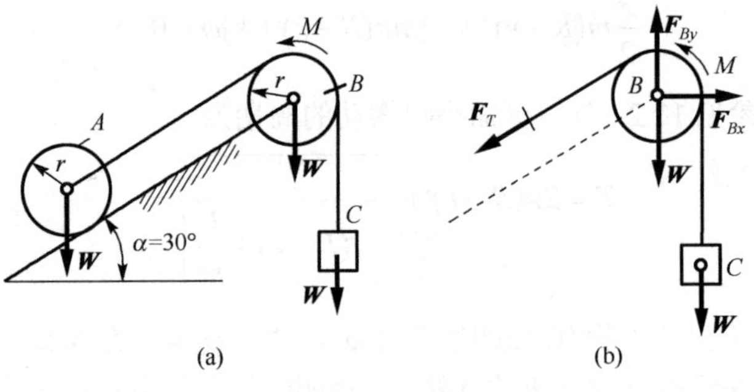

图 9-14　例题 9-5 图

解　(1) 物块 C 的加速度 a_C。

假设物块 C 的位移为 s_C，并设物块 C 向上做加速运动。对整体系统应用动能定理：

$$\left[\frac{1}{2}\frac{W}{g}v_C^2+\frac{1}{2}\left(\frac{1}{2}\frac{W}{g}r^2\right)\omega_B^2+\frac{1}{2}\frac{W}{g}v_A^2+\frac{1}{2}\left(\frac{1}{2}\frac{W}{g}r^2\right)\omega_A^2\right]-T_1=-W\cdot s_C+M\varphi_B+W\sin\alpha\cdot s_C \tag{a}$$

式中，v_C 为物块 C 的速度；ω_B 为轮 B 的角速度；v_A、ω_A 分别为轮 A 的质心速度与角速度；φ_B 为轮 B 的转角。

用坐标 s_C 及其对时间的一阶导数 $\dot{s}_C=v_C$ 表示相关的各运动学量，有

$$s_C=r\varphi_B,\qquad v_C=\omega_A r=\omega_B r,\qquad v_A=v_C \tag{b}$$

将式(b)代入式(a)，整理后得

$$\frac{3}{2}\frac{W}{g}v_C^2-T_1=\left(\frac{M}{r}-\frac{W}{2}\right)s_C \tag{c}$$

将上式对时间求一次导数，得

$$\frac{3}{2}\frac{W}{g}\cdot 2v_C a_C=\left(\frac{M}{r}-\frac{W}{2}\right)v_C$$

$$a_C=\frac{\dfrac{M}{r}-\dfrac{W}{2}}{3W}g \tag{d}$$

可见，当 $M>\dfrac{Wr}{2}$ 时，物块 C 的加速度才能向上；否则，将向下运动。

(2) 轮 A、B 之间的绳子拉力 F_T。

截开轮 A、B 之间的绳索，解除轴承 B 处约束，选取轮 B 与物块 C 为研究对象，其受力示于图 9-14(b) 中。除两个重力 $\boldsymbol{W}$ 与力偶 M 外，$\boldsymbol{F}_T$ 为绳索拉力，$\boldsymbol{F}_{Bx}$、$\boldsymbol{F}_{By}$ 为轴承 B 的约束力分量。

将图 9-14(b) 所示的系统对点 B 应用动量矩定理，有

$$\frac{1}{2}\frac{W}{g}r^2\cdot\alpha_B+\frac{W}{g}a_C\cdot r=M-(W-F_T)r \tag{e}$$

有运动学关系：

$$a_C=r\alpha_B \tag{f}$$

将其代入式(e)，整理后有

$$\frac{3}{2}\frac{W}{g}a_C=\frac{M}{r}-W+F_T \tag{g}$$

再将式(d)代入上式，最后得

$$F_T=\frac{1}{2}\left(\frac{3}{2}W-\frac{M}{r}\right) \tag{h}$$

可见，当 $M<\dfrac{3}{2}Wr$ 时，$F_T>0$，即绳索受拉力；而当 $M\geqslant\dfrac{3}{2}Wr$ 时，因绳索不能承受压缩

力(对应大于号)或绳索松软(对应等号)，故系统不能维持正常运动。

(3) B 处轴承的约束力 F_{RB}。

对图 9-14(b)所示的系统应用质心运动定理，有

$$\begin{cases} 0 = F_{Bx} - F_T \cos\alpha \\ \dfrac{W}{g} a_C = F_{By} - 2W - F_T \sin\alpha \end{cases} \tag{i}$$

于是，得

$$\begin{cases} F_{Bx} = F_T \cos\alpha = \dfrac{1}{2}\left(\dfrac{3}{2}W - \dfrac{M}{r}\right)\cos\alpha \\ F_{By} = \dfrac{W}{g}a_C + 2W + F_T \sin\alpha \\ \quad = \dfrac{M}{r}\left(\dfrac{1}{3} - \dfrac{1}{2}\sin\alpha\right) + W\left(\dfrac{11}{6} + \dfrac{3}{4}\sin\alpha\right) \\ \quad = \dfrac{1}{12}\left(\dfrac{53W}{2} + \dfrac{M}{r}\right) \end{cases} \tag{j}$$

思考：为求轮 A、B 之间的绳子拉力 $\boldsymbol{F}_T$，还可以采用什么方法？

【例题 9-6】 均质杆长为 l，质量为 m_1，B 端靠在光滑墙上，A 端用光滑铰链与均质圆盘的质心相连。圆盘的质量为 m_2，半径为 R，放在粗糙的地面上，自图 9-15 所示的 $\theta = 45°$ 由静止开始纯滚动。试求点 A 在初瞬时的加速度。

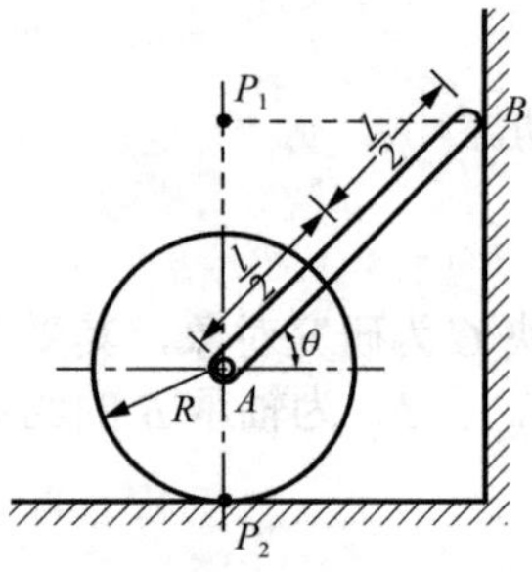

图 9-15　例题 9-6 图

解　取整个系统为研究对象，只有重力做功，故系统机械能守恒。注意到杆和圆盘均作平面运动，因此系统的动能为

$$T = \frac{1}{2}J_{P1}\omega_1^2 + \frac{1}{2}J_{P2}\omega_2^2 = \frac{1}{2}\left(\frac{1}{3}m_1 l^2\right)\omega_1^2 + \frac{1}{2}\left(\frac{3}{2}m_2 R^2\right)\omega_2^2$$

其中，P_1、P_2 分别为杆和圆盘的速度瞬心。设盘心 A 的速度为 v_A，则有

$$v_A = R\omega_2 = l\omega_1 \sin\theta$$

代入动能表达式，得到

$$T = \left(\frac{m_1}{6\sin^2\theta} + \frac{3m_2}{4}\right)v_A^2 \tag{a}$$

取经过盘心 A 的水平线为零势位置，系统的势能为

$$V = m_1 g \cdot \frac{l}{2}\sin\theta \tag{b}$$

根据机械能守恒定律，有

$$T + V = C$$

即

$$\left(\frac{m_1}{6\sin^2\theta}+\frac{3m_2}{4}\right)v_A^2+m_1g\cdot\frac{l}{2}\sin\theta=C \tag{c}$$

对上式微分有

$$\left(\frac{m_1}{3\sin^2\theta}+\frac{3m_2}{2}\right)v_Aa_A-\frac{m_1\cos\theta}{3\sin^3\theta}\cdot\frac{\mathrm{d}\theta}{\mathrm{d}t}v_A^2+m_1g\cdot\frac{l}{2}\cos\theta\cdot\frac{\mathrm{d}\theta}{\mathrm{d}t}=0 \tag{d}$$

注意到

$$\frac{\mathrm{d}\theta}{\mathrm{d}t}=-\omega_1=-\frac{v_A}{l\sin\theta} \tag{e}$$

将式(e)与初瞬时 $v_A=0$ 、 $\theta=45^\circ$ 一起代入式(d)，整理后得到

$$\left(\frac{2m_1}{3}+\frac{3m_2}{2}\right)a_A=\frac{1}{2}m_1g \tag{f}$$

于是，点 A 在初瞬时的加速度为

$$a_A=\frac{3m_1g}{4m_1+9m_2}$$

思考：若要进一步求圆盘与地面的滑动摩擦力，如何求解？

【例题 9-7】 质量为 m_1、杆长为 l 的均质杆 OA 一端铰支，另一端用光滑铰链连接可绕轴 A 自由旋转、质量为 m_2 的均质圆盘，如图 9-16(a)所示。初始时，杆处于铅垂位置，圆盘静止，设 OA 杆无初速度释放，不计摩擦，求当杆 OA 转至水平位置时的角速度和角加速度及铰链 O 处的约束力。

解　取整体为研究对象，系统具有理想约束。

(1)运动分析。

杆 OA 作定轴转动；为分析圆盘的运动，取圆盘为研究对象(图 9-16(b))，应用相对质心的动量矩定理。

设圆盘的角加速度为 α ，则圆盘绕质心 A 的转动动力学方程为

$$J_A\alpha=0$$

因此 $\alpha=0$ ，则

$$\omega=\omega_0=0$$

这表明圆盘在杆下摆过程中角速度始终为零，圆盘作平移。

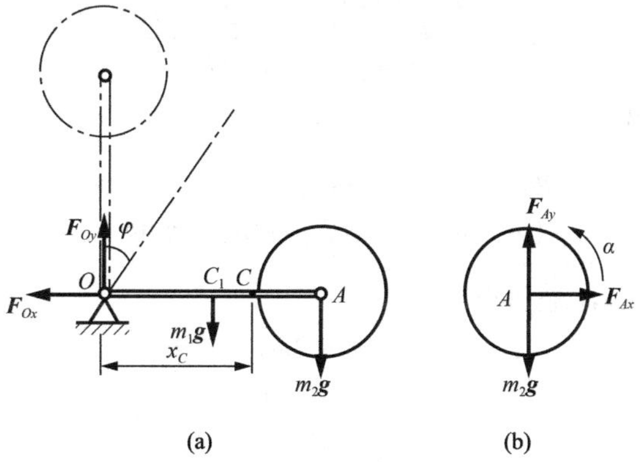

图 9-16　例题 9-7 图

(2)应用动能定理。

系统在初始位置和任意位置时的动能分别为

$$T_1 = 0$$

$$T_2 = \frac{1}{2}J_O\omega^2 + \frac{1}{2}m_2 v_A^2 = \frac{1}{2}\times\frac{1}{3}m_1 l^2\omega^2 + \frac{1}{2}m_2 l^2\omega^2 = \frac{m_1+3m_2}{6}l^2\omega^2$$

杆在角度φ位置时，重力的功为

$$W = m_1 g\left(\frac{l}{2}-\frac{l}{2}\cos\varphi\right) + m_2 g(l - l\cos\varphi) = \left(\frac{m_1}{2}+m_2\right)gl(1-\cos\varphi)$$

应用动能定理，有

$$\frac{m_1+3m_2}{6}l^2\omega^2 = \left(\frac{m_1}{2}+m_2\right)gl(1-\cos\varphi)$$

解得

$$\omega^2 = \frac{m_1+2m_2}{m_1+3m_2}\cdot\frac{3g}{l}(1-\cos\varphi) \tag{a}$$

当$\varphi = 90^\circ$时，杆在水平位置的角速度为

$$\omega = \sqrt{\frac{m_1+2m_2}{m_1+3m_2}\cdot\frac{3g}{l}} \tag{b}$$

将式(a)等号两端对时间求导数，得

$$2\omega\alpha = \frac{m_1+2m_2}{m_1+3m_2}\cdot\frac{3g}{l}\sin\varphi\dot{\varphi}$$

因为$\dot{\varphi} = \omega$，所以$\varphi = 90^\circ$时，杆在水平位置的角加速度为

$$\alpha = \frac{m_1+2m_2}{m_1+3m_2}\cdot\frac{3g}{2l}\sin\varphi = \frac{m_1+2m_2}{m_1+3m_2}\cdot\frac{3g}{2l} \tag{c}$$

(3)确定O处的约束力。

首先确定系统质心的位置，然后应用质心运动定理，求解O处的约束力。

根据质心坐标公式，有

$$x_C = \frac{m_1\dfrac{l}{2}+m_2 l}{m_1+m_2} = \frac{m_1+2m_2}{m_1+m_2}\cdot\frac{l}{2} \tag{d}$$

代入质心运动定理表达式，有

$$\begin{aligned}(m_1+m_2)x_C\omega^2 &= F_{Ox}\\ -(m_1+m_2)x_C\alpha &= F_{Oy} - (m_1+m_2)g\end{aligned} \tag{e}$$

将式(b)～式(d)代入式(e)，最后得到

$$F_{Ox} = \frac{(m_1+2m_2)^2}{m_1+3m_2}\cdot\frac{3g}{2}$$

$$F_{Oy} = -\frac{(m_1+2m_2)^2}{m_1+3m_2}\cdot\frac{3g}{4} + (m_1+m_2)g$$

注意，采用质心运动定理求约束力时，也可以应用质心运动定理的另一种表达式：$\sum m_i \boldsymbol{a}_{Ci} = \sum \boldsymbol{F}_i^{\mathrm{e}}$，会得到同样的结果，请读者自行验证。

习　题

1. 选择填空题

9-1　如图所示，三棱柱 B 沿三棱柱 A 的斜面运动，三棱柱 A 沿光滑水平面向左运动。已知 A 的质量为 m_1，B 的质量为 m_2；某瞬时 A 的速度为 $\boldsymbol{v}_1$，B 沿斜面的速度为 $\boldsymbol{v}_2$，则此时三棱柱 B 的动能为(　　)。

① $\dfrac{1}{2}m_2 v_2^2$　　② $\dfrac{1}{2}m_2(v_1 - v_2)^2$

③ $\dfrac{1}{2}m_2(v_1^2 - v_2^2)$　　④ $\dfrac{1}{2}m_2[(v_1 - v_2\cos\theta)^2 + v_2^2\sin^2\theta]$

9-2　一质量为 m、半径为 r 的均质圆轮以匀角速度 ω 沿水平面作纯滚动，均质杆 OA 与圆轮在轮心 O 处铰接，如图所示。设 OA 杆长 $l = 4r$，质量 $M = m/4$。在杆与铅垂线的夹角 $\varphi = 60°$ 时，其角速度 $\omega_{OA} = \omega/2$，则此时该系统的动能为(　　)。

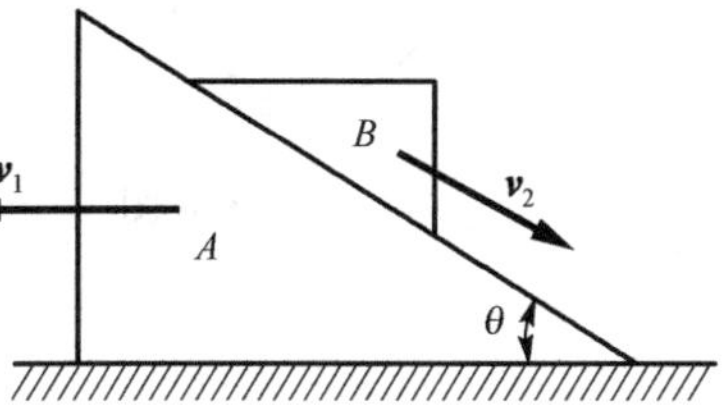

习题 9-1 图

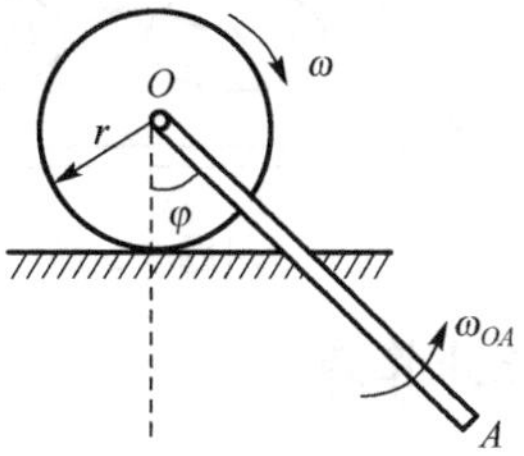

习题 9-2 图

① $T = \dfrac{25}{24}mr^2\omega^2$　　② $T = \dfrac{11}{12}mr^2\omega^2$

③ $T = \dfrac{7}{6}mr^2\omega^2$　　④ $T = \dfrac{2}{3}mr^2\omega^2$

9-3　均质圆盘 A 的半径为 r，质量为 m，在半径为 R 的固定圆柱面内作纯滚动，如图所示，则圆盘的动能为(　　)。

① $T = \dfrac{3}{4}mr^2\dot{\varphi}^2$　　② $T = \dfrac{3}{4}mR^2\dot{\varphi}^2$

③ $T = \dfrac{1}{2}m(R - r)^2\dot{\varphi}^2$　　④ $T = \dfrac{3}{4}m(R - r)^2\dot{\varphi}^2$

9-4　图示均质圆盘沿水平直线轨道作纯滚动，在盘心移动了距离 s 的过程中水平常力 $\boldsymbol{F}_T$ 的功为(　　)；轨道给圆盘的摩擦力 $\boldsymbol{F}_f$ 的功为(　　)。

① $F_T s$　　② $2F_T s$

③ 0　　④ $-F_f s$

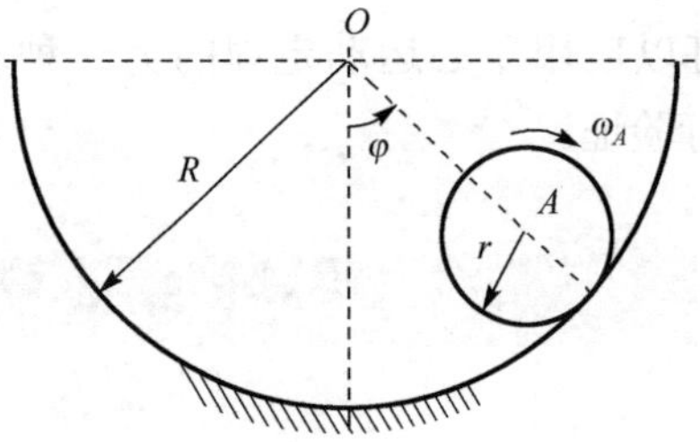

习题 9-3 图

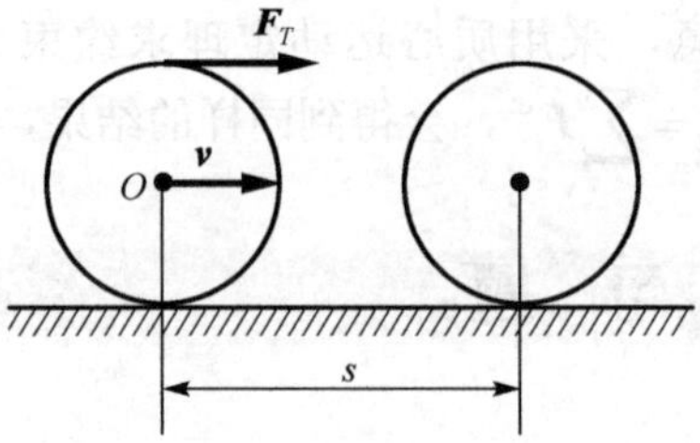

习题 9-4 图

9-5　图示两均质圆盘 A 和 B，它们的质量相等，半径相同，各置于光滑水平面上，分别受到 $\boldsymbol{F}$ 和 $\boldsymbol{F}'$的作用，由静止开始运动。若 $\boldsymbol{F}=\boldsymbol{F}'$，则在运动开始以后到相同的任一瞬时，两圆盘动能 T_A 和 T_B 的关系为(　　)。

① $T_A = T_B$　　② $T_A = 2T_B$　　③ $2T_A = T_B$　　④ $3T_A = T_B$

9-6　如图所示，轮Ⅱ由系杆 O_1O_2 带动在固定轮Ⅰ上无滑动滚动，两轮半径分别 R_1、R_2。若轮Ⅱ的质量为 m，系杆的角速度为 ω，则轮Ⅱ的动能为(　　　　)，轮Ⅱ对固定轴 O_1 的动量矩为(　　　　)。

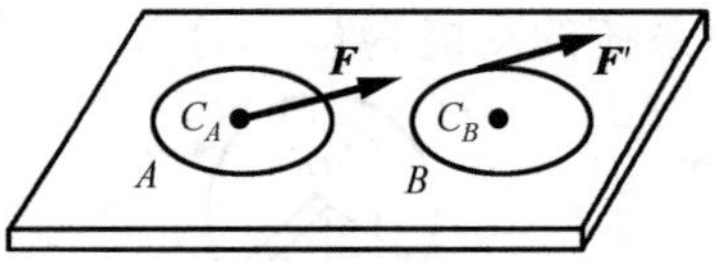

习题 9-5 图

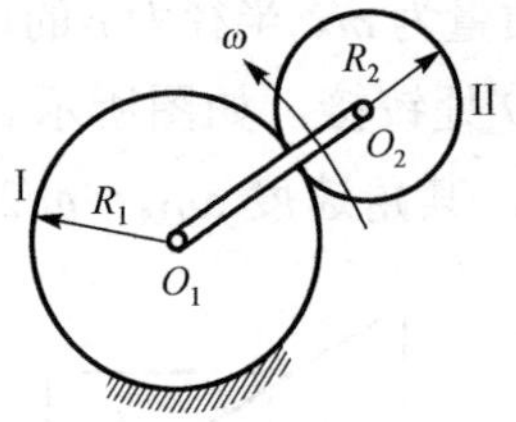

习题 9-6 图

2. 分析计算题

9-7　图示坦克的履带质量为 m，两个车轮的质量均为 m_1。车轮被看成均质圆盘，半径为 R，两车轮间的距离为 πR。设坦克的前进速度为 $\boldsymbol{v}$，计算此质点系的动能。

9-8　绞车提升一质量为 m 的重物 P，如图所示。绞车在主动轴上作用一不变的转动力矩 M。已知主动轴和从动轴连同安装在两轴上的齿轮以及其他附属零件的转动惯量分别为 J_1 和 J_2，传速比 $\frac{z_2}{z_1}=i$。吊索缠绕在鼓轮上，鼓轮的半径为 R。设轴承的摩擦以及吊索的质量均略去不计。试求重物的加速度。

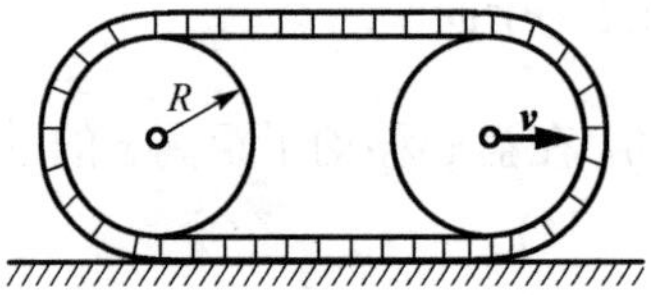

习题 9-7 图

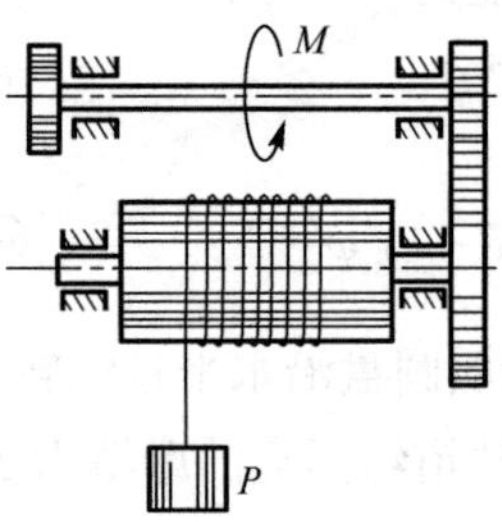

习题 9-8 图

9-9　图(a)与(b)分别为圆盘和圆环，二者质量均为 m，半径均为 r，均置于距地面为 h 的斜面上，斜面倾角为 α，盘与环都从时间 $t=0$ 开始，在斜面上作纯滚动。分析圆盘与圆环哪一个先到达地面。

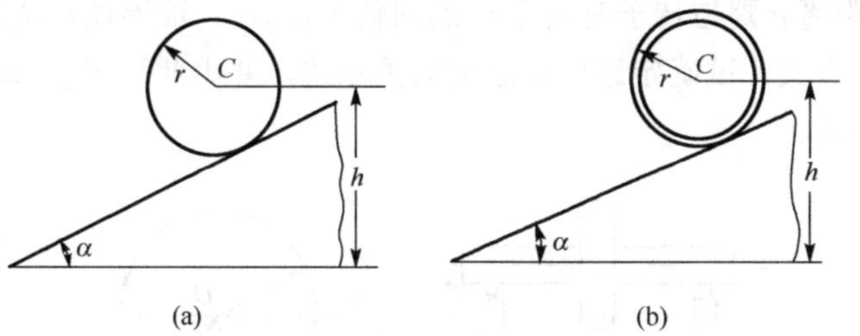

习题 9-9 图

9-10　两均质杆 AC 和 BC 的质量均为 m，长度均为 l，在 C 点由光滑铰链相连接，A、B 端放置在光滑水平面上，如图所示。杆系在铅垂面内的图示位置由静止开始运动，试求铰链 C 落到地面时的速度。

9-11　系统在图示位置处于平衡。其中，均质细杆 ABC 与 BD 的质量分别为 6kg 与 3kg，滑块的质量为 1kg。弹簧刚度系数 k =200N/m。现有方向向下的常力 F=100N 作用在杆 ABC 的 A 端，试求杆 ABC 转过 20° 后应有的角速度 ω_2。

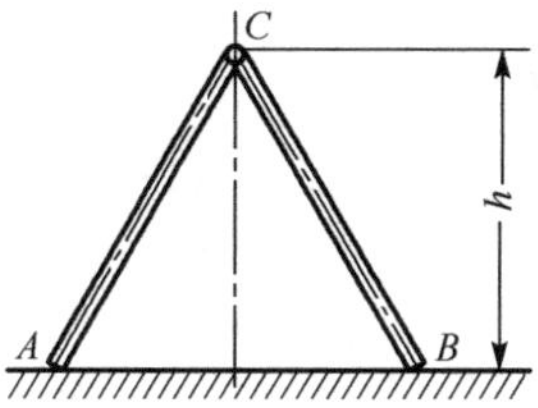

习题 9-10 图

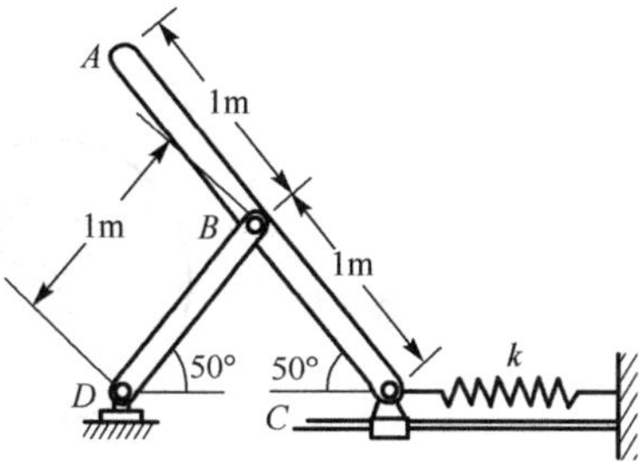

习题 9-11 图

9-12　均质连杆 AB 质量为 4kg，长 l =600mm。均质圆盘质量为 6kg，半径 r =100mm。弹簧刚度系数为 k = 2N/mm，不计套筒 A 及弹簧的质量。若连杆在图示位置被无初速释放后，A 端沿光滑杆滑下，圆盘作纯滚动。求：(1)当 AB 达水平位置而接触弹簧时，圆盘与连杆的角速度；(2)弹簧的最大压缩量 δ。

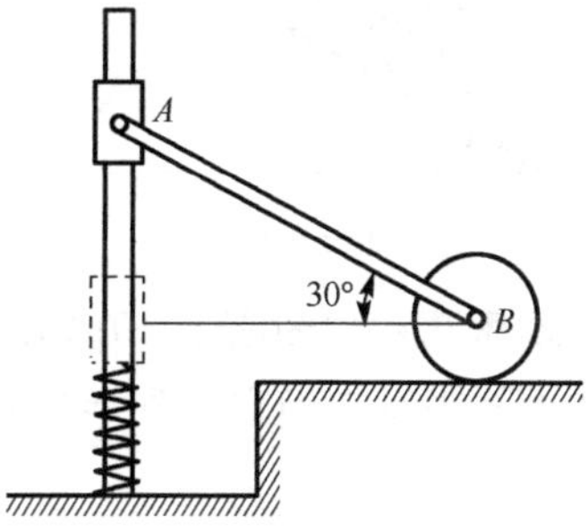

习题 9-12 图

9-13　为了试验转子偏心的大小和位置，可将其放置在一支架上，如图所示，而使转子轴能沿支架的两水平导轨(该导轨要用水平仪校正)作无滑动的滚动。若转子的重心 C 并不位于其几何轴线 OO 上，则转子必将绕其平衡位置左右摆动。转子的偏心位置可以根据其平衡位置确定，而偏心距离 e 则与转子对质心 C 的回转半径 ρ_C、轴半径 r 以及其围绕平衡位置作微小摆动的周期 T 有关。试确定这些量之间的关系式，并由此写出 $\rho_C \gg e$ (实际中最常见的情形)时的简化关系式。

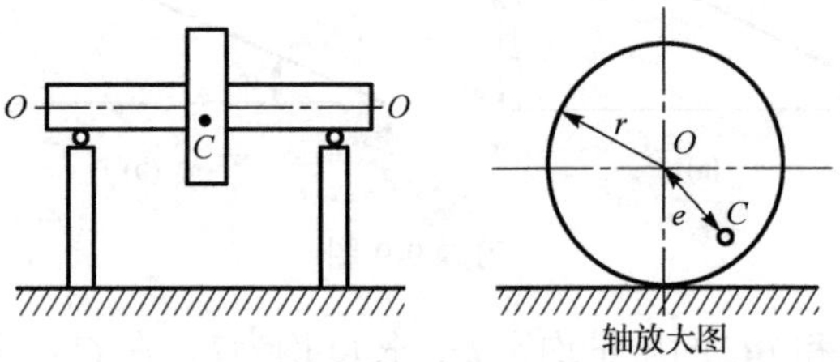

习题 9-13 图

9-14　置于水平面内的行星齿轮机构如图所示。已知行星齿轮的半径为 r，质量为 m_1，可看成均质圆盘，系杆 OA 的质量为 m_2，可看成均质杆，定齿轮 O 的半径为 R。在系杆上作用常力偶矩 M，使此机构由静止开始运动。求系杆 O 转过 φ 角后的角速度和角加速度。

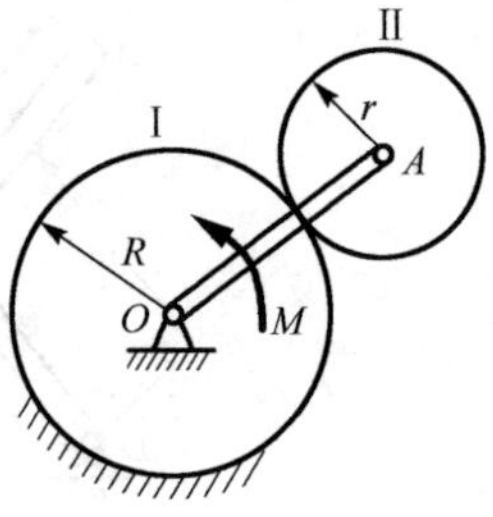

习题 9-14 图

9-15　图示圆盘和滑块的质量均为 m，圆盘的半径为 r，且可视为均质的。杆 OA 平行于斜面，质量不计。斜面的倾角为 θ，圆盘、滑块与斜面间的摩擦因数均为 f，圆盘在斜面上作无滑动滚动。试求滑块的加速度和杆的内力。

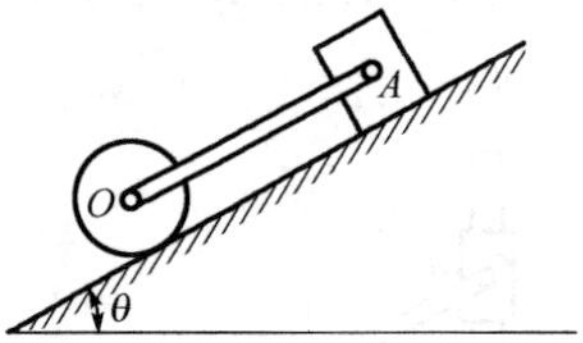

习题 9-15 图

9-16　质量为 m、半径为 r 的均质圆柱如图所示，开始时其质心位于与 OB 同一高度的点 C。设圆柱由静止开始沿斜面滚动而不滑动，当它滚到半径为 R 的圆弧 AB 上时，求在任意位置上对圆弧的正压力和摩擦力。

9-17　用动能定理求解习题 8-16。

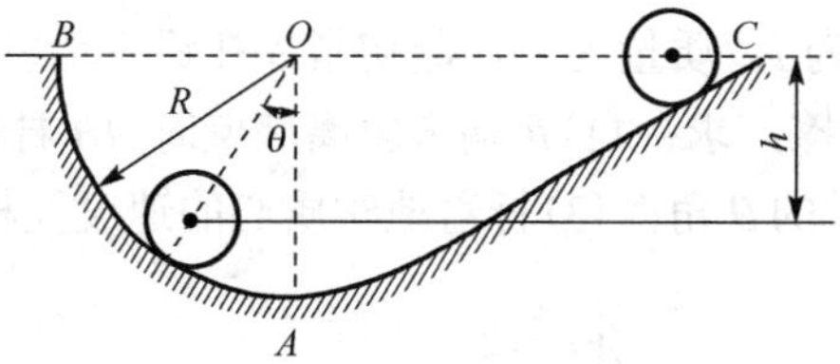

习题 9-16 图

9-18　图示曲柄滑槽机构中，均质曲柄 OA 以匀角速度 ω 绕水平轴 O 作定轴转动。已知曲柄 OA 的质量为 m_1，$OA = r$，滑槽 BC 的质量为 m_2(重心在点 D)，滑块 A 的重量和各处摩擦不计。求当曲柄转至图示位置时轴承 O 的约束力以及作用在曲柄上的力偶矩 M。

9-19　图示圆环以角速度 ω 绕铅垂轴 AC 自由转动，圆环半径为 R，对转轴的转动惯量为 J。圆环中在 A 点处置一质量为 m 的小球，由于微小干扰小球离开 A 点。若不计摩擦，试求当小球达到 B 和 C 点时圆环的角速度和小球的速度。

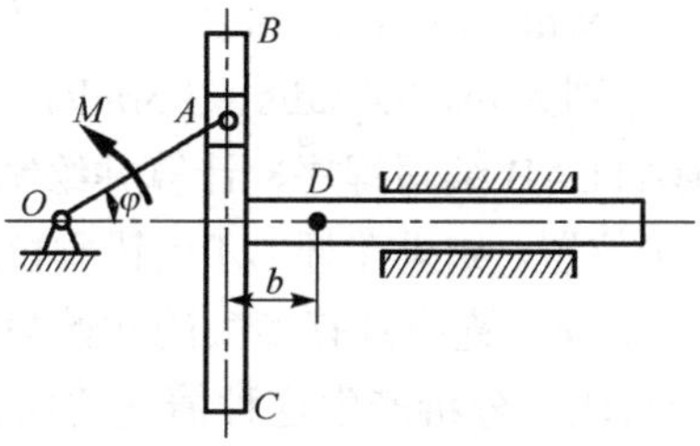

习题 9-18 图

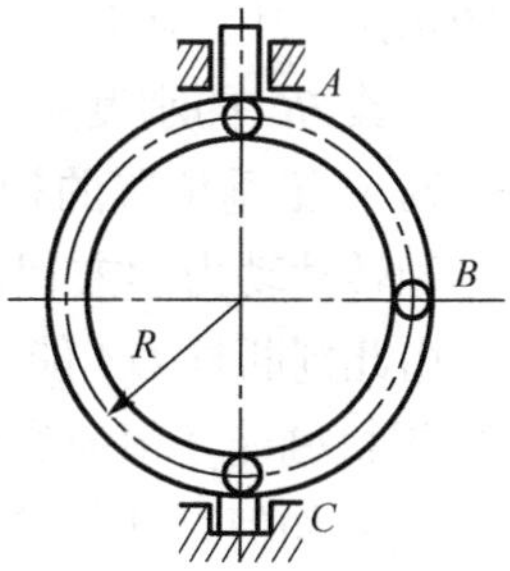

习题 9-19 图

9-20　弹簧两端各系重物 A 和 B，放置在光滑面上，如图所示。A 的质量为 m_1，B 的质量为 m_2。若弹簧刚度系数为 k，原长为 l_0。今将弹簧拉长到 l，然后无初速地释放。试求当弹簧回到原长时 A、B 的速度。

9-21　两个相同的滑轮视为均质圆盘，质量均为 m，半径均为 R，用细绳缠绕连接，如图所示。若系统由静止开始运动，求动滑轮质心 C 的速度 v_C 与下降距离 h 的关系，并确定 AB 段绳子的张力。

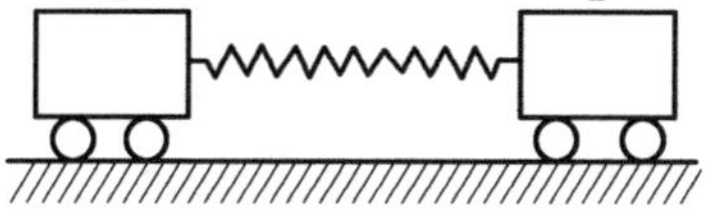

习题 9-20 图

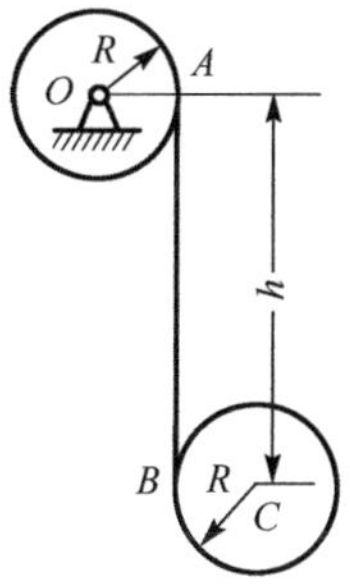

习题 9-21 图

9-22　均质细杆 AB 长为 l，质量为 m，起初紧靠在铅垂墙壁上，由于微小干扰，杆绕 B 点倾倒，如图所示。不计摩擦，求：(1) B 端未脱离墙壁时 AB 杆的角速度、角加速度及 B 处的反力；(2) B 端脱离墙壁时的 θ 角；(3)杆着地时质心的速度及杆的角速度。

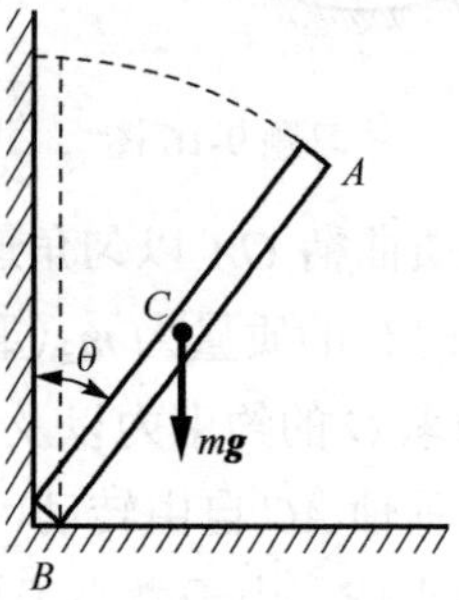

习题 9-22 图

9-23　在图示系统中，质量 m=29.24kg、长度 L=2.44m 的匀质杆 OA 绕 O 作定轴转动，C 为 OA 的中点，弹簧 BC 的刚度系数 k=2627.48N/m，且当杆 OA 处于铅垂位置时弹簧无变形，OB=OC。若杆 OA 在铅垂位置的初始角速度分别为 ω_0=3.4rad/s、3.5rad/s、3.6rad/s、3.7rad/s，根据杆 OA 的定轴转动动力学方程，应用 MATLAB 编写程序，计算并绘制杆 OA 的转角随时间变化的曲线，由此判断杆 OA 能否转到水平位置。如果在杆 OA 由铅垂位置转到水平位置的过程中，直接应用机械能守恒研究杆 OA 在铅垂位置应具有多大的初始角速度才能使其恰好转到水平位置，结果如何？并与前面的结论对比，分析产生这种情况的原因。

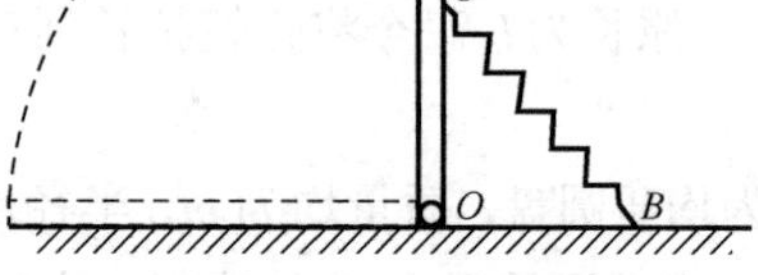

习题 9-23 图

第 10 章　达朗贝尔原理

10.1 质点的达朗贝尔原理

法国科学家达朗贝尔于 1743 年将牛顿的工作推广至受约束质点，提出求解受约束质点动力学问题的一个原理，即**达朗贝尔原理**(d′Alembert principle)，这个原理为非自由质点系动力学的发展奠定了基础。后人引用惯性力概念，应用达朗贝尔原理中所包含的、用静力学中研究平衡问题的方法研究动力学中不平衡问题的思想，将这一原理发展成为求解非自由质点系动力学问题的普遍而有效的方法。这一方法称为**动静法**(methods of kineto statics)。由于静力学的方法简单直观，易于掌握，因而动静法在工程技术中得到了普遍应用。

在惯性参考系 $Oxyz$ 中，质量为 m 的非自由质点在主动力 $\boldsymbol{F}$、约束力 $\boldsymbol{F}_N$ 的作用下沿图 10-1 所示的曲线运动，其加速度为 $\boldsymbol{a}$。据牛顿第二定律，有

$$m\boldsymbol{a} = \boldsymbol{F} + \boldsymbol{F}_N \tag{10-1}$$

或写成

$$\boldsymbol{F} + \boldsymbol{F}_N - m\boldsymbol{a} = 0 \tag{10-2}$$

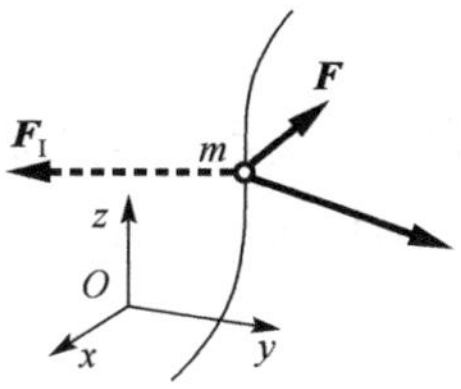

图 10-1　质点的达朗贝尔原理

令

$$\boldsymbol{F}_{\mathrm{I}} = -m\boldsymbol{a} \tag{10-3}$$

将 $\boldsymbol{F}_{\mathrm{I}}$ 称为**达朗贝尔惯性力**(d′Alembert inertial force)，简称为**惯性力**(inertial force)，则有

$$\boldsymbol{F} + \boldsymbol{F}_N + \boldsymbol{F}_{\mathrm{I}} = 0 \tag{10-4}$$

其投影形式为

$$\begin{cases} F_x + F_{Nx} + F_{\mathrm{I}x} = \sum F_x = 0 \\ F_y + F_{Ny} + F_{\mathrm{I}y} = \sum F_y = 0 \\ F_z + F_{Nz} + F_{\mathrm{I}z} = \sum F_z = 0 \end{cases} \tag{10-5}$$

式(10-4)、式(10-5)具有读者熟悉的静力平衡方程形式。若假想地在运动质点 m 上施加惯性力 $\boldsymbol{F}_{\mathrm{I}} = -m\boldsymbol{a}$，则可以认为作用在质点 m 上的主动力 $\boldsymbol{F}$、约束力 $\boldsymbol{F}_N$ 和惯性力 $\boldsymbol{F}_{\mathrm{I}}$ 在形式上组成平衡力系。此即**质点的达朗贝尔原理**。

需要注意的是，质点 m 上的作用力只有主动力 $\boldsymbol{F}$ 及约束力 $\boldsymbol{F}_N$，而惯性力 $\boldsymbol{F}_{\mathrm{I}}$ 是为了用静力学方法求解动力学问题而假设的虚拟力。式(10-4)反映的仍然是实际受力与运动之间的动力学关系。

应用上述方程时，除要分析主动力、约束力外，还必须分析惯性力，并假想地加在质点上。其余过程与求解静力学平衡问题完全相同。

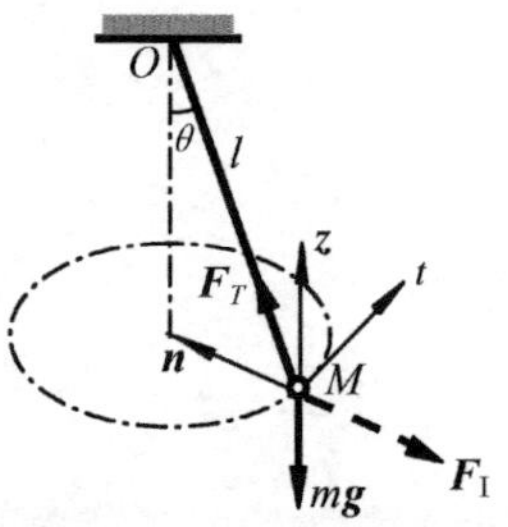

图 10-2 例题 10-1 图

【例题 10-1】 圆锥摆如图 10-2 所示。其中质量为 m 的小球 M 系于长度为 l 的细线一端，细线另一端固定于 O 点，与铅垂线的夹角为θ。小球在垂直于铅垂线的水平面内做匀速圆周运动。已知：m=1kg；l = 300mm；θ = 60°。求小球的速度和细线所受的拉力。

解 以小球为研究对象。作用在小球上的力有：主动力为小球重力 $m\boldsymbol{g}$；约束力为细线对小球的拉力 $\boldsymbol{F}_T$，数值等于细线所受的拉力。

由于小球做匀速圆周运动，所以小球只有法向加速度 $\boldsymbol{a}_n$，切向加速度 $\boldsymbol{a}_t = 0$，故小球的惯性力大小为

$$F_I = ma_n = m\frac{v^2}{r} = m\frac{v^2}{l\sin\theta} \tag{a}$$

方向与 $\boldsymbol{a}_n$ 相反。

对小球应用达朗贝尔原理，$m\boldsymbol{g}$、$\boldsymbol{F}_T$、$\boldsymbol{F}_I$ 构成平衡力系，即

$$m\boldsymbol{g} + \boldsymbol{F}_T + \boldsymbol{F}_I = 0 \tag{b}$$

以三力的汇交点(小球)M 为原点，建立 $Mtnz$ 自然坐标系，如图 10-2 所示。将平衡方程(b)写成投影的形式，则有

$$\begin{cases} \sum F_t = 0, & \text{自然满足} \\ \sum F_n = 0, & F_T\sin\theta - F_I = 0 \\ \sum F_z = 0, & F_T\cos\theta - mg = 0 \end{cases} \tag{c}$$

由此解得细线所受的拉力为

$$F_T = \frac{mg}{\cos\theta} = \frac{1\times 9.8}{\cos 60^\circ} = 19.6\ (\text{N})$$

由式(c)可知惯性力 $F_I = F_T\sin\theta$，利用式(a)，可求得小球速度 $\boldsymbol{v}$ 的大小为

$$v = \sqrt{\frac{F_T l \sin^2\theta}{m}} = \sqrt{\frac{19.6\times 0.3\times \sin^2 60^\circ}{1}} = 2.1(\text{m/s})$$

10.2 质点系的达朗贝尔原理

本节将质点的达朗贝尔原理推广到质点系。考察由 n 个质点组成的非自由质点系(图 10-3)。

对每个质点虚加惯性力 $\boldsymbol{F}_{Ii} = -m_i\boldsymbol{a}_i (i = 1, 2, \cdots, n)$，根据质点的达朗贝尔原理(式(10-4))，质点系中的第 i 个质点有

$$\boldsymbol{F}_i + \boldsymbol{F}_{Ni} + \boldsymbol{F}_{Ii} = 0 \tag{10-6}$$

即每个质点的 $\boldsymbol{F}_i$、$\boldsymbol{F}_{Ni}$、$\boldsymbol{F}_{Ii}$ 组成平衡力系。显然，整个质点系的主动力系、约束力系和惯性力系也组成平衡力系。根据静力学中力系的平衡条件和平衡方程，空间一般力系平衡时，力系的主矢 $\boldsymbol{F}_R$ 和对任意一点 O 的主矩 $\boldsymbol{M}_O$ 必须同时等于零，即

$$\begin{cases} \boldsymbol{F}_R = \sum \boldsymbol{F}_i + \sum \boldsymbol{F}_{Ni} + \sum \boldsymbol{F}_{\mathrm{I}i} = 0 \\ \boldsymbol{M}_O = \sum \boldsymbol{M}_O(\boldsymbol{F}_i) + \sum \boldsymbol{M}_O(\boldsymbol{F}_{Ni}) + \sum \boldsymbol{M}_O(\boldsymbol{F}_{\mathrm{I}i}) = 0 \end{cases} \tag{10-7}$$

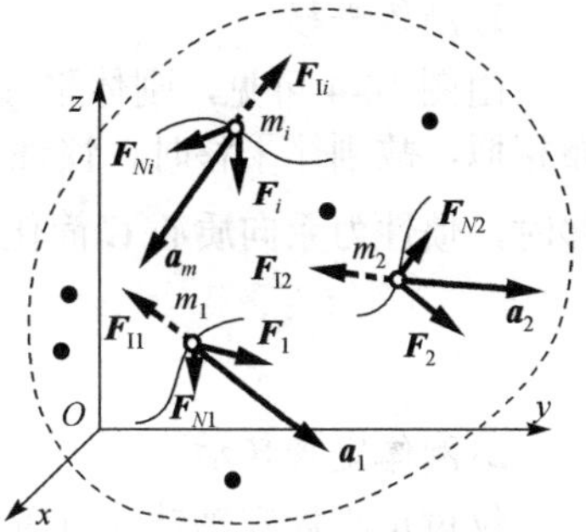

图 10-3　质点系的达朗贝尔原理

将作用在每个质点上的真实力(包括主动力和约束力)分为内力和外力，同时由式(7-4)和(7-5)可知式(10-7)可写为

$$\begin{cases} \sum \boldsymbol{F}_i^{\mathrm{e}} + \sum \boldsymbol{F}_{\mathrm{I}i} = 0 \\ \sum \boldsymbol{M}_O(\boldsymbol{F}_i^{\mathrm{e}}) + \sum \boldsymbol{M}_O(\boldsymbol{F}_{\mathrm{I}i}) = 0 \end{cases} \tag{10-8}$$

式中，$\sum \boldsymbol{F}_i^{\mathrm{e}}$ 与 $\sum \boldsymbol{M}_O(\boldsymbol{F}_i^{\mathrm{e}})$ 分别为作用在质点系上的外力的主矢与主矩；$\sum \boldsymbol{F}_{\mathrm{I}i}$ 与 $\sum \boldsymbol{M}_O(\boldsymbol{F}_{\mathrm{I}i})$ 分别为作用在质点系上的惯性力的主矢与主矩。这两个矢量式共可写出 6 个投影式，不再赘述。

式(10-8)表明，作用于质点系上的外力系与惯性力系在形式上组成平衡力系，此即**质点系的达朗贝尔原理**。用式(10-8)求解非自由质点系动力学的方法称为质点系的动静法。

由式(10-8)可见，用式(10-8)求解非自由质点系动力学的关键是求出作用在质点系上的外力的主矢与主矩以及惯性力的主矢与主矩。关于外力的主矢与主矩的计算在静力学中已有介绍，而惯性力的主矢与主矩的计算将在 10.3 节讨论。

10.3 惯性力系的简化

10.3.1 一般质点系惯性力系的简化

一般情形下，质点系的惯性力系 $\boldsymbol{F}_{\mathrm{I}i}(i=1,2,\cdots,n)$ 为体积力。当系统可简化为平面问题时，$\boldsymbol{F}_{\mathrm{I}i}$ 为面积力。$\boldsymbol{F}_{\mathrm{I}i}$ 的分布与物体质量 m_i 及绝对加速度 $\boldsymbol{a}_i$ 的分布有关。注意到式(7-3)，则质点系惯性力系的主矢为

$$\boldsymbol{F}_{\mathrm{IR}} = \sum \boldsymbol{F}_{\mathrm{I}i} = \sum(-m_i\boldsymbol{a}_i) = -M\boldsymbol{a}_C \tag{10-9}$$

即无论质点系做何种运动，其惯性力系的主矢大小均为质点系的质量乘以质心的加速度，方向与质心加速度的方向相反。质点系惯性力系的主矩为

$$\boldsymbol{M}_{\mathrm{I}O} = \sum \boldsymbol{M}_O(\boldsymbol{F}_{\mathrm{I}i}) \tag{10-10}$$

可见惯性力系的主矩与质点系的运动形式有关。下面主要介绍刚体惯性力系的简化结果。

10.3.2 刚体惯性力系的简化

1. 刚体惯性力系的主矢

由式(10-9)可知，无论惯性力系向哪一点简化，无论刚体做何种运动，其惯性力系的主矢均等于刚体的总质量与质心加速度的乘积，方向与质心加速度相反。

2. 刚体惯性力系的主矩

惯性力系的主矩随刚体运动形式的不同而不同。下面采用将惯性力系向有关点简化的方法，计算三种刚体较简单运动形式的惯性力系主矩。

1) 刚体平移

由图 10-4 可见，刚体平移时，惯性力系是分布在体积内的空间平行力系。它与重力的分布相似，故刚体平移时，惯性力系向质心 C 简化，有 $\boldsymbol{M}_{\mathrm{I}C}=0$。因此，当质量为 m 的刚体平移时，惯性力系向质心 C 简化的结果为

$$\begin{cases} F_{\mathrm{I}R}=ma_C \quad (\text{方向与}\boldsymbol{a}_C\text{相反}) \\ M_{\mathrm{I}C}=0 \end{cases} \tag{10-11}$$

2) 刚体定轴转动

仅讨论刚体定轴转动有质量对称平面且转轴 z 垂直于质量对称平面的情形。此时，可先将刚体的空间惯性力系简化为在对称平面内的平面力系，然后再作进一步简化。

如图 10-5 所示，设刚体的质量为 m，对轴 z 的转动惯量为 J_z，绕轴 z 转动的角速度与角加速度分别为 ω 与 α，对称平面与转轴 z 的交点为 O，对称平面上第 i 个质点的质量为 m_i，至点 O 的距离为 r_i，加速度的切向与法向分量分别为 $a_i^{\mathrm{t}}=r_i\alpha$，$a_i^{\mathrm{n}}=r_i\omega^2$，则惯性力的切向与法向分量分别为

$$\begin{cases} F_{\mathrm{I}i}^{\mathrm{t}}=m_i r_i\alpha \\ F_{\mathrm{I}i}^{\mathrm{n}}=m_i r_i\omega^2 \end{cases} \tag{10-12}$$

因为 $F_{\mathrm{I}i}^{\mathrm{n}}$ 的方向通过点 O，故 $\sum M_O(\boldsymbol{F}_{\mathrm{I}i}^{\mathrm{n}})=0$，所以刚体惯性力系向点 O 简化的主矩为

$$M_{\mathrm{I}O}=\sum M_O(F_{\mathrm{I}i}^{\mathrm{t}})=\left(\sum m_i r_i^2\right)\alpha=J_z\alpha \tag{10-13}$$

因此，具有质量对称平面的刚体作定轴转动，且转轴垂直于此对称平面时，其惯性力系向转轴与对称平面的交点 O 简化的结果为

$$\begin{cases} F_{\mathrm{I}R}=ma_C \quad (\text{方向与}\boldsymbol{a}_C\text{相反}) \\ M_{\mathrm{I}O}=J_z\alpha \quad (\text{转向与}\alpha\text{相反}) \end{cases} \tag{10-14}$$

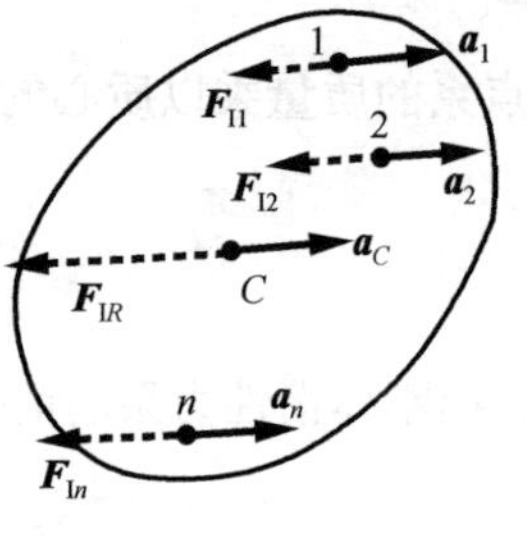

图 10-4　刚体平移的惯性力系简化

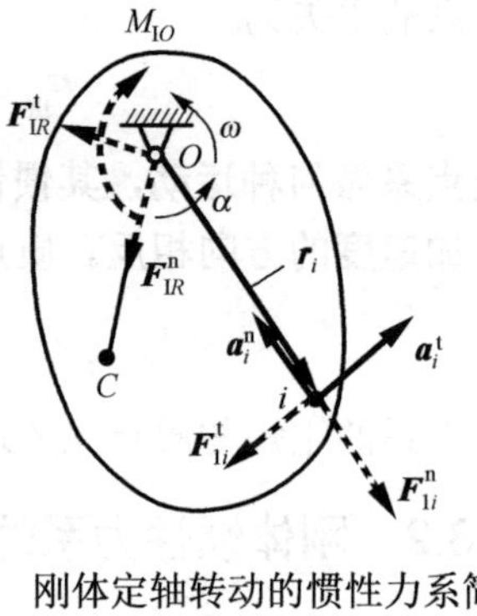

图 10-5　刚体定轴转动的惯性力系简化

3) 刚体平面运动

考察刚体平面运动有质量对称平面且运动平面与质量对称平面平行的情形。同样，先将刚体的空间惯性力系简化为在质量对称平面内的平面力系，然后再作进一步简化。

如图 10-6(a)所示，设刚体的质量为 m，对通过质心 C 且垂直于对称平面的轴的转动惯量为 J_C，角速度与角加速度分别为 ω 与 α。对称平面上第 i 个质点的质量为 m_i，它至点 C 的距离为 r_i，由刚体平面运动加速度分析的基点法，有 $\boldsymbol{a}_i=\boldsymbol{a}_C+\boldsymbol{a}_{i\mathrm{r}}^{\mathrm{t}}+\boldsymbol{a}_{i\mathrm{r}}^{\mathrm{n}}$，其中 $a_{i\mathrm{r}}^{\mathrm{t}}=r_i\alpha$，$a_{i\mathrm{r}}^{\mathrm{n}}=r_i\omega^2$，

则其惯性力的相应分量为

$$\begin{cases} F_{\mathrm{I}ir}^{\mathrm{t}} = m_i r_i \alpha \\ F_{\mathrm{I}ir}^{\mathrm{n}} = m_i r_i \omega^2 \end{cases} \tag{10-15}$$

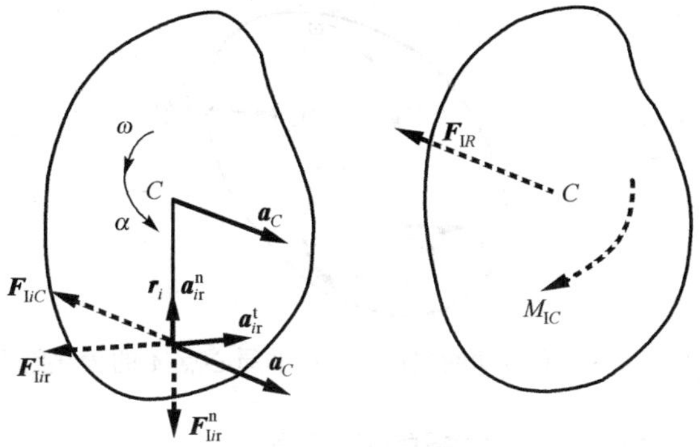

(a)　　(b)

图 10-6　刚体平面运动的惯性力系简化

因为$\boldsymbol{F}_{\mathrm{I}ir}^{\mathrm{n}}$的方向通过点 C，故$\sum M_C(\boldsymbol{F}_{\mathrm{I}ir}^{\mathrm{n}})=0$。与刚体平移时类似，有$\sum M_C(\boldsymbol{F}_{\mathrm{I}iC})=0$。所以刚体惯性力系向点 C 简化的主矩为(图 10-6(b))

$$\begin{aligned} M_{\mathrm{I}C} &= \sum M_C(F_{\mathrm{I}i}) = \sum M_C(F_{\mathrm{I}ir}^{\mathrm{t}}) \\ &= \left(\sum m_i r_i^2\right)\alpha = J_C\alpha \end{aligned} \tag{10-16}$$

因此，具有质量对称平面的刚体做平面运动，且运动平面平行于质量对称平面时，其惯性力系向质心 C 简化的结果为(图 10-6(b))

$$\begin{cases} F_{\mathrm{I}R} = ma_C & \text{(方向与}\boldsymbol{a}_C\text{相反)} \\ M_{\mathrm{I}C} = J_C\alpha & \text{(转向与}\alpha\text{相反)} \end{cases} \tag{10-17}$$

读者注意掌握以下两种运动形式的惯性力系简化。

(1)刚体有质量对称平面且转轴垂直于该对称平面的定轴转动情形。

如图 10-7 所示，长为l、重为W的均质杆 OA 绕轴 O 作定轴转动，其角速度ω与角加速度α均为已知。请读者判断惯性力简化的两种结果(图 10-7(a)和(b))的正确性。

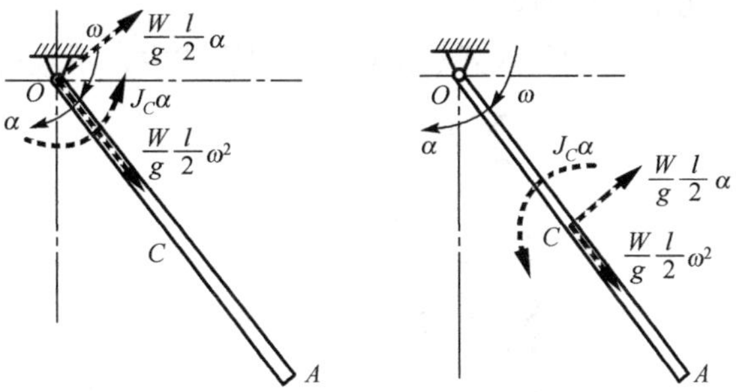

(a)　　(b)

图 10-7　直杆作定轴转动的两种惯性力系简化结果判断

(2)刚体有质量对称平面且运动平面与质量对称平面平行的平面运动情形。

图 10-8 为作平面运动的刚体，其角速度为ω，角加速度为α，质量为m，对通过平面上任一点A(非质心C)且垂直于对称平面的轴的转动惯量为J_A。若将刚体的惯性力向该点简化，试分析图示结果的正确性。

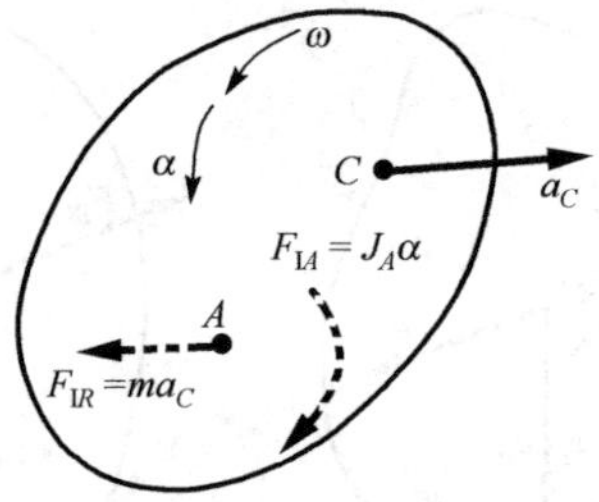

图 10-8　刚体平面运动的惯性力系向非质心点A的简化结果判断

10.3.3　惯性力系的主矢与主矩的物理意义

(1)将惯性力系的主矢与主矩和动量与动量矩对时间的变化率相比较，不难发现：

惯性力系的主矢与质点系的动量对时间的变化率，二者仅相差一负号，即

$$\boldsymbol{F}_{\mathrm{IR}}=-m\boldsymbol{a}_C=-\frac{\mathrm{d}\boldsymbol{p}}{\mathrm{d}t} \tag{10-18}$$

这里没有像 10.3.2 节讨论刚体惯性力系的简化中那样事先明确惯性力的实际方向，而是恢复了用负号来表示惯性力的方向与相应加速度的方向相反，进而，有质量对称平面的刚体作定轴转动，且转轴垂直于质量对称平面时，惯性力系向转轴点简化的主矩与刚体对同点的动量矩对时间的变化率，也只相差一负号，即

$$M_{\mathrm{I}O}=-J_O\alpha=-\frac{\mathrm{d}L_O}{\mathrm{d}t} \tag{10-19}$$

有质量对称平面的刚体做平面运动，且运动平面平行于此对称平面时，惯性力系向质心C简化的主矩与刚体相对质心的动量矩对时间的变化率，也只相差一负号，即

$$M_{\mathrm{I}C}=-J_C\alpha=-\frac{\mathrm{d}L_C}{\mathrm{d}t} \tag{10-20}$$

(2)达朗贝尔原理归属于矢量动力学。

将式(10-18)～式(10-20)分别代入式(10-8)或其投影式中，不难得出

$$\sum \boldsymbol{F}_i^{\mathrm{e}}-m\boldsymbol{a}_C=0 \tag{10-21}$$

$$\sum M_O(\boldsymbol{F}_i^{\mathrm{e}})-J_O\alpha=0 \tag{10-22}$$

$$\sum M_C(\boldsymbol{F}_i^{\mathrm{e}})-J_C\alpha=0 \tag{10-23}$$

将式(10-18)～式(10-20)分别代入上述三式，其结果各与质点系动量定理、刚体定轴转动的动量矩定理与相对质心的动量矩定理的移项结果相一致，而式(10-21)和式(10-23)移项后则构成了刚体平面运动微分方程。因此，**达朗贝尔原理与动静法归属于矢量动力学。**

【例题 10-2】 卡车以加速度 a 直线行驶，车厢内安装有重 W、长 l 的均质杆件，杆与车厢水平面夹角为 α (图 10-9(a))。若不计摩擦，试求 A、B 处的约束力。

达朗贝尔原理应用

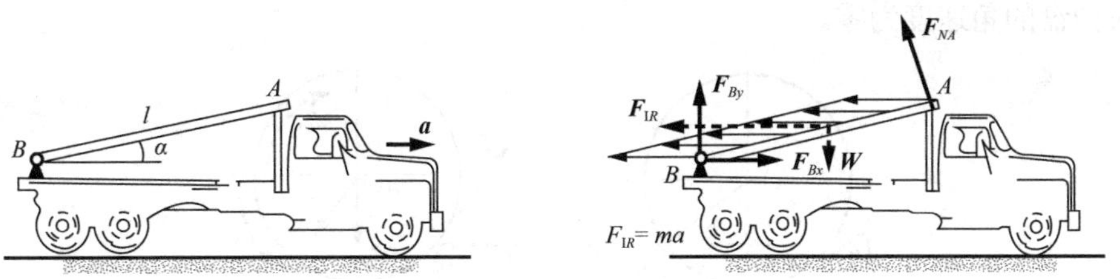

(a)　　　　(b)

图 10-9　例题 10-2 图

解　以杆为研究对象。由于杆作平移，故其惯性力为均匀分布的平面平行力系。该合力 F_{IR} 以及杆所受的重力 $\boldsymbol{W}$、约束力 $\boldsymbol{F}_{NA}$、$\boldsymbol{F}_{Bx}$ 与 $\boldsymbol{F}_{By}$ 如图 10-9(b)所示。根据式(10-8)可写出

$$\sum M_B(\boldsymbol{F})=0,\quad F_{NA}\cdot l+ma\sin\alpha\cdot\frac{l}{2}-W\cos\alpha\cdot\frac{l}{2}=0 \tag{a}$$

$$F_{NA}=\frac{W}{2g}(g\cos\alpha-a\sin\alpha)$$

$$\sum F_x=0,\quad F_{Bx}-ma-F_{NA}\sin\alpha=0 \tag{b}$$

$$F_{Bx}=\frac{W}{2}\left[\frac{\sin 2\alpha}{2}+\frac{a}{g}(1+\cos^2\alpha)\right]$$

$$\sum F_y=0,\quad F_{By}-W+F_{NA}\cos\alpha=0 \tag{c}$$

$$F_{By}=\frac{W}{2}\left(1+\sin^2\alpha+\frac{a}{g}\frac{\sin 2\alpha}{2}\right)$$

可以进一步从 AB 杆的角度思考卡车安全行驶的条件以及车辆起步“抬头”现象的解释。

本例若应用动力学普遍定理可以写出

$$ma_{Cx}=\sum F_x \tag{d}$$

$$ma_{Cy}=\sum F_y \tag{e}$$

$$J_C\alpha=\sum M_C(\boldsymbol{F}) \tag{f}$$

显然，式(d)和式(e)分别与式(b)和式(c)相一致。用动静法和用动力学普遍定理求解动约束力的主要差别在于力矩方程。应用动量矩定理，一般只能对定点或质心取矩。而应用动静法时，只要对系统正确地虚加惯性力后，就可以根据需要对任何点取矩，从而使问题简化。

【例题 10-3】图 10-10(a)所示质量为 m、半径为 R 的均质圆盘可绕轴 O 转动。已知 $OB=L$，圆盘初始静止，试用动静法求撤去 B 处约束瞬时质心 C 的加速度和 O 处的约束力。

解　(1)运动与受力分析。

圆盘在撤去 B 处约束瞬时，以角加速度 α 绕 O 轴作定轴转动，质心的加速度 $a_C = R\alpha$，这一瞬时圆盘的角速度为零。

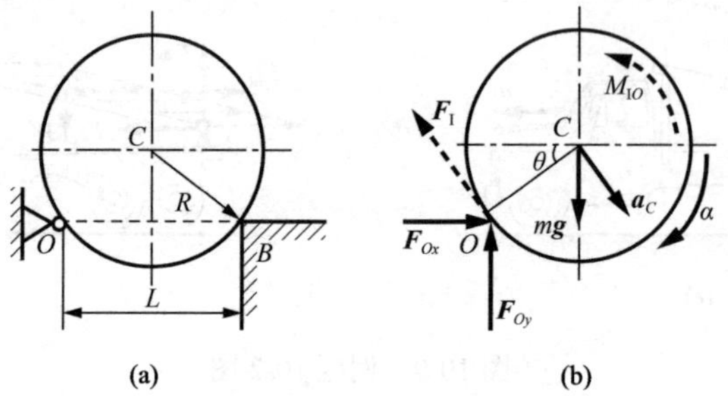

图 10-10　例题 10-3 图

按定轴转动刚体惯性力系的简化结果，将惯性力画在图上。此外，圆盘还受到重力 mg 和 O 处约束力 $\boldsymbol{F}_{Ox}$、$\boldsymbol{F}_{Oy}$ 的作用，受力如图 10-10(b)所示。

(2)确定惯性力。

根据式(10-14)，有

$$F_I = ma_C$$

$$M_{IO} = J_O\alpha = \left(\frac{1}{2}mR^2 + mR^2\right)\frac{a_C}{R} = \frac{3}{2}mRa_C$$

(3)建立平衡方程，确定质心的加速度及 O 处的约束力。

应用动静法，建立下列平衡方程：

$$\sum M_O(\boldsymbol{F}) = 0, \quad M_{IO} - mg\frac{L}{2} = 0$$

$$\sum F_x = 0, \quad F_{Ox} - F_I\sin\theta = 0$$

$$\sum F_y = 0, \quad F_{Oy} + F_I\cos\theta - mg = 0$$

其中

$$\sin\theta = \frac{\sqrt{4R^2 - L^2}}{2R}, \quad \cos\theta = \frac{L}{2R}$$

由上述方程联立解得

$$a_C = \frac{gL}{3R}$$

$$F_{Ox} = \frac{mgL}{6R^2}\sqrt{4R^2 - L^2}$$

$$F_{Oy} = mg\left(1 - \frac{L^2}{6R^2}\right)$$

本例讨论：若将惯性力系向质心 C 简化，其受力图及惯性力的主矢和主矩将有何变化？建议读者通过具体分析，比较两种简化方法。

【例题 10-4】 如图 10-11 所示，发射卫星实现星箭分离时，需要打开卫星整流罩。首先由释放机构将整流罩缓慢送到图示实线位置，此时整流罩的角速度可视为 0，然后令火箭以大小和方向均不变的加速度 $\boldsymbol{a}$ 加速，从而使整流罩向外翻转打开。设整流罩的质量为 m，对轴 O 的回转半径为 ρ，整流罩的质心 C 到轴 O 的距离 $OC=R$。不考虑重力的影响和轴 O 处摩擦，试用达朗贝尔原理求整流罩绕轴 O 转过角度 θ 时的角加速度。

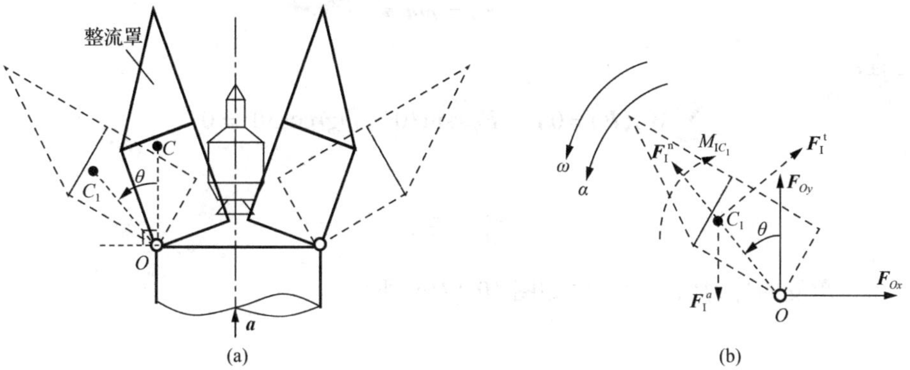

图 10-11　例题 10-4 图

解　取卫星整流罩为研究对象，轴 O 处为光滑铰链，受到约束反力 $\boldsymbol{F}_{Ox}$ 和 $\boldsymbol{F}_{Oy}$ 的作用。整流罩作平面运动，根据刚体平面运动加速度分析的基点法，有

$$\boldsymbol{a}_{C_1}=\boldsymbol{a}_O+\boldsymbol{a}_{C_1O}^{\mathrm{t}}+\boldsymbol{a}_{C_1O}^{\mathrm{n}}$$

其中，$a_O=a, a_{C_1O}^{\mathrm{t}}=\alpha R, a_{C_1O}^{\mathrm{n}}=\omega^2 R$，因此虚加的惯性力系如图 10-11（b）所示。

$$F_{\mathrm{I}}^{a}=ma,\qquad F_{\mathrm{I}}^{\mathrm{t}}=m\alpha R,\qquad F_{\mathrm{I}}^{\mathrm{n}}=m\omega^2 R,\qquad M_{\mathrm{IC}_1}=m(\rho^2-R^2)\alpha$$

根据达朗贝尔原理有 $\sum M_O=0$，从而得

$$maR\sin\theta-m\alpha R^2-m(\rho^2-R^2)\alpha=0$$

解得

$$\alpha=\frac{aR\sin\theta}{\rho^2}$$

【例题 10-5】 均质圆轮质量为 m_A，半径为 r。细长杆长 $l=2r$，质量为 m。杆端 A 点与轮心为光滑铰接，如图 10-12(a)所示。在 A 处加一水平力 $\boldsymbol{F}$，使圆轮沿水平面作纯滚动。试分析：

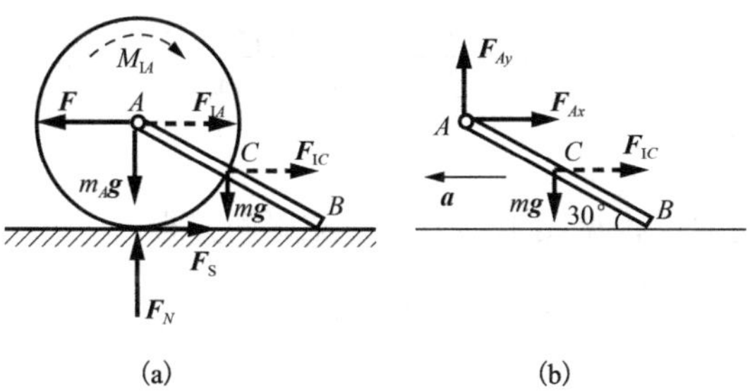

图 10-12　例题 10-5 图

(1)施加多大的 $\boldsymbol{F}$ 力才能使杆的 B 端刚刚离开地面。

(2)为保证圆轮作纯滚动，轮与地面间的静摩擦因数应为多大。

解 (1)先确定轮与地面之间的静摩擦因数。

细杆 B 端刚刚离开地面的瞬时，仍为平行移动，地面 B 处的约束力为零，设这时杆的加速度为 $\boldsymbol{a}$。杆承受的力以及惯性力如图 10-12(b)所示，其中

$$\boldsymbol{F}_{\mathrm{I}C}=m\boldsymbol{a}$$

由平衡方程:

$$\sum M_A(\boldsymbol{F})=0,\quad F_{\mathrm{I}C}r\sin30^\circ-mgr\cos30^\circ=0$$

解出

$$a=\sqrt{3}g$$

整个系统承受的外力以及惯性力如图 10-12(a)所示，其中

$$F_{\mathrm{I}A}=m_A a$$

$$M_{\mathrm{I}A}=\frac{1}{2}m_A r^2\frac{a}{r}$$

由平衡方程:

$$\sum F_y=0,\quad F_N-(m_A+m)g=0$$

解得

$$F_N=(m_A+m)g$$

再以圆轮为研究对象，由平衡方程:

$$\sum M_A(\boldsymbol{F})=0,\quad F_{\mathrm{s}}r-M_{\mathrm{I}A}=0$$

解出

$$F_{\mathrm{s}}=\frac{1}{2}m_A a=\frac{\sqrt{3}}{2}m_A g$$

据此，轮与地面间的静摩擦因数为

$$f_{\mathrm{s}}=\frac{F_{\mathrm{s}}}{F_N}=\frac{\sqrt{3}m_A}{2(m_A+m)}$$

(2)确定水平力的大小。

以整个系统为研究对象，根据图 10-12(a)建立平衡方程:

$$\sum F_x=0,\quad F-F_{\mathrm{I}A}-F_{\mathrm{I}C}-F_{\mathrm{s}}=0$$

解出水平力

$$F=\left(\frac{3m_A}{2}+m\right)\sqrt{3}g$$

习　题

1. 选择填空题

10-1　定轴转动刚体的转轴垂直于质量对称平面，且不通过质心 C，设转轴与质量对称平面的交点为 O。当角速度 $\omega=0$，角加速度 $\alpha\neq0$ 时，其惯性力系的合力大小为 $F_{IR}=ma_C$，合力作用线的位置是(　　)。

① 合力作用线通过转轴轴心，且垂直于 OC

② 合力作用线通过质心，且垂直于 OC

③ 合力作用线至轴心的垂直距离为 $h=J_O\alpha/ma_C$

④ 合力作用线至轴心的垂直距离为 $h=J_C\alpha/ma_C$

10-2　质量为 m、半径为 r 的均质圆柱体，沿半径为 R 的圆弧面作纯滚动，其瞬时角速度 ω 及角加速度 α 方向如图所示，将其上的惯性力系向其质心简化，所得惯性力的主矢、主矩大小分别为主矢切向＝(　　　　)，主矢法向＝(　　　　)；主矩＝(　　　　　)。

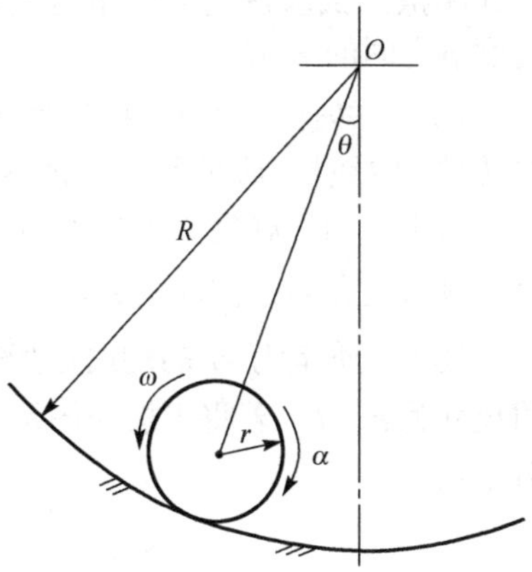

习题 10-2 图

10-3　均质圆柱体的质量为 m，半径为 r，相对于一运动的平板作纯滚动，其角速度与角加速度的方向如图所示，且平板的速度与加速度都水平向右。将圆柱体上的惯性力系向其质心简化时，其惯性力的主矢、主矩的大小分别为(　　　　　)和(　　　　　)。

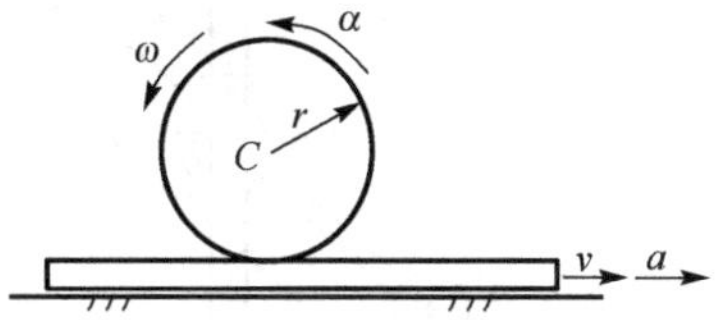

习题 10-3 图

10-4　均质圆盘的质量为 m，半径为 r，在水平直线轨道上作纯滚动，如图所示。若圆盘中心 C 的加速度为 $\boldsymbol{a}_C$，则圆盘的惯性力向盘上最高点 A 简化的主矢大小为(　　　　)，方向为(　　　)；主矩大小为(　　　　)，转向为(　　　)。

10-5　均质杆 AB 的质量为 m，由三根等长细绳悬挂在水平位置，在图示位置突然割断 O_1B，则该瞬时杆 AB 的加速度为(　　　　)(表示为 θ 的函数，方向在图中画出)。

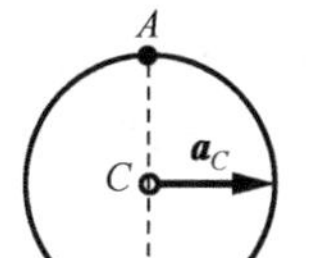

习题 10-4 图

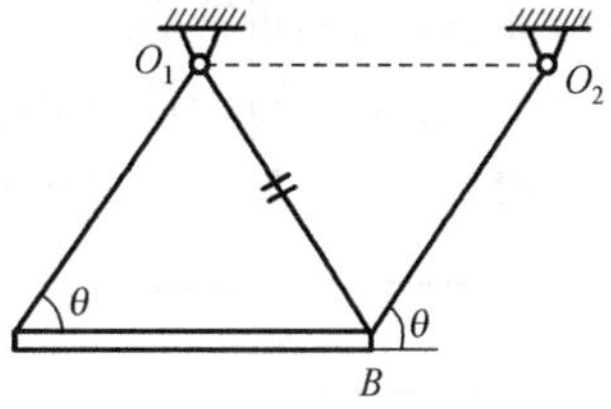

习题 10-5 图

2. 分析计算题

10-6　图示调速器由两个质量各为m_1的圆柱状的盘子所构成，两圆盘被偏心地悬于与调速器转动轴相距a的十字形框架上，而此调速器则以等角速度ω绕铅垂直轴转动。圆盘的中心到悬挂点的距离为l，调速器的外壳质量为m_2，放在这两个圆盘上并可沿铅垂轴上下滑动。若不计摩擦，试求调速器的角速度ω与圆盘偏离铅垂线的角度φ之间的关系。

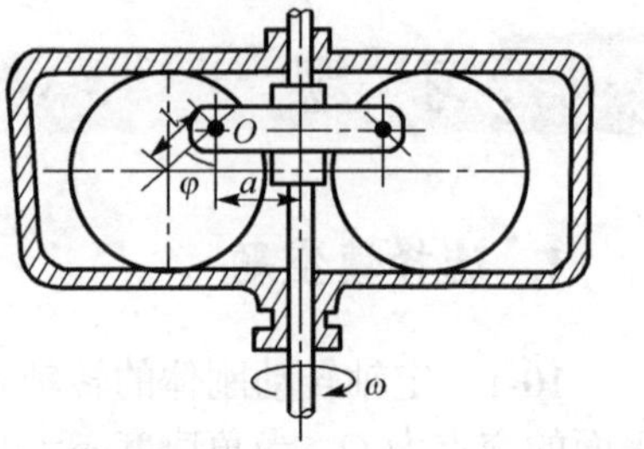

习题 10-6 图

10-7　转速表的简化模型如图所示。杆CD的两端各有质量为m的球C和球D，杆CD与转轴AB铰接，质量不计。当转轴AB转动时，杆CD的转角φ就发生变化。设$\omega=0$时，$\varphi=\varphi_0$，且弹簧中无力。弹簧产生的力矩M与转角φ的关系为$M=k(\varphi-\varphi_0)$，k为弹簧刚度系数。求角速度ω与角φ之间的关系。

10-8　质量为m的均质矩形平板用两根平行且等长的轻杆悬挂着，如图所示。已知平板的尺寸为h、l。若将平板在图示位置无初速度释放，试求此瞬时板的质心O的加速度与两杆所受的力。

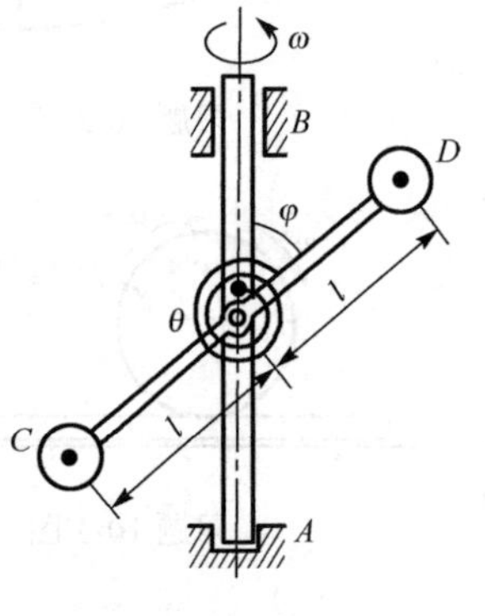

习题 10-7 图

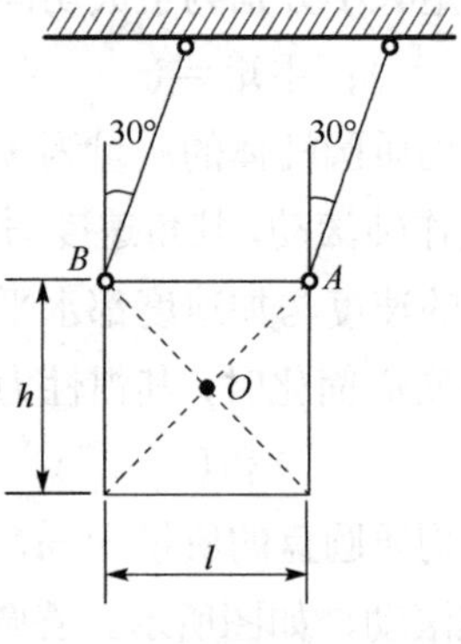

习题 10-8 图

10-9　汽车以加速度a做水平直线运动，如图所示。不计车轮质量，汽车的总质量为m，质心距地面的高度为h。若汽车的前后轮轴到过质心的铅垂线的距离分别等于d_2和d_1。试求前后轮的铅垂压力，并分析汽车行驶加速度a为何值时其前后轮的压力相等。

10-10　为了用实验方法测定无轨电车的减速度，采用了液体加速度计，它是由一个盛有油并安放在铅垂平面内的折管构成的。当电车制动时，安放在运动前进方向的一段管内的液面上升到高度h_2，而在反向的一段管内的液面则下降到高度h_1。加速度计的安放位置如图所示，$\alpha_1=\alpha_2=45^\circ$，且已知$h_1=250\text{mm}$，$h_2=750\text{mm}$。试求此时电车的加速度大小。

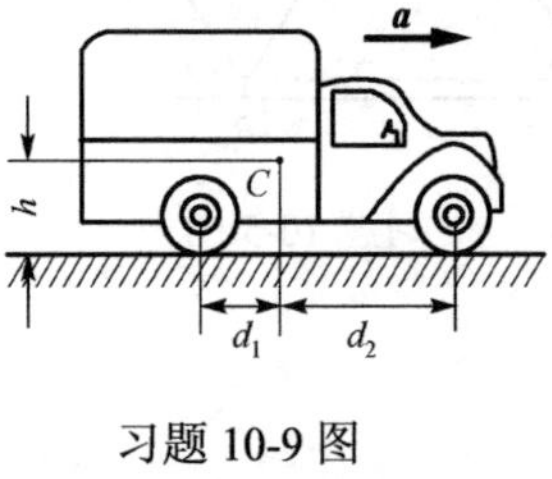

习题 10-9 图

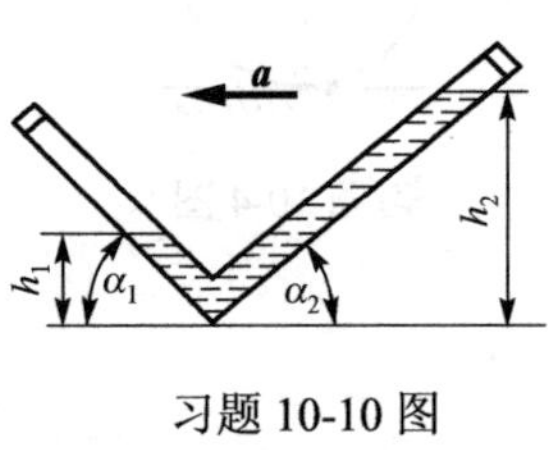

习题 10-10 图

10-11　图示凸轮导板机构中，偏心轮的偏心距 $OA=e$。偏心轮绕 O 轴以匀角速度 ω 转动。当导板 CD 在最低位置时弹簧的压缩量为 b，导板质量为 m。为使导板在运动过程中始终不离开偏心轮，试求弹簧刚度系数的最小值。

10-12　图示为均质细杆弯成的圆环，半径为 r，转轴 O 通过圆心且垂直于环面，A 端自由，AD 段为微小缺口，设圆环以匀角速度 ω 绕轴 O 转动，环的线密度为 ρ，不计重力，求任意截面 B 处对 AB 段的约束力。

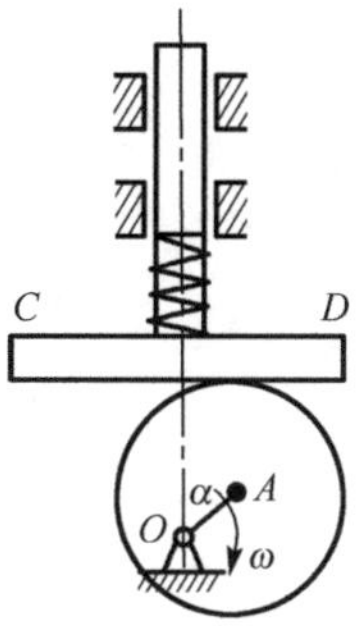

习题 10-11 图

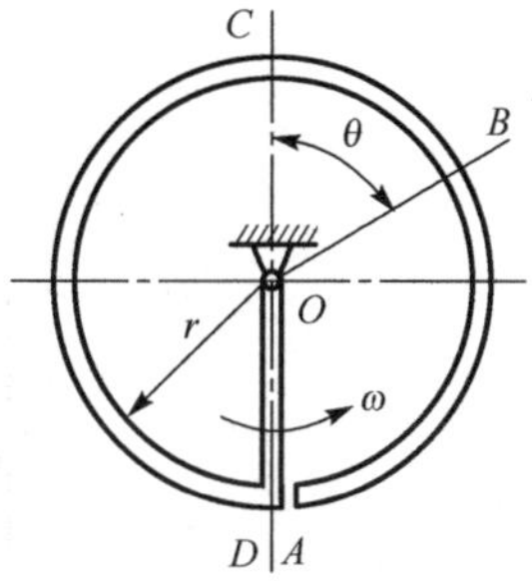

习题 10-12 图

10-13　图示供检修用的空中塔架是由 AB、BC 两桁架组成的。当 BC 与水平线的夹角为 θ 时，在点 B 的机构可使 AB 与 BC 的夹角为 2θ。已知人与工作室的质量为 200kg，桁架 BC 绕轴 C 的转动惯量为 $400\,\mathrm{kg\cdot m^2}$。不计桁架 AB 的质量。若塔架由 $\theta=30°$ 从静止开始运动，BC 的角加速度 $\alpha=0.5\mathrm{rad/s^2}$。试求作用在桁架 BC 上的力矩 M 和作用在节点 B 的机构中的内力矩 M_B。

10-14　图示为升降重物用的叉车，B 为可动圆滚(滚动支座)，叉头 DBC 用铰链 C 与铅直导杆连接。由于液压机构的作用，导杆可在铅直方向上升或下降，因而可升降重物。已知叉车连同铅直导杆的质量为 1500 kg，质心在 G_1；叉头与重物的共同质量为 800kg，质心在 G_2。如果叉头向上加速运动使得后轮 A 的约束力等于零，求滚轮 B 的约束力。

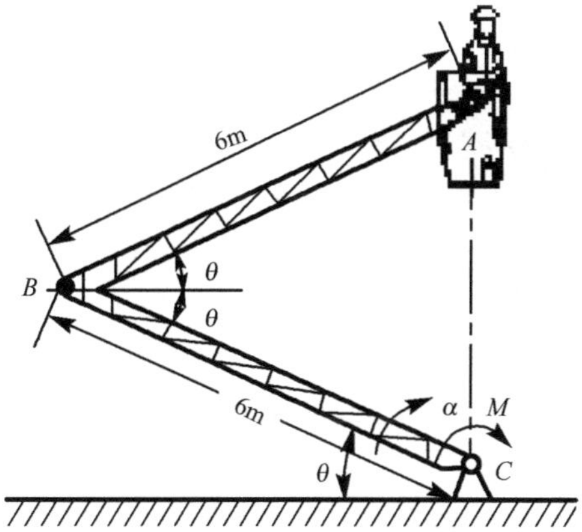

习题 10-13 图

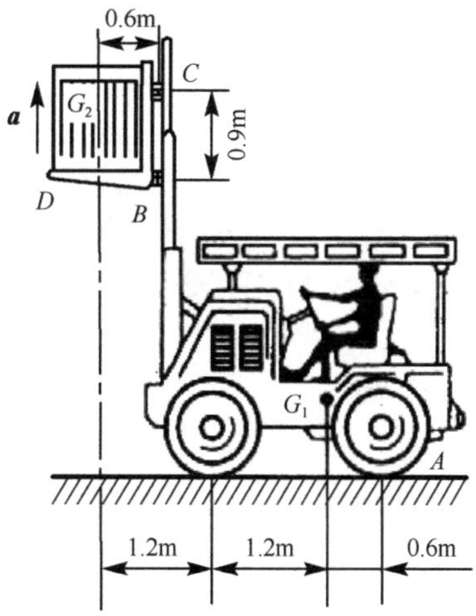

习题 10-14 图

10-15　为了研究金属材料在迅速交变的拉伸或压缩载荷作用下的性能，将金属试样 A 的上端夹持在曲柄连杆滑块机构 OCB 的滑块 B 上，下端挂有重物 D，假设曲柄的长度为 0.2m，连杆的长度为 0.8m，重物 D 的质量为 50kg，试样 A 的质量忽略不计，当曲柄 OC 以匀角速度 $\omega=2\pi$ rad/s 绕轴 O 转动时，应用 MATLAB 编写程序，计算并绘制试样 A 所受的拉力随时间的变化曲线。

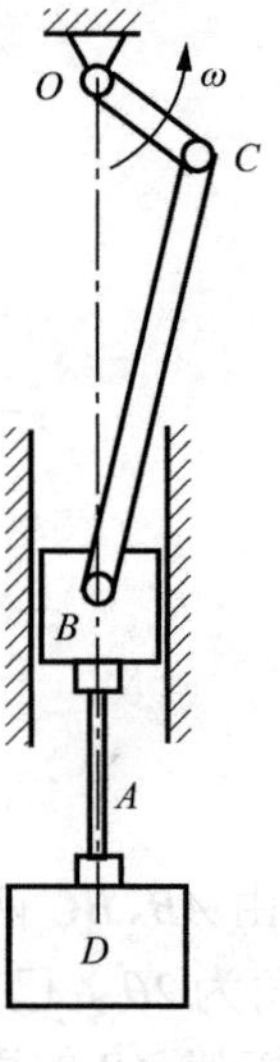

习题 10-15 图

第 11 章　分析静力学

11.1 分析力学的基本概念

11.1.1 刚体静力学与分析静力学的比较

刚体静力学研究对象的力学模型是刚体。其基本思想是，如果物体系统处于平衡，则寻求作用于其上的外力系(含全部约束力)应该满足的条件。因为所讨论的许多力学概念，如力、力矩、力偶等都是以矢量形式出现的物理量，故**刚体静力学**又称为**矢量静力学**(vectorial statics)。这一方法存在以下问题。

(1)本书第 1 章中曾经指出，刚体平衡的充要条件对变形体是必要而不是充分的，也就是说，它不是一般质点系(含变形体)平衡的普遍规律。

(2)刚体平衡的充要条件不能深入研究物体系统**平衡的类型**(type of equilibrium)，即**平衡位形稳定性**(stability of equilibrium configuration)问题。

图 11-1 为置于不同光滑面约束上的圆球。在物理学中已经指出，图 11-1(a)为**稳定平衡**(stable equilibrium)，图 11-1(b)为**不稳定平衡**(unstable equilibrium)，图 11-1(c)为**随遇平衡**(indifferent equilibrium)。但是，根据刚体静力学，只知道它们都是二力平衡，$\boldsymbol{F}_{RN}=-\boldsymbol{W}$，却无法区分三种平衡类型。

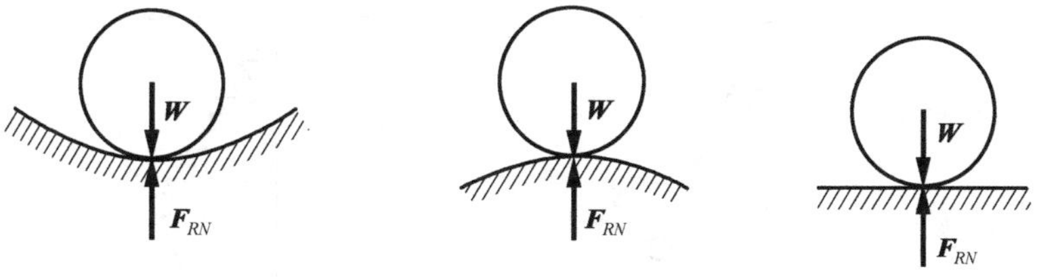

(a) 稳定平衡　　(b) 不稳定平衡　　(c) 随遇平衡

图 11-1　平衡的三种类型

(3)应用刚体平衡充要条件求解多约束或复杂约束系统的平衡问题并不直接或有利。约束越多，越不利。例如，图 11-2 为蜗轮蜗杆提升机构。若提升的物体质量为 m，试求施加在手柄上的力 $\boldsymbol{F}$ 的大小。由于存在轴承约束力，用刚体静力学方法寻求 mg 与 $\boldsymbol{F}$ 的关系就必须拆开系统，出现蜗轮与蜗杆间复杂的空间约束力，从而使问题复杂化。

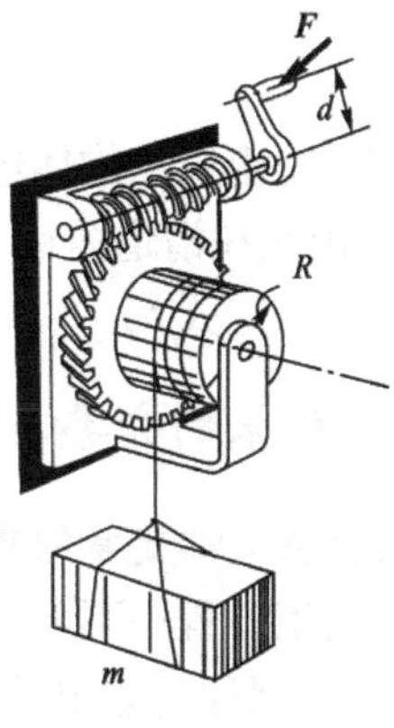

图 11-2　蜗轮蜗杆提升机构

分析静力学(analytical statics)以一般质点系为力学模型，以作用在系统上有功力的功或有势力的势能为基础，应用数学分析方法得出平衡的普遍规律。

11.1.2　约束与约束方程

工程实际中主要解决非自由质点系的力学问题，理论上，从处理自由质点系到非自由质点系，核心就是如何处理约束问题。因此，约束概念十分重要。

1. 约束的定义

在刚体静力学中，约束定义为对物体运动预加限制的其他物体。在分析静力学中，为用分析的方法研究物体的平衡规律，必须将约束分析化，这时，**约束是对物体运动预加的限制条件**，简单记为

$$f_\alpha(\boldsymbol{r}_1,\boldsymbol{r}_2,\cdots,\boldsymbol{r}_n,\dot{\boldsymbol{r}}_1,\dot{\boldsymbol{r}}_2,\cdots,\dot{\boldsymbol{r}}_n,t)=0 \qquad (\alpha=1,2,\cdots,s) \tag{11-1a}$$

或

$$f_\alpha(x_1,y_1,z_1,\cdots,x_n,y_n,z_n,\dot{x}_1,\dot{y}_1,\dot{z}_1,\cdots,\dot{x}_n,\dot{y}_n,\dot{z}_n,t)=0 \tag{11-1b}$$

式中，$\boldsymbol{r}_i=(x_i,y_i,z_i)(i=1,2,\cdots,n)$为第$i$个质点的位置矢量；$\alpha$为约束数。式(11-1)称为**约束方程**。

图11-3(a)为长为l的刚性杆单摆，摆锤A的运动所受的限制条件为

$$x^2+y^2=l^2$$

图11-3(b)中小球A的运动尽管与弹簧相连，但是却写不出类似的约束方程，因此它是平面内的自由质点。

图11-4为曲柄滑块机构，曲柄长$OA=R$，连杆长$AB=l$，该系统有三个约束方程：

$$\begin{cases} x_A^2+y_A^2=R^2 \\ y_B=0 \\ (x_B-x_A)^2+y_A^2=l^2 \end{cases}$$

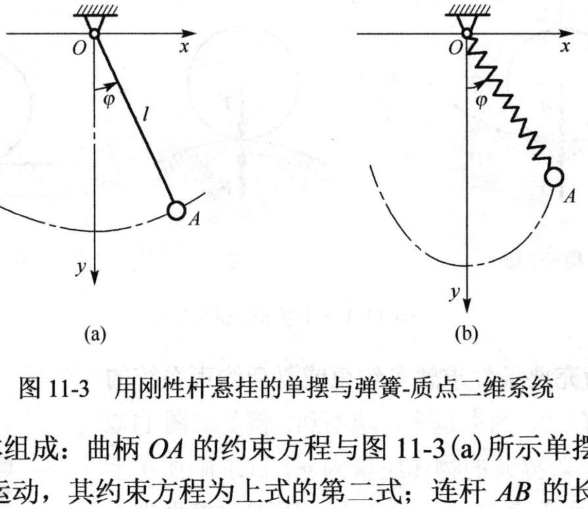

图11-3　用刚性杆悬挂的单摆与弹簧-质点二维系统

该系统由三个物体组成：曲柄OA的约束方程与图11-3(a)所示单摆的约束方程相同；滑块B被限制在滑道内运动，其约束方程为上式的第二式；连杆AB的长度不变，故约束方程为上式的第三式。

2. 约束的分类

1)定常与非定常约束

若约束方程中不显含时间t，则称为**定常约束**(steady constraint)。反之，若约束方程中显含时间t，则称为**非定常约束**(unsteady constraint)。

例如，图 11-5 为安装在弹性基础上的电动机。若已知转子以等角速度 ω 旋转，这就给系统施加了约束，约束方程用转子的转角表示为

$$\varphi - \omega t = 0$$

由于约束方程中显含时间 t，故为非定常约束。若转子的转动规律未知，就没有对其施加约束。

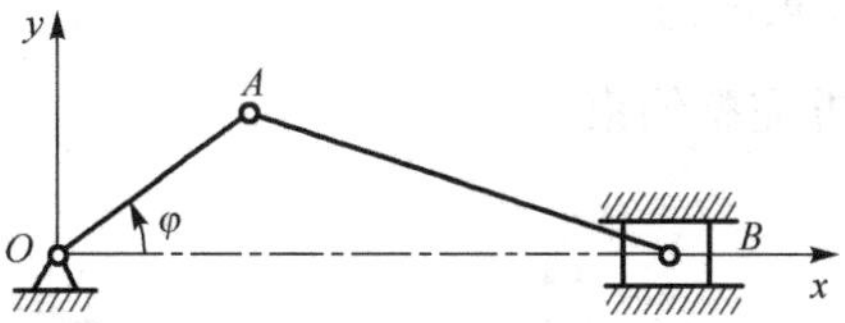

图 11-4　曲柄滑块机构

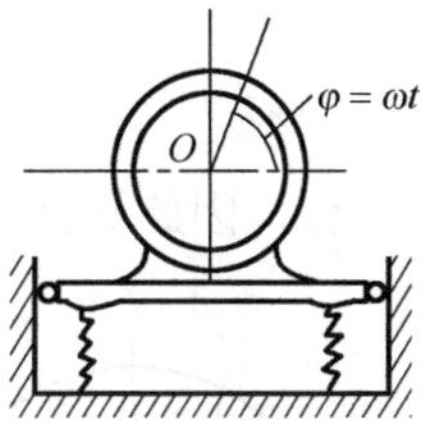

图 11-5　安装在弹性基础上的电动机

2) 双面与单面约束

若约束方程为等式的形式，则称为双面约束(bilateral constraint)。反之，若约束方程为不等式的形式，则称为单面约束(unilateral constraint)。

例如，图 11-6(a)、(b)分别为滑块 B 被约束在两种不同滑道中运动的情形，其约束方程分别为

$$y_B = 0(\text{双面约束}), \qquad y_B \geqslant 0(\text{单面约束})$$

再如，用刚性杆悬挂的单摆(图 11-3(a))为双面约束；而用细绳悬挂的单摆(图 11-7)则为单面约束，其约束方程为

$$x^2 + y^2 \leqslant l^2$$

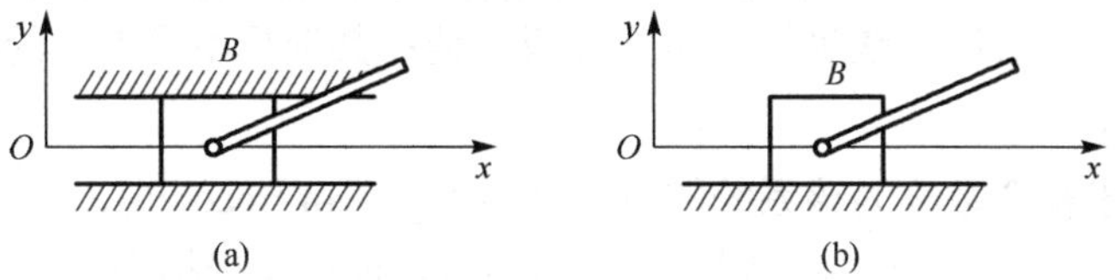

图 11-6　约束滑块的两种滑道

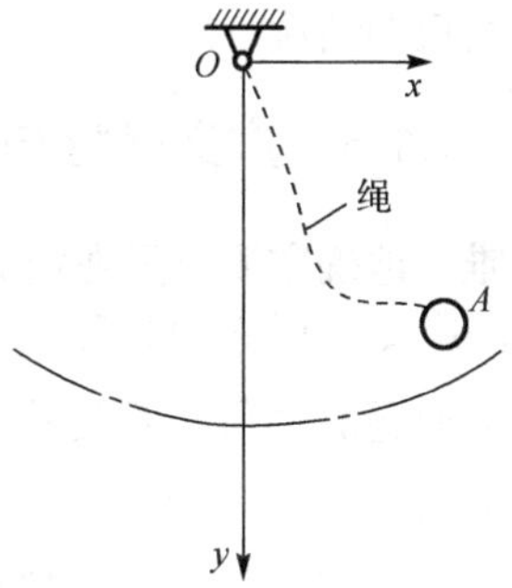

图 11-7　用细绳悬挂的单摆

3) 完整与非完整约束

若约束方程不包含速度，或者虽然包含速度，但约束方程可以解析积分，这类约束称为**完整约束**(holonomic constraint)；若约束方程包含速度，且不可解析积分，则称为**非完整约束**(nonholonomic constraint)。

例如，图 11-8 为沿直线轨道作纯滚动的圆轮，C^* 为圆轮的速度瞬心。圆轮的约束方程为

$$\begin{cases} y_C = R \\ \dot{x}_C - R\dot{\varphi} = 0 \end{cases}$$

式中，$\dot{x}_C$ 为轮心的速度；R 为轮半径；$\dot{\varphi}$ 为圆轮的角速度。第一式是完整约束，第二式是包

含速度和角速度的约束方程，但这并不是非完整约束。因为该式可积分为

$$x_C - R\varphi = 0$$

再如，图 11-9 为导弹追踪敌机的可控系统，要求导弹 A 的速度 $\boldsymbol{v}_A$ 永远指向敌机 B，即 $\boldsymbol{v}_A // AB$，约束方程为

$$\frac{\dot{x}_A}{\dot{y}_A} = \frac{x_B - x_A}{y_B - y_A}$$

该式不可解析积分，因此导弹所受的约束为非完整约束。

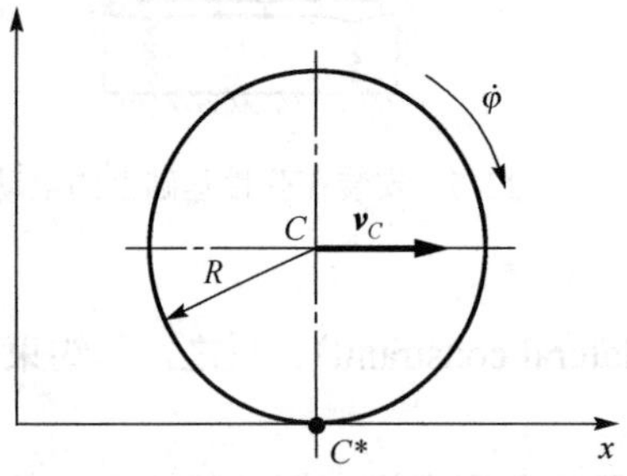

图 11-8　沿直线轨道作纯滚动的圆轮

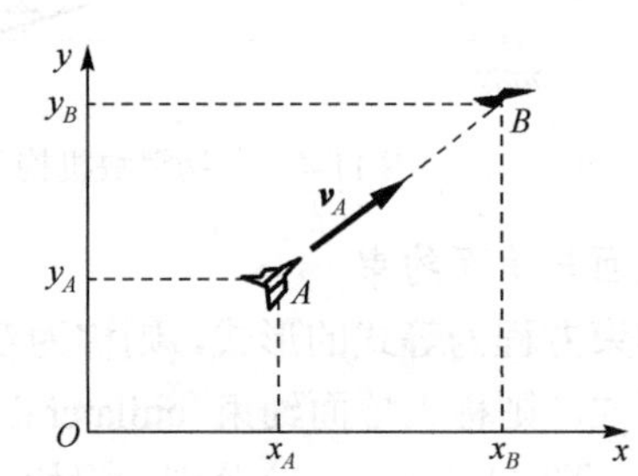

图 11-9　导弹追踪敌机的可控系统

该例中，弹-机之间无物体联系，当然也不存在静力学中定义的约束力。但按分析力学观点，存在限制导弹运动的预加条件，即存在约束。由此可见，只有写出约束的分析式，约束概念才更具一般性。

需要注意的是，实际约束往往是上述定义的几种约束的组合。本书主要研究完整、定常、双面约束的情况。

11.1.3　广义坐标与自由度

唯一地确定质点系在空间位形或构形的独立参数称为广义坐标(generalized coordinates)，记为 q。广义坐标必须是独立变量；它可以是线坐标、角坐标或其他；其选择不是唯一的，可视求解问题的性质与难易程度而定。

对完整约束系统而言，**广义坐标个数称为该系统的自由度**[①](degree of freedom)。

设系统由 n 个质点组成，受有 s 个完整约束，则系统的自由度，即广义坐标个数为

$$N = 3n - s \tag{11-2}$$

上式表明，研究由 n 个质点组成的系统时，一般用 $3n$ 个直角坐标确定它的位形，但由于系统还受有完整约束，这 $3n$ 个直角坐标不是完全独立的。广义坐标的引入，将确定位形的坐标数目减少到最小。这样做有很大的好处，因为描述一个力学系统的数学方程数目，对静力学来说是平衡方程数目，对动力学而言是动力学微分方程数目，与位形坐标的数目是相同的。

对于图 11-3(a)所示的单摆，又因为摆锤 A 只能在图示平面内运动，即摆锤 A 还有约束方程 $z = 0$，故 $s = 2$，根据式(11-2)，其自由度 $N = 3\times1-2 = 1$。

① 对非完整约束系统而言，由于广义坐标的变分(也称广义虚位移) $\delta q_j (j=1,2,\cdots,N)$ 还要满足非完整约束方程，所以定义质点系独立的虚位移个数为自由度。在完整约束系统中，广义坐标数等于自由度数；在非完整约束系统中，广义坐标数大于自由度数。

图 11-10 所示的抓举工件 E 的机械臂由刚体 A、B、C、D 组成。关于这类刚体系统或质点-刚体系统的自由度判断，一般不采用式(11-2)，而是按照系统中物体的顺序，逐个分析确定其在空间的位置所需的独立变量数，其总和即为系统的自由度。图 11-10 中，刚体 A 绕铅垂轴 O_1 作定轴转动，描述其位置需独立变量 q_1；刚体 B、C、D 分别绕动轴 O_2、O_3、O_4 转动，需独立变量 q_2、q_3、q_4。因此，该机械臂共有 4 个自由度。

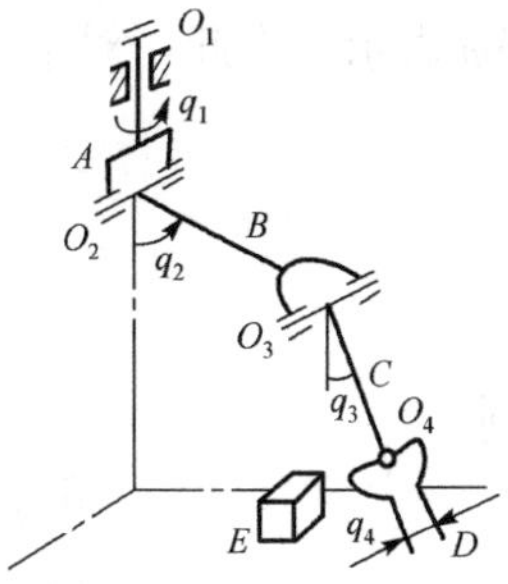

图 11-10　四自由度的机械臂

11.1.4　虚位移与虚功

虚位移和虚功是分析静力学，以至整个分析力学的核心概念。

1. 虚位移(virtual displacement)

在给定瞬时，质点(或质点系)符合约束的无限小假想位移称为该质点(或质点系)的虚位移，记作 $\delta \boldsymbol{r}_i (i=1,2,\cdots,n)$。虚位移 $\delta \boldsymbol{r}_i$ 与实位移 $\mathrm{d}\boldsymbol{r}_i$ 既有区别又有联系。二者都要符合约束条件，但是，$\mathrm{d}\boldsymbol{r}_i$ 是在一定主动力作用下、一定初始条件和一定的时间间隔 $\mathrm{d}t$ 内发生的位移，其方向是唯一的；而 $\delta \boldsymbol{r}_i$ 则不涉及有无主动力，也与初始条件无关，是假想发生而实际并未发生的位移，所以它不需经历时间过程，其方向至少有两组，甚至无穷多组。

图 11-11 为三种质点系统：其中图 11-11(a)为放置于二维固定斜面上的质点 P，其虚位移可以是 $\delta \boldsymbol{r}_1$ 或 $\delta \boldsymbol{r}_2$；图 11-11(b)为简化成二质点系统的曲柄滑块机构，其虚位移可以是 $\delta \boldsymbol{r}_{A1}$ 和 $\delta \boldsymbol{r}_{B1}$，或 $\delta \boldsymbol{r}_{A2}$ 和 $\delta \boldsymbol{r}_{B2}$；图 11-11(c)为放置于三维固定曲面上的质点 P，其虚位移可以是 $\delta \boldsymbol{r}_1$，或 $\delta \boldsymbol{r}_2$，…，或 $\delta \boldsymbol{r}_n$。三种系统分别在一定的主动力作用下，于一定的起始条件，在 $\mathrm{d}t$ 时间间隔内，只可能产生一组真实位移。对于定常约束系统，真实位移是各虚位移中的一组。但是，若为非定常约束系统，如图 11-11(a)中，若二维斜面也有运动，则点 P 的真实位移将不再是两组虚位移中的任何一组。

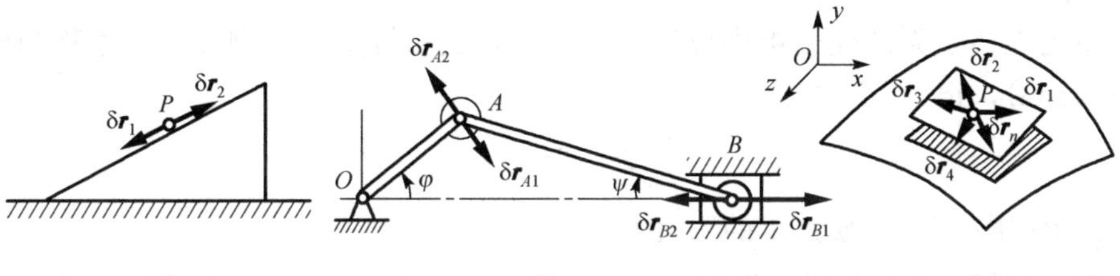

图 11-11　三种质点系统的虚位移分析

应该说明，虚位移记号“δ”是数学上的变分符号。在本书所讨论的问题中，**变分**(variation)运算与**微分**(differential)运算相类似。

质点系(包括刚体)的虚位移也可表示成广义坐标的变分(variation of generalized coordinate) $\delta q_j (j=1,2,\cdots,N)$ 的关系，δq_j 称为**广义虚位移**(generalized virtual displacement)。对一个质点系统来说，广义坐标 q_j 是独立变量。对完整约束系统，$\delta q_j (j=1,2,\cdots,N)$ 是独立的虚位移。

将图 11-11(b)所示的曲柄滑块机构中 A、B 两点不独立的虚位移 $\delta \boldsymbol{r}_A$ 和 $\delta \boldsymbol{r}_B$ 用广义坐标变

分 $\delta\varphi$ 表示。为此，对下面的三个约束方程分别取变分：

$$x_A = R\cos\varphi$$
$$y_A = R\sin\varphi$$
$$x_B = R\cos\varphi + \sqrt{l^2 - R^2\sin^2\varphi}$$

得到

$$\delta x_A = -R\sin\varphi\delta\varphi$$
$$\delta y_A = R\cos\varphi\delta\varphi$$
$$\delta x_B = -R\sin\varphi\delta\varphi - \frac{1}{2}\frac{2R^2\sin\varphi\cdot\cos\varphi}{\sqrt{l^2 - R^2\sin^2\varphi}}\delta\varphi$$
$$= -R\left(\sin\varphi + \frac{\sin\psi\cdot\cos\varphi}{\cos\psi}\right)\delta\varphi = -R\frac{\sin(\varphi+\psi)}{\cos\psi}\delta\varphi$$

式中，ψ 角已示于图 11-11(b) 中。

2. 虚功

作用在质点系上的有功力在相应虚位移上所做的功称为虚功(virtual work)。虚功与实功的计算方法类似。若力 $\boldsymbol{F}_i$ 的作用点的虚位移为 $\delta\boldsymbol{r}_i$，则力 $\boldsymbol{F}_i$ 所做的虚功为

$$\delta W = \boldsymbol{F}_i\cdot\delta\boldsymbol{r}_i \tag{11-3}$$

若力偶 M_i 作用的刚体的虚角位移为 $\delta\theta_i$，则力偶 M_i 所做的虚功为

$$\delta W = M_i\cdot\delta\theta_i \tag{11-4}$$

虚功与虚位移一样，也是假想发生而实际并未发生的。δW 一般也不是功函数的变分，仅是虚功的记号。

11.1.5　理想约束

若约束力在质点系的任一组虚位移上所做虚功之和等于零，则此类约束称为**理想约束**(ideal constraint)，记为

$$\sum\boldsymbol{F}_{Ni}\cdot\delta\boldsymbol{r}_i = 0 \tag{11-5}$$

式中，$\boldsymbol{F}_{Ni}$ 为作用在第 i 个质点上的约束力。

上述关于理想约束的分析力学概念，深刻揭示了约束的动力学性质，使约束力有可能在质点系动力学的力学模型中(对于静力学，就是在平衡方程中)不出现。分析力学在处理约束问题上的这一创造性的特点，具有重要的理论和实际意义。

值得注意的是，此处理想约束的概念与第 9 章中理想约束的概念一致。

11.2　虚位移原理及应用

11.2.1　虚位移原理

具有理想、双面约束的质点系，其某一符合约束的位形是平衡位形的充要条件是：在此

位形上，主动力系在系统的任何虚位移上的虚功之和等于零，此即虚位移原理，可以表示为

$$\sum \boldsymbol{F}_i \cdot \delta \boldsymbol{r}_i = 0 \tag{11-6}$$

或

$$\sum (F_{xi} \cdot \delta x_i + F_{yi} \cdot \delta y_i + F_{zi} \cdot \delta z_i) = 0 \tag{11-7}$$

式中，$\boldsymbol{F}_i$ 为作用在第 i 个质点上的主动力；$\delta \boldsymbol{r}_i$ 为该质点的虚位移。

平衡位形是指系统位置和形状都保持不变的状态。

式(11-6)、式(11-7)又称为**虚功方程**，其包含了系统在所有自由度上的平衡方程。

11.2.2　虚位移原理应用概述

根据以上分析，应用虚位移原理可以求解静力学的若干问题。其过程大致如下。

(1)判断约束性质和自由度，选择广义坐标。

(2)写出主动力系在虚位移 $\delta \boldsymbol{r}_i (i = 1, 2, \cdots, n)$ 上的虚功关系式。

(3)将不独立的 $\delta \boldsymbol{r}_i$ 表示为广义坐标的变分 $\delta q_j (i = 1, 2, \cdots, N)$，有以下三种方法(参见例题 11-1)。

几何法：根据几何关系建立 $\delta \boldsymbol{r}_i$ 与 $\delta q_j (i = 1, 2, \cdots, N)$ 之间的关系。

解析法：先写出直角坐标与广义坐标的关系，再求变分。

虚速度法：根据速度关系建立 $\delta \boldsymbol{r}_i$ 与 $\delta q_j (i = 1, 2, \cdots, N)$ 之间的关系。

(4)根据 δq_i 的独立性，在方程中消去虚位移，得到相应平衡方程及最后结果。

【例题 11-1】 图 11-12(a)所示的装置中，$OA = OB = l$，不计各处摩擦及各构件自重。若在点 A 作用水平力 $\boldsymbol{F}$，试求当 $\angle AOB = \theta$ 时所能顶起的重物重量 W。

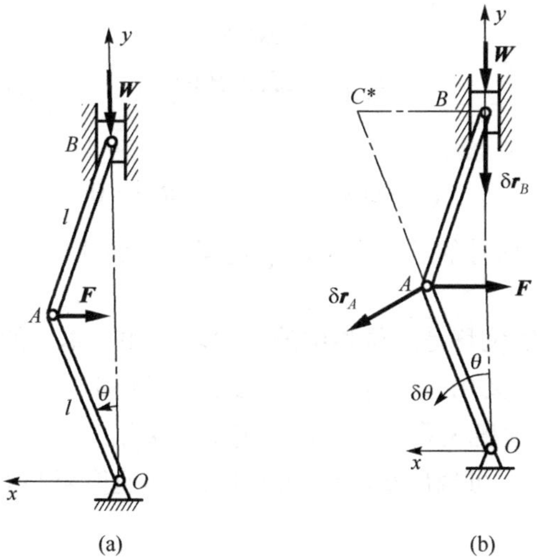

图 11-12　例题 11-1 图

解　本例为理想、双面约束，自由度数 N=1，取广义坐标 $q = \theta$。主动力系的虚功为

$$\boldsymbol{W} \cdot \delta \boldsymbol{r}_B + \boldsymbol{F} \cdot \delta \boldsymbol{r}_A = 0 \tag{a}$$

(1)几何法。

假设 OA 杆有虚转角 $\delta\theta$，则点 A 和点 B 有相应方向的虚位移 $\delta \boldsymbol{r}_A$ 和 $\delta \boldsymbol{r}_B$，如图 11-12(b)所示，且

$$\delta r_A = OA \cdot \delta\theta \tag{b}$$

又因为 AB 为刚性杆，所以 $\delta \boldsymbol{r}_A$ 在 AB 上的投影等于 $\delta \boldsymbol{r}_B$ 在 AB 上的投影，即

$$\delta r_A \sin 2\theta = \delta r_B \cos\theta$$

$$\delta r_B = 2\delta r_A \sin\theta = 2OA\sin\theta \cdot \delta\theta \tag{c}$$

由式(a)可得

$$-F\cos\theta \cdot \delta r_A + W\delta r_B = 0 \tag{d}$$

将式(b)和式(c)代入上式得

$$W = \frac{F}{2}\cot\theta \tag{e}$$

(2)解析法。

本例中的 θ 为一般角度，适宜于用解析法，在图 11-12 所示的坐标系中，将式(a)写成分量形式：

$$-W\delta y_B - F\delta x_A = 0 \tag{f}$$

根据图示坐标系和几何关系有

$$\begin{cases} x_A = l\sin\theta \\ y_B = 2l\cos\theta \end{cases}$$

上式求变分后得

$$\begin{cases} \delta x_A = l\cos\theta\delta\theta \\ \delta y_B = -2l\sin\theta\delta\theta \end{cases} \tag{g}$$

将式(g)代入式(f)，有

$$(-Fl\cos\theta + W2l\sin\theta)\delta\theta = 0$$

由于 $\delta\theta$ 的独立性，式中带括号的项必为零，于是同样得到式(e)。

(3)虚速度法。

在定常约束条件下，实位移是虚位移中的一组。例如，本例的一组虚位移 $\delta \boldsymbol{r}_A$ 和 $\delta \boldsymbol{r}_B$ 就对应一组实位移 $\mathrm{d}\boldsymbol{r}_A$ 和 $\mathrm{d}\boldsymbol{r}_B$。又由运动学可知，点的实位移与其速度成正比，即 $\mathrm{d}\boldsymbol{r}_A = \boldsymbol{v}_A \mathrm{d}t$，$\mathrm{d}\boldsymbol{r}_B = \boldsymbol{v}_B \mathrm{d}t$，故可用求各点速度关系的方法，求定常约束系统中虚位移之间的关系。于是，由点 A 与点 B 的速度 $\boldsymbol{v}_A$ 与 $\boldsymbol{v}_B$，可找出平面运动刚体 AB 的速度瞬心 C^*，如图 11-12(b)所示，并且有

$$\frac{v_A}{AC^*} = \frac{v_B}{BC^*}$$

于是可得 δr_A 与 δr_B 的关系为

$$\frac{\delta r_A}{AC^*} = \frac{\delta r_B}{BC^*}$$

即

$$\delta r_B = 2\sin\theta \cdot \delta r_A \tag{h}$$

将式(h)代入式(d)，有

$$-F\cos\theta \cdot \delta r_A + W \cdot 2\sin\theta \cdot \delta r_A = 0$$

$$(F\cos\theta - 2W\sin\theta)\delta r_A = 0$$

考虑到$\delta r_A \neq 0$，由括号内两项的代数和为零，即得与式(e)完全相同的结果。

小结：

(1)若用刚体静力学方法求解本例，则必须将系统拆开，这就必然出现未知的内约束力；而用分析静力学方法求解，只需考虑整体系统，故在求解过程中不会出现与之无关的未知内约束力。

(2)当用解析法将虚位移变换为广义坐标的变分，即$\delta r_i = f(\delta q_j)(i=1,2,\cdots,n;\ j=1,2,\cdots,N)$之后，借助$\delta q_j$的独立性，便能得到不含虚位移的结果。这是引入广义坐标概念的重要意义之一。

(3)本例已知平衡位形，求主动力之间关系。反之，已知主动力之间的关系，也可确定平衡位形(见例题 11-2)。这表明，刚体静力学所能解决的问题分析静力学也都能解决。

【例题 11-2】 如图 11-13(a)所示的平面机构中，点 D 作用一水平力 $\boldsymbol{F}_1$，点 A 作用一铅垂力 $\boldsymbol{F}_2$，已知 $AC = BC = EC = DE = GC = DG = l$，不计各处摩擦及各构件自重。求机构平衡时 θ 角之值。

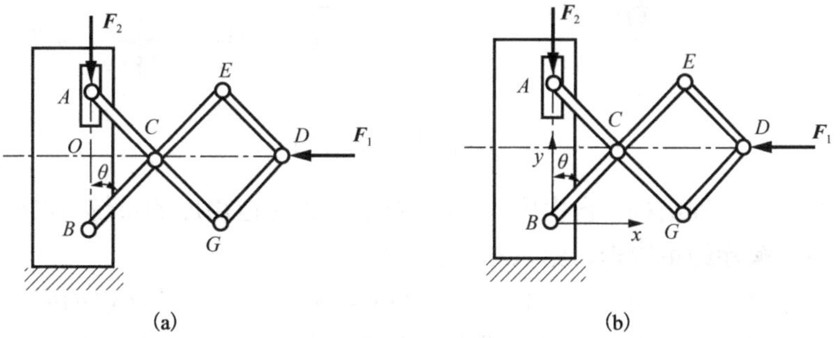

图 11-13　例题 11-2 图

解　本例为理想、双面约束，自由度数 $N=1$。在图 11-13(b)所示的坐标系 Bxy 中，虚功方程的解析式为

$$-F_1\delta x_D - F_2\delta y_A = 0 \tag{a}$$

应用解析法计算各点虚位移。主动力作用点的坐标及其变分(虚位移)为

$$\begin{aligned} y_A &= 2l\cos\theta, \quad & \delta y_A &= -2l\sin\theta\delta\theta \\ x_D &= 3l\sin\theta, \quad & \delta x_D &= 3l\cos\theta\delta\theta \end{aligned} \tag{b}$$

将式(b)代入式(a)，得

$$-F_1 3l\cos\theta\delta\theta - F_2(-2l\sin\theta\delta\theta) = 0$$

因为任给的虚位移$\delta\theta \neq 0$，所以

$$\tan\theta = \frac{3F_1}{2F_2}$$

系统平衡时，有

$$\theta = \arctan\frac{3F_1}{2F_2}$$

请读者思考：如果取 A、B 连线的中点 O 为坐标原点，即 x 轴位于 CD 的连线上，于是可得

$$x_D = 3l\sin\theta, \quad \delta x_D = 3l\cos\theta\delta\theta$$
$$y_A = l\cos\theta, \quad \delta y_A = -l\sin\theta\delta\theta$$

从而得到

$$\tan\theta = \frac{3F_1}{F_2}$$

上述结果是否正确？为什么？

【例题 11-3】 桁架结构及所受载荷如图 11-14(a)所示。已知铅垂载荷 $\boldsymbol{F}_P$，求 3 杆的内力。

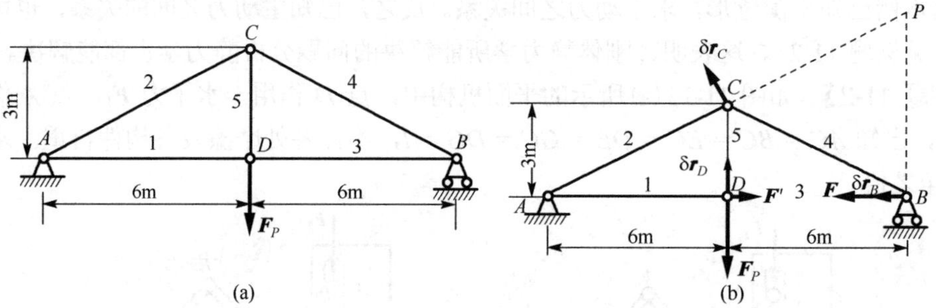

图 11-14 例题 11-3 图

解 本例是静定桁架结构，自由度 $N=0$。对于这种无自由度的系统，也能应用虚位移原理，可以通过应用**解除约束原理**，给以相应自由度。

所谓解除约束原理，是指若将非自由质点系的约束解除，并代之以相应的约束力，则解除约束后的系统与原系统等效。在刚体静力学中取隔离体、画受力图，实际上就是应用了这一原理。

为求 3 杆的内力，将 3 杆除去，并代之以相应的内力 $\boldsymbol{F}$、$\boldsymbol{F}'$，如图 11-14(b)所示。令点 C 有虚位移 $\delta\boldsymbol{r}_C$，则点 B 必有虚位移 $\delta\boldsymbol{r}_B$，点 D 必有虚位移 $\delta\boldsymbol{r}_D$。由虚位移原理有

$$F\delta r_B + F'\delta r_D\cos 90° - F_P\delta r_D = 0$$

即

$$F\delta r_B - F_P\delta r_D = 0 \tag{a}$$

由图 11-14(b)可见，三角形 ACD 可绕点 A 作定轴转动，杆 CB 的瞬心在点 P，且有

$$\frac{\delta r_D}{\delta r_C} = \frac{AD}{AC}$$

$$\frac{\delta r_C}{\delta r_B} = \frac{PC}{PB}$$

所以

$$\frac{\delta r_D}{\delta r_B}=\frac{\delta r_D}{\delta r_C}\cdot\frac{\delta r_C}{\delta r_B}=\frac{6}{\sqrt{6^2+3^2}}\cdot\frac{\sqrt{6^2+3^2}}{6}=1 \tag{b}$$

由式(a)、式(b)得

$$F=F'=F_P\ (\text{拉})$$

应用虚位移原理求结构的内、外约束力时，由于系统无自由度，因而无法给出符合约束的虚位移。为此，可应用解除约束原理，根据不同要求，将结构化为机构求解。

【例题 11-4】 图 11-15(a)为平面双摆，均质杆 OA 与 AB 用铰链 A 连接。二杆长度分别为 l_1 与 l_2，重量分别为 W_1 与 W_2。若杆端 B 承受水平力 $\boldsymbol{F}$，试求平衡位置的角度 α 与 β。

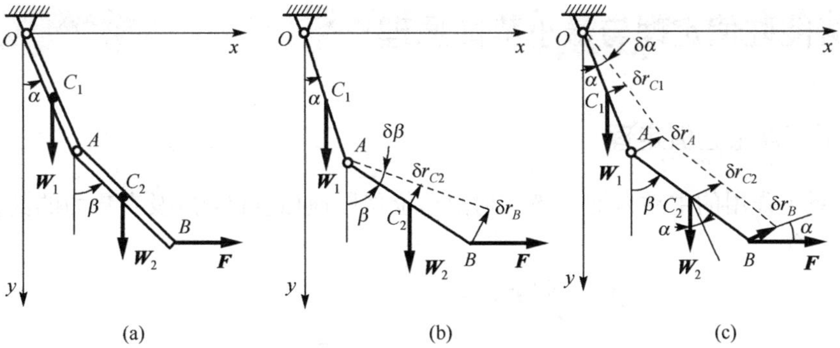

图 11-15　例题 11-4 图

解　双摆的自由度 $N=2$，选广义坐标 $q_1=\alpha$，$q_2=\beta$。用几何法求解，取 $\delta\alpha=0$，$\delta\beta\neq0$（图 11-15(b)），根据虚位移原理，虚功表达式为

$$-W_2\delta r_{C2}\sin\beta+F\delta r_B\cos\beta=0 \tag{a}$$

其中

$$\delta r_{C2}=\frac{l_2}{2}\delta\beta,\quad \delta r_B=l_2\delta\beta \tag{b}$$

将式(b)代入式(a)，得

$$\left(-W_2\frac{l_2}{2}\sin\beta+Fl_2\cos\beta\right)\delta\beta=0$$

因为 $\delta\beta\neq0$，得

$$-\frac{W_2}{2}\sin\beta+F\cos\beta=0,\qquad \beta=\arctan\frac{2F}{W_2} \tag{c}$$

再取 $\delta\alpha\neq0,\delta\beta=0$（图 11-15(c)），注意此情形下，杆 OA 为定轴转动，而杆 AB 作平移。由虚位移原理有

$$-W_1\delta r_{C1}\sin\alpha-W_2\delta r_{C2}\sin\alpha+F\delta r_B\cos\alpha=0 \tag{d}$$

其中

$$\delta r_B=\delta r_{C2}=2\delta r_{C1}=2\times\frac{l_1}{2}\delta\alpha \tag{e}$$

将式(e)代入式(d)，得

$$\left(-\frac{1}{2}W_1\sin\alpha - W_2\sin\alpha + F\cos\alpha\right)\delta\alpha = 0$$

由于 $\delta\alpha \neq 0$，得

$$-\frac{1}{2}W_1\sin\alpha - W_2\sin\alpha + F\cos\alpha = 0\,, \qquad \alpha = \operatorname{arccot}\frac{\frac{W_1}{2}+W_2}{F} \tag{f}$$

请读者注意，本例是应用虚位移原理求解两个及两个以上自由度系统的一种典型解法。若给定系统的虚位移 $\delta\alpha \neq 0, \delta\beta \neq 0$，如何求解本例，请读者思考。

11.3 势能驻值定理与最小势能原理

11.3.1 势能驻值定理

若质点系上作用的主动力均有势，则由虚位移原理(式(11-7))及有势力的其他等价定义(式(9-20))，有

$$\begin{aligned}\delta W &= \sum \boldsymbol{F}_i \cdot \delta \boldsymbol{r}_i \\ &= \sum (F_{xi}\delta x_i + F_{yi}\delta y_i + F_{zi}\delta z_i) \\ &= -\sum\left(\frac{\partial V}{\partial x_i}\delta x_i + \frac{\partial V}{\partial y_i}\delta y_i + \frac{\partial V}{\partial z_i}\delta z_i\right) \\ &= -\delta V\end{aligned}$$

由 $\delta W = 0$，得

$$\delta V = 0 \tag{11-8}$$

这表明，具有理想、双面约束且所作用的主动力均有势的质点系，其符合约束的位形为平衡位形的充要条件是：系统在此位形的总势能取驻值。此即**势能驻值定理**(principle of stationary of potential energy)。

11.3.2 最小势能原理

设质点系于某一位形处于平衡，又在外界微小扰动下偏离平衡位形，而扰动除去后，其运动总不超出与该位形邻近的某一给定的微小区域，则这一平衡位形是稳定的，否则是不稳定的。此即系统平衡稳定性的静力学准则。

系统平衡位形的稳定性还可以从势能取极小或极大值判断。系统处于某一平衡位形时，若其总势能为极小值，当在外界微小扰动下偏离这一平衡位形时，系统的总势能要增加，最后总要恢复到原来的平衡位形，故初始平衡位形是稳定的；反之，若系统处于某一平衡位形时，其总势能为极大值，则系统的初始平衡位形是不稳定的；势能恒定者，平衡位形是中性的或随遇的。若质点系具有一个自由度，有 $V = V(q)$，其中，q 为广义坐标，V 为总势能，上述三种势能变化状态如图 11-16(a)～(c)所示。

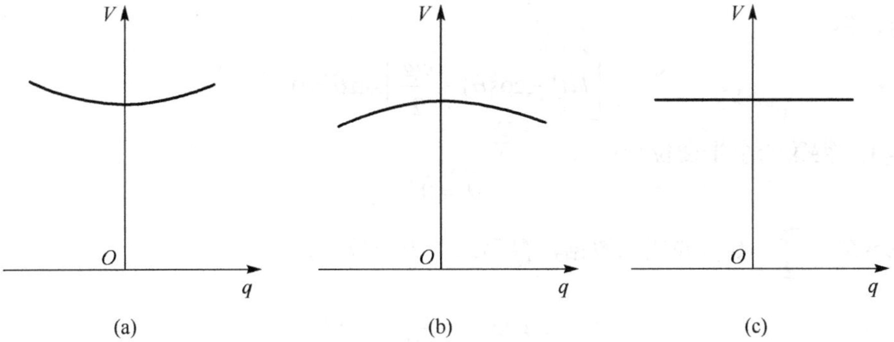

图 11-16　不同的势能变化状态

具有理想、双面约束且所受主动力为有势力的质点系，其所有满足约束的平衡位形中，只有使系统的总势能取极小值者是稳定的，称为**最小势能原理**(principle of minimum potential energy)。

对具有一个自由度的质点系，系统势能 $V=V(q)$，若 $q=q_0$ 为系统的平衡位形，则根据势能驻值定理式(11-8)，有 $\left(\dfrac{\mathrm{d}V}{\mathrm{d}q}\right)_{q=q_0}=0$ 。于是，系统平衡的稳定性判据为：

$\left(\dfrac{\mathrm{d}^2V}{\mathrm{d}q^2}\right)_{q=q_0}>0$——平衡位形稳定；

$\left(\dfrac{\mathrm{d}^2V}{\mathrm{d}q^2}\right)_{q=q_0}<0$——平衡位形不稳定；

$\left(\dfrac{\mathrm{d}^2V}{\mathrm{d}q^2}\right)_{q=q_0}=0$——需根据高阶导数的正负判断系统稳定性，若所有高阶项均为零，则平衡位形是中性的。

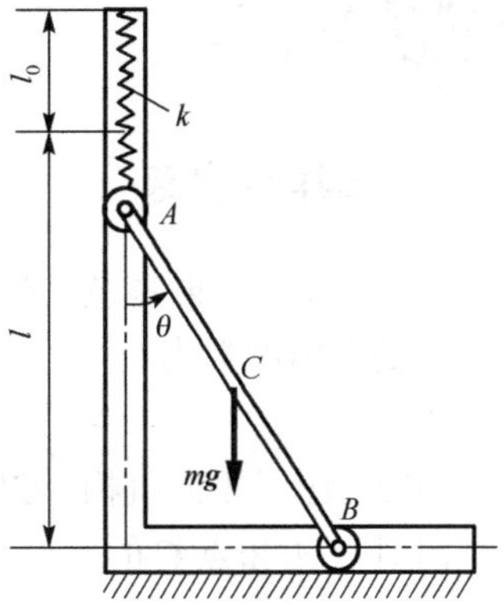

图 11-17　例题 11-5 图

【例题 11-5】 图 11-17 所示的机构中均质杆 AB 的长度 $l=0.6\text{m}$，其质量 m=10kg。连接弹簧的刚度系数 $k=200\text{N/m}$。当 $\theta=0°$ 时，弹簧为原长。试用势能驻值定理求杆的平衡位形，并用最小势能原理分析平衡位形的稳定性。

解　系统为理想、双面约束，主动力(弹簧力、重力)有势，系统有一个自由度，取 $q=\theta$ 。

将弹簧力零势位置选在弹簧原长处，重力零势位置选在过 B 的水平位置，则系统的势能为

$$V=\frac{1}{2}kl^2(1-\cos\theta)^2+mg\frac{l}{2}\cos\theta \tag{a}$$

根据势能驻值定理，有

$$\begin{aligned}\delta V&=\frac{\mathrm{d}V}{\mathrm{d}\theta}\delta\theta\\&=\left[kl^2(1-\cos\theta)\sin\theta-\frac{mg}{2}l\sin\theta\right]\delta\theta=0\end{aligned}$$

由$\delta\theta \neq 0$，得

$$\left[kl(1-\cos\theta)-\frac{mg}{2}\right]\sin\theta = 0$$

由$\sin\theta = 0$，得第一个平衡位形：

$$\theta_1 = 0°$$

由$kl(1-\cos\theta)-\dfrac{mg}{2}=0$，并代入数据，得第二个平衡位形：

$$\theta_2 = \arccos\left(1-\frac{mg}{2kl}\right) = 53.7°$$

根据最小势能原理，考察V的二阶导数。由式(a)，得

$$\frac{\mathrm{d}^2V}{\mathrm{d}\theta^2} = kl^2(\cos\theta-\cos^2\theta+\sin^2\theta)-\frac{mg}{2}l\cos\theta$$

$$\left.\frac{\mathrm{d}^2V}{\mathrm{d}\theta^2}\right|_{\theta_1=0°} = -29.4 < 0$$

$$\left.\frac{\mathrm{d}^2V}{\mathrm{d}\theta^2}\right|_{\theta_2=53.7°} = 46.8 > 0$$

所以，θ_1是不稳定平衡位形，θ_2是稳定平衡位形。

习　题

1. 选择填空题

11-1　图示平面系统，圆环内放置的直杆AB可自由运动，圆环在水平面上作纯滚动，则该系统的自由度数为(　　)。

① 3　　② 1　　③ 4　　④ 2

11-2　图示平面机构，CD连线铅直，杆$BC=BD$。在图示瞬时，角$\varphi = 30°$，杆AB水平，则该瞬时点A和点C的虚位移大小之间的关系为(　　)，并在图上画出虚位移$\delta \boldsymbol{r}_A$、$\delta \boldsymbol{r}_B$、$\delta \boldsymbol{r}_C$。

①$\delta r_A = \dfrac{3}{2}\delta r_C$　　②$\delta r_A = \sqrt{3}\delta r_C$　　③$\delta r_A = \dfrac{\sqrt{3}}{2}\delta r_C$　　④$\delta r_A = \dfrac{1}{2}\delta r_C$

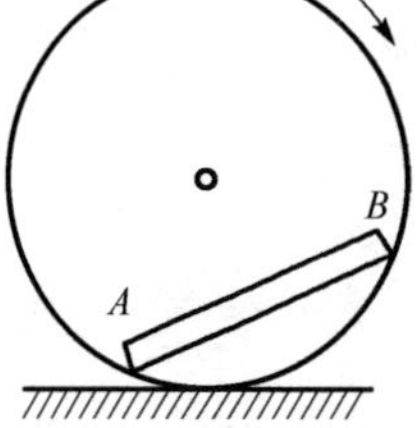

习题 11-1 图

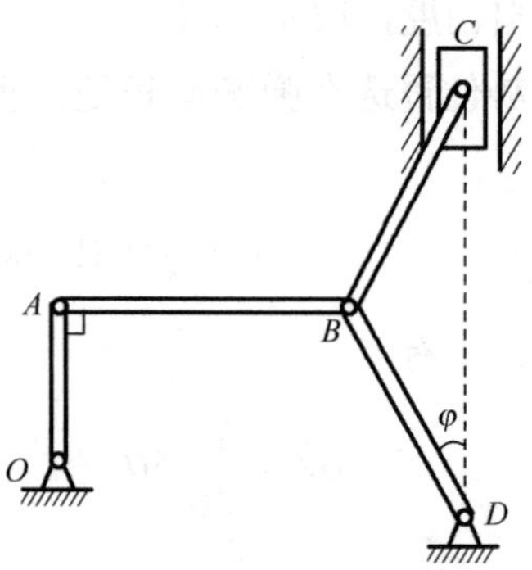

习题 11-2 图

11-3　在图示平面机构中，A、B、O_2 和 O_1、C 分别在两水平线上，O_1A 和 O_2C 分别在两铅垂线上，$\alpha = 30°$，$\beta = 45°$，A 和 C 点虚位移大小之间的关系为(　　　　　　　)。

11-4　如图所示，为了用虚位移原理求解系统 B 处反力，需将 B 支座解除，代以适当的约束力，其时 B、D 两点虚位移大小之比值 $\delta r_B : \delta r_D =$ (　　　　　)。

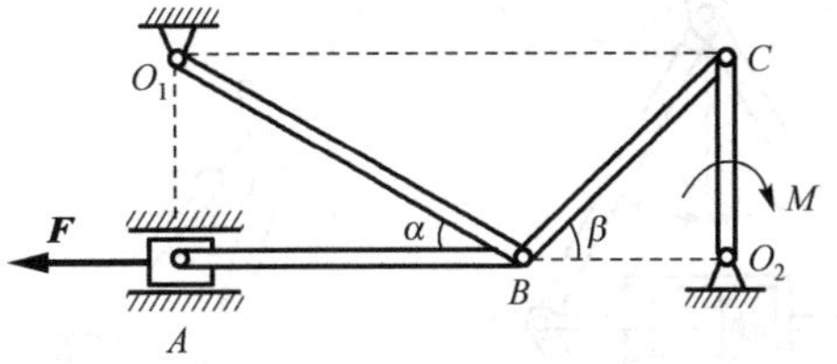

习题 11-3 图

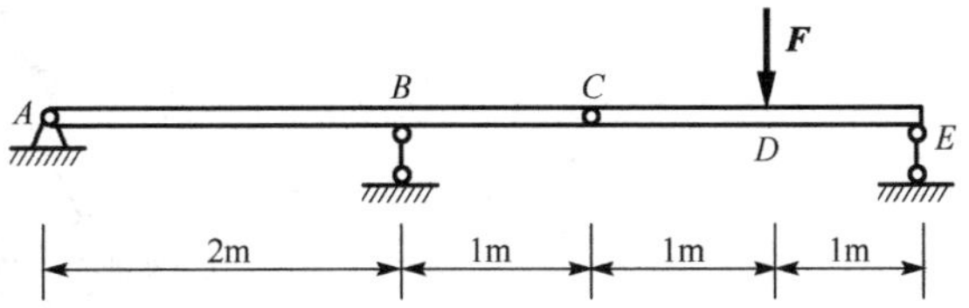

习题 11-4 图

2. 分析计算题

11-5　曲柄滑块机构的均质杆 $AB = BC = 1\text{m}$，所受载荷如图所示，二杆的质量均为 10kg。当 $\theta = 45°$ 时，弹簧没有变形。试求系统的平衡位形 θ 角。

11-6　图示滑套 D 套在光滑直杆 AB 上，并带动杆 CD 在铅直滑道上滑动，已知 $\theta = 0°$ 时弹簧为原长，弹簧刚度系数为 5kN/m。求在任意 θ 位置平衡时力偶矩 M 与 θ 的关系。

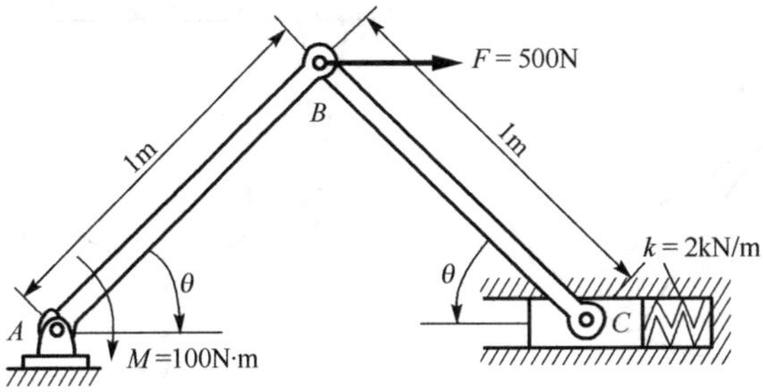

习题 11-5 图

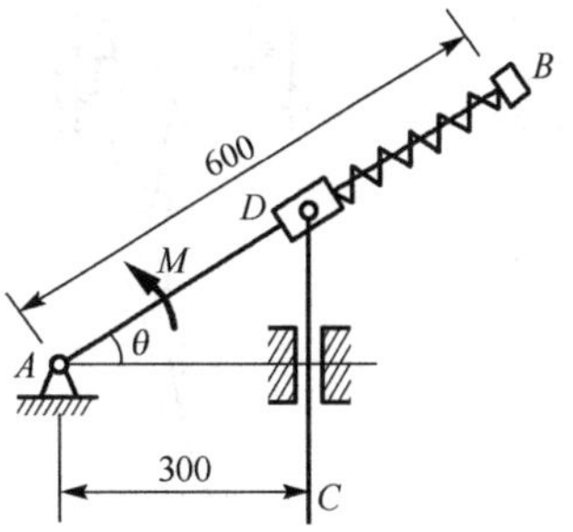

习题 11-6 图

11-7　试求图示连续梁的支座反力。设图中载荷、尺寸均为已知。

11-8　图示机构中，圆盘 B 的质量为 20kg，当 $\theta = 90°$ 时，弹簧为原长，不计杆重。试求其平衡位形 θ 角，并研究该平衡位形的稳定性。

11-9　挖土机挖掘部分如图所示，支臂 DEF 不动，A、B、D、E、F 为铰链，液压油缸 AD 伸缩时可通过连杆 AB 使挖斗 BFC 绕 F 转动，$EA = FB = a$。当 $\theta_1 = \theta_2 = 30°$ 时，杆 $AE \perp DF$，油缸推力为 $\boldsymbol{F}$。不计构件重量，求此时挖斗可克服的最大阻力矩 M。

11-10　为残疾人设计假腿时，关键要求之一是，使他在直线行走时防止膝关节产生弯曲失稳。作为第一次近似，将假腿简化成用扭簧连接的两轻杆系统，如图所示。扭簧产生的力偶矩 $M = k\beta$，k 为扭簧刚度系数，β 为假腿在膝关节处的弯曲角度。试求保证膝关节在 $\beta = 0$ 时稳定的最小 k 值。

11-11　图示均质杆 AB 长为 $2l$，一端靠在光滑的铅直墙壁上，另一端放在固定光滑曲面 DE 上。欲使细杆能静止在铅直平面的任意位置，问曲面的曲线 DE 的形式应是怎样的？

11-12　由四根等长的杆所构成的系统如图所示，$AB=BC=CD=DE=l$，$AE=2l$。若在 B、C、D 三点均作用一相等的铅垂力 $\boldsymbol{F}$，试求系统处于平衡时 α 角和 β 角应满足的关系。杆的质量和各连接点的摩擦均可略去不计。

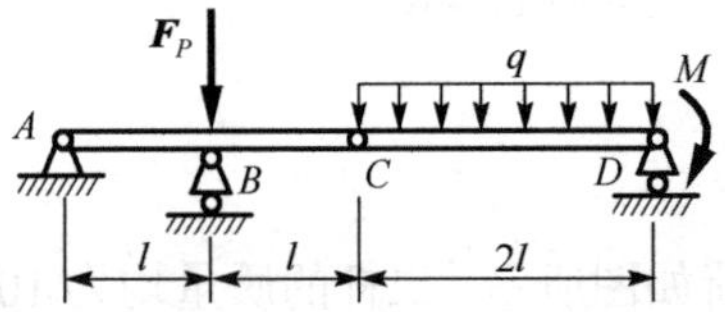

习题 11-7 图

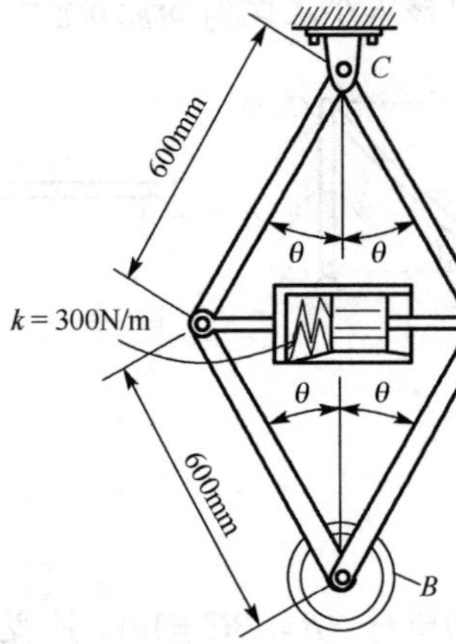

习题 11-8 图

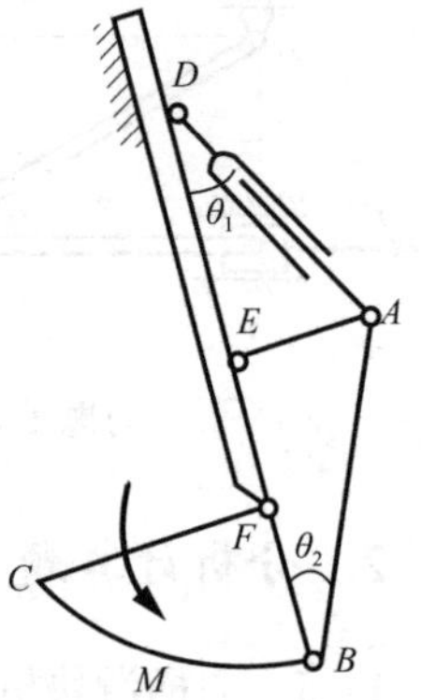

习题 11-9 图

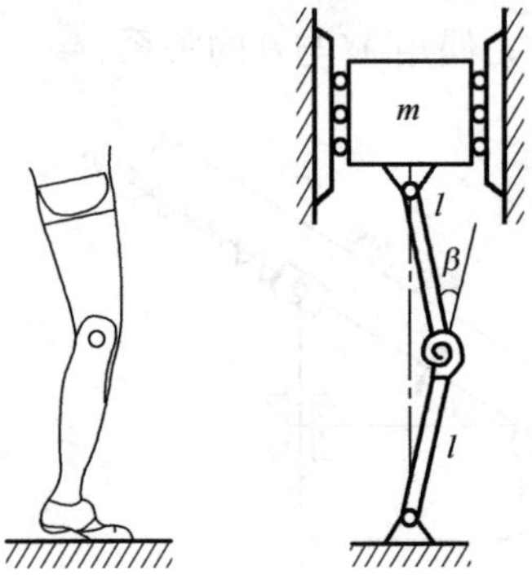

习题 11-10 图

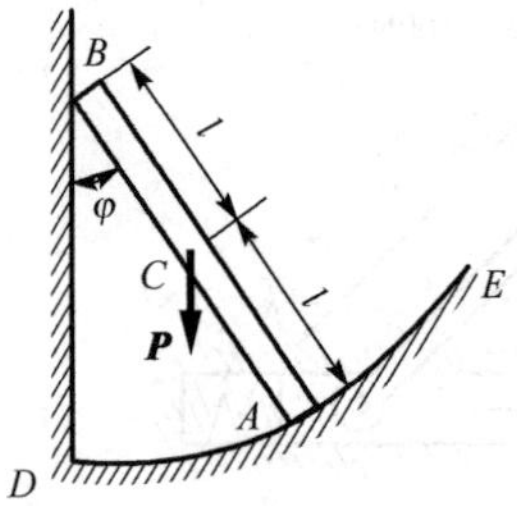

习题 11-11 图

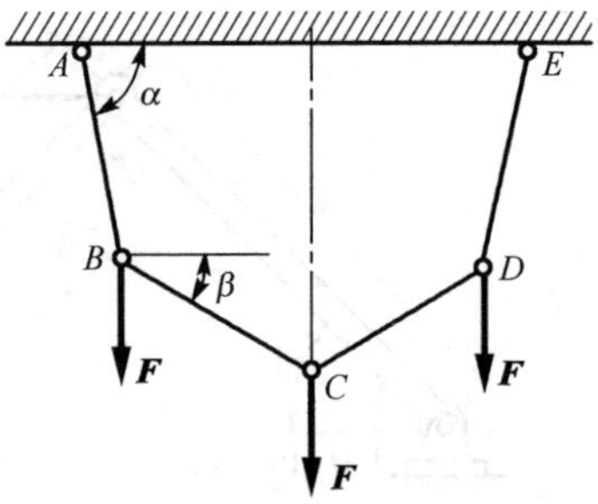

习题 11-12 图

11-13　半径为 R 的滚子放在粗糙水平面上，连杆 AB 的两端分别与轮缘上的点 A 和滑块 B 处铰接。现在滚子上施加矩为 M 的力偶，在滑块上施加力 $\boldsymbol{F}$，使系统于图示位置处平衡。设力 $\boldsymbol{F}$ 为已知，滚子有足够大的重量 $\boldsymbol{P}$，忽略滚动摩阻，不计滑块和各铰链处的摩擦，不计杆 AB 与滑块的重量。求力偶矩 M 以及滚子与地面间的摩擦力 $\boldsymbol{F}_s$。

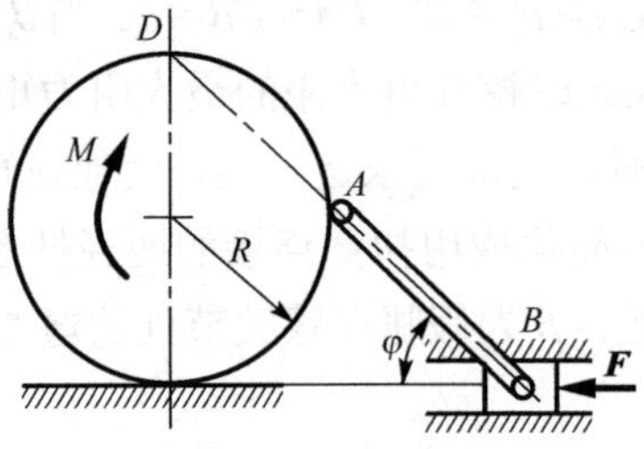

习题 11-13 图

11-14　由三根长度均为 0.5m 的相同细直杆构成的系统如图中实线所示，AD=1m，若在 B 点挂一个质量为2kg的砝码，在 C 点挂一个质量为3kg的砝码，不计各杆自重，应用MATLAB编写程序，计算并绘制系统的势能随 θ 角的变化曲线，并根据绘制的曲线求出系统的平衡位置 θ，判断平衡位置的稳定性。若将系统镜像到图示虚线位置，此时系统的平衡位置和稳定性又如何？为什么？

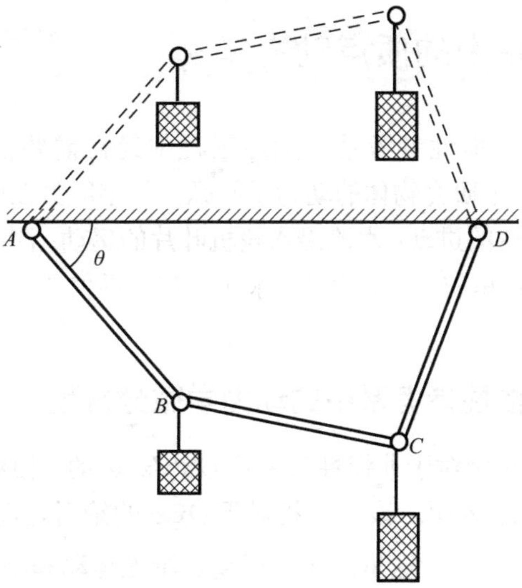

习题 11-14 图

第 12 章　动力学应用专题

12.1　非惯性参考系中的质点动力学

牛顿第二定律只适用于惯性参考系，然而工程中经常需要在**非惯性参考系**(noninertial reference system)中研究物体的动力学问题，如宇航员在航天器中的运动；傅科摆的摆动平面相对地球的进动；水流沿水轮机叶片的运动；测振仪器记录的振动质量相对仪器的运动等。这里航天器、地球、水轮机和测振仪器等对于相对运动的物体而言都是非惯性参考系。

扁担挑物的动力学分析

12.1.1　质点在非惯性参考系中的动力学微分方程

如图 12-1 所示，质点 P 相对于非惯性参考系 $O'x'y'z'$ 运动。相对运动轨迹为 s_r，而此参考系又相对于惯性参考系 $Oxyz$ 运动。该质点相对于 $Oxyz$ 的绝对运动轨迹为 s_a。需要注意到，这里的相对运动、牵连运动和绝对运动均指点的一般运动。

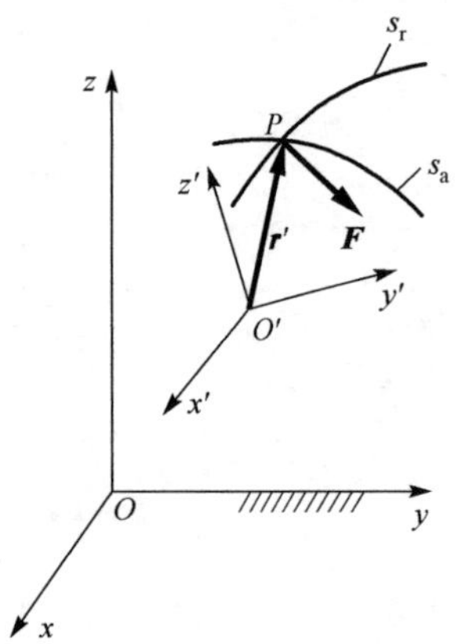

图 12-1　质点 P 相对非惯性参考系的动力学

研究质点 P 在非惯性参考系 $O'x'y'z'$ 中运动的方法是，先研究它在惯性参考系 $Oxyz$ 中的运动，再利用加速度合成定理得出需要的结果。为此，对该点应用牛顿第二定律：

$$m\boldsymbol{a}_a = \boldsymbol{F}$$

式中，m、$\boldsymbol{a}_a$ 和 $\boldsymbol{F}$ 分别为质点 P 的质量、绝对加速度及作用在其上的合力。

运动学中点的加速度合成定理为

$$\boldsymbol{a}_a = \boldsymbol{a}_e + \boldsymbol{a}_r + \boldsymbol{a}_C$$

式中，$\boldsymbol{a}_a$、$\boldsymbol{a}_e$、$\boldsymbol{a}_r$ 和 $\boldsymbol{a}_C$ 分别为质点 P 的绝对加速度、牵连加速度、相对加速度和科氏加速度。将此式代入牛顿第二定律，得

$$m(\boldsymbol{a}_e + \boldsymbol{a}_r + \boldsymbol{a}_C) = \boldsymbol{F}$$

$$m\boldsymbol{a}_r = \boldsymbol{F} - m\boldsymbol{a}_e - m\boldsymbol{a}_C \tag{12-1}$$

此式等号右边第二、三两项分别记为

$$\boldsymbol{F}_{Ie} = -m\boldsymbol{a}_e, \qquad \boldsymbol{F}_{IC} = -m\boldsymbol{a}_C = -2m\boldsymbol{\omega}_e \times \boldsymbol{v}_r \tag{12-2}$$

式中，$\boldsymbol{F}_{Ie}$ 称为**牵连惯性力**(convected inertial force)；$\boldsymbol{F}_{IC}$ 称为**科里奥利惯性力**，简称**科氏惯性力**(Coriolis inertial force)；$\boldsymbol{\omega}_e$ 与 $\boldsymbol{v}_r$ 分别为非惯性参考系的角速度与质点的相对速度。

综合式(12-1)与式(12-2)，写成矢量形式的动力学微分方程：

$$m\boldsymbol{a}_r = \boldsymbol{F} + \boldsymbol{F}_{Ie} + \boldsymbol{F}_{IC} \tag{12-3}$$

式(12-3)即为**质点在非惯性参考系中的动力学微分方程**，也称为**质点的相对运动动力学微分方程**。这一方程表明，质点的质量与其相对加速度的乘积等于作用在其上的合力与牵连惯性力及科氏惯性力的矢量和。

式(12-3)还表明，质点在非惯性参考系中 $m\boldsymbol{a}_{\mathrm{r}} \neq \boldsymbol{F}$。但若在质点上施加牵连惯性力 $\boldsymbol{F}_{\mathrm{Ie}}$ 和科氏惯性力 $\boldsymbol{F}_{\mathrm{IC}}$ 后，则可得到形式上与适用于惯性参考系中的牛顿第二定律相似的方程。

12.1.2　几种特殊情况

(1)当质点相对非惯性参考系静止时，有 $\boldsymbol{v}_{\mathrm{r}}=0, \boldsymbol{a}_{\mathrm{r}}=0$，故 $\boldsymbol{F}_{\mathrm{IC}}=0$，式(12-3)退化为

$$\boldsymbol{F}+\boldsymbol{F}_{\mathrm{Ie}}=0 \tag{12-4}$$

这种情况称为相对静止。

(2)当质点相对非惯性参考系做匀速直线运动时，有 $\boldsymbol{a}_{\mathrm{r}}=0$，式(12-3)退化为

$$\boldsymbol{F}+\boldsymbol{F}_{\mathrm{Ie}}+\boldsymbol{F}_{\mathrm{IC}}=0 \tag{12-5}$$

这种情况称为相对平衡。

(3)当非惯性参考系作平移，即 $\boldsymbol{\omega}_{\mathrm{e}}=0$ 时，$\boldsymbol{F}_{\mathrm{IC}}=0$，式(12-3)退化为

$$m\boldsymbol{a}_{\mathrm{r}}=\boldsymbol{F}+\boldsymbol{F}_{\mathrm{Ie}} \tag{12-6}$$

物理学中曾应用上式讨论过关于质点相对运动动力学的一些问题。

(4)当非惯性参考系相对惯性参考系做匀速直线平移时，有 $\boldsymbol{\omega}_{\mathrm{e}}=0$，$\boldsymbol{a}_{\mathrm{e}}=0$，故 $\boldsymbol{F}_{\mathrm{IC}}=\boldsymbol{F}_{\mathrm{Ie}}=0$，这样式(12-3)退化为

$$m\boldsymbol{a}_{\mathrm{r}}=\boldsymbol{F} \tag{12-7}$$

显然上式和惯性参考系中的质点动力学微分方程完全一样，也就是说，此时的非惯性参考系已经退化为惯性参考系。因此，所有相对惯性参考系作匀速直线平移的参考系都是惯性参考系。

12.1.3　应用举例

【例题 12-1】 如图 12-2 所示，车厢沿水平轨道向右做匀加速运动，加速度为 a，车厢内悬挂一单摆，摆长为 l，摆球的质量为 m。试分析摆的运动。

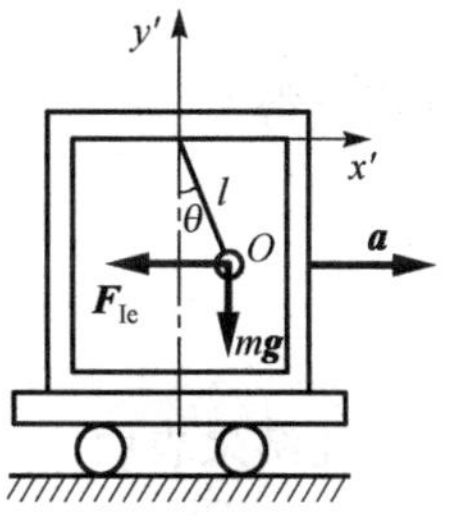

图 12-2　例题 12-1 图

解　建立固结在车厢上单摆悬挂点 O 处的动坐标系 $Ox'y'$，因为动系以匀加速度 $\boldsymbol{a}$ 作平移，所以摆球上只有牵连惯性力 $\boldsymbol{F}_{\mathrm{Ie}}=-m\boldsymbol{a}$，而没有科氏惯性力。

采用弧坐标描述摆球相对车厢的摆动，在运动轨迹的切线方向上建立相对运动动力学微分方程：

$$m\ddot{s}=-mg\sin\theta-ma\cos\theta \tag{a}$$

或

$$ml\ddot{\theta}=-mg\sin\theta-ma\cos\theta \tag{b}$$

这一方程为非线性微分方程。

下面考虑微幅摆动的情形，这时：

$$\sin\theta \approx \theta, \quad \cos\theta \approx 1$$

于是，将其代入方程(b)，经过整理后得到

$$\ddot{\theta} + \frac{g}{l}\theta = -\frac{a}{l} \tag{c}$$

此为强迫振动的方程，方程(c)中等号右端的常数项只改变了摆球的振动中心位置，而对系统本身的振动规律无影响(见 12.2 节的讨论)。

思考：车厢运动加速度 $\boldsymbol{a}$ 的大小满足什么关系时，摆可以实现相对静止？如果车厢沿铅直方向以匀加速度 $\boldsymbol{a}$ 被提升，摆球的运动将发生怎样的变化？

【例题 12-2】 图 12-3(a)中所示滑块 P 的质量为 m，可在圆盘的滑槽内自由滑动，圆盘则以等角速度 ω 在水平面内转动。当圆盘静止时滑块位于圆心 O 处。两弹簧的刚度系数均为 k，初始状态下二者均不发生变形。试建立滑块 P 相对圆盘的动力学微分方程，并求滑块对槽的侧压力。

解 在圆盘上固结动坐标系 Ox_r，其中坐标原点 O 置于系统的静平衡位置，即圆心 O 处，坐标正向由圆心沿槽向外；将滑块置于坐标正向的一般位置上，并令此时它的相对速度 $\dot{x}_r > 0$；滑块受力如图 12-3(b)所示。由于牵连法向加速度由点 P 指向圆心 O，所以可直接判断出牵连惯性力 $\boldsymbol{F}_{Ie}$ 沿坐标 x_r 的正向，大小为 $m\omega^2 x_r$。另外，由于已假设此时滑块的相对速度 $\dot{x}_r$ 的方向，所以科氏力的方向均可如图 12-3(b)所示确定。依据式(12-3)写出滑块的相对运动动力学微分方程与滑块对槽的侧压力：

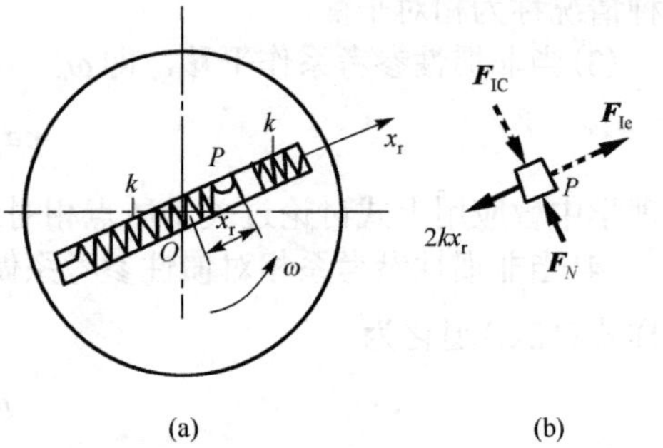

图 12-3 例题 12-2 图

$$m\ddot{x}_r = -2kx_r + m\omega^2 x_r \tag{a}$$

$$F_{IC} = F_N \tag{b}$$

整理后，得

$$\ddot{x}_r + \left(\frac{2k}{m} - \omega^2\right)x_r = 0 \tag{c}$$

$$F_N = 2m\omega\dot{x}_r \tag{d}$$

上述结果表明：

若 $\omega^2 < \dfrac{2k}{m}$，即牵连惯性力(也可称为负恢复力)小于弹性恢复力，滑块 P 的相对运动为自由振动，其固有频率 $\omega_0 = \sqrt{\dfrac{2k}{m} - \omega^2}$。$x_r = 0$ 处为该系统的稳定平衡位置。

若 $\omega^2 > \dfrac{2k}{m}$，即牵连惯性力大于弹性恢复力，滑块 P 不能在 $x_r = 0$ 附近维持自由振动，而是在初始扰动下远离平衡位置，所以 $x_r = 0$ 为该系统的不稳定平衡位置。

若 $\omega^2 = \dfrac{2k}{m}$，即牵连惯性力等于弹性恢复力，滑块 P 将处于随遇平衡位置。

【例题 12-3】 若将地球视为定轴转动刚体，研究地球自转对自由质点运动的影响。

解　假设自由质点在地球表面北纬 φ 的附近运动，质点的质量为 m，将动参考系 $O'x'y'z'$ 固连于地球表面，如图 12-4(a)所示。轴 x' 指向东，轴 y' 指向北，轴 z' 指向天。设质点运动时受到的空气阻力 $\boldsymbol{F}_R$ 的大小与其速度的二次方成正比，比例系数为 c，地球引力为 $\boldsymbol{F}$，根据式(12-3)写出质点相对动参考系 $O'x'y'z'$ 的相对运动动力学微分方程：

$$m\boldsymbol{a}_{\rm r} = \boldsymbol{F} + \boldsymbol{F}_R + \boldsymbol{F}_{\rm Ie} + \boldsymbol{F}_{\rm IC} \tag{a}$$

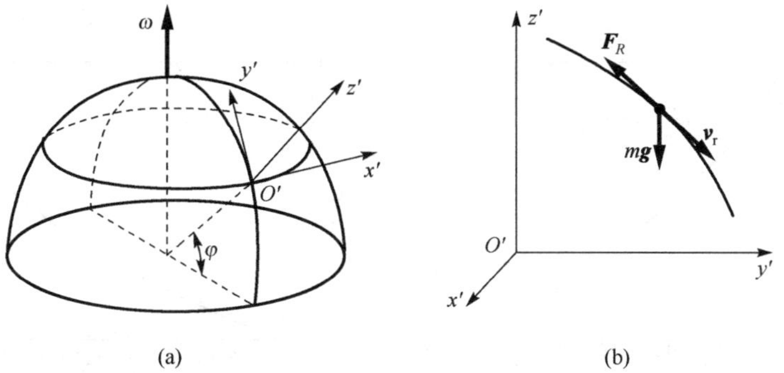

图 12-4　例题 12-3 图

当质点在地球表面附近运动时，地球引力 $\boldsymbol{F}$ 和牵连惯性力 $\boldsymbol{F}_{\rm Ie}$ 的合力，可视为质点在地球表面所受的重力 $m\boldsymbol{g}$，即

$$\boldsymbol{F} + \boldsymbol{F}_{\rm Ie} = m\boldsymbol{g}$$

空气阻力 $\boldsymbol{F}_R = -cv_{\rm r}\boldsymbol{v}_{\rm r}$，故可得

$$m\boldsymbol{a}_{\rm r} = m\boldsymbol{g} - cv_{\rm r}\boldsymbol{v}_{\rm r} + \boldsymbol{F}_{\rm IC} \tag{b}$$

式中，科氏惯性力为

$$\begin{aligned}\boldsymbol{F}_{\rm IC} &= -2m\boldsymbol{\omega}\times\boldsymbol{v}_{\rm r}\\ &= 2m\omega(\dot{y}'\sin\varphi - \dot{z}'\cos\varphi)\boldsymbol{i}' - 2m\omega\dot{x}'\sin\varphi\boldsymbol{j}' + 2m\omega\dot{x}'\cos\varphi\boldsymbol{k}'\end{aligned}$$

式中，ω 为地球的自转角速度，将重力 $m\boldsymbol{g}$ 的方向近似认为平行于轴 z'，将上式代入式(b)后在坐标系 $O'x'y'z'$ 的坐标轴上投影，可得

$$\begin{cases} m\ddot{x}' = 2m\omega(\dot{y}'\sin\varphi - \dot{z}'\cos\varphi) - cv_{\rm r}\dot{x}' \\ m\ddot{y}' = -2m\omega\dot{x}'\sin\varphi - cv_{\rm r}\dot{y}' \\ m\ddot{z}' = -mg + 2m\omega\dot{x}'\cos\varphi - cv_{\rm r}\dot{z}' \end{cases} \tag{c}$$

式中，$v_{\rm r} = \sqrt{(\dot{x}')^2 + (\dot{y}')^2 + (\dot{z}')^2}$。当质点在南北方向的位移远小于地球半径时，可认为 φ 不变。

下面应用 MATLAB 的常微分方程组初值问题求解指令 ode45，编写相应的 MATLAB 求解程序，定量分析地球自转对自由质点运动的影响。

假设质点的质量为 50kg，空气阻力系数 c=0.005 $\rm N\cdot s^2/m^2$，$\varphi = 40^\circ$ (北京附近)。

(1) 质点由 $x_0' = 0, y_0' = 0, z_0' = 1000\ \rm m$ 的位置静止落下，其结果如图 12-5 所示。可以看出，下落物体偏东约 0.53m，偏南约 1.8×10^{-4} m，由于偏南量远小于偏东量，故称落体偏东。

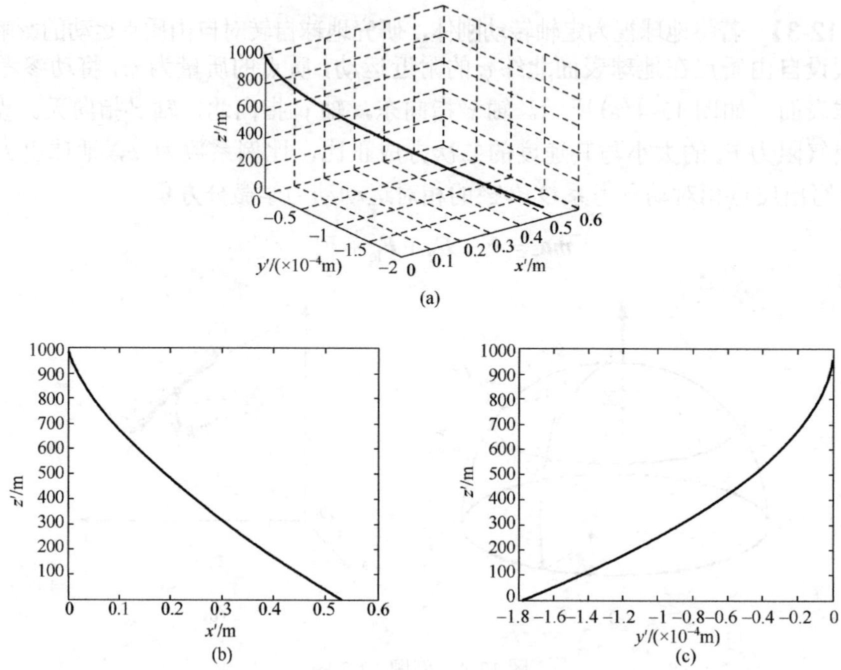

图 12-5　自由下落物体的结果

(2)质点(如炮弹)以初速度 $v_{r0}=1500\mathrm{m/s}$、发射角 $\theta=45°$ 由 $x_0'=0, y_0'=0, z_0'=0$ 的位置向正北方向发射，结果如图 12-6 所示。可以看出，炮弹偏东(即炮弹运行方向的右侧)约 34.5m，故在远程炮弹发射时必须考虑地球自转对其运动的影响。

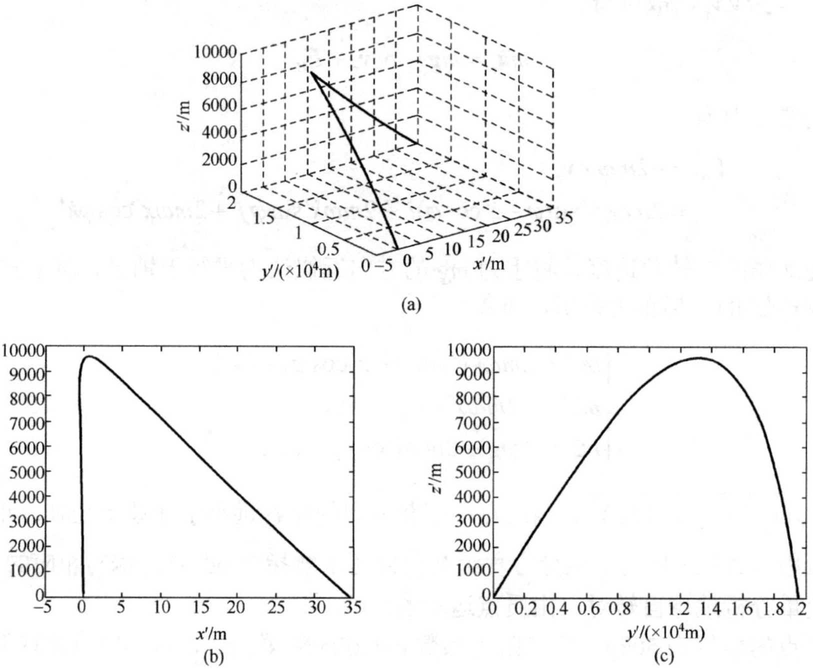

图 12-6　斜抛物体的结果

请读者自行分析，若质点垂直上抛后再落下，结果又如何？

12.1.4　几点讨论

1. 歼击机飞行员的“黑晕”与“红视”现象

歼击机爬高时，若其加速度 a_e 过大(一般 $a_e>5g$，g 为重力加速度)，飞行员便会由于脑部失血，出现眼睛失明现象，这种现象称为“黑晕”；同样，在飞机俯冲时，若其加速度过大(一般 $a_e>2g$)，也会使飞行员由于大脑充血，而视物变红，这种现象称为“红视”。

以飞行员由心脏向大脑供血的动脉血管中的血流质点为所考察的动点，以飞机为动系，以地球为定系。当飞机爬高时，其上与该血流质点相重合的一点的加速度(即牵连加速度 a_e)如图 12-7(a)所示，$a_e = a_e^t + a_e^n$，a_e^t 与 a_e^n 分别为牵连切向与法向加速度。这样，在所考察的血流质点上便受到过大的牵连惯性力 $F_{Ie} = ma_e$ 的作用。F_{Ie} 使由下(心脏)向上(大脑)流动的血流质点受阻，因此出现由于脑部失血而造成的“黑晕”。同理，飞机俯冲时，作用在血流质点上的 F_{Ie} 使之由下向上加速流动，从而造成飞行员大脑充血，出现“红视”现象(图 12-7(b))。

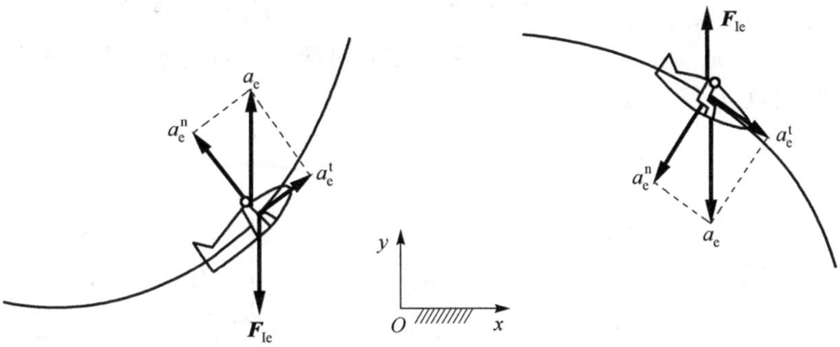

图 12-7　歼击机爬高与俯冲的力学分析

2. 地球自转对地球附近物体运动的影响

1) 落体偏东

具体分析见例题 12-3。

2) 北半球炮弹偏右

具体分析见例题 12-3。在第一次世界大战期间，英国炮手在马尔维纳斯群岛海战中发射的炮弹经常落在德国战舰的左方而不能命中。瞄准器的设计者了解科氏惯性力的作用，并已把这个因素考虑在内。问题在于他们是按照在英国本土(约北纬 50°)附近作战，并作了向左的校正，但马尔维纳斯群岛却位于南美洲(约南纬 50°)，设计者没有把校正的方法告诉不懂科氏惯性力的炮手，结果产生了双倍的向左误差！

此外，在北半球河流右岸比左岸冲刷严重也是同样的道理。

3) 傅科摆的进动

法国物理学家**傅科**(J. B. L. Foucault)于 1851 年在巴黎(北纬 $\varphi \approx 49°$)用特制的单摆做实验，以证实地球的自转(图 12-8)。单摆悬挂在地表上方点 B，摆锤 A 为质量 $m_A = 28\text{kg}$ 的铁球。摆

线 BA 为长度 $l=67\text{m}$ 的钢丝，即摆线很长。当将摆锤从其平衡位置 O' 在轴 x 上移动略大于 150mm 的距离，再静止释放后，单摆在其摆动平面内作周期性摆动的同时，还出现了由轴 $O'z$ 的正方向看去摆动平面 ABO' 沿顺时针方向进动的现象。图 12-9(a) 为单摆摆动了约 5 个周期时，摆锤在平面 $O'xy$ 上画出的轨迹。傅科测得的单摆摆动周期 $T=17\text{s}$；摆动平面进动周期 $T=32\text{h}$。傅科用来演示地球有自转的这种特制单摆称为**傅科摆**(Foucault pendulum)。

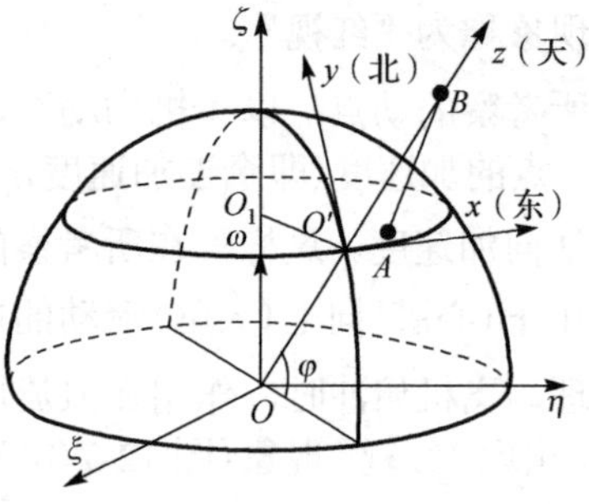

图 12-8　在北纬 φ 的傅科摆

傅科摆的摆动平面相对地球产生进动现象是由科氏惯性力 F_{IC} 造成的。为了分析这种力学现象，仍选地心参考系为惯性系，地球相对此参考系以角速度 ω 作定轴转动。如图 12-9(b) 所示，摆锤由位置 A_0 无初速地向直线段 $A_0O'A_2$ 的另一端 A_2 摆动的前半个周期中，以任意位置 A_1 为例，由于它受到垂直于相对速度 v_{r1} 的 F_{IC1} 的作用，所以只能到达位置 A_2'；同样，在由 A_2' 向直线段 $A_2'O'A_4$ 的另一端 A_4 摆动的后半个周期中，以任意位置 A_3 为例，也由于受到垂直于 v_{r2} 的 F_{IC2} 的作用，摆锤只能到达 A_4' 点。

于是，在傅科摆摆动的上述一个周期中，由于摆动平面的进动，摆锤由点 A_0 移至 A_4'。

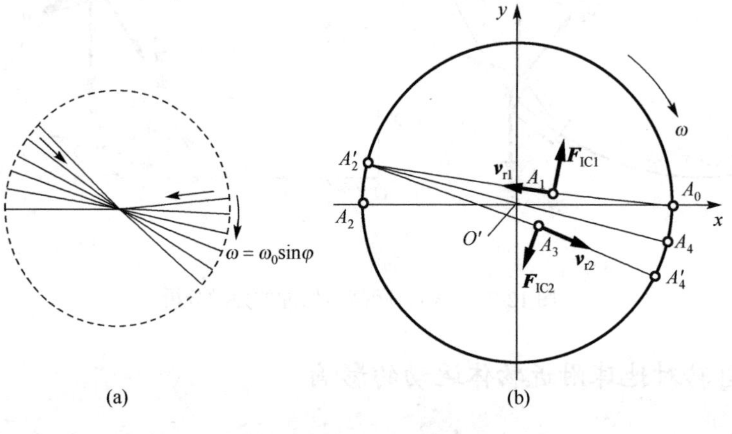

图 12-9　傅科摆锤在地球水平面上的轨迹图

在纽约的联合国总部大厅内安装的傅科摆为质量 $m_A=90\text{kg}$ 的镀金球，摆线为长度 $l=23\text{m}$ 的不锈钢丝；在北京天文馆的门厅内也有傅科摆供人参观。

4) 北半球的热带气旋均为右旋(逆时针向)

当局部地面温度很高时，空气受热上升，周围的空气补进，形成水平方向的气流。在科氏惯性力作用下，气流逐渐偏右，最后形成右旋气流(图 12-10)。由于同样的原因，在北半球，海洋环流也均为右旋(逆时针向)。

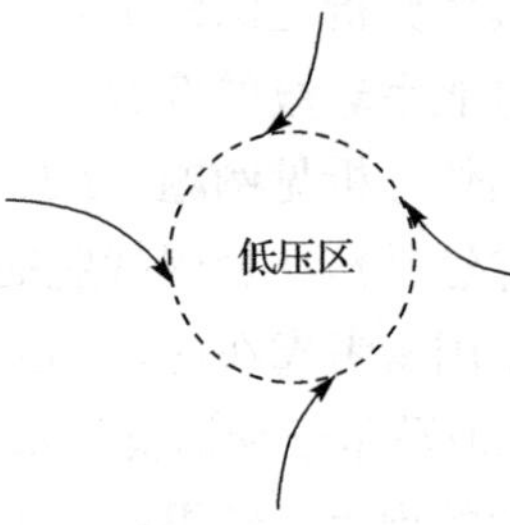

图 12-10　热带气旋

3. 科氏惯性力实验

科氏惯性力实验详见右侧二维码关联的视频演示。

12.2 振动分析基础

振动是指系统在某一位置附近的往复运动，如钟摆的运动、小球在碗底的来回滚动等。在自然界和工程系统中振动是一种普遍存在的现象。工程中对力学结构进行的动力学分析主要就是振动分析，换言之，结构振动分析一般就是结构动力学分析的代名词。

根据系统本身的特性或动力学微分方程的特性，可以分为**线性振动**和**非线性振动**。根据系统是否有外界激励，可以将振动分为**自由振动**和**受迫振动**。具有一个自由度的系统的振动称为**单自由度系统振动**。如果系统含有多个自由度，则称为**多自由度系统振动**。本节主要讨论单自由度线性系统的振动问题。

振动

12.2.1 单自由度线性系统的振动微分方程

研究振动问题，首先要建立其振动微分方程。为方便起见，一般都选静平衡位置为坐标的原点。经常用到的动力学原理包括动量定理、质心运动定理、动量矩定理、刚体定轴转动动力学方程、刚体平面运动动力学方程、动能定理、达朗贝尔原理等。因此，要正确建立振动问题的动力学方程，必须对动力学各种原理融会贯通、灵活应用。

最简单的力学振动系统是挂在线性弹簧上的一个质量弹簧系统(图 12-11)。以静平衡位置为坐标原点，弹簧力为 $F=k(x+\delta_{st})$，则质量的动力学微分方程为

$$m\frac{d^2x}{dt^2}=mg-k(x+\delta_{st})$$

式中，δ_{st} 为静平衡的弹簧伸长量，注意到静平衡时有 $k\delta_{st}=mg$，则上式可写为

$$m\ddot{x}+kx=0 \tag{12-8}$$

上式即为单自由度系统无阻尼自由振动微分方程的标准形式。其中，m 为质量，k 为弹簧刚度系数。因为线性弹簧力具有叠加性，这里重力已被弹簧静伸长时的拉力抵消。如果不以静平衡位置为坐标原点，建立的振动微分方程不会是齐次的，而且其解的形式也会复杂一些。

从本例还可以得到一个有用的结论：一个常力作用于质量块，不改变其振动微分方程，只改变振动中心的位置。

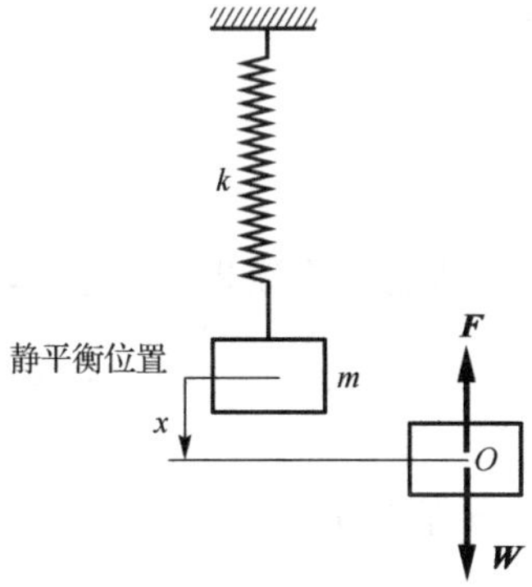

图 12-11　质量弹簧系统

下面再看几个具有同样形式的振动微分方程的例子。

【例题 12-4】 图 12-12 为一摆振系统，杆自重不计，小球质量为 m。弹簧刚度系数为 k，杆在水平位置时平衡，弹簧位置如图所示，图中 d、l 为已知。试建立系统的振动微分方程。

解　因水平位置为静平衡位置，弹簧已有静伸长量 δ_{st}，由平衡方程有

$$\sum M_O(F_i)=0,\qquad mgl-k\delta_{st}d=0 \tag{a}$$

以平衡位置为初始位置，摆角 φ 为独立变量，建立摆绕点 O 转动的动力学微分方程：

$$ml^2\frac{d^2\varphi}{dt^2}=mgl-k(\delta_{st}+\varphi d)\cdot d \tag{b}$$

注意到式(a)，得到

$$ml^2\frac{\mathrm{d}^2\varphi}{\mathrm{d}t^2}+kd^2\varphi=0 \tag{c}$$

令 $m_{\mathrm{eq}}=ml^2$，称为**等效质量**，$k_{\mathrm{eq}}=kd^2$，称为**等效刚度**，则上述方程可进一步写为

$$m_{\mathrm{eq}}\ddot{\varphi}+k_{\mathrm{eq}}\varphi=0 \tag{12-9}$$

【例题 12-5】 图 12-13 为物块和滑轮组成的简单刚体系统，滑轮对轴的转动惯量为 J，弹簧刚度系数为 k，物块质量为 m。试建立系统的振动微分方程。

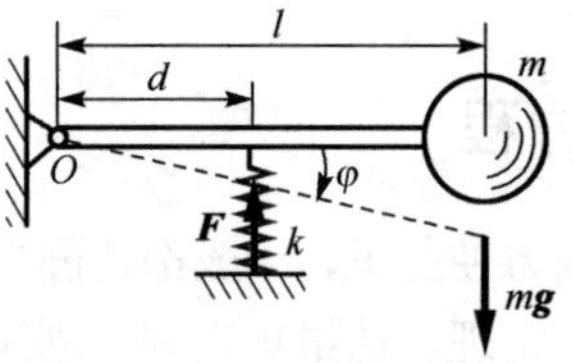

图 12-12　摆振系统

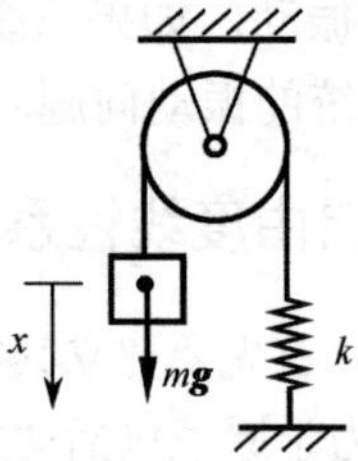

图 12-13　刚体系统模型

解　以系统平衡时重物的位置为原点，取 x 轴如图所示。系统为保守系统，重物在任意坐标 x 处，系统的动能为

$$T=\frac{1}{2}m\dot{x}^2+\frac{1}{2}J\left(\frac{\dot{x}}{r}\right)^2$$

系统势能为

$$\begin{aligned}V&=\frac{1}{2}k(x+\delta_{\mathrm{st}})^2-\frac{1}{2}k\delta_{\mathrm{st}}^2-mgx\\&=\frac{1}{2}kx^2+(k\delta_{\mathrm{st}}-mg)x=\frac{1}{2}kx^2\end{aligned}$$

不计摩擦，系统机械能守恒，有

$$T+V=\frac{1}{2}m\dot{x}^2+\frac{1}{2}J\left(\frac{\dot{x}}{r}\right)^2+\frac{1}{2}kx^2=\text{常数} \tag{a}$$

对方程两边求导，得到

$$\left(m+\frac{J}{r^2}\right)\ddot{x}+kx=0 \tag{b}$$

令 $m_{\mathrm{eq}}=m+\dfrac{J}{r^2}$，则上式可写为

$$m_{\mathrm{eq}}\ddot{x}+k_{\mathrm{eq}}x=0 \tag{12-10}$$

由式(12-8)～式(12-10)可见，振动问题的共同点是，在所考察的系统中既有惯性又有弹性，即建立的运动微分方程中既有等效质量 m_{eq} 又有等效刚度 k_{eq}，二者缺一不能成为振动系统。当然，系统有时还会受到激励的作用。

12.2.2　单自由度系统的无阻尼自由振动

由上面可见，单自由度线性系统若不考虑阻尼，其振动微分方程总可以写成

$$m_{eq}\ddot{q}+k_{eq}q=0 \tag{12-11}$$

式中，q 是广义坐标；m_{eq} 和 k_{eq} 分别为等效质量和等效刚度。一旦得到了系统的等效刚度和等效质量，也随之得到了系统无阻尼自由振动的微分方程。

对于图 12-14(a)所示的两个弹簧串联的系统，其中每个弹簧的受力均为 mg，故两个弹簧的静伸长量分别为

$$\delta_{st1}=\frac{mg}{k_1}$$

$$\delta_{st2}=\frac{mg}{k_2}$$

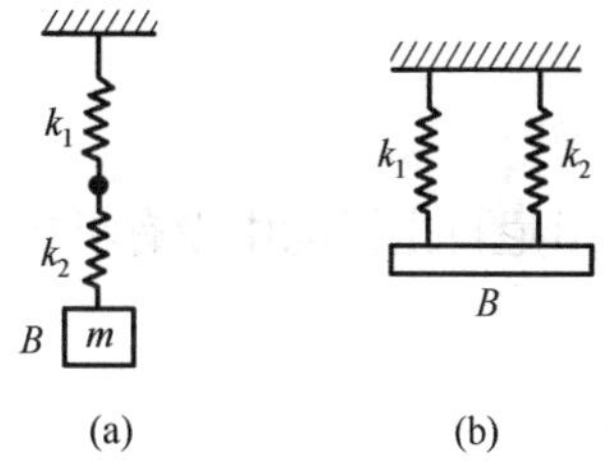

图 12-14　弹簧的串联和并联

两个弹簧的静伸长量之和(即系统的总静伸长量)为

$$\delta_{st}=\delta_{st1}+\delta_{st2}=mg\left(\frac{1}{k_1}+\frac{1}{k_2}\right)$$

根据

$$mg=k_{eq}\delta_{st}$$

可以得到

$$\frac{1}{k_{eq}}=\frac{1}{k_1}+\frac{1}{k_2} \tag{12-12}$$

刚度下降。对于图 12-14(b)所示的两个弹簧并联的系统，请读者自行证明：

$$k_{eq}=k_1+k_2 \tag{12-13}$$

刚度增加。

引入参数 $\omega_0=\sqrt{k_{eq}/m_{eq}}$，振动微分方程(12-11)可写成

$$\ddot{q}+\omega_0^2 q=0 \tag{12-14}$$

式(12-14)是单自由度系统无阻尼自由振动微分方程的另一种常用的标准形式，是一个二阶线性齐次常系数微分方程，方程的通解为

$$q=C_1\cos(\omega_0 t)+C_2\cos(\omega_0 t) \tag{12-15}$$

或

$$q=A\sin(\omega_0 t+\varphi) \tag{12-16}$$

式中，ω_0 称为系统的**固有频率**(natural frequency)，它仅取决于系统的物理特性，它与固有周期 T_0 的关系为 $\omega_0 T_0=2\pi$。A 称为**振幅**(amplitude)，φ 称为**相角**(phase angle)，A 和 φ 取决于初始条件。在给定初始条件 $t=0$ 时，$q(0)=q_0$ 和 $\dot{q}(0)=\dot{q}_0$，可确定振幅 A 和相角 φ 如下：

$$\begin{cases} A=\sqrt{q_0^2+\left(\dfrac{\dot{q}_0}{\omega_0}\right)^2} \\ \varphi=\arctan\left(\dfrac{\omega_0 q_0}{\dot{q}_0}\right) \end{cases} \tag{12-17}$$

用能量法计算固有频率。若选取静平衡位置为系统的零势位置，则单自由度系统的最大动能和最大势能分别为

$$T_{\max}=\frac{1}{2}m_{\mathrm{eq}}\dot{q}_{\max}^2=\frac{1}{2}m_{\mathrm{eq}}\omega_0^2A^2$$

$$V_{\max}=\frac{1}{2}k_{\mathrm{eq}}q_{\max}^2=\frac{1}{2}k_{\mathrm{eq}}A^2$$

无阻尼自由振动中没有机械能的补充和损耗，仅有动能和势能的转换，所以

$$T_{\max}=V_{\max}$$

即

$$\frac{1}{2}m_{\mathrm{eq}}\omega_0^2A^2=\frac{1}{2}k_{\mathrm{eq}}A^2$$

这样，由系统机械能守恒同样可得到固有频率的计算公式 $\omega_0=\sqrt{k_{\mathrm{eq}}/m_{\mathrm{eq}}}$ ，这也正是用能量法计算固有频率的基本思想，在多自由度系统固有频率的近似计算中有着广泛的应用。

【例题 12-6】 质量为 m 的小车在光滑斜面上自高度 h 处滑下，与缓冲器相碰，如图 12-15(a)所示。缓冲弹簧的刚度系数为 k，斜面倾角为 θ。求小车碰着缓冲器后自由振动的周期与振幅。

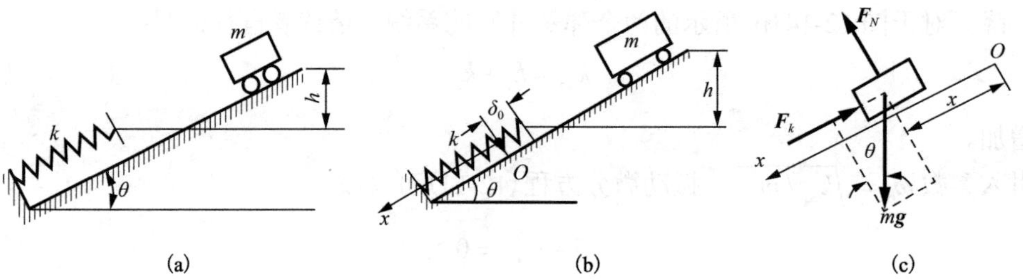

图 12-15　例题 12-6 图

解　取小车为研究对象，选静平衡位置为原点，沿斜面向下为轴 x 的正向，如图 12-15(b)所示。当弹簧压缩量为 x 时，小车受到的弹簧力为

$$F_k=k(x+\delta_0)$$

式中，δ_0 为弹簧的静压缩量，由图 12-15(c)可见

$$\delta_0=\frac{mg\sin\theta}{k}$$

小车自由振动的微分方程为

$$m\ddot{x}=mg\sin\theta-k(x+\delta_0)$$

即

$$\ddot{x}+\frac{k}{m}x=0 \tag{a}$$

令 $\omega_0{}^2=\frac{k}{m}$，则周期为

$$T=\frac{2\pi}{\omega_0}=2\pi\sqrt{\frac{m}{k}}$$

设振动微分方程(a)的解为

$$x=A\cos\left(\sqrt{\frac{k}{m}}t+\varphi\right)$$

当 $t=0$ 时，有

$$x_0=-\delta_0\text{，}\quad \dot{x}_0=\sqrt{2gh}$$

解得振幅为

$$A=\sqrt{\delta_0^2+\frac{2mgh}{k}}=\sqrt{\frac{mg}{k}\left(\frac{mg\sin^2\theta}{k}+2h\right)}$$

12.2.3　单自由度系统的有阻尼自由振动

在前面的自由振动中都没有考虑运动过程中的阻力。而在实际系统中存在各种各样的阻力，如干摩擦力、润滑表面阻力、液体或气体等介质的阻力、材料的内部阻力等，这些阻力统称为**阻尼**(damping)。若阻力 F_c 的大小与速度成线性比例，即 $F_c=-c\dot{x}$，则称为**黏性阻尼**(viscous damping)或**线性阻尼**(linear damping)，系数 c 称为**黏阻系数**(coefficient of viscous damping)。本节仅研究线性阻尼对自由振动的影响。

在质量弹簧模型中加上黏性阻尼器就构成了单自由度系统有阻尼自由振动最简单的模型，如图 12-16 所示。

取静平衡位置为坐标原点建立质量振动的微分方程，根据质心运动定理有

$$m\ddot{x}=mg-F_k-F_c=mg-k(x+\delta_{st})-c\dot{x}$$

同时注意到静平衡时有 $k\delta_{st}=mg$，则上式可写为

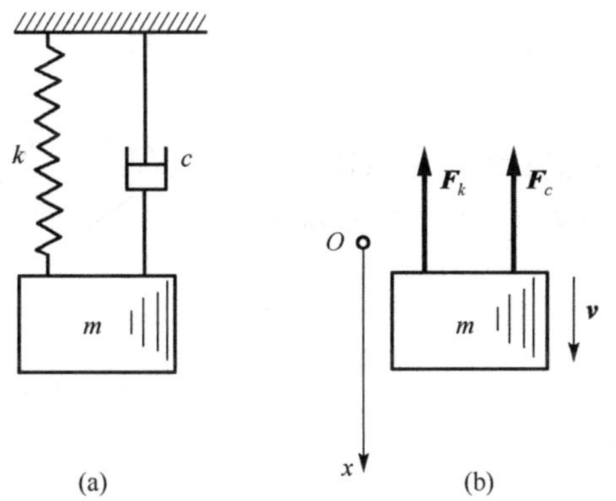

图 12-16　单自由度有阻尼自由振动

$$m\ddot{x}+c\dot{x}+kx=0 \tag{12-18}$$

方程(12-18)为单自由度系统有阻尼自由振动微分方程的标准形式，对比无阻尼自由振动微分方程(12-8)，多出中间的一个线性阻尼项。更一般地，与式(12-11)对应，单自由度线性系统有阻尼自由振动微分方程可以写成

$$m_{\text{eq}}\ddot{q}+c_{\text{eq}}\dot{q}+k_{\text{eq}}q=0 \tag{12-19}$$

式中，c_{eq} 称为**等效黏阻系数**。进一步，上式还可以写成以下常用的标准形式：

$$\ddot{q}+2n\dot{q}+\omega_0^2 q=0 \tag{12-20}$$

式中，$\omega_0=\sqrt{k_{\text{eq}}/m_{\text{eq}}}$，称为系统的固有频率；$n=c_{\text{eq}}/(2m_{\text{eq}})$，称为**阻尼系数**。方程(12-20)仍是一个二阶线性齐次常系数微分方程，设解为

$$q=\mathrm{e}^{st}$$

代入方程(12-20)得特征方程：

$$s^2+2ns+\omega_0^2=0$$

引入阻尼比：

$$\zeta=\frac{n}{\omega_0}$$

解得特征根为

$$s=-\zeta\omega_0\pm\omega_0\sqrt{\zeta^2-1}$$

特征根及方程(12-20)的通解随阻尼的大小不同而有不同的形式。

(1)**大阻尼**($\zeta>1$，即 $n>\omega_0$)。

此时特征根为两个不等的实数：

$$s=-\zeta\omega_0\pm\omega_0\sqrt{\zeta^2-1} \tag{12-21}$$

方程(12-20)的通解为

$$q=C_1\mathrm{e}^{-s_1t}+C_2\mathrm{e}^{-s_2t} \tag{12-22}$$

(2)**临界阻尼**($\zeta=1$，即 $n=\omega_0$)。

此时特征根为两个相等的实数：

$$s_1=s_2=-\omega_0 \tag{12-23}$$

对应的通解为

$$q=(C_1+C_2t)\mathrm{e}^{-\omega_0t} \tag{12-24}$$

大阻尼和临界阻尼时物体运动时程曲线如图 12-17 所示，从图中看出，运动不再具有周期性，而是按指数衰减。

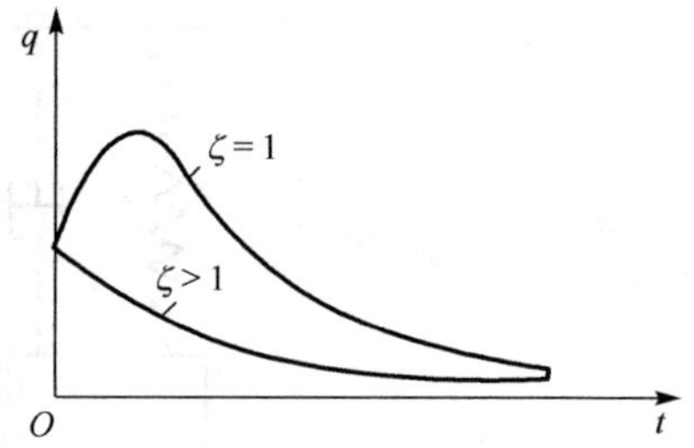

图 12-17　大阻尼和临界阻尼系统的运动形态

(3)**小阻尼**($\zeta<1$，即 $n<\omega_0$)。

此时特征根为一对共轭复数：

$$s=-\zeta\omega_0\pm\mathrm{i}\omega_d \tag{12-25}$$

式中

$$\omega_d = \omega_0\sqrt{1-\zeta^2} = \sqrt{\omega_0^2 - n^2} \tag{12-26}$$

称为有阻尼自由振动频率，它小于无阻尼系统固有频率 ω_0 。这时方程(12-20)的通解可写为

$$q = \mathrm{e}^{-\zeta\omega_0 t}[C_1\cos(\omega_d t) + C_2\sin(\omega_d t)] \tag{12-27}$$

或写成

$$q = A\mathrm{e}^{-\zeta\omega_0 t}\sin(\omega_d t + \varphi) \tag{12-28}$$

式中， $A\mathrm{e}^{-\zeta\omega_0 t}$ 和 φ 为有阻尼自由振动的振幅和初相位。

给定初始条件 $q(0) = q_0$ 和 $\dot{q}(0) = \dot{q}_0$ ，有

$$\begin{cases} A = \sqrt{q_0^2 + \left(\dfrac{\dot{q}_0 + \zeta\omega_0 q_0}{\omega_d}\right)^2} = \sqrt{q_0^2 + \left(\dfrac{\dot{q}_0 + nq_0}{\omega_d}\right)^2} \\ \varphi = \arctan\dfrac{\omega_d q_0}{\dot{q}_0 + \zeta\omega_0 q_0} = \arctan\dfrac{\omega_d q_0}{\dot{q}_0 + nq_0} \end{cases} \tag{12-29}$$

从式(12-28)可以看出，有阻尼自由振动已不是等幅简谐运动，而是振幅按指数规律衰减的衰减运动。衰减运动的频率为 ω_d ，振幅衰减的快慢取决于 $\zeta\omega_0$ ，即阻尼系数 n，这正是特征根 s 的实部。衰减振动的时程曲线如图 12-18 所示，图中振幅包络线的表达式为 $A\mathrm{e}^{-\zeta\omega_0 t}$ ，是衰减函数，T_d 称为衰减振动周期：

$$T_d = \frac{2\pi}{\omega_d} \tag{12-30}$$

相邻两个振幅之比称为减缩系数，记作 η ，即

$$\eta = \frac{A_i}{A_{i+1}} = \frac{A\mathrm{e}^{-\zeta\omega_0 t_i}}{A\mathrm{e}^{-\zeta\omega_0(t_i+T_d)}} = \mathrm{e}^{\zeta\omega_0 T_d} = \mathrm{e}^{nT_d} \tag{12-31}$$

为应用方便，常引入对数减缩率 $\varLambda$：

$$\varLambda = \ln\eta = nT_d = \frac{2\pi\zeta}{\sqrt{1-\zeta^2}}$$

它也是反映阻尼特性的一个参数。当 ζ 较小时，有

$$\varLambda \approx 2\pi\zeta \tag{12-32}$$

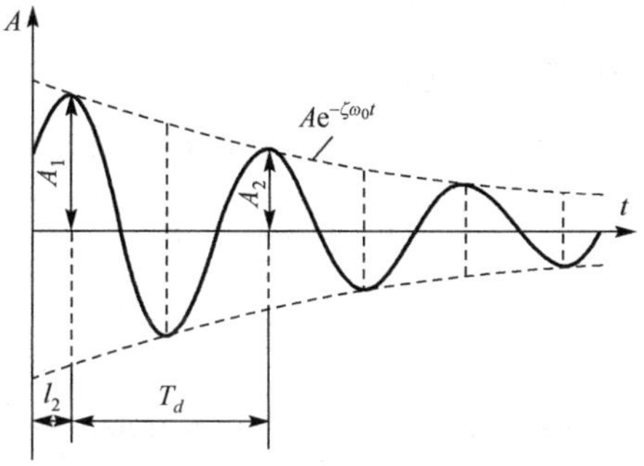

图 12-18　小阻尼衰减振动的时程曲线

综上所述，有阻尼系统的运动形态取决于阻尼的大小。当阻尼较小时，系统形成衰减振动，且随阻尼的增大，振幅的衰减加剧，振动频率下降；当阻尼增大超过临界值后，系统一次也不能形成往复运动，直接向零衰减。

12.2.4 单自由度线性系统的受迫振动

受迫振动是系统在外界激励下所产生的振动。激励的形式可以是力(直接作用力，如电磁力、风力；或惯性力，如偏心转子)，也可以是运动(如系统基础的位移、速度或加速度)。外界激励一般为时间的函数，最简单的形式是简谐激励，当然，也可以是一般周期函数，甚至可以是非周期性的。周期性激励可以通过傅里叶级数展开成一系列简谐激励的叠加。以下将对简谐激励的响应分析进行较为深入的研究。至于非周期性激励的响应，限于篇幅不在本书中讨论。

1. 简谐激励的响应(全解)

阻尼系统在简谐激励作用下，系统的振动微分方程和初始条件为

$$\begin{cases} m_{\text{eq}}\ddot{q}+c_{\text{eq}}\dot{q}+k_{\text{eq}}q=F_0\sin(\omega t) \\ q(0)=q_0,\quad \dot{q}(0)=\dot{q}_0 \end{cases} \tag{12-33}$$

式中，F_0 为简谐激励的幅值；ω 为简谐激励的频率。根据微分方程解的理论，其通解由两部分组成：

$$q=q_1+q_2$$

式中，q_1 为方程(12-33)的齐次通解，即 12.2.3 节讨论的阻尼自由振动解，在小阻尼时为

$$q_1(t)=A\mathrm{e}^{-\zeta\omega_0 t}\sin(\omega_d t+\varphi)$$

q_2 为方程(12-33)的一个非齐次特解，可设为

$$q_2=B\sin(\omega t-\psi) \tag{12-34}$$

代入振动微分方程，可得

$$(k_{\text{eq}}-m_{\text{eq}}\omega^2)B\sin(\omega t-\psi)+c_{\text{eq}}\omega B\cos(\omega t-\psi)=F_0\sin(\omega t)$$

移项后改写为

$$[(k_{\text{eq}}-m_{\text{eq}}\omega^2)B-F_0\cos\psi]\sin(\omega t-\psi)+(c_{\text{eq}}\omega B-F_0\sin\psi)\cos(\omega t-\psi)=0$$

对任意瞬时 t，上式都必须是恒等式，则有

$$(k_{\text{eq}}-m_{\text{eq}}\omega^2)B-F_0\cos\psi=0$$

$$c_{\text{eq}}\omega B-F_0\sin\psi=0$$

联立解得

$$B=\frac{F_0}{\sqrt{(k_{\text{eq}}-m_{\text{eq}}\omega^2)^2+(c_{\text{eq}}\omega)^2}},\quad \psi=\arctan\frac{c_{\text{eq}}\omega}{k_{\text{eq}}-m_{\text{eq}}\omega^2} \tag{12-35}$$

或

$$B=\frac{F_0/m}{\sqrt{(\omega_0^2-\omega^2)^2+4n^2\omega^2}},\quad \psi=\arctan\frac{2n\omega}{\omega_0^2-\omega^2} \tag{12-36}$$

引入无量纲参数 $\lambda=\dfrac{\omega}{\omega_0}$（频率比），$\zeta=\dfrac{c_{eq}}{2m_{eq}\omega_0}$（阻尼比），则有

$$B=\frac{F_0}{k}\cdot\frac{1}{\sqrt{(1-\lambda^2)^2+(2\zeta\lambda)^2}},\quad \psi=\arctan\frac{2\zeta\lambda}{1-\lambda^2} \tag{12-37}$$

这样，方程(12-33)的解为

$$x(t)=A\mathrm{e}^{-\zeta\omega_0 t}\sin(\omega_d t+\varphi)+B\sin(\omega t-\psi) \tag{12-38}$$

称为系统的响应。其中，A 和 φ 为积分常数，可由系统初始条件确定；B 和 ψ 由式(12-37)确定。

由式(12-38)可见，总的响应由两部分组成：前一部分(齐次通解)是自由振动(频率为 ω_d)，且由于阻尼的作用，是衰减振动，暂态的；后一部分(非齐次特解)是受迫振动，以激励频率作简谐振动，其振幅不会随时间衰减，称稳态解或稳态响应。

2. 简谐激励的响应(稳态响应)

有阻尼系统简谐激励响应中的特解就是不随时间衰减的稳态响应，因此它在响应研究中尤为重要。特解表达式(12-34)表明稳态受迫振动是与激励频率相同的简谐振动，其中 B 称为稳态受迫振动的振幅，ψ 称为滞后相位差。对简谐激励，它们的表达式为

$$B=\frac{F_0}{k}\frac{1}{\sqrt{(1-\lambda^2)^2+(2\zeta\lambda)^2}}$$

$$\psi=\arctan\frac{2\zeta\lambda}{1-\lambda^2}$$

上述两式表明，振幅和滞后相位差均与初始条件无关，仅取决于系统和激励的特性。在振幅的表达式中，若令 $B_0=\dfrac{F_0}{k}$，并引入振幅放大因子 $\beta=\dfrac{B}{B_0}$，则有

$$\beta=\frac{1}{\sqrt{(1-\lambda^2)^2+(2\zeta\lambda)^2}} \tag{12-39}$$

对于不同 ζ 值，可分别作出 β-λ 曲线族和 ψ-λ 曲线族，称为**幅频特性曲线和相频特性曲线**。二者分别如图 12-19 和图 12-20 所示。

幅频特性曲线和相频特性曲线表明：

(1) 在 $\lambda=0$ 附近(即 $\omega\ll\omega_0$，称为低频区或弹性控制区)，$\beta\approx1$，而 $\psi\approx0$，响应与激励同相。对应于不同的 ζ 值，曲线较密集，说明阻尼影响不大。

(2) 在 $\lambda\gg1$ (即 $\omega\gg\omega_0$，称为高频区或惯性控制区)，$\beta\approx0$，而 $\psi\approx\pi$，响应与激励反相，阻尼的影响也不大。

因此，在低频区和高频区，当 $\zeta\ll1$ 时，由于阻尼影响不大，为简化计算，可将系统简化为无阻尼系统。

(3) 在 $\lambda=1$ 附近(即 $\omega\approx\omega_0$，称为共振区)，β 急剧增大并在 $\lambda=1$ 略微偏左处有峰值。通

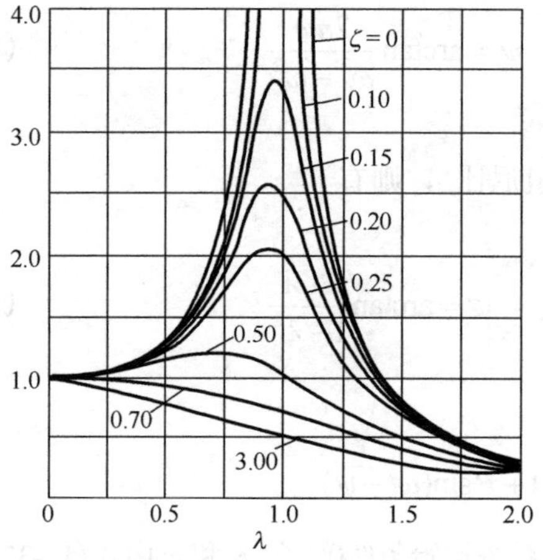

图 12-19 幅频特性曲线

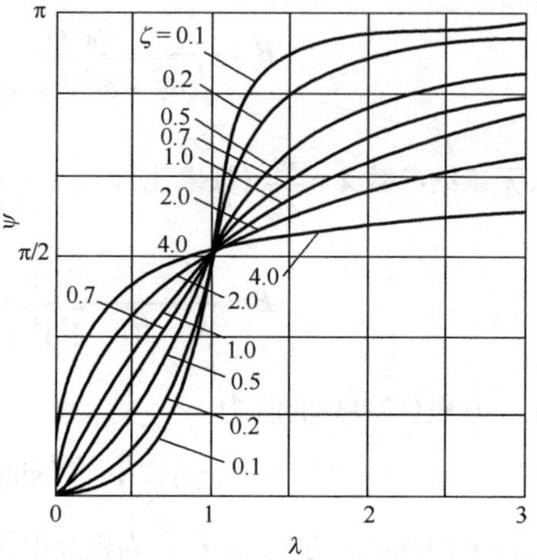

图 12-20 相频特性曲线

常将 $\lambda=1$，即 $\omega=\omega_0$ 称为共振频率。阻尼对 $\beta_{\max}$ 的影响显著，且阻尼越小，幅频响应曲线越陡峭。在相频特性图上则可看出，无论阻尼为何值，$\lambda=1$ 时总有 $\psi=\dfrac{\pi}{2}$，这也是共振时的重要现象之一。当无阻尼共振时：

$$x=B\sin(\omega t-\psi)=\frac{F_0\omega_0}{2k}\frac{\sin(\omega t-\psi)}{\omega_0-\omega}$$

$$\lim_{\omega\to\omega_0}x=-\frac{F_0\omega_0}{2k}t\cos(\omega t-\psi)$$

这说明无阻尼系统共振时，振幅将随时间无限地增大，如图 12-21 所示。

图 12-19 和图 12-20 所示的幅频特性和相频特性曲线以及上述讨论对应于激励的幅值与激励频率无关的情形。工程中还有很多激励幅值与激励频率有关的问题，此时其幅频特性和相频特性有所不同。

【例题 12-7】 图 12-22 所示加速度计安装在蒸汽机的十字头上，十字头沿铅垂方向作简谐振动(加速度计的固有频率 ω_0 通常都远大于被测物体振动的频率 ω，即 $\dfrac{\omega}{\omega_0}\ll 1$)。记录在卷筒上的振幅等于 7mm。设弹簧刚度系数 $k=1.2\,\text{kN/m}$，其上悬挂的重物质量 $m=0.1\text{kg}$。求十字头的加速度。

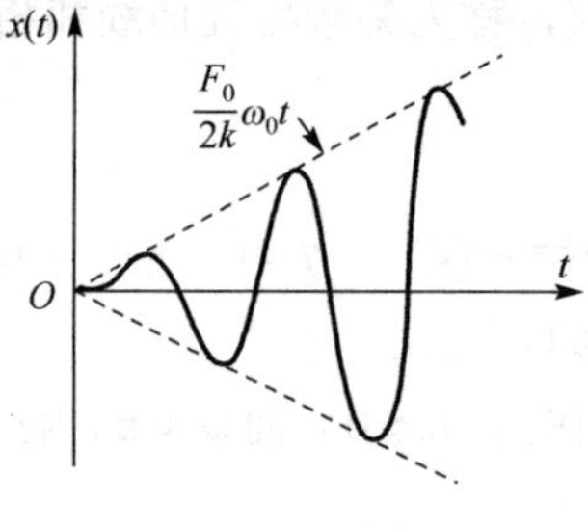

图 12-21 无阻尼系统的共振

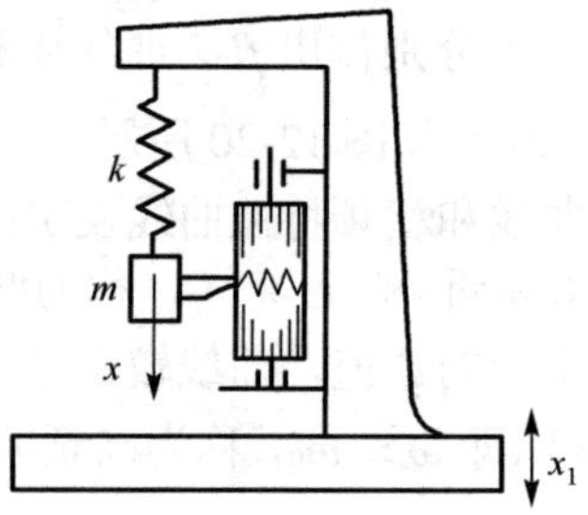

图 12-22 例题 12-7 图

解 十字头在铅垂方向作简谐振动，设其运动方程为

$$x_1=a\sin\omega t \tag{a}$$

以静平衡位置为坐标原点，轴 x 铅垂向下，则重物的振动微分方程为

$$m\ddot{x}=-k(x-x_1)$$

即

$$m\ddot{x}+kx=ka\sin\omega t$$

其稳态受迫振动的规律为

$$x=\frac{\omega_0^2 a}{\omega_0^2-\omega^2}\sin\omega t$$

因为卷筒上记录的振幅是重物和卷筒的相对运动振幅，而卷筒的运动就是十字头的运动，所以

$$x_r=x-x_1=\frac{a\omega^2}{\omega_0^2-\omega^2}\sin\omega t=\frac{a\omega^2}{\left[1-\left(\dfrac{\omega}{\omega_0}\right)^2\right]\omega_0^2}\sin\omega t$$

由于加速度计的固有频率 ω_0 通常都远大于被测物体振动的频率 ω，即 $\dfrac{\omega}{\omega_0}\ll 1$，故 $\left[1-\left(\dfrac{\omega}{\omega_0}\right)^2\right]\approx 1$，则

$$x_r=\frac{a\omega^2}{\omega_0^2}\sin\omega t$$

由题意可知 x_r 的振幅为

$$\frac{a\omega^2}{\omega_0^2}=7\ \text{mm}$$

即

$$a\omega^2=7\omega_0^2$$

将式(a)对时间 t 求两次导数，得

$$\ddot{x}_1=-a\omega^2\sin\omega t$$

$$\ddot{x}_{1\max}=\omega^2 a=7\omega_0^2=7\frac{k}{m}=7\times\frac{1.2\times10^3}{0.1}=84000(\text{mm/s}^2)=84(\text{m/s}^2)$$

【例题 12-8】 如图 12-23 所示，工作台上安置某种精密仪器，为减少工作台本身振动对仪器的影响，在仪器和台面间设置弹簧阻尼垫。设仪器质量为 m，弹簧阻尼垫的刚度系数为 k，黏阻系数为 c，工作台面本身以 $x_e=a\sin\omega t$ 运动。试分析仪器的稳态响应。

解　在认为不动的地面上观察仪器的运动。设其铅垂方向的绝对运动为广义坐标 x，以平衡位置为其原点。振动微分方程可写为

$$m\ddot{x}+c(\dot{x}-\dot{x}_e)+k(x-x_e)=0$$

即

$$m\ddot{x}+c\dot{x}+kx=ka\sin(\omega t)+c\omega a\cos(\omega t)$$

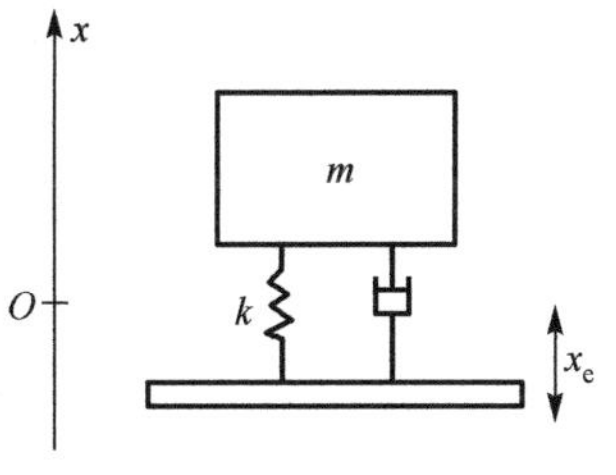

图 12-23　例题 12-8 图

可见，激励由两部分组成：一部分是弹簧端的运动激励，

其幅值与激励频率无关；另一部分是阻尼端的运动激励，其幅值与激励频率成正比，且相位比弹簧端激励超前$\dfrac{\pi}{2}$。根据叠加原理，稳态响应也由两部分叠加而成：

$$x = B_1\sin(\omega t-\psi_1)+B_2\cos(\omega t-\psi_2)$$

对于仅有弹簧端的运动激励，可用式(12-37)直接计算其稳态响应幅值 B_1 和滞后相位差 ψ_1：

$$B_1=\frac{ka}{k}\frac{1}{\sqrt{(1-\lambda^2)^2+(2\zeta\lambda)^2}}=a\frac{1}{\sqrt{(1-\lambda^2)^2+(2\zeta\lambda)^2}}$$

$$\psi_1=\arctan\frac{2\zeta\lambda}{1-\lambda^2}$$

对于仅有阻尼端的运动激励，稳态响应幅值和滞后相位角为

$$B_2=\frac{c\omega a}{k}\frac{1}{\sqrt{(1-\lambda^2)^2+(2\zeta\lambda)^2}}=a\frac{2\zeta\lambda}{\sqrt{(1-\lambda^2)^2+(2\zeta\lambda)^2}}$$

$$\psi_2=\arctan\frac{2\zeta\lambda}{1-\lambda^2}$$

二者相加，得

$$x=B_1\sin(\omega t-\psi_1)+B_2\cos(\omega t-\psi_2)=B\sin(\omega t-\psi)$$

式中

$$B=a\sqrt{\frac{1+(2\zeta\lambda)^2}{(1-\lambda^2)^2+(2\zeta\lambda)^2}},\qquad \psi=\arctan\frac{2\zeta\lambda^3}{(1-\lambda^2)^2+(2\zeta\lambda)^2}$$

幅频特性曲线和相频特性曲线如图 12-24 所示。

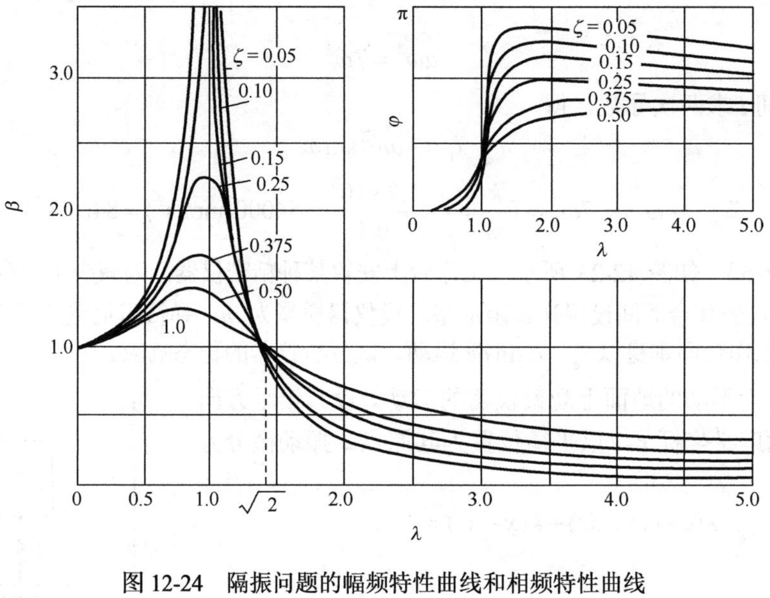

图 12-24　隔振问题的幅频特性曲线和相频特性曲线

讨论：本例所研究的实际上是**隔振问题**，将外界振源尽可能与研究对象隔离(称为被动隔振)。请读者思考，为起到隔振效果，即仪器振幅 B 小于振源振幅 a，应当如何设计隔振层的刚度系数 k？对于隔振效果，阻尼大一点好还是小一点好？

12.2.5　单自由度线性系统的振动实验

单自由度线性系统振动实验详见右侧二维码关联的论文。

单自由度系统振动实验

习　题

1. 选择填空题

12-1　小车的 AB 侧面铅直，物块 M 与小车间的摩擦因数为 f，如图所示。若使物块 M 不致下落，则小车运动的加速度 $\boldsymbol{a}$ 的大小满足(　　)。

12-2　在图示机构中，O_1A 平行且等于 O_2B，杆 O_1A 以匀角速度 ω 绕水平轴 O_1 转动，在图示瞬时，质量为 m 的动点 M 沿半圆板运动至最高点，则该点的牵连惯性力的方向是(　　)。

① 沿 O_1M 方向　② 沿 O_2M 方向　③ 平行 O_1A 向上　④ 平行 O_1A 向下

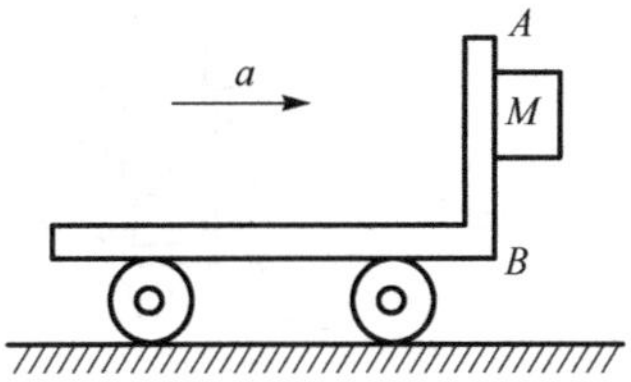

习题 12-1 图

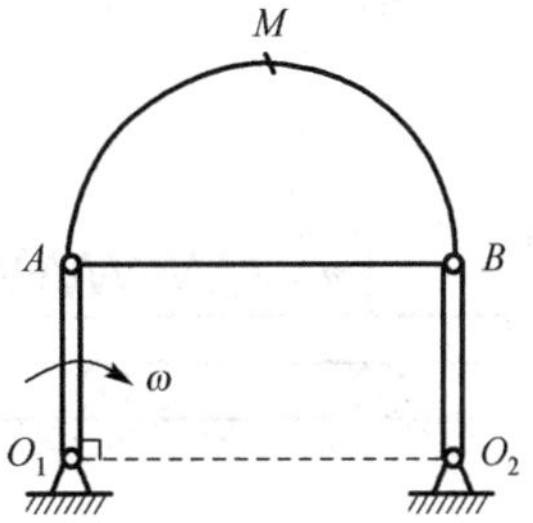

习题 12-2 图

12-3　图示质量弹簧系统，已知物块的质量为 m，弹簧的刚度系数为 k，静伸长量为 δ_s，原长为 l_0。若以弹簧未伸长的下端点为坐标原点 O，则物块的运动微分方程为(　　)。

① $\ddot{x}+\dfrac{k}{m}x=0$　② $\ddot{x}+\dfrac{k}{m}(x-\delta_s)=0$　③ $\ddot{x}+\dfrac{k}{m}(x-\delta_s)=g$　④ $\ddot{x}+\dfrac{k}{m}(x+\delta_s)=0$

12-4　在图中，当把弹簧原长的中点 O 固定后，系统的固有频率与原来固有频率的比值为(　　)。

① $\dfrac{1}{2}$　② 2　③ $\sqrt{2}$　④ 4

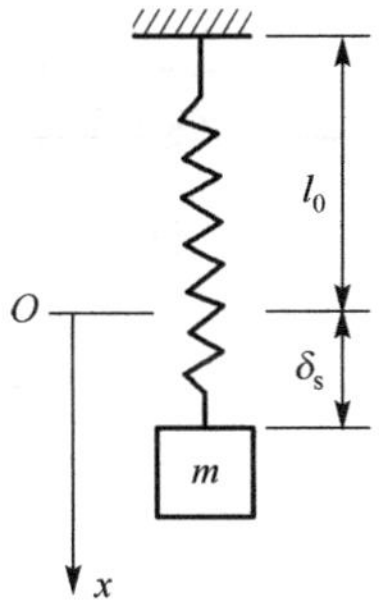

习题 12-3 图

习题 12-4 图

12-5 已知图示质量弹簧系统中弹簧端点 A 的运动为 $x_e = a\sin\omega t$。对于质量为 m 的物块的稳态响应，下列结论正确的是(　　)。

① 增大 m，物块振动频率降低

② 增大 m，物块振幅降低

③ 加大阻尼，物块振幅降低

④ 加大阻尼，物块振动频率降低

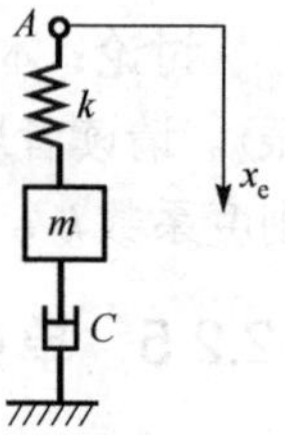

习题 12-5 图

2. 分析计算题

12-6 如图所示，质量为 m 的质点置于光滑的小车上，且以刚度系数为 k 的弹簧与小车相连。若小车以水平等加速度 a 做直线运动，开始时小车及质点均处于静止状态，试求质点的相对运动动力学方程(不计摩擦)。

12-7 质量为 m 的物体放在匀速转动的水平转台上，它与转轴的距离为 r，如图所示。设物体与转台表面的摩擦因数为 f，求当物体不致因转台旋转而滑出时水平转台的最大转速。

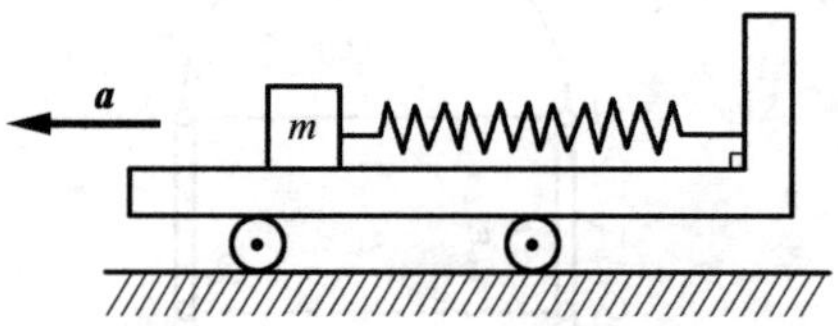

习题 12-6 图

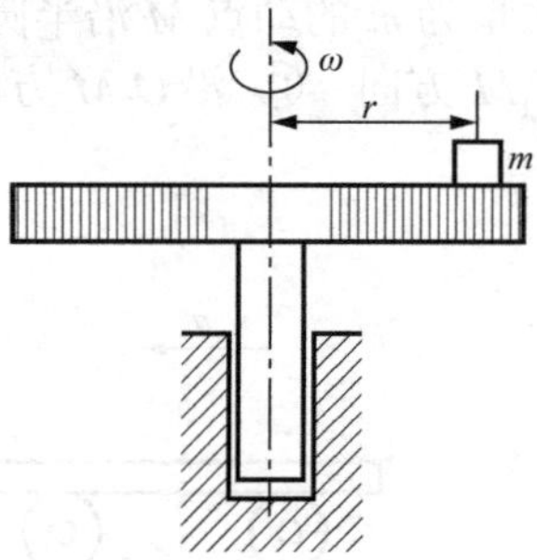

习题 12-7 图

12-8 图示为可绕定轴 O 转动的大圆盘。盘上在点 O_1、O_2 处各装一个小圆盘，并各可绕动轴 O_1、O_2 转动。两小盘之间绕有胶带。与小盘 O_1 同轴地装有小型电动机。先保持大圆盘不动，起动电动机，使小盘 O_1 相对大盘以角速度 ω_r 转动，并靠两小盘与胶带间的摩擦力带动胶带以相对大盘的速度 v_r 运动。试问这时若按图示两种方向轻轻拨动大圆盘，使之各获得绕轴 O 转动的角速度 ω_{e1}、ω_{e2} (均 $\ll \omega_r$)，胶带各将产生什么变化?

12-9 图示单摆的悬挂点沿水平线做直线简谐运动，运动方程为 $x = a\sin\omega t$。若摆长为 l，单摆相对于动坐标系在最低位置由静止开始运动，求单摆的相对运动动力学方程。

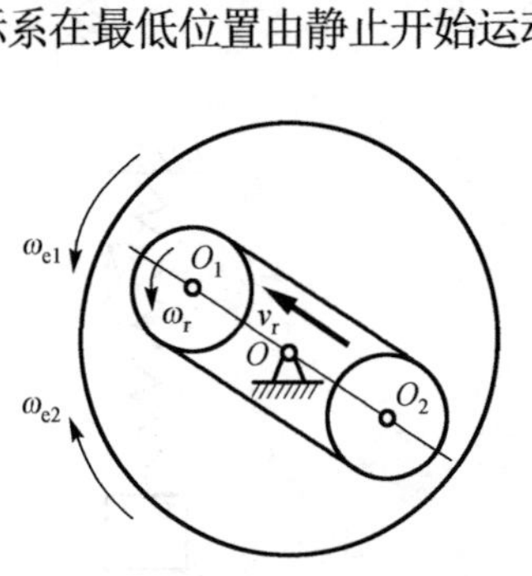

习题 12-8 图

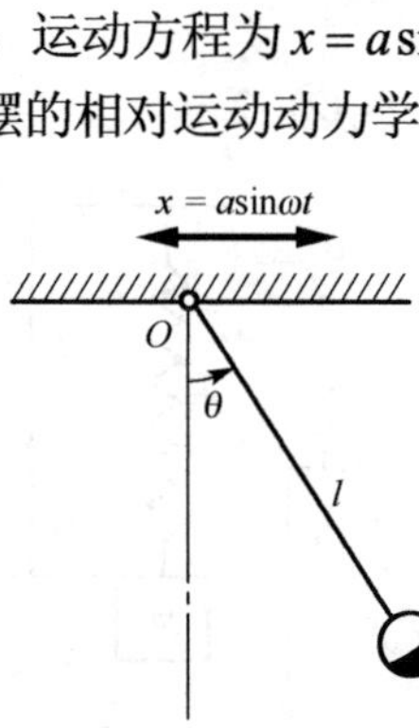

习题 12-9 图

12-10　现有若干刚度系数均为 k 且长度相等的弹簧，另有若干质量均为 m 的物块，试任意组成两个固有频率分别为 $\sqrt{\dfrac{2k}{3m}}$ 和 $\sqrt{\dfrac{3k}{2m}}$ 的质量弹簧系统，并画出示意图。

12-11　均质圆盘的质量为 m_1、半径为 r，圆盘与处于水平位置的弹簧一端铰接且可绕固定轴 O 转动，以起吊重物 A，如图所示。若重物 A 的质量为 m_2，弹簧刚度系数为 k。试求系统的固有频率。

12-12　图示均质摇杆 OA 的质量为 m_1，长为 l，均质圆盘的质量为 m_2，当系统平衡时摇杆处在水平位置，而弹簧 BD 处于铅垂位置，且静伸长量为 δ_{st}，设 $OB = a$，圆盘在滑道中作纯滚动。试求系统微振动固有频率。

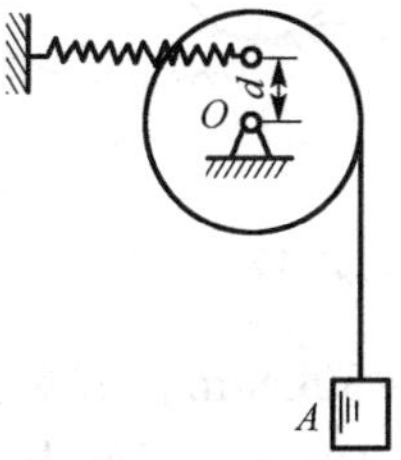

习题 12-11 图

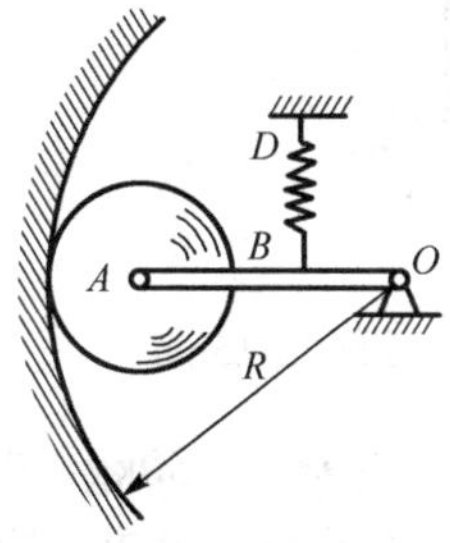

习题 12-12 图

12-13　质量为 m 的杆水平地放在两个半径相同的轮上，两轮的中心在同一水平线上，距离为 $2a$。两轮以等值而反向的角速度各绕其中心轴转动，如图所示。杆 AB 借助与轮接触点的摩擦力而运动，此摩擦力与杆对轮的压力成正比，摩擦因数为 f。若将杆的质心 C 推离其对称位置点 O，然后释放。(1) 证明质心 C 的运动为简谐振动，并求周期 T；(2) 若 $a = 250\text{mm}$，$T = 2\text{s}$，求摩擦因数 f。

12-14　为了测定流体的黏阻系数，在弹簧上悬挂薄板 A，如图所示。测定它在空气中的自由振动周期 T_1，然后将薄板放在欲测黏阻系数的液体中，令其振动，测定周期 T_2。液体与薄板间的阻力等于 $2scv$，其中 $2s$ 是薄板的表面积，v 为其速度，而 c 为黏阻系数。若薄板质量为 m，根据实验测得的数据 T_1 与 T_2，求黏阻系数 c。薄板与空气间的阻力略去不计。

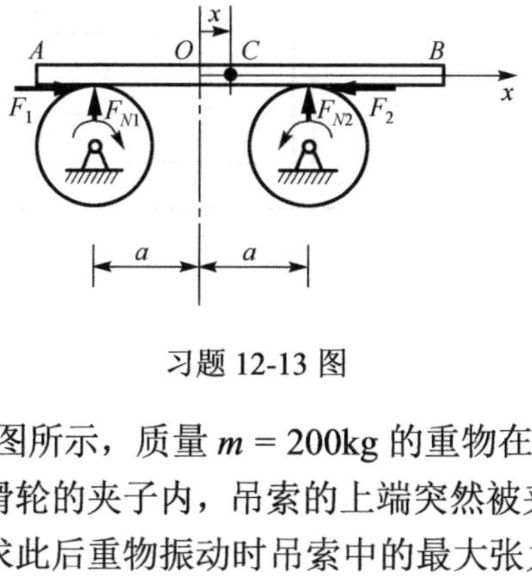

习题 12-13 图

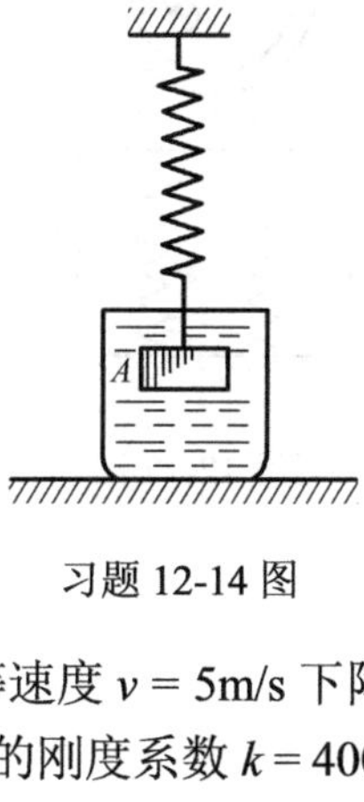

习题 12-14 图

12-15　如图所示，质量 $m = 200\text{kg}$ 的重物在吊索上以等速度 $v = 5\text{m/s}$ 下降。当下降时，由于吊索嵌入滑轮的夹子内，吊索的上端突然被夹住，吊索的刚度系数 $k = 400\text{kN/m}$。若不计吊索的重量，求此后重物振动时吊索中的最大张力。

12-16　沿凹凸不平直线道路行驶的拖车，其力学模型如图所示。道路的纵剖面可简化为正弦波形，波长为1200mm，波峰与波谷高度差50mm。拖车用板簧支承在车轴上，当在拖车上加750N载荷时，板簧向下变形3mm。拖车质量为500kg，以$v=25$km/h的速度匀速行驶。不计阻尼和车轮质量，并设拖车行驶中始终保持与道路接触，试求拖车铅垂振动的振幅并求拖车速度为何值时振幅最大。

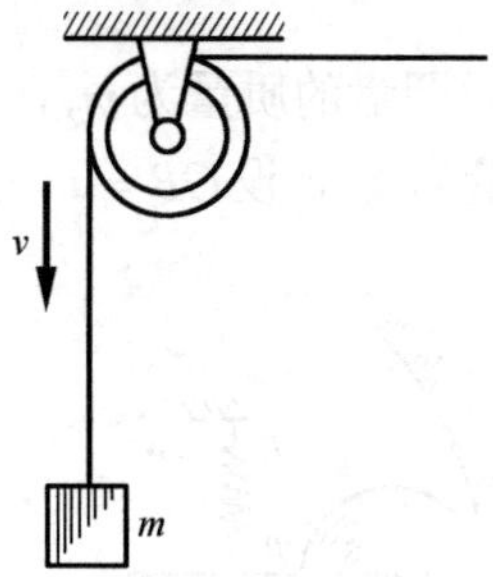

习题 12-15 图

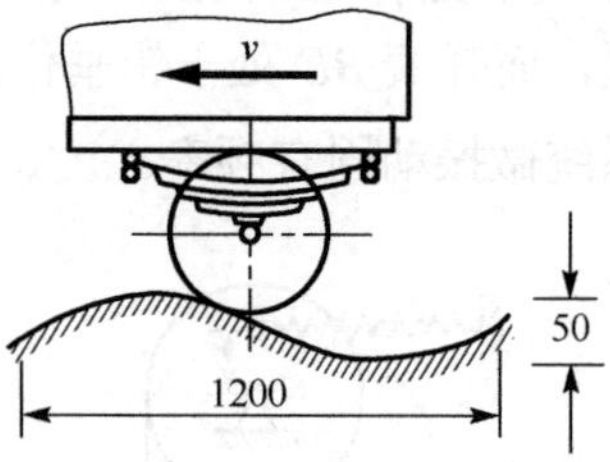

习题 12-16 图

12-17　电动机质量$m_1=250$kg，由4个刚度系数$k=30$kN/m的弹簧支持，如图所示。在电动机转子上装有一质量$m_2=0.2$kg的物体，距转轴$e=10$mm。已知电动机被限制在铅直方向运动，求：(1)发生共振时的转速；(2)当转速为1000r/min时稳定振动的振幅。

12-18　应用MATLAB数值求解傅科摆的运动，并研究不同的初始条件和纬度对傅科摆进动的影响规律。

12-19　如图所示，惯性式测振仪器内部安置有质量(m=2kg)、弹簧(k=100N/m)和黏性阻尼器(c=10 N·s/m)。测振时仪器外壳固定在被测物体上，仪器内置质量块相对于外壳的运动量被转变成电信号输出。初始系统静止，当被测物体以$x_e=0.02\sin(12t)$开始振动时，求内置质量块相对外壳振动的稳态响应，同时应用MATLAB数值求解内置质量块相对外壳振动的全解响应，绘制相应的曲线，并进行比较(提示：在与外壳固连的非惯性系中建立内置质量块的振动微分方程)。

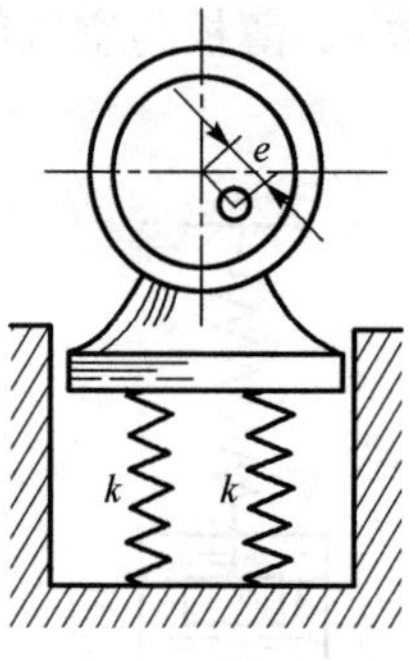

习题 12-17 图

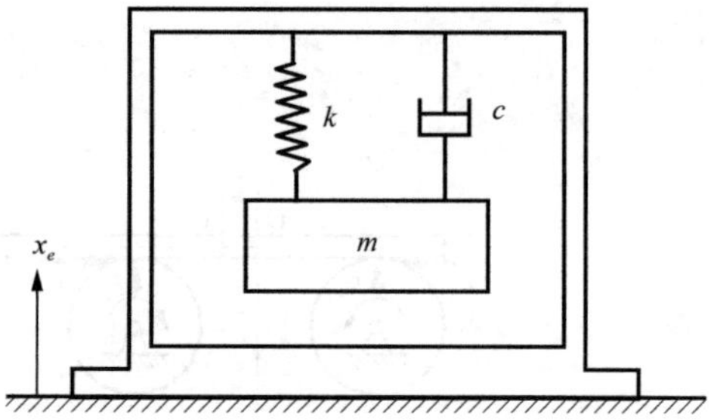

习题 12-19 图

附录　习题答案

第 1 章

1-1　①，③，④
1-2　②
1-3　④
1-4　③
1-5　③
1-6　①，②
1-7　③
1-8　④
1-9　滑移
1-10　①
1-11　②
1-12　④
1-13　$F_z = \frac{\sqrt{14}}{7}F$；$M_z(\boldsymbol{F}) = \frac{3\sqrt{14}}{14}F$
1-14～1-20　略
1-21　$M_A(\boldsymbol{F}) = 1.72Fd$
1-22　$M = 78.3\ \mathrm{N \cdot m}$
1-23　$M = (3.6, 12\sin 40^\circ, 0)\ \mathrm{kN \cdot m}$

第 2 章

2-1　③
2-2　④
2-3　④
2-4　②
2-5　②
2-6　①
2-7　①
2-8　②
2-9　③
2-10　一力和一力偶，$F'_R = 2\sqrt{2}F$，$M_A = 2Fa$；合力，$F_R = 2\sqrt{2}F$
2-11　$F'_R = 3\mathrm{kN}$，方向向右；$M_A = -4\mathrm{kN \cdot m}$
2-12　④
2-13　③
2-14　①
2-15　④
2-16　③
2-17　②
2-18　①，③，④；　②
2-19　③
2-20　$2F$；↑
2-21　$3n - 2n_1 - n_2 - n_3$
2-22　合力大小 F，方向同 $2F$，在 $2F$ 外侧，距离为 d
2-23　$F = (0, -4, -8)\ \mathrm{N}$，$M_O = (0, 24, -12)\ \mathrm{N \cdot m}$

2-24 $F=(-120,0,-160)$ N, $M_A=(-7.0,9,24.0)$ N·m

2-25 应满足条件 $\boldsymbol{F}_R\cdot\boldsymbol{M}_O=0$，得 $l_1+l_2+l_3=0$，合力 $F_R=\sqrt{3}F_0$，方向余弦 $\alpha,\beta,\gamma=1/\sqrt{3}$，$F_R$ 与原点的垂直距离 $d=M_O/F_R=\sqrt{l_1^2+l_2^2+l_3^2}/\sqrt{3}$

2-26 (a) $F_1=F_3=\dfrac{\sqrt{2}}{2}F$ (拉), $F_2=F$ (压)；(b) $F_1=F_3=0, F_2=F$ (拉)

2-27 $F_T=80$ kN

2-28 $\beta=\arctan\left(\dfrac{1}{2}\tan\theta\right)$

2-29 $F_{AD}=F_{BD}=31.5$ kN, $F_{CD}=1.55$ kN

2-30 (a) $F_{RA}=F_{RB}=\dfrac{M}{2l}$；(b) $F_{RA}=F_{RB}=\dfrac{M}{l}$；(c) $F_{RA}=F_{RB}=\dfrac{M}{l}$

2-31 $F_{RA}=F_{RC}=2694$ N

2-32 $F_{NA}=F_{NB}=0.75$ kN

2-33 $F_1=\dfrac{M}{d}$(拉), $F_2=0, F_3=\dfrac{M}{d}$(压)

2-34 $M=4.5$ kN·m

2-35 $M=dF$

2-36 $F_{RA}=F_{RB}=\dfrac{M}{d}$

2-37 以图形外轮廓矩形的左下顶点为坐标系原点：(a) (150，105)；
(b) (220，250)

2-38 以 E 为原点，EA 为 x 轴，EB_L 为 y 轴：$\left(\dfrac{P_1}{P_1+P_2+P_3}l, \dfrac{P_2-P_3}{P_1+P_2+P_3}b\right)$

2-39 (a) $F_{Ax}=0$, $F_{Ay}=20$kN(↓), $F_{RB}=40$kN(↑)

(b) $F_{Ax}=0$, $F_{Ay}=15$kN(↑), $F_{RB}=21$kN(↑)

2-40 $F_{Ax}=0$, $F_{Ay}=F$(↑), $M_A=Fd-M$(逆时针)

2-41 $F_{NA}=6.4$ kN, $F_{NB}=13.6$ kN

2-42 $F_{RA}=6.7$ kN(←), $F_{Bx}=6.7$ kN(→), $F_{By}=13.5$ kN(↑)

2-43 (a) $M_A=2qd^2$ (逆时针)，$F_{Ay}=2qd$ (↑)，$F_{By}=F_{Cy}=0$

(b) $M_A=2qd^2$ (逆时针)，$F_{Ay}=qd$ (↑)，$F_{By}=qd$ (对 BC，↑)，$F_{Cy}=qd$ (↑)

(c) $M_A=3qd^2$ (逆时针)，$F_{Ay}=\dfrac{7}{4}qd$ (↑)，$F_{By}=\dfrac{3}{4}qd$ (对 BC，↑)，$F_{Cy}=\dfrac{1}{4}qd$ (↑)

(d) $M_A=M$ (顺时针)，$F_{Ay}=\dfrac{M}{2d}$ (↓)，$F_{By}=\dfrac{M}{2d}$ (↑)

(e) $M_A=M$ (逆时针)，$F_{Ay}=F_{By}=F_{Cy}=0$

2-44 $F_{DE}=F_{FG}=14.1$kN (压)，$F_{Ax}=10$kN (←)，$F_{Ay}=5$kN (↓)

$F_{Cx}=10$kN (→)，$F_{Cy}=5$kN (↓)

2-45 $F_T=107$ N, $F_{RA}=525$ N, $F_{RB}=375$ N

2-46 $F_{RA}=44.7$ N

2-47 $W_2=\dfrac{l}{a}W_1$

2-48 $F_x=\dfrac{W}{2}\tan\theta$ (←)，$F_y=\dfrac{W-W_1}{2}$ (↑)，$M=\dfrac{l-d}{4}\left(W-\dfrac{W_1}{2}\right)$

2-49 $P_{min}=2W\left(1-\dfrac{r}{R}\right)$

2-50 $F_{s1}=367\text{ kN}$（拉），$F_{s2}=82\text{kN}$（压），$F_{s3}=358\text{kN}$（拉）

2-51 $F_{Ax}=F_P, F_{Ay}=\dfrac{3}{2}F_P, F_{Bx}=-F_P, F_{By}=-\dfrac{1}{2}F_P$(对$AB$), $F_{Cx}=F_P$

$F_{Cy}=-\dfrac{1}{2}F_P$(对CD)，$F_{Dx}=-F_P$，$F_{Dy}=\dfrac{1}{2}F_P$，$M_D=F_Pd$(逆时针)

2-52 $F_{RA}=183.8\text{ kN}$，$F_{RB}=424\text{ kN}$

2-53 $F_{s1}=F$（拉），$F_{s2}=\sqrt{2}F$（压），$F_{s3}=F$（压），$F_{s4}=\sqrt{2}F$（拉），

$F_{s5}=\sqrt{2}F$（拉），$F_{s6}=F$（压）

2-54 $F_{NB}=\left(0,\dfrac{W_1+W_2}{2},0\right), F_{NA}=\left(0,-\dfrac{W_1+W_2}{2},W_1+\dfrac{W_2}{2}\right)$，$F_{NC}=\left(0,0,\dfrac{W_2}{2}\right)$

2-55 $F_{Dx}=0$，$F_{Ay}=-F_{Dy}=\dfrac{m_3}{a}$，$F_{Az}=-F_{Dz}=\dfrac{m_2}{a}$，$m_1=\dfrac{b}{a}m_2+\dfrac{c}{a}m_3$

2-56 $F_{Ax}=-325\text{N}$，$F_{Ay}=-400\text{N}$，$F_{Ex}=325\text{N}$，$F_{Ey}=600\text{N}$

2-57 略

第3章

3-1 ③；①；③

3-2 （3，9，11）；（1，2，5，7，9）；（1，2，3，5，6，7，9，11）

3-3 ②

3-4 ①，③

3-5 ②

3-6 ③

3-7 ①

3-8 ②

3-9 ④

3-10 翻倒；$\dfrac{1+\sqrt{3}}{4}P$

3-11 F_P；$\dfrac{F_P}{2\sin\alpha}$；$f_s\cdot F_P$；$\dfrac{f_s\cdot F_P}{\sin\alpha}$；$\leqslant$

3-12 $F_1=\dfrac{2l}{d}F_P$，$F_2=\dfrac{\sqrt{l^2+d^2}}{d}F_P$，$F_3=-\dfrac{3l}{d}F_P$

3-13 $F_{AB}=2963\text{N}$，$F_{BC}=-11852\text{N}$，$F_{BE}=-5333\text{N}$，$F_{BQ}=11852\text{N}$

$F_{CD}=-11852\text{N}$，$F_{QG}=14815\text{N}$，$F_{CQ}=0$，$F_{QD}=0$

3-14 $F_{BH}=-47.1\text{kN}$，$F_{CD}=-6.67\text{kN}$，$F_{GD}=0$

3-15 $F_{FK}=\dfrac{1}{4}F_P$，$F_{JO}=-\dfrac{1}{4}F_P$

3-16 $F_1=-\dfrac{4}{9}F_P$，$F_2=-\dfrac{2}{3}F_P$，$F_3=0$

3-17 $F_P=238.8\text{ N}$

3-18 $F_Q\tan(\alpha-\varphi_m)\leqslant F_P\leqslant F_Q\tan(\alpha+\varphi_m)$

3-19 $d\leqslant 110\text{mm}$

3-20 $W_{A\max}=\dfrac{Rf_s}{r-f_sR}W_B=500\text{N}$

3-21 $F_{\max}=208.33\text{N}$

3-22 14.4 mm

3-23　$h = 156.6\ \text{mm}$

3-24　$\theta = \arcsin\dfrac{3\pi f}{4+3\pi f}$

3-25　$F_P = 0.414Wf_s$

3-26　$f_s \geqslant (2-\sqrt{3})$

3-27　$f_s = 0.4$

3-28　0.601

3-29　滚动时 $F_P = 0.1\text{kN}$，滑动时 $F_P = 0.4\text{kN}$

3-30　(1) $F_{P\max} = 0.36\text{N}$；

(2) $F_D = F_E = 0.089\text{N}$，　$M_D = M_E = 8.89\times10^{-3}\text{N}\cdot\text{m}$

3-31　略

第 4 章

4-1　③

4-2　③

4-3　0；$2\text{m}/\text{s}^2$；4m

4-4　④

4-5　$4\text{cm}/\text{s}^2$；↓；$0.8\text{cm}/\text{s}^2$；←

4-6　5

4-7　(1)匀减速直线运动；(2)轨迹方程：$y = 2-\dfrac{4}{9}x^2$

4-8　$s = R\tan\theta\ln\dfrac{R\tan\theta}{R\tan\theta - v_0 t}$

4-9　$\dot{x} = -\dfrac{\omega r x}{\sqrt{x^2-r^2}}$

4-10　$y = R + e\sin\omega t$，$v = \dot{y} = e\omega\cos\omega t$，$a = \ddot{y} = -e\omega^2\sin\omega t$

4-11　(1)直角坐标法：$x = R + R\cos2\omega t$，$y = R\sin2\omega t$；

$v_x = -2R\omega\sin2\omega t$，$v_y = 2R\omega\cos2\omega t$；

$a_x = -4R\omega^2\cos2\omega t$，$v_y = -4R\omega^2\sin2\omega t$

(2)弧坐标法：$s = 2R\omega t$，$v = 2R\omega$，$a_\text{t} = 0$，$a_\text{n} = 4R\omega^2$

4-12　$v_P = \dfrac{v}{\sqrt{2}}$，$a_P = \dfrac{v^2}{2\sqrt{2}h}$，$\ddot{\theta} = -\dfrac{v^2}{2h^2}$ (顺)

4-13　$\omega = \dfrac{v}{h}\cos^2\theta$，$\alpha = -\dfrac{v^2}{h^2}\sin2\theta\cos^2\theta$

4-14　$\varphi = \arctan\dfrac{v_0 t}{b}$，$\omega = \dfrac{bv_0}{b^2+v_0^2t^2}$，$\alpha = -\dfrac{2bv_0^3 t}{(b^2+v_0^2t^2)^2}$

4-15　$\alpha = \dfrac{av^2}{2\pi r^3}$

4-16　$\alpha_2 = \dfrac{50\pi}{d^2}\ \text{rad/s}^2$，$a = 59220\ \text{cm/s}^2$

4-17　$\omega_2 = 0$，$\alpha_2 = -\dfrac{lb\omega^2}{r_2}$

4-18　$\dot{l} = 32.8\text{mm/s}$

4-19　略

4-20　略

第5章

5-1 ②
5-2 ②，①
5-3 ②
5-4 ③
5-5 $\sqrt{2}R\omega^2$；$M\to O$；$R\omega^2$；$M\to O_1$
5-6 $\omega(r\cos\varphi+l\cos\theta)$；↑；$\omega^2(r\cos\varphi+l\cos\theta)$；←
5-7 否
5-8 ω_0
5-9 $1.26\text{m/s}(\leftarrow)$
5-10 $v_M=r\omega$
5-11 相对运动方程 $x_1=\sqrt{d^2+r^2+2rd\cos\omega t}$，摇杆的转动方程 $\tan\varphi=\dfrac{r\sin\omega t}{r\cos\omega t+d}$
5-12 $v_a=3.06\text{m/s}$
5-13 略
5-14 $v=0.1\text{m/s}$，$a=0.346\text{m/s}^2$
5-15 $v=0.173\text{m/s}$，$a=0.05\text{m/s}^2$
5-16 $a_{EF}=7.11\text{cm/s}^2(\leftarrow)$
5-17 $a_M=0.35\text{m/s}^2$
5-18 $a_D=-1\boldsymbol{i}\,\text{m/s}^2$，$a_B=-1.69\boldsymbol{i}\,\text{m/s}^2$
5-19 $\omega_{AB}=0$，$\alpha_{AB}=-9.24\text{rad/s}^2$
5-20 $v_{AB}=\dfrac{\sqrt{3}}{2}e\omega(\uparrow)$，$a_{AB}=\dfrac{1}{2}e\omega^2(\downarrow)$
5-21 $\omega_1=\dfrac{\omega}{2}$，$\alpha_1=\dfrac{\sqrt{3}}{12}\omega^2$
5-22 $\boldsymbol{v}_P=(-5.49\boldsymbol{i}+137.2\boldsymbol{j}+1.22\boldsymbol{k})\text{m/s}$，$\boldsymbol{a}_P=(-247\boldsymbol{i}-4.94\boldsymbol{j}-24\,687\boldsymbol{k})\text{m/s}^2$
5-23 略

第6章

6-1 ②，④
6-2 ③，①，②
6-3 ③
6-4 ②
6-5 $\dfrac{v_C^2}{R-r}+\dfrac{v_C^2}{r}$
6-6 2rad/s；$4\sqrt{3}\text{rad/s}^2$
6-7 $x_A=(R+r)\cos\dfrac{\alpha_0t^2}{2}$，$y_A=(R+r)\sin\dfrac{\alpha_0t^2}{2}$，$\varphi_A=\dfrac{1}{2r}(R+r)\alpha_0t^2$
6-8 $\dfrac{v_0}{h}\cos^2\theta$
6-9 $\omega_A=2\omega_B$
6-10 $\omega_{AB}=3\text{rad/s}$，$\omega_{O_1B}=5.2\text{rad/s}$
6-11 速度瞬心 C^* 的位置在过 O 点的铅垂线上，且在 O 点下方，$OC^*=\dfrac{v}{\omega}=222\text{m}$，与角 θ 无关
6-12 $v_O=1.2\text{m/s}$，$\omega=1.333\text{rad/s}$，卷轴向右滚动
6-13 $\omega_{BC}=8\text{rad/s}$，$v_C=1.87\text{m/s}$
6-14 在两铅垂位置时，$v_{DE}=0$；在两水平位置时，$v_{DE}=4\text{m/s}$，方向与 $\boldsymbol{v}_A$ 相同

6-15　$v_B = 12.9\text{m/s}$，$\omega_O = 40\text{rad/s}$，$\omega_{AB} = 14.1\text{rad/s}$

6-16　$\omega_B = 1\text{rad/s}$，$v_D = 0.06\text{m/s}$

6-17　$v_G = 0.397\text{m/s}(\rightarrow)$，$v_F = 0.397\text{m/s}(\leftarrow)$

6-18　$\omega_{AB} = 2\text{rad/s}$，$\alpha_{AB} = 16\text{rad/s}^2$，$a_B = 5.66\text{m/s}^2$

6-19　$v_B = 2\text{m/s}$，$v_C = 2.828\text{m/s}$；$a_B = 8\text{m/s}^2$，$a_C = 11.31\text{m/s}^2$

6-20　$v_A = 2a\omega_0$，$\alpha_{CEF} = 0$

6-21　$v_B = 2\text{m/s}$，$a_B^{\text{t}} = 3.7\text{m/s}^2$，$a_B^{\text{n}} = 4\text{m/s}^2$

6-22　$v_C = \dfrac{3}{2} r\omega_O$，$a_C = \dfrac{\sqrt{3}}{12} r\omega_O^2$

6-23　$\omega = 2\text{rad/s}$，$\alpha = 2\text{rad/s}^2$

6-24　$\omega_{O_1C} = 6.186\text{rad/s}$

6-25　$\omega_B = \dfrac{\omega_0}{4}$，$v_D = \dfrac{l\omega_0}{4}$

6-26　略

第 7 章

7-1　③

7-2　③

7-3　①

7-4　③

7-5　④

7-6　图(a)、(b)所示系统水平方向

7-7　$f = 0.17$

7-8　$F_N = (m_1 + m_2 + m_3)g + \dfrac{1}{2}(m_2 + 2m_3)d\omega^2 \cos\omega t$

7-9　$F_{N\max} = 24\text{kN}$

7-10　$F_{Nx} = -(m_1 + m_2)e\omega^2 \cos\omega t$，$F_{Ny} = -m_1 e\omega^2 \sin\omega t$

7-11　$F_N = 350\text{kN}$，$F_T = 231\text{kN}$

7-12　$x = \dfrac{m}{M+m} l\sin\theta_0$，方向向右

7-13　$\dfrac{(x_A - l\cos\alpha_0)^2}{l^2} + \dfrac{y_A^2}{4l^2} = 1$

7-14　$\ddot{x} + \dfrac{k}{m+m_1}x = \dfrac{m_1 l\omega^2}{m+m_1}\sin\varphi$

7-15　略

7-16　略

第 8 章

8-1　④

8-2　③

8-3　0，mvr；$\dfrac{1}{2}mvr$，$\dfrac{3}{2}mvr$

8-4　③

8-5　①

8-6　②

8-7　$L_B = \left[J_A - me^2 + m(R+e)^2\right]\dfrac{v_A}{R}$，$L_B = mv_A(R+e) + \omega(J_A + mRe)$

8-8　$\alpha_1 = \dfrac{2(R_2 M - R_1 M')}{(m_1 + m_2)R_2 R_1^2}$

8-9 (1) $a_m = \dfrac{M - mgr - \dfrac{2l_1l_2l_3Rf}{d_1d_3d_2}F}{J + mr^2}$ (2) $F = \dfrac{d_1d_2d_3}{l_1l_2l_3} \cdot \dfrac{M - mgr}{2fR}$

(3) $F > \dfrac{d_1d_2d_3}{l_1l_2l_3} \cdot \dfrac{M - mgr + \dfrac{v_0}{rt_1}(J + mr^2)}{2fR}$

8-10 $\omega = \dfrac{mlv_0(1 - \cos\varphi)}{J_z + m(l^2 + r^2 + 2lr\cos\varphi)}$

8-11 $J_C = 17.44\text{kg} \cdot \text{m}^2$

8-12 $v = 2\sqrt{\dfrac{gh}{3}}$, $F_T = \dfrac{1}{3}mg$

8-13 $a_A = \dfrac{m_1(R + r)^2}{m_1(R + r)^2 + m_2(\rho^2 + R^2)}g$

8-14 (1) $F_{\max} = 216\text{N}$；(2) $a = 201\text{cm/s}$

8-15 $t = \sqrt{\dfrac{2s}{gf}}$, $\omega = \dfrac{2}{r}\sqrt{2fgs}$

8-16 $\alpha = \dfrac{3g}{2l}\cos\varphi$, $\omega = \sqrt{\dfrac{3g}{l}(\sin\varphi_0 - \sin\varphi)}$, $\varphi_1 = \arcsin\left(\dfrac{2}{3}\sin\varphi_0\right)$

8-17 $a_A = \dfrac{3d_1d_2}{4d_1^2 + d_2^2}g$ ，方向向左

8-18 $F_T = \dfrac{1}{7}mg\sin\theta$ (压)， $a = \dfrac{4}{7}g\sin\theta$

8-19 略

第9章

9-1 ④

9-2 ③

9-3 ④

9-4 ②；③

9-5 ④

9-6 $\dfrac{3}{4}m(R_1 + R_2)^2\omega^2$ ； $m\omega(R_1 + R_2)\left(R_1 + \dfrac{3}{2}R_2\right)$

9-7 $T = mv^2 + \dfrac{3}{2}m_1v^2$

9-8 $a = \dfrac{(Mi - mgR)R}{mR^2 + J_1i^2 + J_2}$

9-9 圆盘先到达

9-10 $v = \sqrt{3gh}$

9-11 3.82rad/s(逆时针)

9-12 (1) $\omega_B = 0$ ， $\omega_{AB} = 4.95\ \text{rad/s}$ ；(2) $\delta = 87\text{mm}$

9-13 $T = 2\pi\sqrt{\dfrac{\rho_C^2 + r^2 + e^2 - 2re}{ge}} \approx 2\pi\sqrt{\dfrac{\rho_c^2 + r^2}{ge}}$

9-14 $\omega = \dfrac{2}{R + r}\sqrt{\dfrac{3M}{9m_1 + 2m_2}\varphi}$ ， $\alpha = \dfrac{6M}{(R + r)^2(9m_1 + 2m_2)}$

9-15 $a = \dfrac{2}{5}(2\sin\theta - f\cos\theta)g$ ， $F_T = \dfrac{1}{5}(\sin\theta - 3f\cos\theta)mg$

9-16 $F_N=\frac{7}{3}mg\cos\theta$， $F_s=-\frac{1}{3}mg\sin\theta$

9-17 略

9-18 $F_{Ox}=-r\omega^2\left(m_2+\frac{m_1}{2}\right)\cos\omega t$，$F_{Oy}=m_1\left(g-\frac{r\omega^2}{2}\sin\omega t\right)$ $M=\left(\frac{m_1 g}{2}+m_2 r\omega^2\sin\omega t\right)r\cos\omega t$

9-19 $\omega_B=\frac{J\omega}{J+mR^2}$，$v_B=\frac{\sqrt{2mgR+J\omega^2\left[1-\left(\frac{J}{J+mR^2}\right)^2\right]}}{\sqrt{m}}$

9-20 $v_A=\frac{\sqrt{m_2 k}(l-l_0)}{\sqrt{m_1(m_1+m_2)}}$，$v_B=\frac{\sqrt{m_1 k}(l-l_0)}{\sqrt{m_2(m_1+m_2)}}$

9-21 $v_C=\sqrt{\frac{8gh}{5}}$，$F_T=\frac{1}{5}mg$

9-22 (1) $F_{Bx}=mg\left(\frac{9}{4}\cos\theta-\frac{3}{2}\right)\sin\theta$，$F_{By}=mg\left(\frac{1}{2}-\frac{3}{2}\cos\theta\right)^2$

(2) $\theta=\arccos\frac{2}{3}$ (3) $v_C=\frac{1}{3}\sqrt{7gl}$，$\omega=\sqrt{\frac{8g}{3l}}$

9-23 略

第 10 章

10-1 ③

10-2 $m\alpha r$; $\frac{m\omega^2 r^2}{R-r}$; $\frac{1}{2}mr^2\alpha$

10-3 $m(a-\alpha r)$; $\frac{1}{2}mr^2\alpha$

10-4 ma_C；水平向左；$\frac{1}{2}ma_C r$；顺时针

10-5 $g\cos\theta$

10-6 $\omega^2=\frac{(2m_1+m_2)g}{2m_1}\cdot\frac{\tan\varphi}{a+l\sin\varphi}$

10-7 $\omega=\sqrt{\frac{k(\varphi-\varphi_0)}{ml^2\sin 2\varphi}}$

10-8 $a_O=\frac{g}{2}$，$F_A=\frac{\sqrt{3}l+h}{4l}mg$，$F_B=\frac{\sqrt{3}l-h}{4l}mg$

10-9 $a=\frac{g(d_2-d_1)}{2h}$

10-10 $a=0.5g$

10-11 $k_{\min}=\frac{m(e\omega^2-g)}{b+2e}$

10-12 $M_B=\rho\omega^2 r^3(1+\cos\theta)$，$F_{TB}=\rho r^2\omega^2\sin\theta$，$F_{NB}=\rho\omega^2 r^2(1+\cos\theta)$

10-13 $M=200\mathrm{N\cdot m}$，$M_B=11.43\mathrm{kN\cdot m}$

10-14 $F_B=9.8\mathrm{kN}$

10-15 略

第 11 章

11-1 ④

11-2 ③

11-3 $\delta r_A = \dfrac{\sqrt{2}}{4\cos 15^\circ}\delta r_C$

11-4 4∶3

11-5 $\theta = 36.1^\circ$

11-6 $M = 450\dfrac{\sin\theta(1-\cos\theta)}{\cos^3\theta}$ N·m

11-7 $F_D = \dfrac{M}{2l} + ql$（向上），$F_B = F_P + 2ql - \dfrac{M}{l}$（向上），$F_A = \dfrac{M}{2l} - ql$（向上）

11-8 $\theta = 36.6^\circ$

11-9 $M = \dfrac{1}{2}Fa$

11-10 $k_{\min} = \dfrac{1}{2}mgl$

11-11 $\dfrac{{x_A}^2}{4l^2} + \dfrac{(l-y_A)^2}{l^2} = 1$

11-12 $\tan\alpha = 3\tan\beta$，$\cos\alpha + \cos\beta = 1$

11-13 $M = 2FR$，$F_s = F$

11-14 略

第12章

12-1 $a \geqslant \dfrac{g}{f}$

12-2 ④

12-3 ②

12-4 ③

12-5 略

12-6 $x(t) = \dfrac{m}{k}a\left(\cos\sqrt{\dfrac{k}{m}}t - 1\right)$

12-7 $n_{\max} = \dfrac{30}{\pi}\sqrt{\dfrac{fg}{r}}$ r/min

12-8 略

12-9 $\theta = \dfrac{a\omega^2}{g-l\omega^2}\left(\sin\omega t - \omega\sqrt{\dfrac{l}{g}}\sin\sqrt{\dfrac{g}{l}}t\right)$

12-10 略

12-11 $\omega_0 = \dfrac{d}{r}\sqrt{\dfrac{2k}{2m_2+m_1}}$

12-12 $\omega_0 = \sqrt{\dfrac{3ag(m_1+2m_2)}{l\delta_{st}(2m_1+9m_2)}}$

12-13 (1) $T = 2\pi\sqrt{\dfrac{a}{fg}}$；(2) $f = 0.25$

12-14 $c = \dfrac{2\pi m}{sT_1T_2}\sqrt{T_2^2 - T_1^2}$

12-15 $F_{\max} = 46.7\text{kN}$

12-16 $B = 1.52\text{cm}$，$v = 15.38\text{km/h}$

12-17 (1) $n = 209$ r/min；(2) $B = 0.0084\text{mm}$

12-18 略

12-19 略

参 考 文 献

陈建平，范钦珊，2018. 理论力学. 3 版. 北京：高等教育出版社

哈尔滨工业大学理论力学教研室，2022. 理论力学：（Ⅰ）（Ⅱ）. 9 版. 北京：高等教育出版社

洪嘉振，杨长俊，2008. 理论力学. 3 版. 北京：高等教育出版社

贾书惠，李万琼，2002. 理论力学. 北京：高等教育出版社

教育部高等学校工科基础课程教学指导委员会，2019. 高等学校工科基础课程教学基本要求. 北京：高等教育出版社

王琪，谢传锋，2021. 理论力学. 3 版. 北京：高等教育出版社

王月梅，2004. 理论力学. 北京：机械工业出版社

武清玺，冯奇，2003. 理论力学. 北京：高等教育出版社

张志涌，杨祖樱，2019. MATLAB 教程. 北京：北京航空航天大学出版社

HIBBELER R C, 2004. Engineering mechanics, dynamics. 10th ed. 北京：高等教育出版社

HIBBELER R C, 2004. Engineering mechanics, statics. 10th ed. 北京：高等教育出版社